普通高等教育"十一五"国家级规划教材

高等学校交通运输与工程类专业教材建设委员会规划教材

陕西省一流本科课程指定教材

测 量 学

（第 6 版）

沈照庆　主编

人民交通出版社

北京

内 容 提 要

  本教材系统阐述了测量学的基本理论、技术和方法。本教材共分为13章，内容包括绪论；水准测量；角度测量与距离测量；测量误差的基本理论；GNSS测量；控制测量；大比例尺地形图测绘与应用；施工测设；道路中线测设；路线纵、横断面测量；桥梁工程测量；隧道工程测量；当代测量新技术简介。本教材吸收了大量测量新技术、新方法，内容丰富，易学易用。

  本教材可作为高等院校道路桥梁与渡河工程，公路以及城市道路、桥梁工程、隧道工程、地下空间工程、岩土工程、交通工程、土木工程、工程管理、地质工程和其他工程类相关专业的测量学课程教学用书，也可供相关工程技术人员和研究人员参考。

  本教材配有实习指导书《测量学实验与实习》（ISBN 978-7-114-20257-5），以及多媒体课件，教师可通过加入道路工程课群教学研讨 QQ 群（328662128）获取。

图书在版编目（CIP）数据

测量学 / 沈照庆主编. — 6 版. — 北京 ：人民交通出版社股份有限公司，2025．5. — ISBN 978-7-114-20332-9

Ⅰ．P2

中国国家版本馆 CIP 数据核字第 2025VN9634 号

普通高等教育"十一五"国家级规划教材
高等学校交通运输与工程类专业教材建设委员会规划教材
陕西省一流本科课程指定教材

Celiangxue

书　　　名：	**测量学（第6版）**
著 作 者：	沈照庆
责任编辑：	李　晴　王　涵
责任校对：	龙　雪
责任印制：	张　凯
出版发行：	人民交通出版社
地　　　址：	（100011）北京市朝阳区安定门外外馆斜街 3 号
网　　　址：	http://www.ccpcl.com.cn
销售电话：	（010）85285911
总 经 销：	人民交通出版社发行部
经　　　销：	各地新华书店
印　　　刷：	北京印匠彩色印刷有限公司
开　　　本：	787×1092　1/16
印　　　张：	18.5
字　　　数：	460 千
版　　　次：	1997 年 9 月　第 1 版　2003 年 4 月　第 2 版
	2009 年 5 月　第 3 版　2014 年 7 月　第 4 版
	2020 年 7 月　第 5 版　2025 年 5 月　第 6 版
印　　　次：	2025 年 5 月　第 6 版　第 1 次印刷　总第 43 次印刷
书　　　号：	ISBN 978-7-114-20332-9
定　　　价：	62.00 元

第6版前言
PREFACE

测量学是国家基础设施建设的排头兵,在国家基础设施建设中起到基础性、前沿性的作用,为工程建设和管理提供了数据保证,在工程勘测设计、施工建设、运营管理中发挥着重要作用,是交通类、土建类、地质工程类、水利类等专业的专业基础课,是该类专业学生必须掌握的基本就业技能之一。

GNSS、北斗、测量机器人、无人机、激光扫描和物联网等新技术的迭代更新,促进了测绘理论、技术、方法和仪器设备的快速发展,新型测量技术与道路、桥梁、隧道和地质等专业紧密结合,形成了智慧测绘技术与工程结合的鲜明特色。为反映测绘技术最新发展且更加紧密地联系实际,更好地服务于教学和工程建设,特对《测量学》(第5版)进行修订,出版第6版。

教材传承与改版

《测量学》自1997年9月出版以来,至2020年共出版了5版,已成为交通类、土建类、地质工程类、水利类等专业最有影响力的本科教材之一,被广泛使用和借鉴,前五版总印数累计超26万册,并被评为普通高等教育"十一五"国家级规划教材、陕西省省级优秀教材、陕西省省级精品课程指定教材、陕西省省级一流课程配套教材。本教材第1版由钟孝顺、聂让主编,第2版、第3版由许娅娅、雒应主编,第4版由许娅娅、雒应、沈照庆主编,第5版由许娅娅、沈照庆、雒应主编。本书为第6版,由沈照庆主编。

第6版的变化

本次修订主要体现在以下方面:

1. 优化了第一章的内容结构,简化了大地水准面的定义,优化了坐标系的建立过程,将坐标换带计算相关内容移到此章。

2. 删除了水准测量中倒像观测的内容和数据,扩充了电子水准仪的介绍。

3. 优化了全站仪对中整平的重点阐述并配以图片,删除了经纬仪测角,增加了全站仪水平角和竖直角的测量内容。

4. 简化了测量误差的相关内容,力求深入浅出、通俗易懂。

5. 控制测量部分重点阐述了后方交会原理,补充了公式和图片,删掉了前方交会和侧边交会的计算实例,优化了高程控制测量部分,重点扩充了三角高程测量法的相关内容。

6. 优化了 GNSS 测量的内容,增加了静态 GNSS 测量的介绍、野外操作与内业数据处理,重点阐述了 GNSS CORS 测量的原理和方法。

7. 将全站仪的测点原理和步骤移到数字测图章节,重点阐述数字测图的方法和流程,深入阐述 DEM 的定义和构建过程,力求图文并茂。

8. 重点介绍利用全站仪和 GNSS-RTK 测设道路中线的方法和步骤,更有利于实际操作。

9. 路线纵、横断面测量中,删除了道路施工测量的相关内容,此处与前面内容有重复。

10. 优化了桥梁工程、隧道工程控制测量和施工测量方法的内容。

11. 为精炼内容,使本教材更实用,删除了变形观测的内容。

12. 更新了现代测量新技术的内容,以期激发学生学习兴趣,把握技术发展方向。

本教材共分 13 章。第一章、第五章、第六章、第十二章、第十三章由沈照庆编写;第二章由王佳佳编写;第三章由闫吉星编写;第四章由冯霄编写;第七章、第八章由慕慧编写;第九章、第十章由赵永平编写;第十一章由张文卿编写。

全书由沈照庆统稿、定稿。

可与本教材配合使用的教学资源

·数字化资源

本教材为普通高等教育"十一五"国家级规划教材、陕西省省级优秀教材、陕西省一流本科课程指定教材,通过多年的教学实践和资源建设,形成了完整全面的授课视频、PPT、测验、作业、考试等课程资源,其线上课程已经在中国大学MOOC 网站平台上线。

本教材由沈照庆制作了配套的多媒体课件,供相关任课教师教学参考,有需要者可通过加入道路工程课群教学研讨群(QQ群:328662128)向人民交通出版社管理员获取。

·测量学实验与实习指导

本课程团队同时编写了《测量学实验与实习》一书,此书紧扣测量学实操技能要求,内容深入浅出,可操作性强,可作为测量学课间实验和野外集中实习的配套指导教材。

致谢

本教材编写过程中参考了大量技术规范、专业教材、学术论文等(详见参考文献),在此谨向相关作者表示诚挚的感谢,同时也对人民交通出版社的编辑们为本教材的出版工作所付出的努力表示衷心的感谢。

限于编者水平,教材中不足和不当之处在所难免,敬请读者批评指正,以便进一步修正完善。

沈照庆

2025 年 2 月

目录
CONTENTS

第一章

绪论

【学习内容与要求】

本章学习测量学的基本概念。通过学习,了解测量学的定义与分类、铅垂线、大地原点、大地坐标系和空间直角坐标系;熟悉地球曲率对距离测量、角度测量和高差测量的影响以及测量工作的基本原则;掌握大地水准面、独立平面直角坐标系、高斯平面直角坐标系和高程系统的概念。

第一节　测量学内涵与应用

一、测量学内涵

1.定义

测量学是研究地球的形状和大小以及确定地面(包括空中、地下和海底)点位的科学。它的任务包括测定和测设两个部分。测定(也称测量)是指使用测量仪器和工具,通过观测和计算,得到一系列测量数据,把地球表面的地形缩绘成地形图,供经济建设、规划设计、科学研究和国防建设使用。测设(也称放样)是指把图纸上规划设计好的建筑物、构筑物的位置在地面上标定出来,作为施工的依据。

2.分类

按照研究范围、研究对象及采用技术手段的不同,测量学可分为以下几个分支学科。

(1)普通测量学。

普通测量学是研究地球表面小范围测绘的基本理论、技术和方法,不考虑地球曲率的影响,把地球局部表面当作平面看待,是测量学的基础。

(2)大地测量学。

大地测量学是研究整个地球的形状和大小,解决大地区控制测量和地球重力场问题的学科。随着科学技术的发展和人造地球卫星的发射,大地测量学又分为常规大地测量学和卫星大地测量学。

(3)摄影测量学与遥感学。

摄影测量学与遥感学是利用摄影或遥感技术获取被测物体的信息(影像或数字形式),进行分析处理,绘制地形图或获得数字化信息的理论和方法的学科。由于获取像片的方法不同,摄影测量学又可分为地面摄影测量学、航空摄影测量学、水下摄影测量学和航天摄影测量学等。特别是由于遥感技术的发展,摄影方式和研究对象日趋多样,不仅包括固体的、静态的对象,即使是液体、气体以及随时间变化而变化的动态对象,都属于摄影测量学的研究范畴。

(4)海洋测绘学。

海洋测绘学是研究与海洋和陆地水域有关的地理空间信息的采集、处理、表示、管理和应用的科学与技术,以海洋和陆地水域为对象所进行的测量和海图编绘工作属于海洋测绘学的范畴。

(5)工程测量学。

工程测量学是研究在工程建设和自然资源开发领域,规划、设计、施工、管理各阶段进行的控制测量、地形测绘和施工放样、变形监测的理论、技术和方法的学科。由于建设工程的不同,工程测量学又可分为矿山测量学、水利工程测量学、公路测量学以及铁路测量学等。

(6)地图制图学。

地图制图学是研究地图及其编制和应用的一门学科。利用测量所得的成果资料,研究如何投影编绘和制印各种地图的工作,属于地图制图学的范畴。

测量学的前沿技术主要有:全球导航卫星系统(Global Navigation Satellite System,GNSS)、摄影测量(Photographic Survey)与遥感技术(Remote Sensing,RS)、地理信息系统(Geographic Information System,GIS)、三维激光扫描技术、建筑信息模型(Building Information Modeling,BIM)的构建和应用技术、三维实景建模技术等。

二、测量学应用

测量学在土木工程专业领域有着广泛的应用。在勘测设计阶段,需要测区的地形信息和地形图或电子地图,供工程规划、设计、选址使用。在施工阶段,要进行施工测量,将设计的建(构)筑物的平面位置和高程测设于实地,以指导施工,还要根据需要进行设备的安装测量,同时,监测施工的建(构)筑物变形的全过程;施工结束后,要进行竣工测量,绘制竣工图,为日后扩建、改建、维护管理提供依据;在使用和运营阶段,对某些大型及重要的建筑物和构筑物,还要继续进行变形观测和安全监测,为安全运营和生产提供资料。由此可见,测量学在土木工程专业领域的应用十分广泛,测量工作贯穿于工程建设的全寿命周期,特别是对于大型和重要的工程,测量工作尤为重要。

"测量学"课程是土木工程专业的专业基础课。学习本课程之后,学生须掌握测量学的基本知识和基本理论;了解先进测绘仪器的原理,掌握测量仪器的操作技能,基本掌握数字测图的过程;在工程规划、设计和施工中能正确地应用地形图和测量信息;掌握处理测量数据的理论和评定精度的方法;在施工过程中,能正确使用测量仪器开展工程的施工放样工作。

本课程是一门实践性很强的课程,在教学过程中,除了课堂讲授之外,还有实验课和教学实习。学生在掌握课堂讲授内容的同时,要认真参加实验课,以巩固和验证所学理论。集中教学实习是一个系统的实践环节,要自始至终完成各项实习作业,才能对测量学的系统知识和实践过程有一个完整的、系统的认知。

第二节   测量坐标系

一、地球的形状与大小

测量工作的主要研究对象是地球的自然表面,但地球表面形状十分复杂。地球表面上海洋面积约占71%,陆地面积约占29%,世界第一高峰珠穆朗玛峰高出海平面8 848.86m,而太平洋西部的马里亚纳海沟最深处低于海平面11 034m。尽管地球表面有这样大的高低起伏,但相对于地球半径6 371km来说仍可忽略不计。因此,测量中把地球整体形状看作由静止的海水面向陆地延伸所包围的球体。

由于地球的自转运动,地球上任意一点都要受到离心力和地球引力的双重作用,这两个力的合力称为重力,重力的方向线称为铅垂线。铅垂线是测量工作的基准线。静止的水面称为水准面,水准面是受地球重力影响而形成的,是一个处处与重力方向垂直的连续曲面,并且是一个重力场的等位面。水准面可高可低,因此,符合上述特点的水准面有无数个,其中与平均海水面重合并向大陆、岛屿内延伸而形成的闭合曲面,称为大地水准面。大地水准面是测量工作的基准面。由大地水准面包围的地球形体,称为大地体。

大地水准面和铅垂线是测量外业所依据的基准面和基准线。但由于地球内部质量分布不均匀,引起铅垂线方向不规则地变化,致使大地水准面不是一个光滑的椭球面[图1-1a)],很难在该曲面上进行数学计算。为了使用方便,通常用一个非常接近于大地水准面,并可用数学式表示的几何形体(即地球椭球)来代替地球的形状[图1-1b)]作为测量计算工作的基准面。地球椭球是一个椭圆绕其短轴旋转而成的形体,故又称为旋转椭球。如图1-2所示,

水准面
与大地水准面

旋转椭球体的形状和大小是由椭球的基本元素决定的,即长半轴 a、短半轴 b 和扁率 $f = \dfrac{a-b}{a}$。

根据一定的条件,确定参考椭球面与大地水准面的相对位置,该过程称为参考椭球体的定位。在一个国家适当地点选一点 P 沿铅垂线射向大地水准面并与参考椭球面正交于 P' 点(图1-3),这样椭球面上 P' 点的法线与该点对大地水准面的铅垂线重合,并使椭球的短轴与自转轴平行,使椭球面与这个国家范围内的大地水准面差距尽可能小,从而确定了参考椭球面与大地水准面的相对位置关系,这就是参考椭球体的定位工作。这里, P 点称为大地原点。

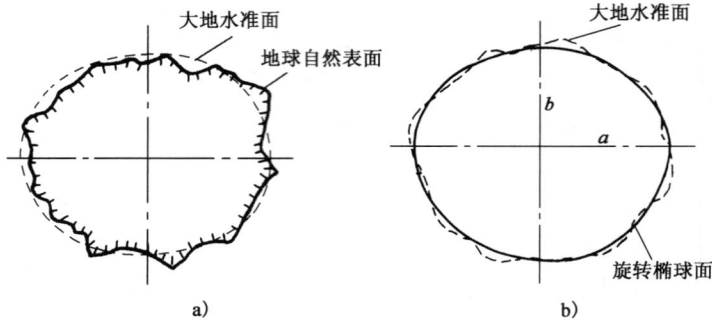

图 1-1　大地水准面

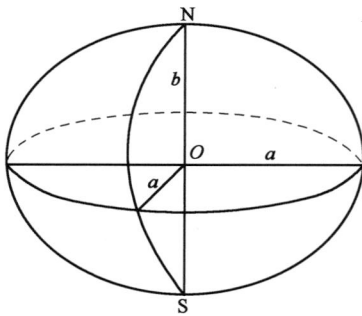

图 1-2　旋转椭球体

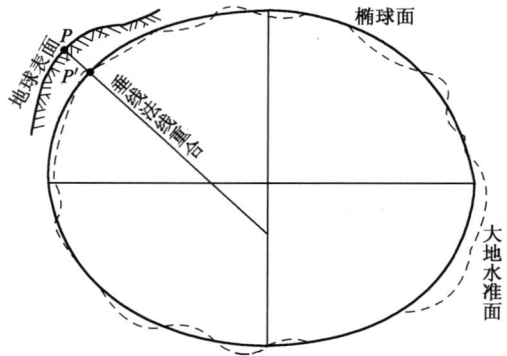

图 1-3　参考椭球体的定位

在几何大地测量中,地球椭球体的形状和大小通常用 a 和 f 表示。其值可用传统的弧度测量和重力测量的方法测定,也可采用现代大地测量的方法测定。国内外许多学者曾分别测算出了不同地球椭球体的参数值,见表 1-1。

地球椭球体的几何参数　　　　　　　　　　　　　　　　　　　表 1-1

椭球体名称	年份	长半轴 a(m)	扁率 f	备注
德兰布尔	1800	6 375 653	1:334.0	法国
白塞尔	1841	6 377 397.155	1:299.152 812 8	德国
克拉克	1880	6 378 249	1:293.459	英国
海福特	1909	6 378 388	1:297.0	美国
克拉索夫斯基	1940	6 378 245	1:298.3	苏联
1975 国际椭球	1975	6 378 140	1:298.257	IUGG 第 16 届大会推荐
1980 年大地测量参考系统	1979	6 378 140	1:298.257	IUGG 第 17 届大会推荐
WGS-84	1984	6 378 137	1:298.257 223 563	美国国防部制图局(DMA)
CGCS2000	2008	6 378 137	1:298.257 222 101	中国

注:IUGG 为国际大地测量与地球物理学联合会(International Union of Geodesy and Geophysics);CGCS2000 为中国 2000 国家大地坐标系(China Geodetic Coordinate System 2000)。

我国采用的参考椭球体有中华人民共和国成立前的海福特椭球体和中华人民共和国成立初期的克拉索夫斯基椭球体。由于克拉索夫斯基椭球体长半轴同 1975 年国际推荐值相差

105m,因而1978年我国根据自己实测的天文大地资料推算出适合本地区的地球椭球体参数,采用了1975国际椭球。2008年我国启用CGCS2000椭球。

我国大地原点位于我国的几何中心,即陕西泾阳永乐镇石际寺村境内,南距西安市区约36km。该大地原点是国家坐标系(1980西安坐标系)的基准点,如图1-4所示。通过在大地原点上进行精密天文测量和精密水准测量,获得了大地原点的平面起算数据。这些数据在我国经济建设、国防建设和社会发展等方面发挥着重要作用。

a)中华人民共和国大地原点样式　　　　b)中华人民共和国大地原点外围建筑

图1-4　中华人民共和国大地原点

由于参考椭球体的扁率很小,当测区不大时,可将地球当作圆球,其半径的近似值为6 371km。

二、测量坐标系

测量的基本任务就是确定地面点的平面坐标和高程。通常采用地面点在基准面(如椭球体面)上的投影位置及该点沿投影方向到基准面(如椭球体面、大地水准面)的距离来表示。

在一般测量工作中,常将地面点的空间位置用大地经度、纬度(或高斯平面直角坐标)和高程表示,它们分别从属于大地坐标系(或高斯平面直角坐标系)和指定的高程系统,也就是说使用一个二维坐标系(椭球面或平面)与一个一维坐标系(高程)的组合来表示。

由于卫星大地测量的迅速发展,地面点的空间位置也可采用三维的空间直角坐标表示。

1. 大地坐标系

大地坐标系是以参考椭球面为基准面,以起始子午面(即通过格林尼治天文台的子午面)和赤道面为在椭球面上确定某一点投影位置的两个参考面。地面上一点的位置(如 P 点),可用大地坐标 (L,B) 表示。

过地面某点的子午面与起始子午面之间的夹角,称为该点的大地经度,用 L 表示(图1-5)。规定从起始子午面起算,向东为正,由0°至180°称为东经;向西为负,由0°至180°称为西经。

过地面某点的椭球面法线(PP)与赤道面的

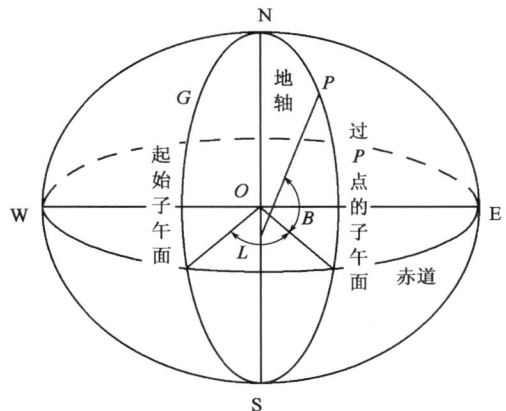

图1-5　大地坐标系

交角,称为该点的大地纬度,用 B 表示(图1-5)。规定从赤道面起算,向北为正,从0°到90°称为北纬;向南为负,从0°到90°称为南纬。

2.空间直角坐标系

以椭球体中心 O 为原点,起始子午面与赤道面交线为 x 轴,赤道面上与 x 轴正交的方向为 y 轴,椭球体的旋转轴为 z 轴,指向符合右手规则。在该坐标系中,P 点的点位用 OP 在这三个坐标轴上的投影 x、y、z 表示(图1-6)。

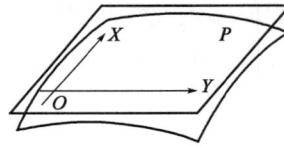

3.独立平面直角坐标系

独立平面直角坐标系,是以测区平均水准面的切平面为投影面而建立起来的,原点可在切平面上任意选取,但为避免坐标值为负,通常选在测区的西南角;过原点的子午线切线方向取为纵轴,规定为 X 轴,向北为正;过原点与 X 轴垂直的方向为横轴,规定为 Y 轴,向东为正;角度从 X 轴正向按顺时针方向量取(图1-7)。

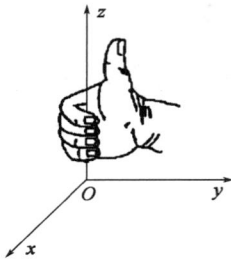

图1-6 空间直角坐标系　　　图1-7 独立平面直角坐标系

测绘工作中所用的平面直角坐标系与解析几何中所用的平面直角坐标系有所区别。由图1-8可知,测量平面直角坐标系以纵轴为 x 轴,表示南北方向,向北为正;横轴为 y 轴,表示东西方向,向东为正;象限顺序依顺时针方向排列。当 x 轴与 y 轴如此互换后,平面三角公式均可用于测绘计算中。

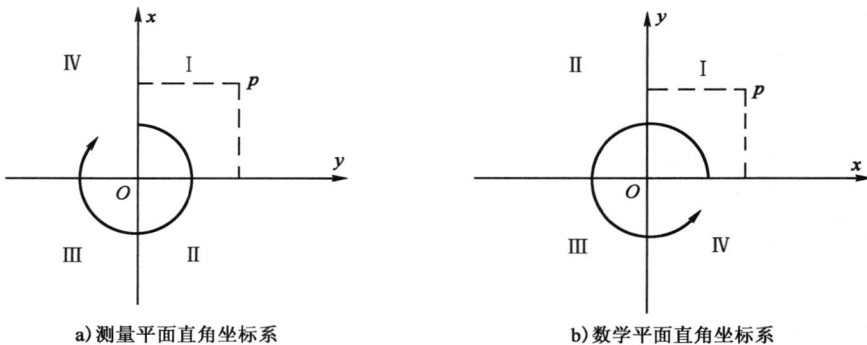

a)测量平面直角坐标系　　　b)数学平面直角坐标系

图1-8 两种平面直角坐标系的比较

4.高斯平面直角坐标系

(1)高斯投影。

高斯平面直角坐标系采用高斯投影方法建立。高斯投影由德国测量学家高斯于19世纪

20 年代首先提出,到 1912 年由德国测量学家克吕格推导出实用的坐标投影公式,所以又称高斯-克吕格投影。

如图 1-9 所示,设想有一个椭圆柱面横套在地球椭球体外面,使它与椭球体上某一子午线(该子午线称为中央子午线)相切,椭圆柱的中心轴通过椭球体中心,然后用一定的投影方法,将中央子午线两侧各一定经差范围内的地区投影到椭圆柱面上,再将此柱面展开即成为投影平面。故高斯投影又称为横轴椭圆柱投影。

高斯投影的原理

高斯投影具有以下特点:

①中央子午线和赤道的投影都为直线,并且正交,其他子午线和纬线的投影都为曲线。

②中央子午线投影后的长度不变,其他子午线投影后都有变形,并凹向中央子午线,距中央子午线越远,其变形越大。

③各纬线投影后凸向赤道。

(2)高斯平面直角坐标系构建。

在投影面上,中央子午线和赤道的投影都是直线。以中央子午线和赤道的交点 O 为坐标原点,以中央子午线的投影为纵坐标轴 x,规定 x 轴向北为正;以赤道的投影为横坐标轴 y,y 轴向东为正,这样便形成了高斯平面直角坐标系(图 1-10)。

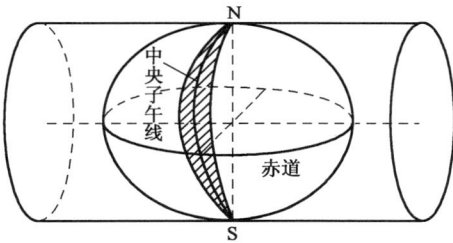

图 1-9 高斯投影图

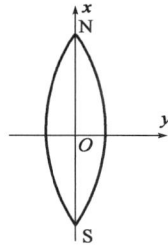

图 1-10 高斯平面直角坐标系

(3)投影带。

高斯投影中,除中央子午线外,其余各点均存在长度变形,且距中央子午线越远,长度变形越大。为了控制长度变形,将地球椭球面按一定的经差分成若干范围不大的带,称为投影带。带宽一般分为经差 6°、3°两种,分别称为 6°带、3°带(图 1-11)。

投影带的确定

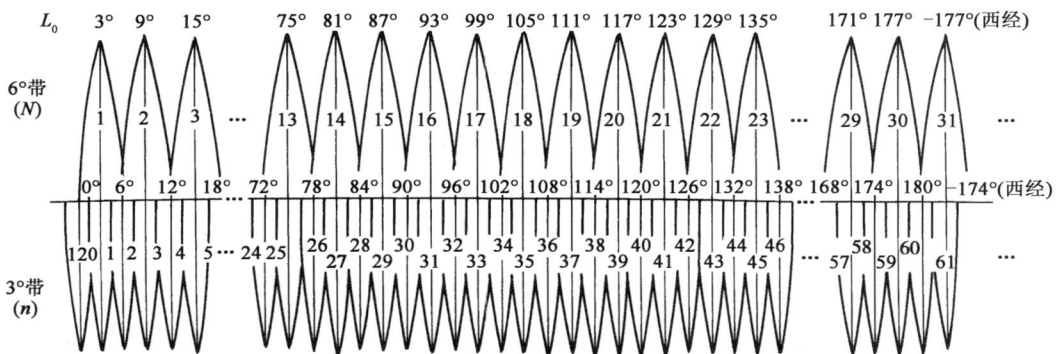

图 1-11 6°带与 3°带划分

6°带投影可以满足中小比例尺(1:50 万 ~ 1:2.5 万)测图精度要求。它是从英国格林尼治天文台子午线起,自西向东每隔 6°为 1 带,将全球分成 60 个带,编号为 1 ~ 60(图 1-11),中央子午线的经度 L_0 与带号 n_6 的关系见式(1-1)。

$$L_0 = 6°n_6 - 3° \tag{1-1}$$

若已知某点的大地经度 L,则可按式(1-2)计算该点所在 6°投影带的带号。

$$n_6 = \text{int}\left(\frac{L}{6°}\right) + 1 \tag{1-2}$$

式中,int 为取整函数。

3°带投影则可满足大比例尺(大于或等于 1:1 万)测图精度要求,即自东经 1.5°子午线起向东划分,每隔 3°为 1 带,将全球分成 120 个带,编号为 1 ~ 120(图 1-11),它是在 6°带的基础上划分的。3°带的奇数带中央子午线与 6°带中央子午线重合;偶数带中央子午线与 6°带分带子午线重合。中央子午线的经度 L_0 与带号 n_3 的关系见式(1-3)。

$$L_0 = 3°n_3 \tag{1-3}$$

若已知某点的大地经度 L,则可按式(1-4)计算该点所在 3°投影带的带号。

$$n_3 = \text{int}\left(\frac{L - 1.5°}{3°}\right) + 1 \tag{1-4}$$

我国幅员辽阔,南北在北纬 4° ~ 54°,东西在东经 74° ~ 135°之间。按 6°带投影,大体位于 13 ~ 23 带之间;按 3°带投影,大体位于 25 ~ 45 带之间。

(4)国家统一坐标。

由于我国位于北半球,在高斯平面直角坐标系内,x 坐标均为正值,而 y 坐标值有正有负。为避免 y 坐标出现负值,规定将 x 坐标轴向西平移 500km,即所有点的 y 坐标值均加上 500km(图 1-12)。此外,为了便于区别某点位于哪一个投影带内,还应在横坐标值前冠以投影带带号,这种坐标称为国家统一坐标。

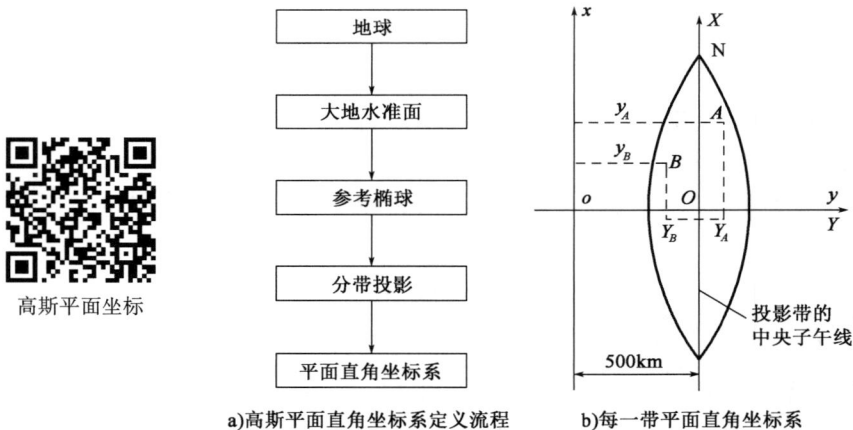

高斯平面坐标

a)高斯平面直角坐标系定义流程　　b)每一带平面直角坐标系

图 1-12　国家统一坐标

例如,位于第 19 带内的 B 点的高斯平面直角坐标 $x_B = 3\,275\,611.188\text{m}$,$y_B = -316\,543.211\text{m}$,则该点的国家统一坐标表示为 $X_B = 3\,275\,611.188\text{m}$,$Y_B = 19\,183\,456.789\text{m}$。

(5)邻带坐标换算。

在高斯投影中,为了限制长度变形,采用了分带投影的方法。由于各带独立投影,各带形成了独立的坐标系,在测量中若需要利用不同投影带的控制点,就必须进行两个坐标系之间的坐标换算,将不同带(坐标系)的点换算到同一坐标系中。另外,在大比例尺地形测量中,为了使投影变形在规定的限度内,往往要采用3°带或1.5°带投影,而国家控制点常是6°带坐标,这就产生了将6°带坐标换算为3°带坐标或1.5°带坐标的问题。这种相邻带和不同投影带之间的坐标换算,称为邻带坐标换算,简称坐标换带。

高斯投影采用经差6°或3°分带的方法来限制投影长度的变形,而分带投影却导致各带成为互相独立的平面直角坐标系。当线路(如高等级公路、铁道等工程)位于多个投影带内时,应将邻带的坐标换算成同一带的坐标后才能计算和应用,这称为坐标换带计算。

此方法适合1954北京坐标系、1980西安坐标系及CGCS2000坐标系的坐标换带计算。

5.高程系统

高程是指地面点沿基准线到基准面的距离。地面点位于基准面以上,高程为正;地面点位于基准面以下,高程为负。

根据选择的基准面和基准线的不同,可得到不同的高程系统,如图1-13a)所示。以大地水准面为基准面的高程称为绝对高程(简称高程),以假定大地水准面为基准面的高程称为相对高程。

高程系统

a)绝对高程与相对高程　　　　　　　　　　　　b)绝对高程的分类

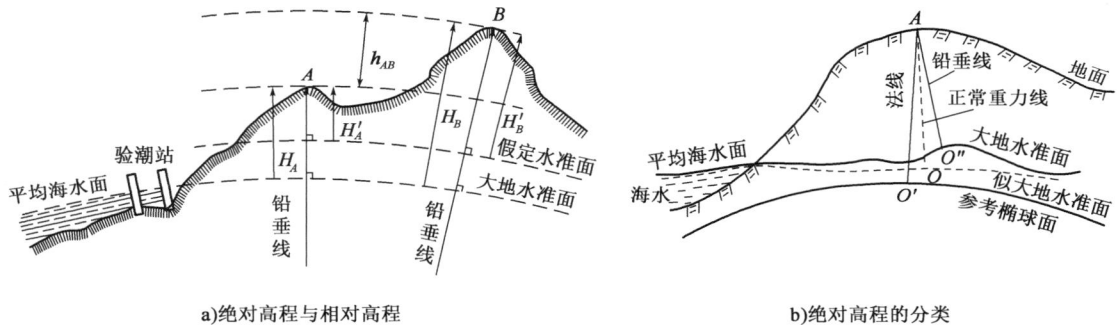

图1-13　高程与高差

如图1-13b)所示,绝对高程根据不同需求分为以下3类。

(1)正常高:地面上某点沿着铅垂线方向到似大地水准面(O)的距离。似大地水准面是最接近地球整体形状的重力位水准面。

(2)大地高:地面上某点沿着法线到参考椭球面(O')的距离。

(3)正高:地面上某点沿着铅垂线方向到大地水准面(O'')的距离。

两点同类高程之差称为高差。在以观测路线的前进方向为准的前提下,高差等于前视点高程减去后视点高程。

当前视点高于后视点时,高差为正;反之,高差为负。

三、我国常用的坐标系统

1.1954北京坐标系(北京54坐标系)

1954年我国完成了北京天文原点的测定,采用了克拉索夫斯基椭球参数(表1-1),并与苏联1942坐标系进行联测,建立北京54坐标系。该坐标系属于参心坐标系(即以参考椭球的几何中心为原点的大地坐标系),是苏联1942坐标系的延伸,大地原点位于苏联的普尔科沃。

2.1980 西安坐标系(西安 80 坐标系)

为了适应我国经济建设和国防建设发展的需要,我国在 1972—1982 年进行天文大地网平差时,建立了新的大地基准,相应的大地坐标系称为 1980 西安坐标系。大地原点位于陕西省西安市以北约 36km 处的泾阳县永乐镇。椭球参数采用 1979 年 IUGG 第 17 届大会推荐值(表 1-1)。

3.2000 国家大地坐标系(CGCS2000)

CGCS2000 是一种地心坐标系(即以地球质心为原点建立的空间直角坐标系),坐标原点在地球质心(包括海洋和大气的整个地球质量的中心),Z 轴指向由 BIH(国际时间服务机构)1984.0 所定义的协议地球极(CTP)方向,X 轴指向 BIH1984.0 所定义的零子午面与 CTP 赤道的交点,Y 轴按右手规则确定。椭球参数:长半轴 $a = 6\ 378\ 137\text{m}$,扁率 $f = 1/298.257\ 222\ 101$,地球自转角速度 $\omega = 7\ 292\ 115 \times 10^{-11}\text{rad/s}$,地心引力常数 $GM = 3\ 986\ 004.418 \times 10^{8}\text{m}^3/\text{s}^2$。经国务院批准,我国自 2008 年 7 月 1 日起启用 CGCS2000。

4. WGS-84 坐标系

WGS-84 坐标系是美国全球定位系统(Global Positioning System,GPS)采用的坐标系,属地心坐标系。WGS-84 坐标系采用 1979 年 IUGG 第 17 届大会推荐的椭球参数(表 1-1),WGS-84 坐标系的原点位于地球质心;Z 轴指向 BIH1984.0 定义的协议地球极(CTP)方向;X 轴指向 BIH1984.0 定义的零子午面和 CTP 赤道的交点;Y 轴垂直于 X、Z 轴,X、Y、Z 轴按右手规则构成直角坐标系。椭球参数:长半轴 $a = 6\ 378\ 137\text{m}$,扁率 $f = 1/298.257\ 223\ 563$。

5. 独立坐标系

独立坐标系分为地方独立坐标系和局部独立坐标系两种。基于方便实用的目的(如减少投影改正计算量),一个城市以当地的平均高程面为基准面,过当地中央的某一子午线为高斯投影带的中央子午线,构成地方独立坐标系。地方独立坐标系隐含着一个与当地平均高程面相对应的参考椭球,该椭球的中心、轴向和扁率与国家参考椭球相同,只是长半轴的值不一样。

大多数工程专用控制网均采用局部独立坐标系,对于范围不大的工程,一般选测区的平均高程面或某一特定高程面(如隧道的平均高程面、过桥墩顶的高程面)作为投影面,以工程的主要轴线为坐标轴。比如,隧道工程一般以贯通面的垂直方向、桥梁工程一般以桥轴线方向为 X 轴。

6. 高程基准

为了建立全国统一的高程系统,必须确定一个统一的高程基准面。通常采用平均海水面代替大地水准面作为高程基准面,平均海水面是通过验潮站多年验潮资料来求定的。我国根据青岛验潮站 1950—1956 年 7 年验潮资料求定的高程基准面叫作 1956 年黄海平均高程面,以此建立了 1956 年黄海高程系。我国自 1959 年开始,全国统一采用 1956 年黄海高程系。由于海洋潮汐长期变化周期为 18.6 年,经对 1952—1979 年验潮资料的计算,确定了新的平均海水面,称为 1985 国家高程基准。经国务院批准,我国自 1987 年开始采用 1985 国家高程基准。

为维护平均海水面的高程,必须设立与验潮站相联系的水准点作为高程起算点,这个水准点称为水准原点。我国水准原点设在青岛市观象山上,命名为"中华人民共和国水准原点",也称"青岛水准原点",全国各地的高程都以它为基准进行测算。

经与青岛大港验潮站联测,按 1956 年黄海高程系推算,水准原点的高程为 72.289m;按 1985 国家高程基准推算,水准原点高程为 72.260m。

第三节　用水平面代替水准面的限度

实际测量工作中,在一定的测量精度要求和测区面积不大的情况下,往往以水平面直接代替水准面,因此,应当了解地球曲率对水平距离、水平角、高程的影响,从而决定在多大面积范围内能容许用水平面代替水准面。在分析过程中,将大地水准面近似看成圆球,半径 $R = 6\,371\mathrm{km}$。

1. 水准面曲率对水平距离的影响

在图 1-14 中,$\overset{\frown}{AB}$ 为水准面上的一段圆弧,长度为 S,所对圆心角为 θ,地球半径为 R。自 A 点作圆弧 $\overset{\frown}{AB}$ 的切线 AC,长为 t。如果用切于 A 点的水平面代替水准面,即以切线段 AC 代替圆弧 $\overset{\frown}{AB}$,则在距离上将产生误差 ΔS 为

$$\Delta S = AC - \overset{\frown}{AB} = t - S$$

其中

$$AC = t = R\tan\theta$$

$$\overset{\frown}{AB} = S = R \cdot \theta$$

则

$$\Delta S = R\left(\frac{1}{3}\theta^3 + \frac{2}{15}\theta^5 + \cdots\right)$$

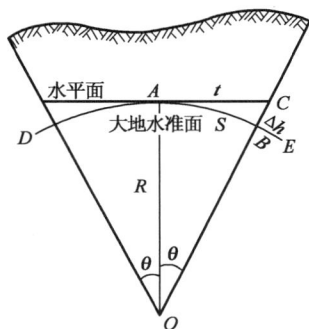

图 1-14　用水平面代替水准面

因 θ 值一般很小,故略去 5 次方及以上各项,并以 $\theta = \dfrac{S}{R}$ 代入,得

$$\Delta S = \frac{1}{3}\frac{S^3}{R^2} \text{ 或 } \frac{\Delta S}{S} = \frac{1}{3}\left(\frac{S}{R}\right)^2 \tag{1-5}$$

若取地球半径 $R = 6\,371\mathrm{km}$,并用不同 θ 值代入,可计算出水平面代替水准面所产生的距离误差和相对误差 $\left(K = \dfrac{\Delta S}{S}\right)$,见表 1-2。

水平面代替水准面对距离测量的影响　　　　　　　　　　　　　　表 1-2

距离 $S(\mathrm{km})$	距离误差 $\Delta S(\mathrm{cm})$	相对误差 K
1	0.00	—
5	0.10	1 : 5 000 000
10	0.82	1 : 1 219 512
15	2.77	1 : 541 516

从表 1-2 可见,当 $S = 10\mathrm{km}$ 时,$\dfrac{\Delta S}{S} = \dfrac{1}{1\,219\,512}$,小于目前精密距离测量的容许误差。因此可得出结论:在半径为 10km 的范围内进行距离测量工作时,用水平面代替水准面所产生的距离误差可以忽略不计。

2. 水准面曲率对水平角的影响

由球面几何三角学可知,同一个空间多边形在球面上投影的各内角之和,较其在平面上投

影的各内角之和大一个球面角超 ε，它的大小与图形面积成正比。其计算公式为

$$\varepsilon = \rho'' \frac{P}{R^2} \qquad (1\text{-}6)$$

式中：P——球面多边形面积；

R——地球半径；

$\rho'' = 206\ 265$。

以球面上不同面积代入式(1-6)，求出的球面角超见表1-3。

水平面代替水准面对角度的影响 表1-3

球面面积(km^2)	$\varepsilon('')$	球面面积(km^2)	$\varepsilon('')$
10	0.05	100	0.51
50	0.25	500	2.54

结果表明，当测区范围在 $100km^2$ 时，地球曲率对水平角的影响仅为 $0.51''$，这在普通测量工作中可以忽略不计。

3. 水准面曲率对高程的影响

图1-14中 BC 为水平面代替水准面产生的高程误差。令 $BC = \Delta h$，则

$$(R + \Delta h)^2 = R^2 + t^2$$

即

$$\Delta h = \frac{t^2}{2R + \Delta h}$$

上式中，可用 S 代替 t，Δh 与 $2R$ 相比可略去不计，故上式可写为

$$\Delta h = \frac{S^2}{2R} \qquad (1\text{-}7)$$

若以不同的距离 S 代入式(1-7)，则可得相应的高程误差，见表1-4。

水平面代替水准面的高程误差 表1-4

$S(m)$	10	50	100	200	500	1000
$\Delta h(mm)$	0.0	0.2	0.8	3.1	19.6	78.5

由表1-4可见，水平面代替水准面，在 200m 的距离时，对高程的影响即达 3.1mm。因此，地球曲率对高程的影响很大。在高程测量中，即使距离很短也必须考虑地球曲率的影响。

综上所述，在面积为 $100km^2$ 的范围内，不论进行水平距离还是水平角测量，都可以不考虑地球曲率的影响，在精度要求较低的情况下，这个范围还可以相应扩大。但地球曲率对高程测量的影响是不能忽视的。

第四节　测量工作的基本原则与内容

一、测量工作的基本原则

测量工作的主要任务是测绘地形图和施工放样。不论采用何种方法、使用何种仪器进行测定或放样，都会给其成果带来误差。为了防止测量误差的逐渐传递，累计增大到不能容许的

程度,要求测量工作遵循在布局上"由整体到局部"、在精度上"由高级到低级"、在次序上"先控制后碎部"、随时检查杜绝错误的原则。

二、测量工作的基本内容

测量工作有外业与内业之分。在野外利用测量仪器和工具测定地面点平面坐标和高程,两点的水平距离、角度、高差,称为测量的外业工作。在室内将外业的测量成果进行数据处理、计算和绘图,称为测量的内业工作。

如图 1-15 所示,设 A 为平面坐标和高程已知的点,直线 MA 的坐标方位角已知,B 点为待求点。在实际测量工作中,B 点的平面坐标和高程并不是直接测得的,而是通过观测水平角 β 和水平距离 D_{AB} 以及 AB 两点间的高差 h_{AB},再根据已知点 A 的平面坐标和高程,以及直线 MA 的坐标方位角,推算出来的。其中,通过观测而获得水平角的工作称为水平角观测;通过观测而获得距离的工作称为距离测量;通过观测而获得地面点间高差的工作称为高程测量。由此可见,在三维投影定位中,水平角、水平距离和高差是确定地面点位必不可少的三个基本要素,而与之对应的水平角观测、距离测量和高程测量是确定地面点位必不可少的三项基本测量工作。

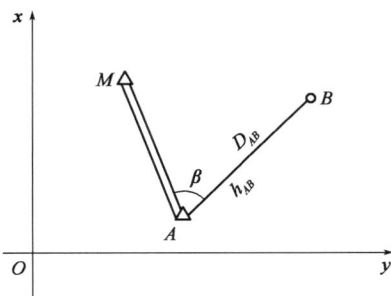

图 1-15 确定地面点位的三要素

综上所述,测量工作的基本内容是测角度、测距离、测高差,这些数据是研究地球表面上点与点之间相对位置的基础,即确定地面点位的三要素。而测图、放样、用图是土木工程专业工程技术人员的基本技能。

【思考题与习题】

1.测量学的基本任务是什么? 在你所学专业中起什么作用?

2.测定与测设有何区别?

3.何谓水准面? 何谓大地水准面? 大地水准面在测量工作中的作用是什么?

4.何谓高程? 何谓高差?

5.表示地面点位有哪几种坐标系统? 各有什么用途?

6.测量学中的平面直角坐标系与数学中的平面直角坐标系有何不同?

7.中华人民共和国大地原点位于东经 $108°55'25.00''$,试计算它所在 $6°$ 带及 $3°$ 带的带号,以及中央子午线的经度。

8.用水平面代替水准面,对水平距离、水平角和高程有何影响?

9.测量工作的原则是什么?

10.确定地面点位的三项基本测量工作是什么?

第二章

水准测量

【学习内容与要求】

本章学习水准测量原理、水准仪及其使用、水准测量的实施方法及成果整理。通过学习，了解自动安平水准仪、精密水准仪和电子水准仪；熟悉水准测量原理和微倾式水准仪的构造及使用方法，水准测量误差来源及注意事项；掌握地面点高程测量实施方法和成果计算。

测量地面上各点高程的工作称为高程测量。根据所使用的仪器和施测方法不同，高程测量分为水准测量、三角高程测量和 GNSS 高程测量等。其中，水准测量是高程测量中最基本的、精度较高的一种测量方法。本章将着重介绍水准测量原理、微倾式水准仪的构造和使用方法、普通水准测量的施测和国家三、四等水准测量等内容。

第一节　水准测量原理

水准测量是利用一条水平视线，并借助水准尺，来测定地面两点间的高差，这样就可由已知点的高程推算出未知点的高程。如图 2-1 所示，欲测定 A、B 两点之间的高差 h_{AB}，可在 A、B 两点分别竖立有刻划的尺子——水准尺，并在 A、B 两点之间安置一台能提供水平线的仪器——水准仪。根据仪器的水平视线,在 A 点尺上读数,设为 a,在 B 点尺上读数,设为 b,则 A、B 两点间的高差为

$$h_{AB} = a - b \qquad (2\text{-}1)$$

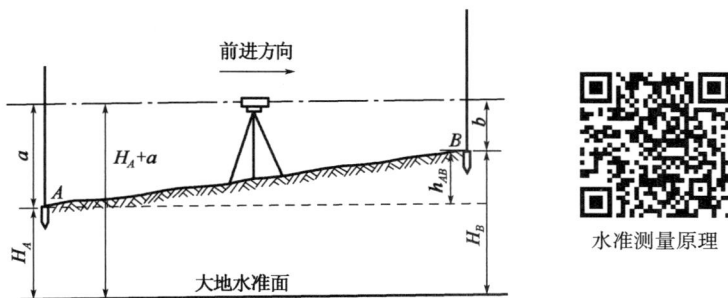

图 2-1 水准测量原理

如果水准测量是由 A 点到 B 点进行的,如图 2-1 中的箭头所示,A 点为已知高程点,故 A 点尺上读数 a 称为后视读数;B 点为欲求高程的点,则 B 点尺上读数 b 为前视读数,高差等于后视读数减去前视读数。$a > b$,高差为正;反之,为负。

若已知 A 点的高程 H_A,则 B 点的高程为

$$H_B = H_A + h_{AB} = H_A + (a - b) \qquad (2\text{-}2)$$

还可通过仪器的视线高 H_i 计算 B 点的高程,即

$$\begin{cases} H_i = H_A + a \\ H_B = H_i - b \end{cases} \qquad (2\text{-}3)$$

式(2-2)是直接利用高差 h_{AB} 计算 B 点高程的,称高差法;式(2-3)是利用仪器视线高程 H_i 计算 B 点高程的,称仪高法。当安置一次仪器要求测出若干个前视点的高程时,仪高法比高差法方便。当 A、B 两点相距较远或高差较大(图 2-2),安置一次仪器不能测定其间的高差值时,则必须在两点之间架设若干个临时的立尺点,作为高程传递的过渡点,并分段连续安置仪器、竖立水准尺,以此测定转点之间的高差,最后取其代数和,从而求得 A、B 两点间的高差。

$$h_{AB} = h_1 + h_2 + \cdots + h_n = \sum_{i=1}^{n} h_i \qquad (2\text{-}4)$$
$$h_1 = a_1 - b_1, h_2 = a_2 - b_2, \cdots, h_n = a_n - b_n$$
$$h_{AB} = (a_1 - b_1) + (a_2 - b_2) + \cdots + (a_n - b_n)$$
$$= (a_1 + a_2 + \cdots + a_n) - (b_1 + b_2 + \cdots + b_n)$$
$$= \sum_{i=1}^{n} a_i - \sum_{i=1}^{n} b_i$$

由此可见,在实际测量工作中,起点至终点的高差可由各段高差求和而得,也可利用所有后视读数之和减去前视读数之和而求得。

若已知 A 点的高程为 H_A,则 B 点的高程 H_B 为

$$H_B = H_A + h_{AB} = H_A + \sum_{i=1}^{n} h_i \qquad (2\text{-}5)$$

在观测过程中,中间的立尺点仅起传递高程的作用,这些点称为转点。转点无固定标志,无须算出其高程。

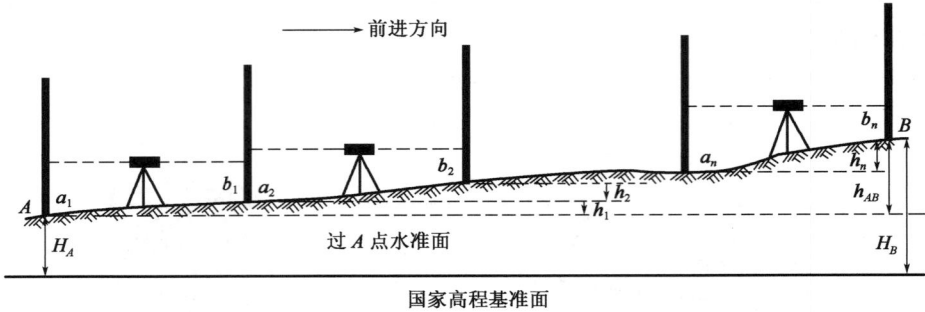

图 2-2　水准测量

第二节　水准仪及其使用

　　水准仪按其精度可分为 $DS_{0.5}$、DS_1、DS_3 和 DS_{10} 4 个等级。其中，D、S 分别为"大地测量"和"水准仪"汉语拼音的第一个字母；数字 0.5、1、3、10 是指仪器的精度，即每千米往返测高差中数的偶然中误差(毫米数)。DS_3 级和 DS_{10} 级水准仪称为普通水准仪，用于国家三、四等水准及普通水准测量；$DS_{0.5}$ 级和 DS_1 级水准仪称为精密水准仪，用于国家一、二等精密水准测量。由于一般工程测量和施工测量中广泛使用 DS_3 级水准仪，因此，本章将着重介绍这类仪器。

水准仪的主要构造　　水准仪轴系

一、光学水准仪

1. DS_3 级微倾式水准仪

　　根据水准测量的原理，水准仪的主要作用是提供一条水平视线，并能照准水准尺进行读数。因此，水准仪主要由望远镜、水准器及基座三部分构成。图 2-3 所示是我国生产的 DS_3 级微倾式水准仪。

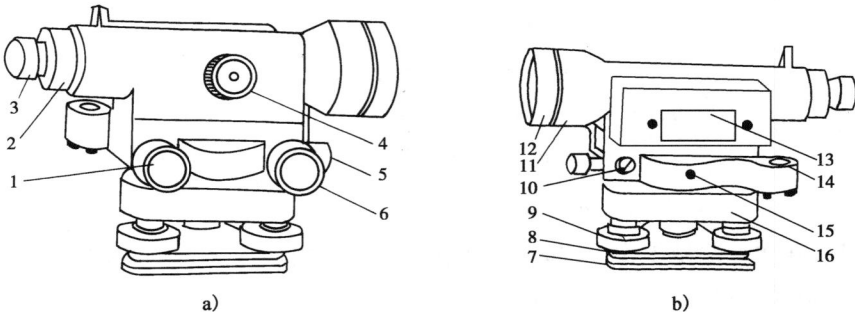

图 2-3　DS_3 级微倾式水准仪

1-微倾螺旋；2-分划板护罩；3-目镜；4-物镜对光螺旋；5-制动螺旋；6-微动螺旋；7-底板；8-三角压板；9-脚螺旋；10-弹簧帽；11-望远镜；12-物镜；13-管水准器；14-圆水准器；15-连接小螺栓；16-轴座

　　(1)望远镜。

　　图 2-4 所示是 DS_3 级水准仪望远镜构造图，它主要由物镜、目镜、调焦透镜和十字丝分划

板组成。物镜和目镜多采用复合透镜组,十字丝分划板上刻有两条互相垂直的长线,如图2-4中的7,竖直的一条称为竖丝,水平的一条称为中丝,是用来瞄准目标和读取读数的。在中丝的上下还对称地刻有两条与中丝平行的短横线,是用来测量距离的,称为视距丝。十字丝分划板是由平板玻璃圆片制成的,平板玻璃片装在分划板座上,分划板座由螺栓固定在望远镜筒上。

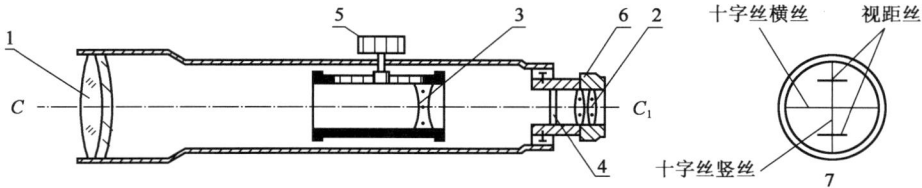

图 2-4 DS$_3$ 级水准仪望远镜构造

1-物镜;2-目镜;3-调焦透镜;4-十字丝分划板;5-物镜调焦螺旋;6-目镜调焦螺旋;7-十字丝放大像

十字丝交点与物镜光心的连线,称为视准轴或视线(图2-4中的C—C_1)。水准测量是在视准轴水平时,用十字丝的中丝截取水准尺上的读数。

图 2-5 所示为望远镜成像原理。DS$_3$ 级水准仪望远镜的放大倍率一般为 28 倍。

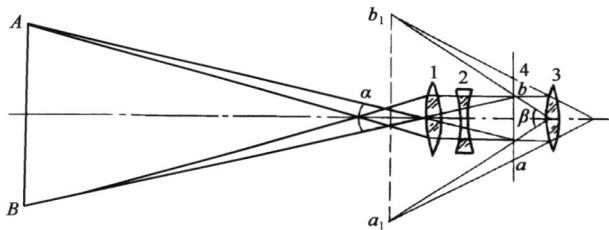

图 2-5 望远镜成像原理

1-物镜;2-对光凹透镜;3-目镜;4-十字丝平面

(2)水准器。

水准器是用来指示视准轴水平或仪器竖轴竖直的装置,有管水准器和圆水准器两种。管水准器用来指示视准轴水平;圆水准器用来指示竖轴竖直。

①管水准器。

管水准器又称水准管,是一纵向内壁磨成圆弧形(圆弧半径一般为 7~20m)的玻璃管,管内装有酒精和乙醚的混合液,加热融封冷却后留有一个气泡(图2-6)。由于气泡较轻,故恒处于管内最高位置。

微倾式水准仪在水准管的上方安装一组符合棱镜,如图2-7a)所示。通过符合棱镜的反射作用,使气泡两端的像反映在望远镜旁的符合气泡观察窗中。若气泡两端的半像吻合,则表示气泡居中,如图2-7b)所示。若气泡两端的半像错开,则表示气泡不居中,如图2-7c)所示。这时,应转动微倾螺旋,使气泡两端的半像吻合。

②圆水准器。

如图2-8所示,圆水准器顶面的内壁是球面,其中有圆分划

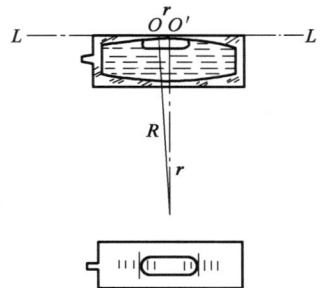

图 2-6 管水准器

17

圈,圆圈的中心为水准器的零点。通过零点的球面法线为圆水准器轴线,当圆水准器气泡居中时,该轴线处于竖直位置。由于它的精度较低,故只用于仪器的概略整平。

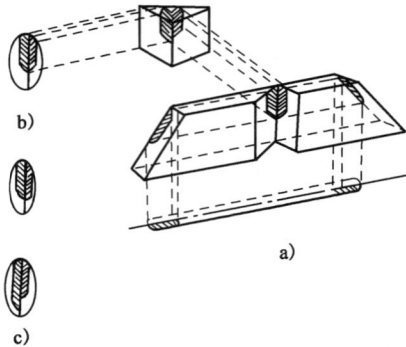

图 2-7 水准管的符合棱镜系统

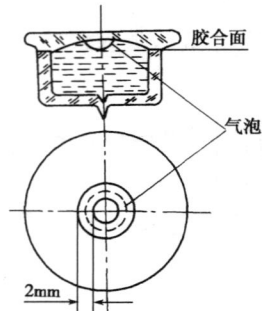

图 2-8 圆水准器

(3)基座。

基座的作用是支承仪器的上部并与三脚架连接。它主要由轴座、脚螺旋、底板和三角压板构成(图 2-3)。

2. 精密水准仪

精密水准仪的构造与 DS_3 级水准仪基本相同。其不同之处是:水准管分划值较小,一般为 $10''/2mm$;望远镜放大倍率较大,一般不小于 40 倍;望远镜的亮度高,仪器结构稳定,受温度变化影响小等。

精密水准仪上设有光学测微器用来提高精度,图 2-9 所示为其测微装置的示意图。它由平行玻璃板 P、传动杆、测微轮和测微分划尺等部件组成。平行玻璃板置于望远镜物镜前,其旋转轴 A 与平行玻璃板的两个平面相平行,并与望远镜的视准轴正交。平行玻璃板通过传动杆与测微分划尺相连。测微分划尺上有 100 个分格,它与水准尺上的一个分格(1cm 或 5mm)相对应,所以,测微时能精读到 0.1mm(或 0.05mm)。当平行玻璃板与视线正交时,视线将不受平行玻璃板的影响,对准水准尺上 B 处,读数为 148(cm) $+a$。转动测微轮带动传动杆,使平行玻璃板绕 A 轴俯仰一个小角,这时视线不再与平行玻璃板面垂直,而受平行玻璃板折射影响,出现上下平移。当视线下移对准水准尺上 148cm 分划时,从测微分划尺上可读出 a 的数值。

光学精密水准仪
测微尺原理

图 2-10 所示为我国靖江测绘仪器厂生产的 DS_1 级水准仪,光学测微器最小读数为 0.05mm。

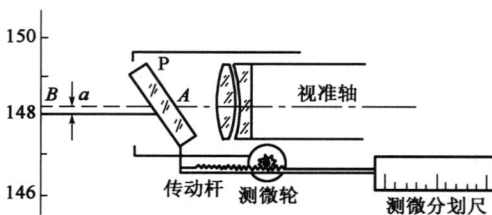

图 2-9 精密水准仪的测微装置

图 2-10 DS_1 级水准仪

1-目镜;2-测微尺读数目镜;3-物镜对光螺旋;
4-测微轮;5-倾斜螺旋;6-微动螺旋

3. 自动安平水准仪

自动安平水准仪不用符合水准器和微倾螺旋,只用圆水准器进行粗略整平,然后借助安平补偿器自动地把视准轴置平,读出视线水平时的读数。据统计,该仪器与普通水准仪比较,能提高观测速度约40%。

（1）自动安平原理。

如图2-11a)所示,当望远镜视准轴倾斜一个小角 α 时,由水准尺上的 a_0 点过物镜光心 O 所形成的水平线,不再通过十字丝中心 Z,而在离 Z 为 l 的 A 点处,显然

$$l = f \cdot \alpha \tag{2-6}$$

式中: f——物镜的等效焦距;

α——视准轴倾斜的小角。

在图2-11a)中,若在距十字丝分划板 S 处,安装一个补偿器 K,使水平光线偏转 β 角,以通过十字丝中心 Z,则

$$l = S \cdot \beta \tag{2-7}$$

故有

$$f \cdot \alpha = S \cdot \beta \tag{2-8}$$

这就是说,式(2-8)的条件若能得到保证,虽然视准轴有微小倾斜,但十字丝中心 Z 仍能读出视线水平时的读数 a_0,从而达到自动补偿的目的。

还有另一种补偿[图2-11b)],借助补偿器 K,将 Z 移至 A 处,这时视准轴所截取尺上的读数仍为 a_0。这种补偿器是将十字丝分划板悬吊起来,借助重力,在仪器微倾的情况下,十字丝分划板回到原来的位置,其自动安平的条件仍为式(2-8)。

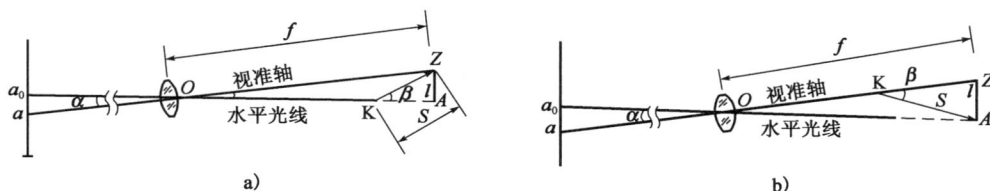

图2-11 自动安平原理

（2）自动安平水准仪的使用。

自动安平水准仪的操作方法和普通水准仪的操作方法一样,当自动安平水准仪经圆水准器粗平后,观测者在望远镜内观察警告指示窗是否全部呈绿色,若没有全部呈绿色,就不能进行水准尺读数,必须再调整圆水准器,直到警告指示窗全部呈绿色后,即视线在补偿器范围内,方可进行测量。

自动安平水准仪若长期未使用,则在使用前应检查补偿器是否失灵,可以转动脚螺旋,如果警告指示窗两端能分别出现红色,反转脚螺旋红色能消除,并由红转绿,说明补偿器摆动灵敏,阻尼器没有卡死,可以进行水准测量。否则需要检修仪器。

二、电子水准仪

电子水准仪又称数字水准仪,是以自动安平水准仪为基础,在望远镜光路中增加了分光镜和光电探测器(CCD),采用条码水准尺和图像处理系统构成的光机电测量一体化的水准仪,如图 2-12 所示。数字水准仪具有测量速度快、精度高、自动读数、自动记录存储测量数据、易于实现水准测量外内业一体化的优点，降低了测量工作者的劳动强度。

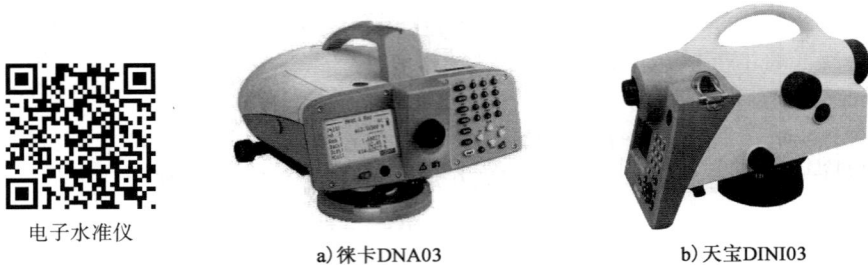

电子水准仪　　　　　a）徕卡DNA03　　　　　b）天宝DINI03

图 2-12　电子水准仪

目前，电子水准仪采用的自动电子读数方法有以下三种：相关法，如徕卡公司的 NA2002、NA3003、DNA10 和 DNA03 电子水准仪；几何位置法，如蔡司公司的 DiNi10、DiNi20 电子水准仪；相位法，如拓普康公司的 DL-101C、DL-102C 电子水准仪。

1. 电子水准仪的一般结构

电子水准仪的望远镜光学部分和机械结构与光学自动安平水准仪基本相同。图 2-13 所示为 NA2002 电子水准仪望远镜光学部分和主要部件的结构略图。图中的部件较自动安平水准仪多了调焦发送器、补偿器监视器、分光镜和线阵探测器。

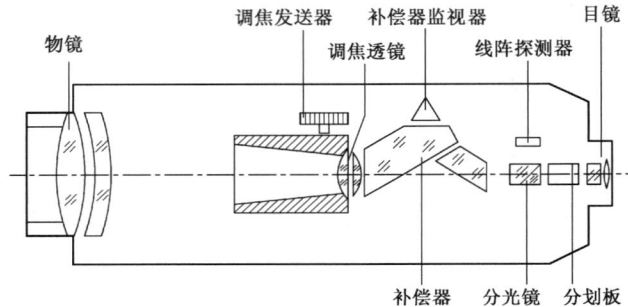

图 2-13　NA2002 电子水准仪望远镜光学部分和主要部件结构略图

调焦发送器的作用是测定调焦透镜的位置，由此计算仪器至水准尺的概略视距值。补偿器监视器的作用是监视补偿器在测量时的功能是否正常。分光镜的作用则是将经由物镜进入望远镜的光分离成红外光和可见光两个部分。红外光传送给线阵探测器作标尺图像探测的光源，可见光穿过十字丝分划板经目镜供观测员观测水准尺。基于 CCD 摄像原理的线阵探测器是仪器的核心部件之一，其长约 6.5mm，由 256 个光敏二极管组成。每个光敏二极管的口径约为 25μm，构成图像的一个像素。这样水准尺上进入望远镜的条码图像将分成 256 个像素，并以模拟的视频信号输出。

2. 相关法的基本原理

将线阵探测器获得的水准尺上的条码图像信号（即测量信号），与仪器内预先设置的"已知代码"（参考信息）按信号相关方法进行比对，使测量信号移动以达到两信号的最佳符合，从而获得标尺读数和视距读数。

进行数据相关处理时，要同时优化水准仪视线在标尺上的读数（参数 h）和仪器到水准尺

的距离(参数 d),因此,这是一个二维(d 和 h)的离散相关函数。为了求得函数的峰值,需要在整条尺子上搜索。在这样一个大范围内搜索最大相关值大约要计算 50 000 个相关系数,较为费时。为此,采用了粗相关和精相关两个运算阶段来完成此项工作。由于仪器距水准尺的远近不同时,水准尺图像在视场中的大小也不相同,因此,粗相关的一个重要步骤就是用调焦发送器求得概略视距值,将测量信号的图像缩放到与参考信号大致相同,即距离参数 d 由概略视距值确定,完成粗相关可使相关运算次数减少约 80%。然后按一定的步长完成精相关的运算工作,求得图像对比的最大相关值 h_0,即水平视准轴在水准尺上的读数,同时亦求得精确的视距值 d_0。

由相关计算的过程可知,计算方法可分为如下三个部分。

(1)调焦发送器:根据调焦量确定概略视距值,而不用在全部的视距范围内进行二维相关,可以减少约 80% 的计算量。

(2)粗相关:CCD 的 A/D 转换为一位,测量信号的一位灰度值与参考信号相关,确定一个大致的视距范围,计算量小,精度低。

(3)精相关:CCD 的 A/D 转换为八位,在粗相关确定的范围内进行高精度计算,确定高程和精确的视距读数。

相关法计算的硬件实现如图 2-14 所示。

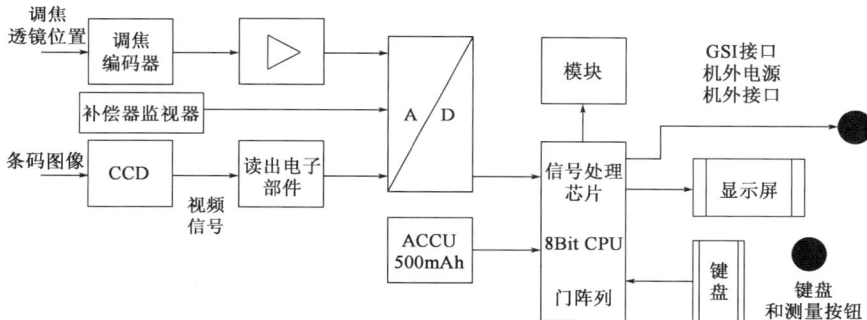

图 2-14　相关法计算的硬件实现

与光学水准仪相比,电子水准仪的主要不同点是在望远镜中安置了一个由光敏二极管构成的线阵探测器,采用数字图像识别,并配有条码水准尺。水准尺的分划用条纹编码代替厘米间隔的米制长度分划。线阵探测器将条码水准尺上的条码图像用电信号传输给信息处理机,信息处理后即可求得水平视线的水准尺读数和视距值,因此,电子水准仪将原有的由人眼观测读数彻底改变为由光电设备自动探测水平视准轴的水准尺读数。

三、水准尺和尺垫

国家三、四等水准测量或普通水准测量所使用的水准尺是用干燥木料或玻璃纤维合成材料制成的,一般长 3~5m,按其构造不同可分为折尺、塔尺、直尺等。折尺可以对折,塔尺可以缩短,这两种尺运输方便,但用旧后接头处容易损坏,影响尺长的精度,所以,三、四等水准测量规定只能用直尺。水准尺一般式样如图 2-15 所示。

三、四等水准测量采用的是尺长为 2m 或 3m、以厘米为分划单位的区格式木质双面水准尺。双面水准尺的一面分划黑白相间,称为黑面尺(也叫主尺),另一面分划红白相间,称为红面尺(也叫辅助尺)。黑面分划的起始数字为0,而红面底部起始数字不是0,一般为4 687mm或4 787mm。为使水准尺能更精确地处于竖直位置,可在水准尺侧面装一圆水准器。

作为转点用的尺垫[图2-16a)]用生铁铸成,一般为三角形,中央有一凸起的圆顶,水准尺放于圆顶上,下有三尖脚可以插入土中。尺垫应重而坚固,方能稳定。在土质松软地区,尺垫不易放稳,可用尺桩[或称尺钉,图2-16b)]作为转点,尺桩长约30cm,粗2~3cm,使用时打入土中,比尺垫稳固,但每次需用力打入,用后需拔出。

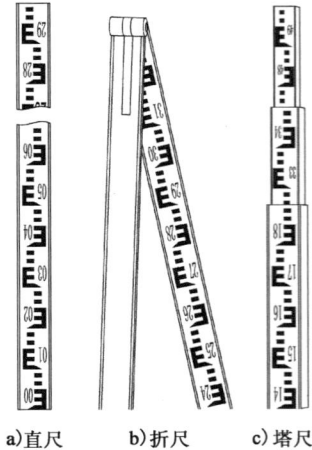

图 2-15　水准尺一般式样　　　　　图 2-16　尺垫与尺桩

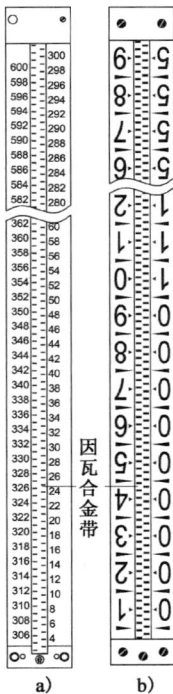

a)直尺　b)折尺　c)塔尺　　　　　a)尺垫　b)尺桩

一、二等精密水准测量使用尺长更稳定的因瓦水准尺,这种水准尺的分划是漆在因瓦合金带上的,因瓦合金带则以一定的拉力引张在木质尺身的沟槽中。这样因瓦合金带的长度不会受木质尺身伸缩变形的影响。

因瓦水准尺的分格值有10mm和5mm两种。分格值为10mm的因瓦水准尺如图2-17a)所示,它有两排分划,尺面右边一排分划注记从0~300cm,称为基本分划;左边一排分划注记从300~600cm,称为辅助分划;同一高度的基本分划与辅助分划读数相差一个常数,称为基辅差,通常又称尺常数。水准测量作业时,可以用尺常数检查读数的正确性。

分格值为5mm的因瓦水准尺[图2-17b)]也有两排分划,但两排分划彼此错开5mm,所以,实际上左边是单数分划,右边是双数分划,也就是单数分划和双数分划各占一排,而没有辅助分划。

木质尺面右边注记的是米数,左边注记的是分米数,整个注记从0.1~5.9m,实际分格值为5mm,分划注记比实际数值大了1倍,所以,用这种水准尺所测得的高差值必须除以2才是实际的高差值。

与电子水准仪相配套的是条码水准尺(图2-18),其条码设计随电子读数方法的不同而异,目前采用的条纹编码方式有二进制码条

图 2-17　因瓦水准尺

a)　b)

码、几何位置测量条码、相位差法条码等。

条码水准尺一般用玻璃纤维合成材料制成,重量轻,坚固耐用;采用条形码(属于二进制码)。测量时注意水准尺不能被障碍物(如树枝等)遮挡或者抖动,因为水准尺影像不完整或不稳定会对读数有较大影响。

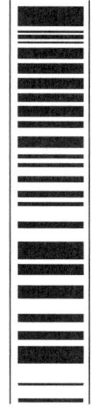

四、水准仪的使用

微倾式水准仪的基本操作包括安置水准仪、粗略整平、瞄准、精确整平和读数等步骤。

1. 安置水准仪

在测站上打开三脚架,张开三脚架使其高度适中且架头大致水平,检查脚架腿是否安置稳固,脚架伸缩螺旋是否拧紧。然后从仪器箱中取出水准仪,安放在三脚架头上,一手握住仪器,一手立即将三脚架中心连接螺旋旋入仪器基座的中心螺孔中,适度旋紧,使仪器固定在三脚架头上。

图 2-18　条码水准尺

水准仪的使用

2. 粗略整平

粗平是借助圆水准器的气泡居中,使仪器竖轴大致铅直,从而保证视准轴粗略水平。如图 2-19a)所示,若气泡未居中而位于 a 处,则先按图上箭头所示方向用两手相对转动脚螺旋①和②,使气泡移到 b 位置[图 2-19b)],再转动脚螺旋③,即可使气泡居中。在整平的过程中,气泡的移动方向与左手大拇指运动的方向一致。

需要注意的是,因脚螺旋调节幅度有限,如果架头倾斜过大,必须先调节脚架,再调节脚螺旋。

3. 瞄准

首先进行目镜对光,即把望远镜对着明亮的背景,转动目镜对光螺旋,使十字丝清晰,再松开制动螺旋,转动望远镜,用望远镜筒上的照门和准星瞄准水准尺,拧紧制动螺旋;然后从望远镜中观察,转动物镜对光螺旋进行对光,使目标清晰,再转动左右微动螺旋,使竖丝对准水准尺。

当眼睛在目镜端上下微微移动时,若发现十字丝与目标像有相对运动,如图 2-20a)所示,这种现象称为视差。产生视差的原因是目标成像的平面和十字丝平面不重合。由于视差的存在会影响读数的正确性,必须消除视差。消除的方法是重新仔细地进行物镜对光,直到眼睛上下移动,读数不变为止。此时,从目镜端见到十字丝与目标像都十分清晰,如图 2-20b)所示。

视差现象及消除

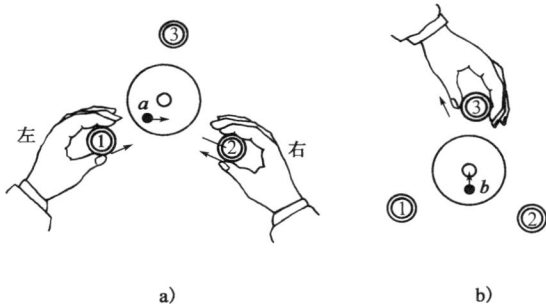

| a) | b) | a)有视差现象 | b)没有视差现象 |

图 2-19　圆水准器整平方法　　　　　　图 2-20　视差产生原因

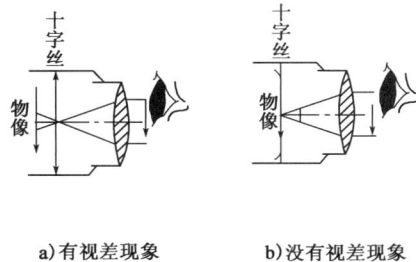

4. 精确整平和读数

读数之前应用微倾螺旋调整水准管气泡居中,使视线精确水平。由于气泡的移动有惯性,所以,转动微倾螺旋的速度不能快,在符合水准器的两端气泡影像将要对齐的时候尤应注意。

仪器精确整平后即可在水准尺上读数。为了保证读数的准确性,并提高读数的速度,可以首先看好厘米的估读数(即毫米数),然后将全部读数报出。一般习惯是报 4 个数字,即米、分米、厘米、毫米,并且以毫米为单位。如图 2-21 所示,水准尺的读数为 1 629mm。

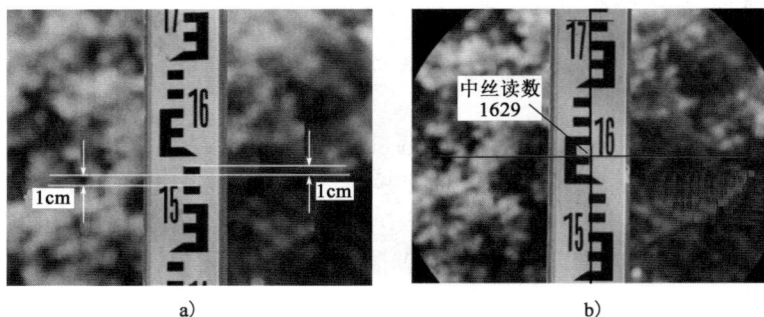

图 2-21　水准仪读数

带有光学测微器的水准仪,使用因瓦水准尺。在仪器精平后,十字丝横丝往往不是恰好对准水准尺上某一整分划线,这时转动测微螺旋,使视线上、下移动,使十字丝的楔形丝正好夹住一个整分划线,此时水平视线在水准尺的全部读数应为分划线读数加上测微器读数。图 2-22 是 N3 水准仪的读数视场图,读数为 14 865(即 1.486 5m)。图 2-23 是 S1 型水准仪的读数视场图,读数为 19 815(即 1.981 5m)。

精确整平和读数虽是两项不同的操作步骤,但在水准测量的实施过程中,却把两项操作视为一个整体。即每次读数时都要先精平后读数,只有这样,才能获得准确的读数。

用数字水准仪进行水准测量,需配合相应的条码水准尺。仪器的安置、整平、照准、调焦等步骤与光学水准仪一样。测量时,选取好测量模式,瞄准水准尺,点击测量键开始测量,仪器将同时测量距离和水准尺上的读数,距离和高差等结果即可显示在屏幕上,并可按记录键保存测量结果。

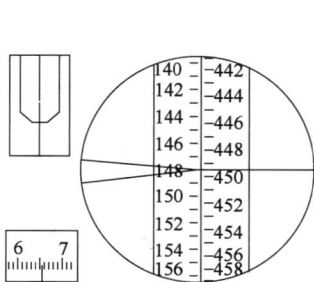

图 2-22　N3 水准仪的读数视场图

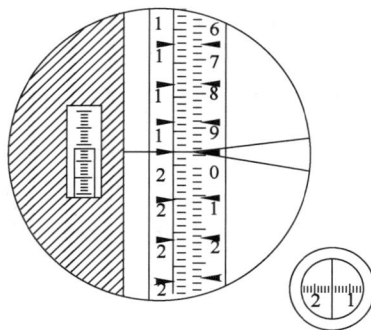

图 2-23　S1 型水准仪的读数视场图

数字水准仪也可像普通自动安平水准仪一样配合分划水准尺使用,不过这时的测量精度低于电子测量的精度。

第三节 普通水准测量实施及成果处理

一、水准点和水准路线

1. 水准点

为了统一全国的高程系统和满足各种测量的需要,测绘部门在全国各地埋设并测定了很多不同等级的高程点,这些点称为水准点(Bench Mark,BM)。水准测量通常是从水准点引测其他点的高程。水准点有永久性和临时性两种。国家等级水准点如图 2-24 所示,一般用石料或钢筋混凝土制成,深埋到地面冻结线以下。在标石的顶面设有用不锈钢或其他不易锈蚀的材料制成的半球状标志。有些水准点也可设置在稳定的墙脚上,称为墙上水准点,如图 2-25 所示。

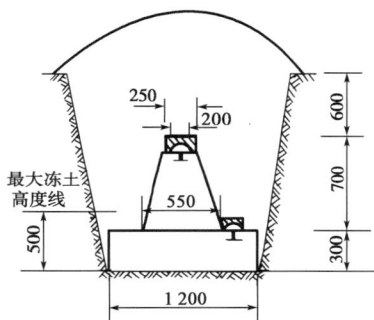

图 2-24 国家等级水准点(尺寸单位:mm)

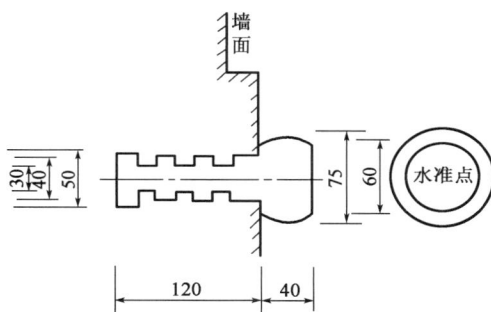

图 2-25 墙上水准点(尺寸单位:mm)

工地上的永久性水准点一般用混凝土或钢筋混凝土制成,其式样如图 2-26a)所示。临时性水准点可用地面上凸出的坚硬岩石或将木桩打入地下,桩顶钉以半球形铁钉,如图 2-26b)所示。

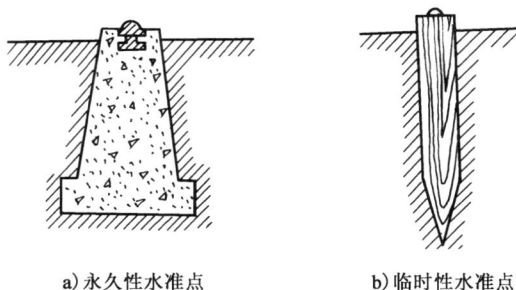

a) 永久性水准点 b) 临时性水准点

图 2-26 一般水准点

埋设水准点后,应绘出水准点与附近固定建筑物或其他地物的关系图,图上还要写明水准点的编号和高程,称为点之记,以便于日后寻找水准点位置之用。

2. 水准路线

在两水准点之间进行水准测量所经过的路线称为水准路线。根据测区情况的不同,水准路线可布设成以下几种形式。

（1）闭合水准路线。

如图 2-27a）所示，从某一已知水准点 BM_I 开始，沿各高程待定的水准点 1、2、3、4 进行水准测量，最后仍回到原水准点 BM_I，称为闭合水准路线。沿闭合环进行水准测量时，各段高差的总和理论上应等于零，以此作为水准测量正确与否的检验标准。

（2）附合水准路线。

如图 2-27b）所示，从已知水准点 BM_I 出发，沿各高程待定的水准点 1、2、3 进行水准测量，最后附合到另一个已知高程的水准点 BM_{II} 上，称为附合水准路线。在其上进行水准测量所得各段的高差总和理论上应等于两端已知水准点间的高差，以此作为水准测量正确与否的检验标准。

（3）支水准路线。

如图 2-27c）所示，从一个已知高程的水准点 BM_I 出发，沿各高程待定的水准点 1、2 进行水准测量，其路线既不闭合又不附合，称为支水准路线。对支水准路线应进行往、返水准测量，往测高差总和与返测高差总和绝对值应相等，而符号相反，以此作为支水准路线测量正确与否的检验标准。

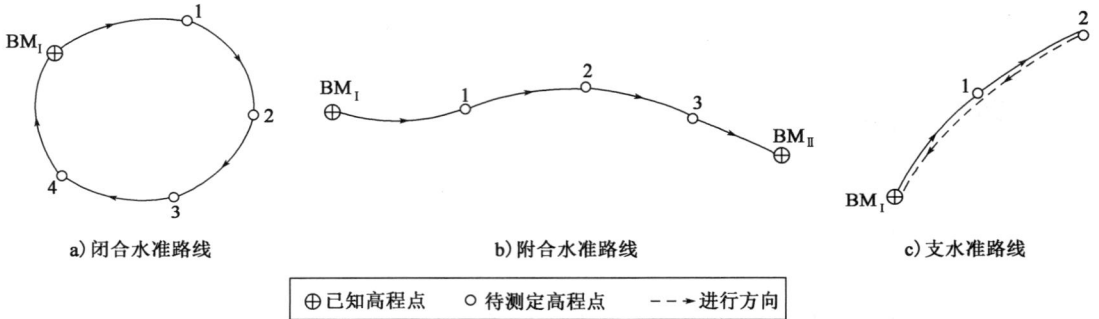

a）闭合水准路线　　　　　　　b）附合水准路线　　　　　　　c）支水准路线

⊕已知高程点　　○待测定高程点　　- - ➤进行方向

图 2-27　水准路线

二、相邻水准点间水准测量实施

一般情况下，从一已知高程的水准点出发，要用连续水准测量的方法，才能算出另一待定水准点的高程，如图 2-28 所示，当欲测的高程点距水准点较远或高差较大时，就需要设置转点（ZD），连续多次安置仪器以测出两点的高差。已知 BM_A 的高程为 27.354m，欲测定 BM_B 的高程。首先将水准仪安置在与 BM_A 和 ZD_1 点约等距离的测站 I 上，水准仪粗平、瞄准、精平后对 BM_A 尺的后视读数为 1.467m，转动望远镜瞄准 ZD_1 尺，精平后对 ZD_1 尺的前视读数为 1.124m，将后视读数和前视读数记入表 2-1 中，BM_A 和 ZD_1 的高差为 +0.343m，填入高差栏中。水准仪由测站 I 搬到测站 II，BM_A 上水准尺搬到 ZD_2 上，ZD_1 上的水准尺、尺垫不动，将尺面转向水准仪，和测站 I 一样在 ZD_1 上读得后视读数为 1.385m，ZD_2 上的前视读数为 1.674m，则 ZD_1 和 ZD_2 之间的高差为 -0.289m。依次测出各段的高差，将所有的前视读数、后视读数和高差填入表 2-1 中。

按 $\sum a - \sum b = \sum h$，检查 BM_A、BM_B 之间的高差计算有无错误。最后按已知 BM_A 的高程计算 BM_B 的高程 H_B 为

$$H_B = 27.354 + 0.828 = 28.182(\text{m})$$

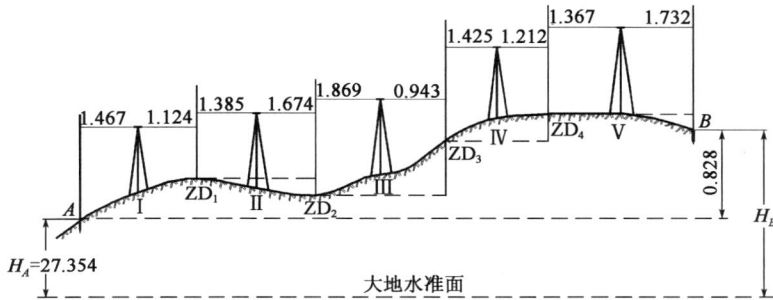

图 2-28　水准测量的实施(尺寸单位:m)

水准测量手簿　　　　　　　　　　　　　　　　　表 2-1

日期＿＿＿＿＿＿　　　　　　仪器＿＿＿＿＿＿　　　　　观测＿＿＿＿＿＿

天气＿＿＿＿＿＿　　　　　　地点＿＿＿＿＿＿　　　　　记录＿＿＿＿＿＿

测点		水准尺读数(m)		高差(m)		高程	备注
		后视 a	前视 b	+	−	(m)	
BM_A		1.467		0.343		27.354	
ZD_1		1.385	1.124		0.289		
ZD_2		1.869	1.674	0.926			
ZD_3		1.425	0.943	0.213			
ZD_4		1.367	1.212		0.365		
BM_B			1.732			28.182	
计算校核	Σ	7.513	6.685	1.482	0.654		
		$\sum a - \sum b = +0.828$		$\sum h = +0.828$			

上述水准测量称为往测。为保证观测的质量,一般要求用同样的方法返测一次,两次观测的高差不符值在误差容许范围内,方可取平均值作为最后结果。

三、水准测量的检核方法

1. 计算检核

由式(2-5)可知,B 点对 A 点的高差等于各转点之间高差的代数和,也等于后视读数之和减去前视读数之和,因此,此式可用作计算的检核。表 2-1 中,

$$\sum h = +0.828(\text{m})$$

$$\sum a - \sum b = 7.513 - 6.685 = +0.828(\text{m})$$

这说明高差计算是正确的。

终点 B 的高程 H_B 减去 A 点的高程 H_A,也应等于 $\sum h$,即

$$H_B - H_A = \sum h$$

在表 2-1 中为

$$28.182 - 27.354 = +0.828(\text{m})$$

这也说明高程计算是正确的。

27

计算检核只能检查计算是否正确,并不能检核观测和记录时是否产生错误。

2. 测站检核

如上所述,B 点的高程是根据 A 点的已知高程和转点之间的高差计算出来的。若其中测错任何一个高差,B 点高程就不会正确。因此,对每一站的高差,都必须采取措施进行检核。这种检核称为测站检核。测站检核通常采用变动仪器高法或双面尺法。

(1)变动仪器高法。在同一个测站上用两次不同的仪器高度,测得两次高差以相互比较进行检核。即测得第一次高差后,改变仪器高度(应大于 10cm)重新安置,再测一次高差。两次所测高差之差不超过容许值(例如等外水准容许值为 6mm),则认为符合要求,取其平均值作为最后结果,否则必须重测。

(2)双面尺法。仪器的高度不变,而立在前视点和后视点上的水准尺分别用黑面和红面各进行一次读数,测得两次高差,相互比较进行检核。若同一水准尺红面与黑面读数(加常数后)之差不超过 3mm,且两次高差之差未超过 5mm,则取其平均值作为该测站观测高差。否则,需要查明原因,重新观测。

四、水准测量的成果整理

水准测量的外业工作结束后,应按水准路线的形式进行成果整理,计算水准路线的高差闭合差和进行高差闭合差的分配,最后计算各点的高程。以上工作,称为水准测量的内业。

1. 计算高差闭合差

在水准测量中,由于测量误差的影响,水准路线的实测高差值与理论值可能不符合,其差值称为高差闭合差,用 f_h 表示。高差闭合差的计算随水准路线形式的不同而异。

(1)闭合水准路线。

闭合水准路线的高差总和的理论值应为零,即 $\sum h_{理} = 0$,由于存在测量误差,闭合水准路线的实测高差总和 $\sum h_{测}$ 不等于零,其闭合差为

$$f_h = \sum h_{测} \tag{2-9}$$

(2)附合水准路线。

附合水准路线的起、终点高程 $H_{终}$、$H_{起}$ 之差即为高差理论值,即

$$\sum h_{理} = H_{终} - H_{起} \tag{2-10}$$

附合水准路线实测高差的总和 $\sum h_{测}$ 和理论高差之差,即是附合水准路线的高差闭合差,其值为

$$f_h = \sum h_{测} - (H_{终} - H_{起}) \tag{2-11}$$

(3)支水准路线。

支水准路线一般均需要往、返观测。其往、返测得到的高差代数和在理论上应等于零。实际由于测量误差的存在,往、返测的高差代数和不等于零,其闭合差为

$$f_h = \sum h_{往} + \sum h_{返} \tag{2-12}$$

当闭合差在容许误差的范围之内时,认为精度合格,成果可用。否则,应查明原因进行重测,直到符合要求为止。

普通水准测量高差闭合差的容许值如下：

平原、微丘区 $\qquad\qquad\qquad\qquad f_{h容} = \pm 30\sqrt{L}$ (2-13)

山岭、重丘区 $\qquad\qquad\qquad f_{h容} = \pm 12\sqrt{n}$，或 $f_{h容} = \pm 45\sqrt{L}$ (2-14)

式中：$f_{h容}$——容许高差闭合差，mm；

$\qquad L$——水准路线长度，km；

$\qquad n$——测站数。

2. 分配高差闭合差

当 $|f_h| < |f_{h容}|$ 时，说明水准测量的成果合格，可进行高差闭合差的分配。对于闭合和附合水准路线，按与水准路线长度 L 或测站数 n 成正比的关系，将高差闭合差反符号分配到各段高差上，使改正后的高差和满足理论值要求。

对于支水准路线，则用 $h = \dfrac{1}{2}(\sum h_往 - \sum h_返)$ 计算高差。

3. 计算各点的高程

用改正后的高差，计算各待定点的高程。

【例 2-1】　如图 2-29 所示，A、B 为两个水准点。A 点高程为 56.345m，B 点高程为 59.039m。各测段的高差观测值见表 2-2。试计算 1、2、3 点的高程。

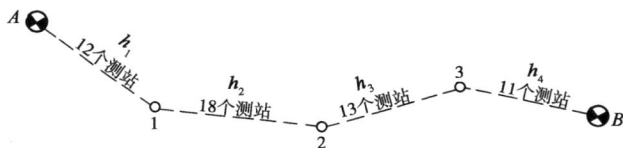

图 2-29　附合水准路线观测成果略图

解：(1)高差闭合差的计算。

$$f_h = \sum h_测 - (H_B - H_A) = 2.741 - (59.039 - 56.345) = +0.047(\text{m})$$

设测区为山地，故

$$f_{h容} = \pm 12\sqrt{n} = \pm 12\sqrt{54} = \pm 88(\text{mm})$$

$|f_h| < |f_{h容}|$，其精度符合要求。

(2)高差闭合差的调整。

在同一条水准路线上，假设观测条件是相同的，可认为各站产生误差的机会是相同的，故闭合差的调整按与测站数成正比例反符号分配的原则进行。本例中，测站数 $n = 54$，故每一站的高差改正数为

$$-\frac{f_h}{n} = -\frac{47}{54} = -0.87(\text{mm})$$

各测段的改正数，按测站数计算，分别列入表 2-2 中的第(5)栏内。改正数总和的绝对值应与闭合差的绝对值相等。第(4)栏中的各实测高差分别加第(5)栏内改正数后，便得到改正后的高差，列入第(6)栏。最后求改正后的高差代数和，其值应与 A、B 两点的高差 $(H_B - H_A)$ 相等，否则，说明计算有误。

(3)各点高程的计算。

根据检核过的改正后高差，由起始点 A 开始，逐点推算出各点的高程，列入第(7)栏中。

最后算得 B 点高程应与已知的高程 H_B 相等，否则说明高程计算有误。

水准测量成果计算　　　　　　　　　　　　　　　　　　　　　表 2-2

测段编号	测点	测站数	实测高差（m）	改正数（m）	改正后的高差（m）	高程（m）	备注
（1）	（2）	（3）	（4）	（5）	（6）	（7）	（8）
1	A	12	+2.785	−0.010	+2.775	56.345	
2	1	18	−4.369	−0.016	−4.385	59.120	
3	2	13	+1.980	−0.011	+1.969	54.735	
4	3	11	+2.345	−0.010	+2.335	56.704	
	B					59.039	
	Σ	54	+2.741	−0.047	+2.694		
辅助计算		$f_h = +47\text{mm}, n = 54, -f_h/n = -0.87\text{mm}, f_{h容} = \pm 12\sqrt{54} = \pm 88\text{mm}$					

第四节　国家三、四等水准测量

在地形测图和施工测量中，多采用三、四等水准测量作为首级高程控制。

三、四等水准路线的布设，在加密国家控制点时，多布设为附合水准路线；在独立测区作为首级高程控制时，应布设成闭合水准路线形式；而在山区、带状工程测区，可布设为支水准路线。

三、四等水准测量的精度较普通水准测量的精度高，每一站读完读数后，计算各指标是否满足表 2-3 的要求，合格后再迁站。三、四等水准测量的水准尺，通常采用木质的两面有分划的红黑面双面标尺，表中的黑红面读数差，即指一根标尺的两面读数去掉常数之后所容许的差数。

水准测量观测的主要技术指标　　　　　　　　　　　　　　表 2-3

测量等级	仪器类型	水准尺类型	视线长（m）	前后视距差（m）	前后视累积差（m）	视线离地面最低高度（m）	基辅（黑红）面读数差（mm）	基辅（黑红）面高差较差（mm）
三等	DS_1	因瓦	≤100	≤3	≤6	≥0.3	≤1.0	≤1.5
	DS_2	双面	≤75				≤2.0	≤3.0
四等	DS_3	双面	≤100	≤5	≤10	≥0.2	≤3.0	≤5.0
五等	DS_3	单面	≤100	≤10	—	—	—	≤7.0

1. 测站观测程序

照准后视标尺黑面，按下、上、中丝读数；

照准前视标尺黑面，按下、上、中丝读数；

照准前视标尺红面，按中丝读数；

照准后视标尺红面,按中丝读数。

这样的顺序简称为"后—前—前—后"(黑、黑、红、红)。

四等水准测量每站观测顺序也可为"后—后—前—前"(黑、红、黑、红)。

三、四等水准测量的观测记录及计算的示例见表2-4。

无论何种顺序,视距丝和中丝的读数均应在仪器精平时读取。

2. 计算与校核

首先将观测数据(1)、(2)……(8)按表2-4的形式记录。

(1)视距计算。

后视距:$(9) = 100[(1) - (2)]$

前视距:$(10) = 100[(4) - (5)]$

前后视距差值:$(11) = (9) - (10)$,此值应符合表2-3的要求。

视距差累积值:$(12) = $ 前站$(12) + $ 本站(11),其值应符合表2-3的要求。

(2)高差计算。

先进行同一标尺红、黑面读数校核,后进行高差计算。

前视黑、红读数差:$(13) = K_{106} + (6) - (7)$

后视黑、红读数差:$(14) = K_{105} + (3) - (8)$

(13)(14)应等于零,不符值应满足表2-3的要求,否则应重新观测。

三、四等水准测量记录、计算表(双面尺法)　　　　表2-4

测站编号	后尺 上丝 / 下丝	前尺 上丝 / 下丝	方向及尺号	标尺读数		$K+$黑$-$红	高差中数	备注
	后视距	前视距		黑面	红面			
	视距差 d	$\sum d$						
	(1)	(4)	后	(3)	(8)	(14)		
	(2)	(5)	前	(6)	(7)	(13)		
	(9)	(10)	后—前	(15)	(16)	(17)	(18)	
	(11)	(12)						
1 (BM$_1$—ZD$_1$)	1.571	0.739	后 105	1.384	6.171	0		K为水准尺常数,如 $K_{105}=4.787$, $K_{106}=4.687$
	1.197	0.363	前 106	0.551	5.239	-1		
	37.4	37.6	后—前	$+0.833$	$+0.932$	$+1$	$+0.8325$	
	-0.2	-0.2						
2 (ZD$_1$—ZD$_2$)	2.121	2.196	后 106	1.934	6.621	0		
	1.747	1.821	前 105	2.008	6.796	-1		
	37.4	37.5	后—前	-0.074	-0.175	$+1$	-0.0745	
	-0.1	-0.3						
3 (ZD$_2$—ZD$_3$)	1.914	2.055	后 105	1.726	6.513	0		
	1.539	1.678	前 106	1.866	6.554	-1		
	37.5	37.7	后—前	-0.140	-0.041	$+1$	-0.1405	
	-0.2	-0.5						

续上表

测站编号	后尺 上丝 下丝 / 后视距 / 视距差 d	前尺 上丝 下丝 / 前视距 / ∑d	方向及尺号	标尺读数 黑面	标尺读数 红面	K+黑−红	高差中数	备注
4 (ZD₃—ZD₄)	1.965	2.141	后106	1.832	6.519	0		K为水准尺常数,如 $K_{105}=4.787$, $K_{106}=4.687$
	1.700	1.874	前105	2.007	6.793	+1		
	26.5	26.7	后—前	−0.175	−0.274	−1	−0.1745	
	−0.2	−0.7						
5 (ZD₄—BM₂)	1.540	2.813	后105	1.304	6.091	0		
	1.069	2.357	前106	2.585	7.272	0		
	47.1	45.6	后—前	−1.281	−1.181	0	−1.2810	
	+1.5	+0.8						
每页检核								

黑面高差:(15) = (3) − (6)

红面高差:(16) = (8) − (7)

黑、红面高差之差:(17) = (15) − (16) ±0.100

计算校核:(17) = (14) − (13)

平均高差:(18) = $\frac{1}{2}${(15) + [(16) ±0.100]}

式中,0.100 为单、双号两尺常数 K 值之差。

(3)计算的校核。

分别计算后视红、黑面读数总和与前视红、黑面读数总和之差,它应等于红、黑面高差之和。对于测站数为偶数:

$$\sum [(3) + (8)] - \sum [(6) + (7)] = \sum [(15) + (16)] = 2 \sum (18)$$

对于测站数为奇数:

$$\sum [(3) + (8)] - \sum [(6) + (7)] = \sum [(15) + (16)] = 2 \sum (18) ± 0.100$$

视距部分,后视距总和与前视距总和之差应等于末站视距差累积值。校核无误后,可计算水准路线的总长度 $L = \sum (9) + \sum (10)$。

3. 成果计算

在完成一测段单程测量后,须立即计算其高差总和。完成一测段往、返测后,应立即计算高差闭合差,进行成果检核。其高差闭合差应符合表2-5的规定。然后对闭合差进行调整,最后按调整后的高差计算各水准点的高程。

水准测量的主要技术指标 表2-5

测量等级	往返较差、附合或环线闭合差(mm) 平原、微丘	往返较差、附合或环线闭合差(mm) 重丘、山岭	检测已测测段高差之差(mm)
四等	≤20 $\sqrt{l}$	≤6.0 $\sqrt{n}$ 或≤25 $\sqrt{l}$	≤30 $\sqrt{L_i}$
五等	≤30 $\sqrt{l}$	12$\sqrt{n}$ 或≤45 $\sqrt{l}$	≤40 $\sqrt{L_i}$

注:计算往返较差时,l 为水准点间的路线长度(km);计算附合或环线闭合差时,l 为附合或环线的路线长度(km);n 为测站数;L_i 为检测测段长度(km),小于1km时按1km计算。

第五节　水准测量误差分析

一、水准测量误差来源

水准测量误差的来源包括仪器误差、观测误差和外界条件的影响三个方面。

视准轴误差
来源与消除

1. 仪器误差

（1）视准轴与水准管轴不平行误差。

在水准测量时，如果视准轴与水准管轴不平行，它们之间的夹角称为 i 角。由于 i 角的影响，在水准气泡居中时，视准轴并不水平，这样必然给水准尺上的读数带来误差。如图 2-30 所示，δ_1、δ_2 分别为 i 角在后、前尺上的读数误差，S_1、S_2 分别为后视距和前视距。则 A、B 两点的高差为

$$h_{AB} = a_0 - b_0 = (a - \delta_1) - (b - \delta_2)$$

由于 i 角很小，则有 $\delta_1 = \dfrac{i}{\rho''} \cdot S_1$，$\delta_2 = \dfrac{i}{\rho''} \cdot S_2$。故有

$$h_{AB} = (a - b) + (S_2 - S_1)\frac{i}{\rho''} \tag{2-15}$$

对于一个测段，则有

$$\sum h = \sum (a - b) - \frac{i}{\rho''}\sum (S_1 - S_2) \tag{2-16}$$

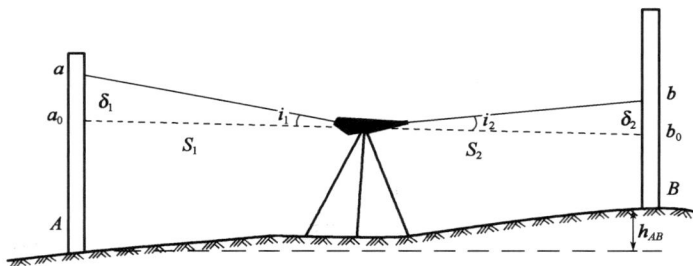

图 2-30　i 角对读数的影响

由此可见，若使 $S_1 = S_2$，则可在每一站的高差中消除 i 角的影响。实际上，要求每一站的后、前视距完全相等是非常困难的，也没有必要。所以，可根据不同等级的精度要求，对每一段的前后视距累积差规定一个限值，即可忽略 i 角对所测高差的影响。

（2）水准尺误差。

水准尺的刻划不准确、尺长变化及标尺弯曲等因素，均将直接影响水准测量结果的精度。因此，水准尺必须经过检验合格后方可使用。至于尺的零点差，可通过在一水准测段中使测站数为偶数的方法予以消除。

2. 观测误差

（1）水准管气泡居中误差。

设水准管分划值为 τ，居中误差一般为 $\pm 0.15\tau$，采用符合水准器时，气泡居中精度可提高 1 倍，故居中误差为

$$m_\tau = \pm \frac{0.15\tau}{2\rho''}D \tag{2-17}$$

式中：D——水准仪到水准尺的距离。

（2）水准尺读数误差。

在水准尺上估读毫米数的误差，与人眼的分辨能力、望远镜的放大倍率以及视线长度有关，通常按下式计算：

$$m_V = \frac{60''D}{V\rho''} \tag{2-18}$$

式中：V——望远镜的放大倍率；

$60''$——人眼的极限分辨能力。

（3）视差影响。

当存在视差时，十字丝平面与水准尺影像不重合，若眼睛观察的位置不同，便读出不同的读数，因而产生读数误差。

（4）水准尺倾斜影响。

水准尺倾斜将使尺上读数增大，如水准尺倾斜 $3°30'$，在水准尺上 1m 处读数时，将会产生 2mm 的误差；若读数大于 1m，误差将超过 2mm。

3. 外界条件的影响

（1）仪器下沉。

仪器下沉使视线降低，从而引起高差误差。若采用"后—前—前—后"的观测顺序，可减弱其影响。

（2）尺垫下沉。

如果在转点发生尺垫下沉，下一站后视读数将增大，这将引起高差误差。采用往返观测的方法，取成果的中数，可以减弱其影响。

（3）地球曲率及大气折光影响。

如图 2-31 所示，用水平视线代替大地水准面在尺上读数产生的误差为 Δh［式（1-7）］，此处用 C 代替 Δh，则

$$C = \frac{D^2}{2R} \tag{2-19}$$

式中：D——仪器到水准尺的距离；

R——地球的平均半径，取 6 371km。

实际上，由于大气折光，视线并非水平的，而是一条曲线（图 2-31），曲线的曲率半径约为地球半径的 7 倍，其折光量的大小对水准尺读数产生的影响为

$$r = \frac{D^2}{2 \times 7R} \tag{2-20}$$

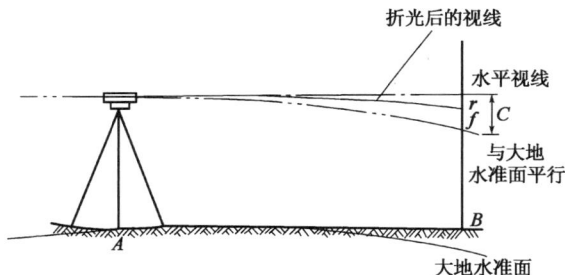

图 2-31 地球曲率及大气折光误差

双差(球气差)对高程
测量精度影响分析

折光影响与地球曲率影响之和为

$$f = C - r = \frac{D^2}{2R} - \frac{D^2}{14R} = 0.43\frac{D^2}{R} \tag{2-21}$$

如果使前后视距 D 相等,由公式(2-21)计算的 f 值则相等,地球曲率和大气折光的影响将得以消除或大大减弱。

(4)温度影响。

温度的变化不仅引起大气折光的变化,而且当烈日照射水准管时,由于水准管本身和管内液体温度的升高,气泡会向着温度高的方向移动,从而影响仪器水平,产生气泡居中误差。因此在烈日下观测时应注意撑伞遮阳,以减弱其影响。

二、水准测量时应注意的事项

水准测量成果不合要求,多数是由测量人员疏忽大意造成的,为此除要求测量人员对工作认真负责外,在测量时注意以下事项,可以减少不必要的返工重测。

(1)将三脚架中心螺旋与仪器基座牢固连接,防止摔坏仪器。

(2)当符合水准气泡居中时方可读数,读数完成后需再次检查符合水准气泡是否居中。

(3)记录员要给观测员回报并确认每一个读数,防止听错或记错。

(4)在观测员未完成本站观测时,立尺员不得碰动尺垫或尺桩。

(5)标尺存在零点差时,每一测段的往测与返测,其测站数均应为偶数,否则应加入标尺零点差改正。由往测转为返测时,前后两根水准尺必须互换位置,并应重新安置仪器。

【思考题与习题】

1. 设 A 为后视点,B 为前视点;A 点高程是 20.016m。当后视读数为 1.124m,前视读数为 1.428m 时,A、B 两点高差是多少? B 点比 A 点高还是低? B 点的高程是多少? 并绘图说明。

2. 解释下列名词:视准轴、转点、水准管轴、水准管分划值、视线高程。

3. 何谓视差? 产生视差的原因是什么? 怎样消除视差?

4. 水准仪上的圆水准器和管水准器作用有何不同?

5. 水准测量时,注意前、后视距离相等,可消除哪几项误差?

6. 试述水准测量的计算校核。它主要校核哪两项计算?

7. 调整表 2-6 中附合水准路线测量观测成果,并求出各点的高程。

附合水准路线测量观测成果

表 2-6

测段	测点	测站数	实测高差 (m)	改正数 (mm)	改正后高差 (m)	高程 (m)	备注
A—1	BM$_A$	7	+4.363			57.967	
1—2	1	3	+2.413				
2—3	2	4	−3.121				
3—4	3	5	+1.263				
4—5	4	6	+2.716				
5—B	5	8	−3.715				
	BM$_B$					61.819	
	Σ						
辅助计算							

8. 调整图 2-32 所示的闭合路线普通水准测量的观测成果,并求出各点的高程。

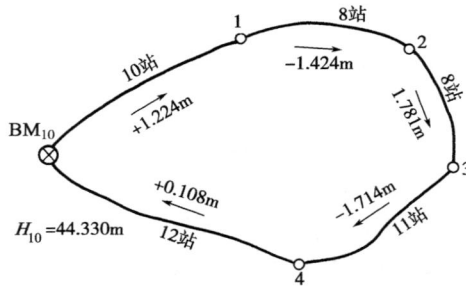

图 2-32　某闭合水准路线观测成果

第三章

角度测量与距离测量

【学习内容与要求】

本章学习角度测量原理及观测计算方法、距离测量与直线定向、全站仪的结构与使用。通过学习,了解各种角度与距离测量仪器的使用方法;掌握角度测量、距离测量和方位角观测计算方法;掌握直线定向、标准方向线、方位角的概念;熟练掌握使用全站仪进行角度测量、距离测量的方法。

第一节 角度测量原理与经纬仪、全站仪

角度测量是确定地面点位置的基本测量工作之一。角度测量分为水平角测量和竖直角测量。水平角测量的主要目的是确定地面点的水平位置,竖直角测量的主要目的是确定地面两点间的高差。

一、水平角测量原理

水平角是地面上从一点出发的两直线之间的夹角在水平面上的投影,角值为 $0° \sim 360°$。如图 3-1 所示,设 A、B、C 为地面上任意三点,M 与 N 分别为过直

水平角定义

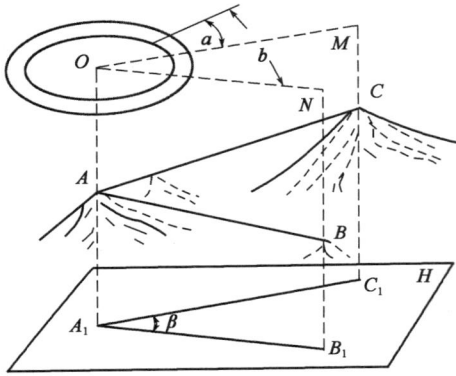

图 3-1 水平角测量原理

线 AC 和直线 AB 所作的两个竖直面,它们与水平面 H 的交线为 A_1C_1、A_1B_1,则水平面 H 上的夹角 β 就是直线 AB 与直线 AC 间的水平角。

根据水平角的定义,在过 A 点的铅垂线上,任取一水平面,都可得到直线 AC 与直线 AB 间的水平角。由此可以设想,为了测得水平角 $\angle CAB$ 的角值,可在 O 点上水平地安置一个带有顺时针刻度的圆盘,其圆心 O 与 A 点位于同一铅垂线上。若竖直面 M 和 N 在刻度盘上截取的读数分别为 a 和 b,则水平角 β 的角值为

$$\beta = b - a \tag{3-1}$$

二、竖直角测量原理

竖直角是同一竖直面内,目标视线方向与水平线的夹角。竖直角又称为高度角,一般用 α 表示。竖直角有仰角、俯角。

仰角即竖直面内目标方向在水平方向之上的竖直角,如图 3-2 所示的 $\angle AOH$。仰角为正值,角值的大小为 $0° \sim +90°$。

俯角即竖直面内目标方向在水平方向之下的竖直角,如图 3-2 所示的 $\angle BOH$。俯角为负值,角值的大小为 $0° \sim -90°$。

目标方向与天顶方向(即铅垂线的反方向)之间的夹角称为天顶距,一般用 Z 表示,天顶距的大小为 $0° \sim 180°$,如图 3-2 所示。

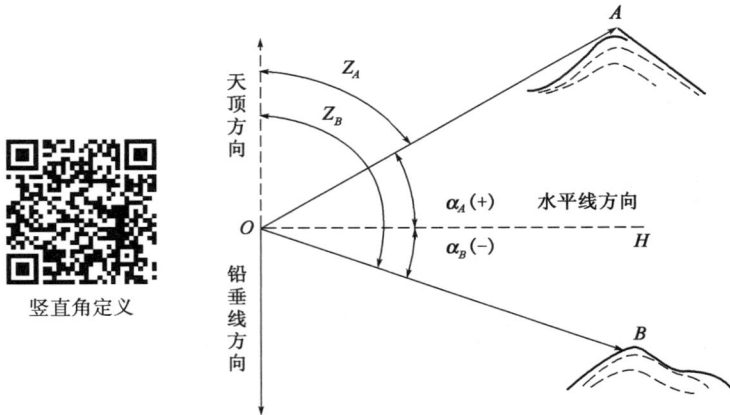

竖直角定义

图 3-2 竖直角测量原理

设在 O 观测 A 的天顶距为 Z_A,竖直角为 α,则天顶距 Z_A 与竖直角 α 的关系为

$$\alpha = 90° - Z_A \tag{3-2}$$

式中,当 $Z_A < 90°$ 时,α 为正,是仰角;当 $Z_A > 90°$ 时,α 为负,是俯角。

测定竖直角与观测水平角一样,其角值也是度盘上两个方向读数之差,所不同的是两方向中必须有一个是水平方向。不过对于任何注记形式的竖直度盘(简称竖盘),当视线水平时,其读数应定定值,通常为 $90°$ 的整倍数,所以,在测定竖直角时只需读取目标点方向的竖盘读

数,即可计算出竖直角。

根据上述原理,用于测量角度的仪器,应装置有一个能置于水平位置的水平度盘和铅垂位置的竖直度盘及相应的读数设备,且水平度盘的中心能安置在过测站点的铅垂线上。为了能瞄准远近高低不同的目标,仪器上的望远镜不仅能在水平面内左右旋转,而且能在竖直面内上下转动。经纬仪就是根据上述基本要求设计制造的测角仪器。经纬仪根据度盘刻度和读数方式不同,可分为光学经纬仪[图3-3a)]和电子经纬仪[图3-3b)]。由电子经纬仪和光电测距仪发展并结合而产生的全站仪[图3-3c)]已逐渐取代经纬仪。

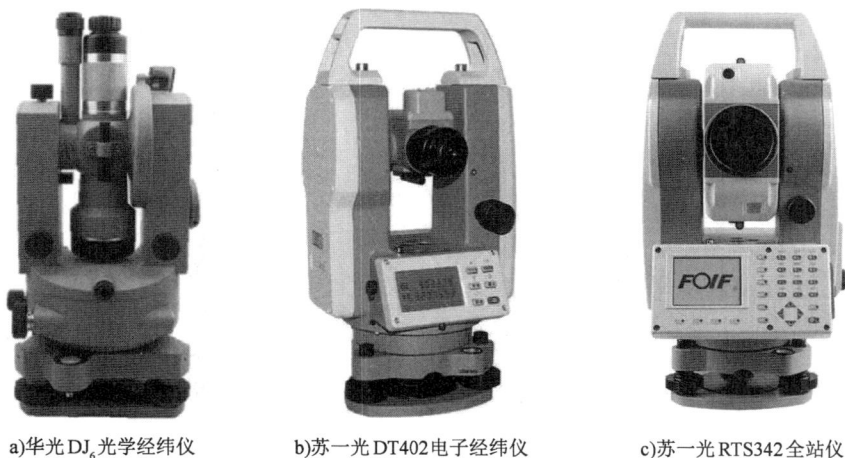

a)华光DJ$_6$光学经纬仪   b)苏一光DT402电子经纬仪   c)苏一光RTS342全站仪

图3-3　光学经纬仪、电子经纬仪和全站仪

三、光学经纬仪

光学经纬仪(图3-4)主要由照准部、度盘(图3-5)和基座三部分组成。

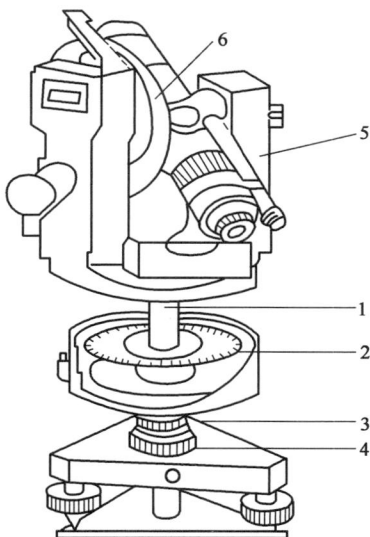

图3-4　光学经纬仪结构图
1-度盘旋转轴;2-水平度盘;3-基座;4-基座轴套;5-照准部;6-竖直度盘

图3-5　度盘

（1）照准部。

照准部是位于基座上方,能绕其旋转轴旋转部分的总称。照准部旋转轴称为经纬仪的竖轴。照准部水准器的水准轴与竖轴正交,水平度盘平面应与竖轴正交,竖轴应通过水平度盘的刻划中心。当水准气泡居中时,仪器的竖轴应在铅垂线方向,水平度盘处于水平位置。

（2）度盘。

度盘分为竖直度盘和水平度盘,它是一个刻有分划线的光学玻璃圆盘,相邻两分划线间距所对的圆心角称为度盘的格值,又称度盘的最小分格值。一般 DJ$_6$ 经纬仪的度盘格值为 1°,DJ$_2$ 经纬仪的度盘格值为 20′,并按顺时针方向注有数字。竖直度盘与望远镜照准部固定连接,随望远镜转动而转动;水平度盘则与照准部是分离的,观测水平角时,其位置相对固定,不随照准部一起转动。若需改变水平度盘的位置,可通过水平度盘变换手轮或复测扳手实现。

（3）基座。

基座是仪器的底座,由一固定螺旋将照准部和基座连接在一起。使用时应检查固定螺旋是否旋紧。如果松开,测角时仪器会被带动和晃动,迁站时还容易摔坏仪器,造成损失。将三脚架上的连接螺旋旋进基座的中心螺母中,可使仪器固定在三脚架上。基座上还装有三个脚螺旋用于整平仪器。

四、电子经纬仪

电子经纬仪与光学经纬仪的根本区别在于用电子测角系统代替光学读数系统,能自动显示测量数据。电子经纬仪采用电子度盘以及由它和机、光、电器件组成的测角系统。电子经纬仪有 3 种测角系统,即编码度盘测角系统、光栅度盘测角系统和动态测角系统,各种测角系统的测角原理亦不相同。

1. 编码度盘测角系统

编码度盘测角系统采用的是编码度盘。在度盘上设置 n 个等间隔的同心圆环,每个圆环称为一个码道。同时沿直径方向将度盘全周等分为 $2n$ 个同心角扇形,此扇形称为码区,这样构成编码度盘。

图 3-6 所示为一个纯二进制编码度盘,共有 4 个码道和 16 个码区,每个码区的角值为 360°/16 = 22.5°,按一定规则将扇形圆环涂成透光和不透光的黑区和白区,透光用"0"表示,不透光用"1"表示。这样每一个码区沿径向由里向外可表示为 1 个二进制数,里圈为高位数,外圈为低位数。如图 3-6 中由"0000"起,沿顺时针方向可以读得"0001""0010"……"1111",对应十进制数的 0～15。

若在编码度盘的一侧沿码区在每个码道安置一个发光二极管,并在另一侧安置接收二极管,当发光二极管和接收二极管组成的光电探测器阵列位于某一码区时,发光二极管的光通过码道的黑区或白区,使各接收二极管输出高电位信号"1"或低电位信号"0"。由于每一个码区对应一个二进制数,经三极管放大和译码器处理后可以数字形式表示编码度盘上码区的绝对位置,故称绝对测角法。图 3-7 所示为"1001"。

编码度盘的分辨率 δ 与区间数 s 有关,区间数 s 取决于码道数 n,它们之间的关系如下:

$$s = 2^n, \delta = \frac{360°}{s} \tag{3-3}$$

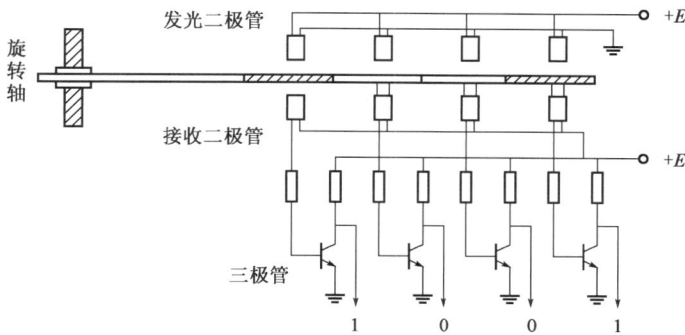

十进制	二进制码				码道展开
0	0	0	0	0	
1	0	0	0	1	
2	0	0	1	0	
3	0	0	1	1	
4	0	1	0	0	
5	0	1	0	1	
6	0	1	1	0	
7	0	1	1	1	
8	1	0	0	0	
9	1	0	0	1	
10	1	0	1	0	
11	1	0	1	1	
12	1	1	0	0	
13	1	1	0	1	
14	1	1	1	0	
15	1	1	1	1	

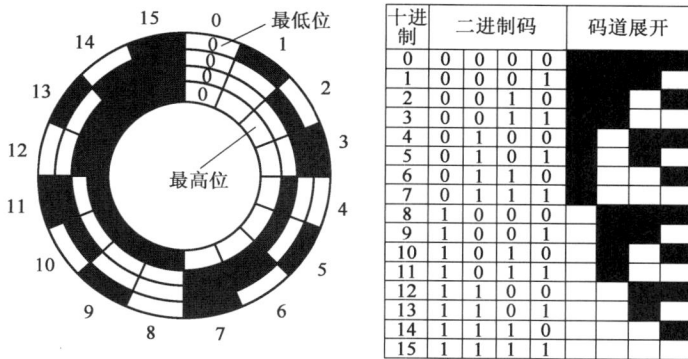

绝对编码度盘介绍

图 3-6 编码度盘示意图

绝对编码度盘测角

图 3-7 编码度盘光电读数原理

n 越大,分辨率越高,但由于制造工艺的限制,n 不可能太大。由此可见,直接利用编码度盘不容易达到较高的精度,因此,编码度盘只用于角度粗测,精测时必须采用电子测微技术。

2. 光栅度盘测角系统

在光学玻璃度盘的径向上均匀地刻制明暗相间的等角距细线条就构成光栅度盘,如图 3-8 所示。光栅的基本参数是刻划线密度(即每毫米刻的线条数)和栅距(相邻两栅之间的距离)。在图 3-9 所示图形中,设光栅的刻线宽度为 a,缝隙宽度为 b,通常 $a=b$,栅距为 $d=a+b$。圆光栅中,栅距所对应的圆心角即为栅距的分划值。电子经纬仪采用圆光栅,光栅的线条处为不透光区,缝隙处为透光区。在光栅度盘上下对应位置装上照明器和光电接收管,则可将光栅的透光与不透光信号转变为电信号。若照明器和光电接收管随照准部相对于光栅度盘移动,则可由计数器累

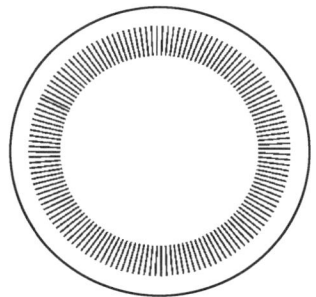

图 3-8 径向光栅

计求得所移动的栅距数,从而得到转动的角度值。由于光栅度盘是靠累计计数,因而称这种系统为增量式读数系统。

一般光栅的栅距已很小,而分划值却仍然较大。例如在 80mm 直径的度盘上刻有 12 500 条线(刻划线密度为 50 线/mm),其栅距的分划值为 1′44″,为了提高测角精度,还必须对栅距进行细分,即将一个栅距用电子的方法细分成几十到上千等份。由于栅距太小,计数和细分都不易准确,所以在光栅测角系统中都采用莫尔条纹技术,先将栅距放大,然后

再进行细分和计数。产生莫尔条纹的方法是:取一小块与光栅度盘具有相同刻划线密度和栅距的光栅,称为指示光栅。将指示光栅与光栅度盘以微小的间距重叠起来,并使其刻划线相互倾斜形成一个微小夹角 θ,这时就会出现放大的明暗交替的条纹,这些条纹称为莫尔条纹(栅距由 d 放大到 W),如图 3-9 所示。测角过程中,转动照准部的同时带动指示光栅相对于度盘横向移动,所形成的莫尔条纹也随之移动。设栅距的分划值为 δ,则纹距的分划值亦为 δ。在照准部瞄准方向的过程中,可累计出移动条纹的个数 n 和计数不足整条纹距(不足一分划值)的小数 $\Delta\delta$,则角度值 ψ 可写为

$$\psi = n\delta + \Delta\delta \tag{3-4}$$

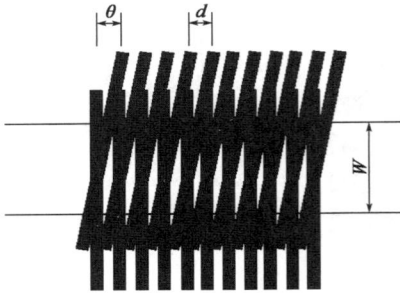

图 3-9 莫尔条纹

3. 动态测角系统

光电扫描动态测角原理如图 3-10 所示,度盘刻有 1 024 个分划,两条分划条纹的角距为

$$\varphi_0 = \frac{360°}{1\ 024} = 21'5.625'' (\varphi_0 为光栅度盘的单位角度)。$$

在光栅度盘条纹圈外缘,按对径位置设置一对与基座相固联的固定检测光栅 L_S;在靠近内缘处设置一对与照准部相固联的活动检测光栅 L_R(图 3-10 中仅画出其中的一个)。对径设置的检测光栅可用来消除光栅度盘的偏心差。φ 表示望远镜照准某方向后,L_S 和 L_R 之间的角度。由图 3-10 可以看出:

$$\varphi = N \cdot \varphi_0 + \Delta\varphi \tag{3-5}$$

式中:N——φ 角内所包含的条纹间隔数(单位角度数);

$\Delta\varphi$——不足一个单位角度 φ_0 的尾数。

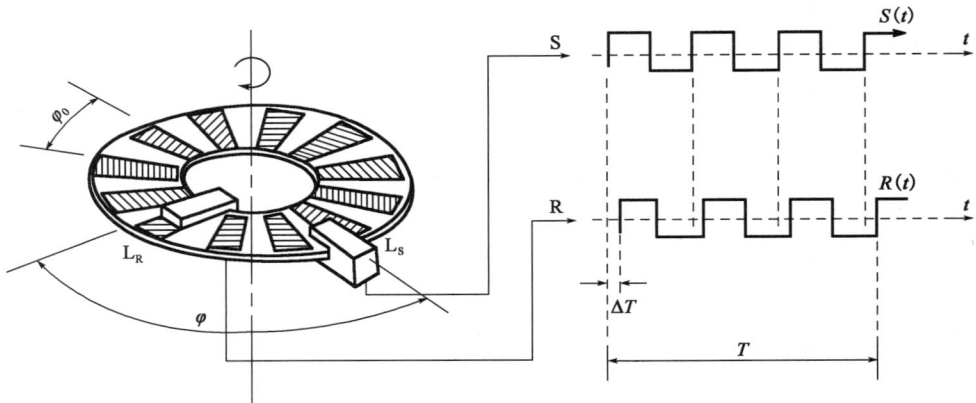

图 3-10 动态测角原理

在测角时,光栅度盘由马达驱动绕中心轴做匀速旋转,计取通过两个指示光栅间的分划信息,通过粗测与精测而求得角值。

(1)粗测。

粗测即求出 φ_0 的个数 N。在度盘同一径向的外内缘上设有两个标记 a 和 b,度盘旋转时,从标记 a 通过 L_S 时起,计数器开始记取整间隙 φ_0 的个数;当另一个标记 b 通过 L_R 时,计数器停

止计数,此时计数器所得到的数值即为 φ_0 的个数 N。

(2)精测。

精测即 $\Delta\varphi$ 的测量。分别通过光栅 L_S 和 L_R 产生两个信号 S 和 R,$\Delta\varphi$ 可由 S 和 R 的相位差求得。精测开始后,当某一分划通过 L_S 时开始精测计数,计取通过的计数脉冲的个数,一个脉冲代表一定的角度值(例如 2″),而另一分划继而通过 L_R 时停止计数。由计数器中所计的数值即可求得 $\Delta\varphi$。度盘一周有 1 024 个间隔,每一个间隔计一次 $\Delta\varphi$ 的数,则度盘转一周可测得 1 024 个 $\Delta\varphi$,然后取平均值,可求得最后的 $\Delta\varphi$。测角精度完全取决于精测的精度。

动态测角系统消除了度盘分划误差。在测量中,不需配置度盘和测微器位置,从而提高了测角精度。粗测、精测数据经由微机处理器进行衔接处理后,即得角度值,并可自动显示。

五、全站仪

全站仪,即全站型电子速测仪(Electronic Total Station),是由电子测角、电子测距、电子计算和数据存储单元等组成的三维坐标测量系统,测量结果可自动显示,并能与外围设备交换信息,是一种多功能测量仪器。全站仪按测角精度分为 0.5″级、1″级、2″级和 6″级等。目前,工程测量中常用的全站仪测角精度一般为 2″级。

1. 全站仪的构造

全站仪的外形和电子经纬仪相类似,外部结构如图 3-11 所示。全站仪的基本功能是在仪器照准目标后,通过微处理器的控制,自动完成测距,水平方向和天顶距读数、观测数据的显示、存储。

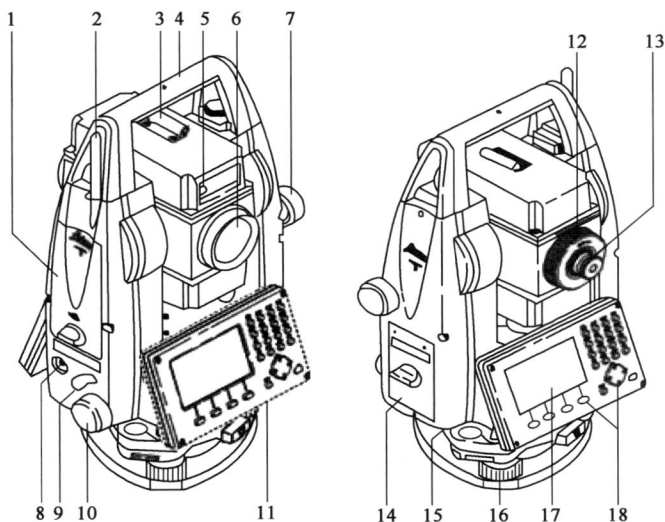

图 3-11 徕卡全站仪外部结构

1-USB 存储卡和 USB 电缆接口槽;2-蓝牙天线;3-粗瞄器;4-装有螺钉的可分离式提把;5-电子导向光(EGL);6-集成电子测距模块(EDM)的物镜,EDM 激光束出口;7-竖直微动螺旋;8-开关键;9-触发键;10-水平微动螺旋;11-第二面键盘;12-望远镜调焦螺旋;13-目镜调焦螺旋;14-电池盖;15-RS232 串口;16-脚螺旋;17-显示屏幕;18-键盘

（1）全站仪的望远镜。

目前全站仪基本上采用望远镜光轴（视准轴）和测距光轴完全同轴的光学系统,如图3-12所示,一次照准就能同时测出距离和角度。望远镜能做360°自由纵转。

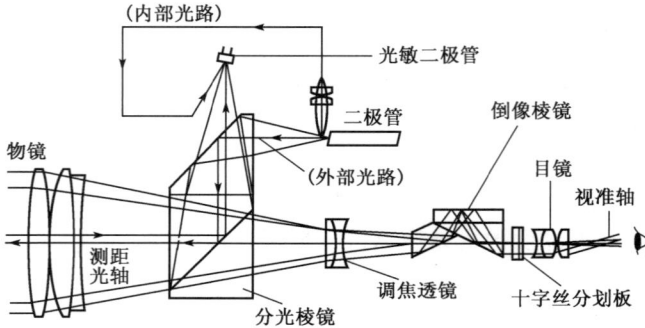

图 3-12　全站仪的望远镜光路图

望远镜由物镜、分光棱镜、目镜等组成,是角度测量和距离测量的光学部分。可见光通过望远镜进入视场,完成角度测量的瞄准工作。物镜和分光棱镜组成测距仪光路,光路包括内部光路和外部光路,光纤连接发光二极管和接收二极管形成内部光路,红外发光二极管（LED）发出的红外光通过闸门的转换经过内部光路和外部光路到达接收二极管,完成距离测量。

（2）竖轴倾斜的自动补偿。

经纬仪照准部的整平可使竖轴铅直,但受气泡灵敏度和作业的限制,仪器的精确整平有一定困难。这种竖轴不铅直的误差称为竖轴误差。竖轴误差对水平方向和竖直角的影响不能通过盘左、盘右读数取中数消除。因此,在一些较高精度的电子经纬仪和全站仪中安置了竖轴倾斜自动补偿器,以自动补偿竖轴倾斜对水平方向和竖直角的影响,如图3-13所示。

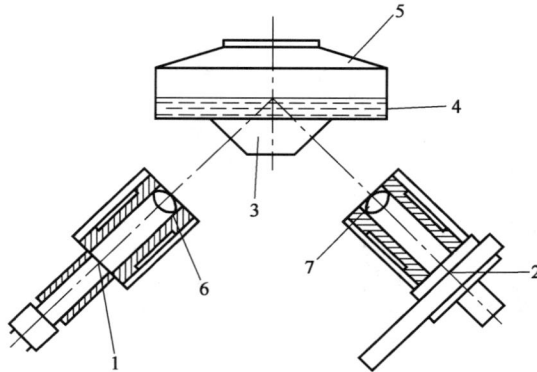

图 3-13　双轴液体补偿器

1-发光管;2-接收二极管阵列;3-棱镜;4-硅油;5-补偿器液体盒;6-发射物镜;7-接收物镜

2. 全站仪角度测量

全站仪可以同时完成水平角、垂直角和距离的测量,加之仪器内部有固化的测量应用程序,因而可以现场完成多种测量工作,提高了野外测量的效率和质量。

全站仪具有电子经纬仪的测角系统,除一般的水平角和垂直角测量外,还具有以下附加功能。

(1)水平角设置:将某方向水平读数设置为零或任意值;任意方向值的锁定(照准部旋转时方向值不变);角度重复测量模式(多次测量取平均值)。

(2)垂直角显示变换:可以用天顶距、高度角、倾斜角、坡度等方式显示垂直角。

(3)角度单位变换:可以 360°、400g 等方式显示角度。

(4)角度自动补偿:使用电子水准器,可以测定出仪器在各个方向的倾斜量,从而自动补偿竖轴误差、横轴误差和视准轴误差等对角度观测的影响。

在高精度测量中,有时要对水平角进行多个测回的观测,以提高水平角观测精度,全站仪机载多测回观测功能可满足此要求。

第二节　角度测量及误差分析

一、全站仪的操作

在角度观测之前,必须正确安置全站仪。一套全站仪主要包括全站仪一台,三脚架一个,电池、传输线和存储卡等附件。测量作业前,需将全站仪通过连接螺旋安置固定在三脚架上,并精确对中地面点,将仪器整平,以保证测量成果的精度。

全站仪的架设

1. 安置仪器

首先松开三脚架伸缩螺旋,将三脚架提升到合适的高度,然后拧紧脚架伸缩螺旋,在测站上张开脚架到合适的角度,使架头大致水平且与测量员胸口同高。从仪器箱中取出全站仪,安放在三脚架头上,一手握住仪器,一手立即将三脚架中心连接螺旋旋入仪器基座底部的中心螺孔内并拧紧固定。

2. 对中

对中是将仪器中心安置在测站点的铅垂线上。打开电源,打开激光对中开关(若是光学对中器,调节光学对中器望远镜的目镜和物镜),固定一个架腿,两手紧握另外两个架腿慢慢转动,使激光束对准地面测站点(若是光学对中器,使光学对中器的十字丝中心对准测站点),然后放稳脚架,并踩紧压实。

3. 仪器粗平

伸缩三脚架腿使圆水准器气泡居中以达到仪器的粗平。首先观察圆水准器气泡的状态,气泡所在的方向偏高,反方向低,可松开气泡所在方向的三脚架腿,轻轻下放直到气泡居中,也可松开气泡所在反方向的三脚架腿,轻轻升起直到气泡回归中心,再调节其他方向三脚架腿,直到圆水准器气泡居中。

4. 仪器精平

通过调节脚螺旋使管水准气泡(或电子气泡)居中,实现仪器的精平,如图 3-14 所示。

①松开水平制动螺旋,转动仪器使管水准器平行于某一对脚螺旋的连线。如图 3-14a)所示,双手大拇指同时向内或向外旋转脚螺旋,使管水准气泡居中。在整平的过程中,气泡的移

动方向与左手大拇指运动的方向一致。

②将仪器绕竖轴旋转 90°,如图 3-14b)所示,再旋转另一个脚螺旋,使管水准气泡居中。

③再次将仪器旋转 90°,重复①②,直至转动望远镜到任意角度管水准气泡都居中为止。

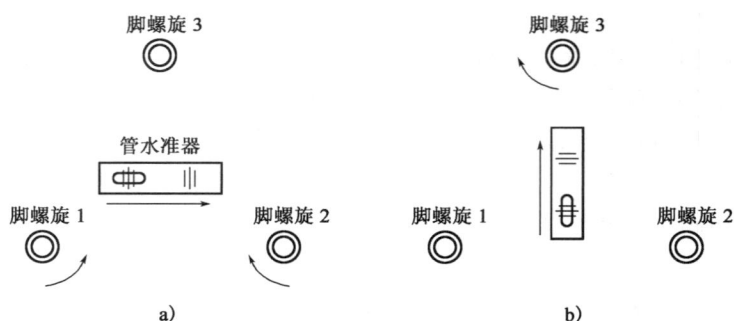

图 3-14　仪器精平

5. 重新对中

打开激光点(若是光学对中器,观察光学对中器目镜),观察对中是否被破坏,若对中目标偏移,松开中心连接螺旋(安全起见,无须全部松开,能在架头上移动即可),轻移仪器,将激光点或光学对中器的中心标志对准测站点,然后拧紧连接螺旋。在轻移仪器时不要移动脚架也不能碰到脚螺旋,以免造成气泡的偏移,影响整平。

6. 重新精平

检查管水准气泡(或电子气泡)是否居中,若偏移则重新进行第 4 步加以精平,直到仪器旋转到任何位置时,管水准气泡始终居中为止,然后拧紧连接螺旋。

7. 检查对中

在粗平、精平结束后,应再次检查对中,如若对中超出界限,应重新调整以上步骤,直至对中、整平同时满足要求。

仪器安置好之后即可进行观测。照准目标要注意消除视差,水平角观测时应尽可能瞄准目标的下部,如图 3-15 所示。照准目标后,角度测量的度盘读数可直接从显示屏上读取。如照准目标的是棱镜,望远镜应照准棱镜中心。当棱镜配合棱镜基座和三脚架一起使用时,其安置步骤与全站仪类似。

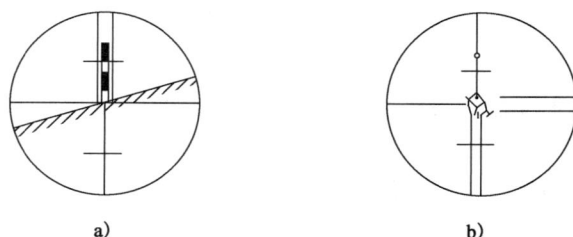

图 3-15　瞄准目标

二、水平角测量

关于水平角的测量,工程上常用的方法有测回法和方向观测法。

1. 测回法

测回法适用于观测只有两个方向的单角。这种方法要用盘左(盘 1)和盘右(盘 2)两个位置进行观测。观测时目镜朝向观测者,如果竖盘位于望远镜的左侧,称为盘左;如果位于右侧,则称为盘右。通常先以盘左位置测角,称为上半测回,再以盘右位置测角,称为下半测回。两个半测回合在一起称为一测回。有时水平角需要观测数测回。

如图 3-16 所示,将仪器安置在 O 点上,对中和整平后,用测回法观测水平角 AOB,具体步骤如下。

(1)盘左位置,松开水平制动螺旋和望远镜制动螺旋,用望远镜上的准星、照门或粗瞄器瞄准左边的目标 A,旋紧两制动螺旋,进行目镜和物镜对光,使十字丝和目标成像清晰,消除视差,再用水平微动螺旋和望远镜微动螺旋精确瞄准目标的底部,读取水平度盘读数 $a_上$($0°01'12''$),记入记录手簿(表 3-1)。松开水平制动螺旋,转动照准部,以同样方法瞄准右边的目标 B,读取水平度盘读数 $b_上$($57°18'48''$),记入记录手簿。

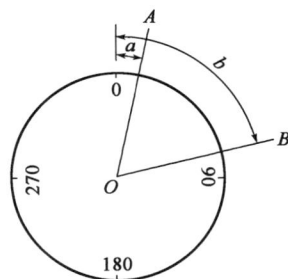

上半测回所测角值为

$$\beta_上 = b_上 - a_上 = 57°18'48'' - 0°01'12'' = 57°17'36''$$

图 3-16 测回法

(2)倒镜成为盘右位置,先瞄准右边的目标 B,读取水平度盘读数 $b_下$($237°18'54''$),记入记录手簿。再瞄准左边的目标 A,读取读数 $a_下$($180°01'06''$),记入记录手簿。

下半测回所测角值为

$$\beta_下 = b_下 - a_下 = 237°18'54'' - 180°01'06'' = 57°17'48''$$

测回法观测记录手簿   表 3-1

测站	盘位	目标	水平度盘读数 (° ′ ″)	半测回角值 (° ′ ″)	一测回角值 (° ′ ″)	备注
O	左	A	0 01 12	57 17 36	57 17 42	
		B	57 18 48			
	右	A	180 01 06	57 17 48		
		B	237 18 54			

仪器盘左、盘右两个半测回角值之差不超过 40″ 时,取其平均值作为一测回角值:

$$\beta = \frac{1}{2}(\beta_上 + \beta_下) = 57°17'42''$$

由于水平度盘注记是顺时针方向增加的,因此在计算角值时,无论是盘左还是盘右,均应用右边目标的读数减去左边目标的读数。

当测角精度要求较高,可以观测几个测回时,为了减弱度盘分划不均匀误差的影响,各测回间通常按 180° 除以测回数 n 来配置水平度盘的起始位置。例如观测 3 个测回,180°/3 = 60°,第一测回盘左时起始方向的读数应配置在 0°,第二测回盘左时起始方向的读数应配置在 60°,第三测回盘左时起始方向的读数应配置在 60° + 60° = 120°。

2. 方向观测法

方向观测法也称方向法,它是水平角观测的一种常用方法。当一个测站上需要观测 2 个以上的方向时,一般采用方向观测法。若方向数大于 3 个,每半测回均应从一个选定的零方向开始观测,依次观测完应测目标后,还应再次观测零方向(归零),称为全圆方向法观测。

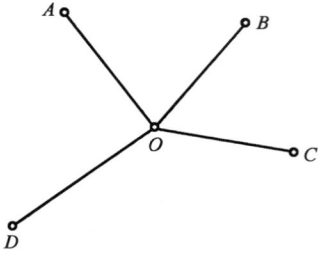

图 3-17 方向观测法

(1)观测步骤。

如图 3-17 所示,仪器安置在 O 点上,观测 A、B、C、D 各方向之间的水平角,其观测步骤如下。

①盘左。

选择方向中一明显目标(如 A)作为起始方向(或称零方向),精确瞄准 A,水平度盘配置在 0°或稍大些,读取读数记入记录手簿,然后顺时针方向依次瞄准 B、C、D,读取读数记入记录手簿。为了检核水平度盘在观测过程中是否发生变动,应再次瞄准 A,读取水平度盘读数,此次观测称为归零,A 方向两次水平度盘读数之差称为半测回归零差。

以上为上半测回。

②盘右。

按逆时针方向依次瞄准 A、D、C、B、A,读取水平度盘读数,记入记录手簿,检查半测回归零差,此为下半测回。

这样就完成了一个测回的观测工作。如果要观测 n 个测回,每测回仍应按 $180°/n$ 的差值变换水平度盘的起始位置。

方向观测法的记录格式见表 3-2。

方向观测法记录手簿　　　　　　　　　　　　　　　　表 3-2

测站	测回数	目标	水平度盘读数		2C (″)	平均读数 (° ′ ″)	归零方向值 (° ′ ″)	各测回平均归零方向值 (° ′ ″)	备注
			盘左 (° ′ ″)	盘右 (° ′ ″)					
O	1	A	0 02 42	180 02 42	0	(0 02 38) 0 02 42	0 00 00	0 00 00	
		B	60 18 42	240 18 30	+12	60 18 36	60 15 58	60 15 56	
		C	116 40 18	296 40 12	+6	116 40 15	116 37 37	116 37 28	
		D	185 17 30	5 17 36	−6	185 17 33	185 14 55	185 14 47	
		A	0 02 30	180 02 36	−6	0 02 33			
	2	A	90 01 00	270 01 06	−6	(90 01 09) 90 01 03	0 00 00		
		B	150 17 06	330 17 00	+6	150 01 03	60 15 54		
		C	206 38 30	26 38 24	+6	206 38 27	116 37 18		
		D	275 15 48	95 15 48	0	275 15 48	185 14 39		
		A	90 01 12	270 01 18	−6	90 01 15			

（2）计算步骤。

①计算半测回归零差，不得大于限差规定值（表3-3），否则应重测。

水平角方向观测法限差要求   表3-3

等级	仪器精度等级	半测回归零差（″）	一测回内2C互差（″）	同一方向值各测回较差（″）
四等及以上	0.5″级仪器	3	5	3
	1″级仪器	6	9	6
	2″级仪器	8	13	9
一级及以下	2″级仪器	12	18	12
	6″级仪器	18	—	24

②计算两倍照准误差2C值。同一方向盘左读数减去盘右读数±180°，称为两倍照准误差，简称2C。2C属于仪器误差，同一台仪器2C值应当是一个常数。因此2C值的变动大小反映了观测的质量，其限差要求见表3-3。

③计算各方向的盘左和盘右读数的平均值，即

$$平均读数 = \frac{1}{2}\left[\, 盘左读数 + （盘右读数 \pm 180°）\right] \tag{3-6}$$

在计算平均读数后，起始方向 OA 有两个平均读数，应再取平均，写在表3-2中括号内，作为 A 的方向值。

④计算归零方向值。将计算出的各方向的平均读数分别减去起始方向 OA 的两次平均读数（表3-2中括号内之值），即得各方向的归零方向值。

⑤计算各测回平均归零方向值。对各测回同一方向的归零方向值进行比较，其差值不应大于表3-3之规定。取各测回同一方向归零方向值的平均值作为该方向的最后结果。

欲求水平角值，只需将相关的两平均归零方向值相减即可。

三、竖直角测量

1. 竖盘装置的构造

经纬仪上的竖盘装置包括竖直度盘、指标水准管和指标水准管微动螺旋三部分。竖盘固定在望远镜横轴一端，随望远镜一起在竖直面内转动。指标线和竖直度盘水准管连在一起，水准气泡居中后，读数指标即处于正确位置。此时望远镜视准轴水平，竖盘读数为90°的整数倍（图3-18）。所以，经纬仪观测竖角时，必须用竖盘指标水准管微动螺旋使指标水准管气泡居中才能读数，而电子经纬仪或全站仪则由于内置有竖盘指标自动补偿系统，仪器整平后即可显示出相当于指标处于正确位置的读数，使用极为方便。

经纬仪的竖盘刻划一般为全圆式注记，注记形式有顺时针方向［图3-18a)］和逆时针方向［图3-18b)］两种。全站仪或电子经纬仪由于采用电子度盘和电子测角系统，其竖直角读数不依赖竖盘的物理刻划形式。它们通常会提供天顶距、竖直角（高度角）和坡度三种垂直角显示模式，如图3-19所示。垂直角设置为天顶距显示模式时，天顶方向的竖盘读数为0°，正镜望远镜（盘左）水平时竖盘读数为90°，倒镜望远镜（盘右）水平时竖盘读数为270°；垂直角设置为竖直角显示模式时，天顶方向的竖盘读数为90°，望远镜水平时竖盘读数为0°，垂直角在水

平面上为正,在水平面下为负;垂直角设置为坡度显示模式时,竖直角用百分号(%)表示,望远镜水平时读数为0%,45°时读数为100%,垂直角在水平面上为正,在水平面下为负。

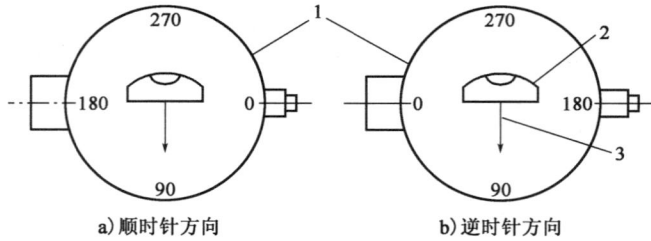

a) 顺时针方向   b) 逆时针方向

图 3-18 竖盘装置
1-竖盘;2-指标水准管;3-指标

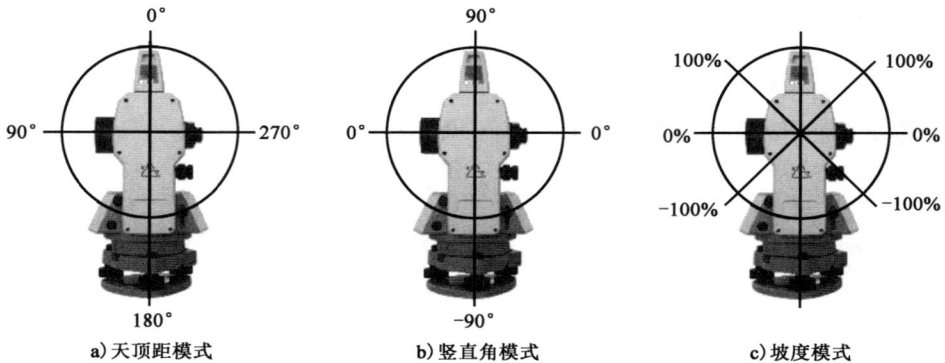

a) 天顶距模式   b) 竖直角模式   c) 坡度模式

图 3-19 苏一光 DT402 电子经纬仪垂直角显示模式

2. 竖直角计算公式

如前所述,竖直角为同一竖直面内目标视线方向与水平线的夹角。全站仪垂直角设置为竖直角模式时,垂直角读数即是要测量的竖直角;全站仪垂直角设置为天顶距模式时,照准目标时的全站仪竖盘读数并非竖直角,应根据竖盘的盘左、盘右读数和具体的注记形式推导和计算竖直角。

如图 3-19a) 所示,盘左时视线水平的读数为90°,当望远镜逐渐抬高(仰角)时,竖盘读数在减小,因此竖直角为

$$\alpha_{左} = 90° - L \tag{3-7}$$

同理

$$\alpha_{右} = R - 270° \tag{3-8}$$

式中:L、R——盘左、盘右瞄准目标的竖盘读数。

一测回的竖直角值为

$$\alpha = \frac{1}{2}(\alpha_{左} + \alpha_{右})$$

或者

$$\alpha = \frac{1}{2}(R - L - 180°) \tag{3-9}$$

3. 竖盘指标差

上面述及的是一种理想的情况,即当视线水平,竖直度盘的读数应该显示为90°或270°。但实际上这个条件往往未能满足,由于仪器安装的原因,竖直度盘的读数不是恰好显示为90°或270°,而是与90°或270°相差一个 x 角,称为竖盘指标差。如图3-20所示,竖盘指标的偏移方向与竖盘注记增加方向一致时,x 值为正,反之为负。

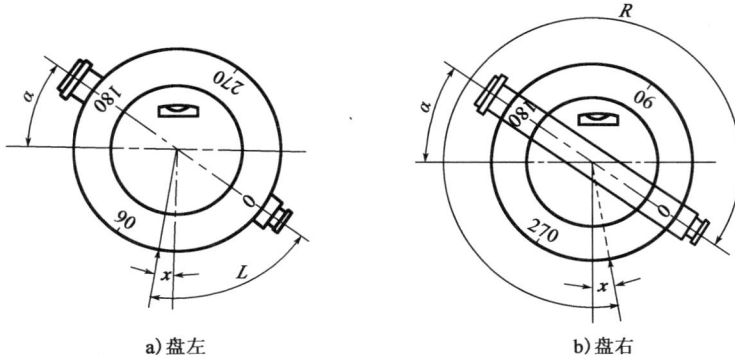

图3-20 竖盘指标差

a) 盘左   b) 盘右

下面以图3-20顺时针注记竖盘为例,说明竖盘指标差的计算公式。

由图3-20可以看出,由于指标差 x 的存在,盘左、盘右读得的 L、R 均大了一个 x。为了得到正确的竖直角 α,则

$$\alpha = 90° - (L - x) \tag{3-10}$$

$$\alpha = (R - x) - 270° \tag{3-11}$$

式(3-10)与式(3-11)相加,可得

$$\alpha = \frac{1}{2}(R - L - 180°) \tag{3-12}$$

式(3-12)与式(3-9)完全相同,说明用盘左、盘右各观测一次竖直角,然后取其平均值作为最后结果,可以消除指标差的影响。

如将式(3-10)与式(3-11)相减,可得

$$x = \frac{1}{2}(L + R - 360°) \tag{3-13}$$

式(3-13)即为竖盘指标差的计算公式。该公式对于逆时针注记竖盘同样适用。

4. 竖直角观测与计算

竖直角观测方法有中丝法和三丝法。中丝法是以望远镜十字丝瞄准目标的观测方法;三丝法是以望远镜上、中、下三根水平丝为准依次瞄准目标的观测方法。将全站仪安置在测站上,对中和整平后,中丝法按下列步骤进行观测:

(1)在盘左位置用十字丝中心照准目标,读取竖盘读数 L,记入记录手簿(表3-4);

(2)在盘右位置用十字丝中心照准目标,读取竖盘读数 R,记入记录手簿,测回观测结束;

(3)根据仪器竖盘注记形式确定竖直角计算公式,计算竖直角和指标差。指标差若超限,需要重测或者校正仪器。

竖直角观测记录手簿   表 3-4

测站	目标	盘位	竖盘读数 (° ′ ″)	半测回竖直角 (° ′ ″)	指标差 (″)	一测回竖直角 (° ′ ″)	备注
O	A	左	73 44 12	+16 15 48	+12	+16 16 00	
		右	286 16 12	+16 16 12			
	B	左	114 03 42	−24 03 42	+18	−24 03 24	
		右	245 56 54	−24 03 06			

四、角度测量误差分析

与水准测量相同,角度测量的误差亦来自仪器误差、观测误差和外界条件的影响三个方面。

1. 仪器误差

仪器误差有属于制造方面的,如度盘偏心差、度盘刻划误差、水平度盘与竖轴不垂直等;有属于校正不完善的,如竖轴与照准部水准管轴不完全垂直(竖轴误差),视准轴不垂直于横轴(视准轴误差),横轴不垂直于竖轴(横轴误差),还有竖盘指标差等。在这些误差中,度盘偏心差、视准轴误差、横轴误差及竖盘指标差(竖直角测量)都可以通过盘左、盘右观测取平均值的方法来消除或减弱其影响。度盘刻划误差一般均很小,在水平角精密测量时,为提高测角精度,可根据测回数配置度盘,并通过在各测回之间变换度盘起始位置的方法减小其影响。

但竖轴误差是比较特殊的误差,由于用盘左、盘右观测同一方向,竖轴误差所引起的水平度盘读数误差大小相等且符号相同,因此不能用盘左和盘右观测消除其影响。此外,这一影响亦与竖直角的大小成正比,所以在山区或坡度较大的地区进行测量时,应对仪器进行严格的检验和校正,并在测量中仔细整平。

2. 观测误差

(1)仪器对中误差。

仪器对中误差是指仪器中心没有置于测站点的铅垂线上所产生的误差。如图 3-21 所示,O 为测站点,O' 为仪器中心,与测站点的偏心距为 e,应测的角为 β,实测的角度为 β',对中误差对测角的影响为

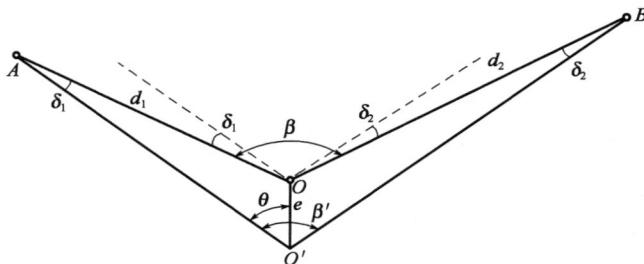

图 3-21 对中误差

$$\Delta\beta = \beta - \beta' = \delta_1 + \delta_2$$

在三角形 AOO' 和 BOO' 中，δ_1 和 δ_2 很小，则

$$\delta_1 = \frac{e\sin\theta}{d_1}\rho'', \delta_2 = \frac{e\sin(\beta' - \theta)}{d_2}\rho''$$

式中：$\rho'' = 206\,265$。

因此

$$\Delta\beta = e \cdot \rho''\left[\frac{\sin\theta}{d_1} + \frac{\sin(\beta' - \theta)}{d_2}\right] \tag{3-14}$$

由式(3-14)可知，对中误差对测角的影响与偏心距成正比，与边长成反比，此外与所测角度的大小和偏心的方向有关。

如果 $e = 3\mathrm{mm}$，$\theta = 90°$，$\beta' = 180°$，$d_1 = d_2 = 100\mathrm{m}$，则

$$\Delta\beta = \frac{2 \times 0.003 \times 206\,265}{100} = 12''$$

由此看来，在进行水平角测量时，应认真仔细地进行对中，边长较短的情况下尤应如此。

（2）目标偏心误差。

目标偏心误差是指实际瞄准的目标位置偏离地面标志点而产生的误差。如图 3-22 所示，O 为测站点，A 为测点标志中心，B 为瞄准的目标位置，其水平投影为 B'，x 即为目标偏心对水平度盘读数的影响。

由图 3-22 可知

$$x = \frac{e}{d}\rho'' = \frac{l\sin\alpha}{d}\rho'' \tag{3-15}$$

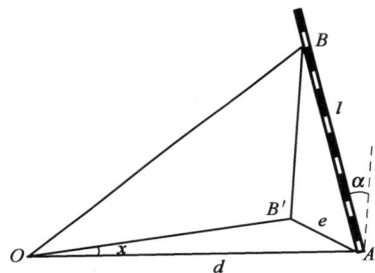

图 3-22 目标偏心误差

如果观测时瞄在花杆离地面 2m 处，花杆倾斜 30'，边长为 100m，则

$$x = \frac{2 \cdot \sin 0°30'}{100} \times 206\,265 = 36''$$

由上可知，目标倾斜越大，瞄准部位越高，则目标偏心越大，对测角的影响就越大，因此观测时应尽量瞄准花杆底部，花杆也要尽量竖直。另外，目标偏心对测角的影响与边长成反比，在边长较短时，应特别注意将目标竖直并立于点位中心，而且观测时应尽量照准目标底部。

（3）瞄准误差。

瞄准误差是指望远镜瞄准目标的精确程度。望远镜瞄准精度主要受人眼的分辨角 p、望远镜的放大倍率 V、目标的形状、亮度、影像稳定性及大气条件等因素的影响。

3. 外界条件的影响

外界条件的影响主要是指各种外界条件的变化对角度观测值精度的影响。如温度变化会影响仪器的正常状态；视线贴近地面或通过建筑物旁、冒烟的烟囱上方、接近水面的上空都会产生不规则折光；大风会影响仪器的稳定；地面辐射热会影响大气的稳定；空气透明度会影响瞄准精度，以及地面松软会影响仪器稳定等。但由于这些影响因素大多与时间有关，因此，在进行角度测量时只能采取一些措施，如选择有利的观测条件和时间，安稳脚架、打伞遮阳等，使影响降低到最小程度。

第三节　距　离　测　量

两点间连线投影在水平面的长度称为水平距离,不在同一水平面的两点间连线的直线长度称为倾斜距离。距离测量是测量的基本工作之一,距离测量的方法有多种,常用的有钢尺量距、视距测量、光电测距。

一、钢尺量距

钢尺是用于直接丈量距离的工具,是带宽 10～15mm,厚 0.2～0.4mm,长度有 20m、30m、50m 的卷钢带,尺面的基本分划有毫米、厘米、分米、米等。钢尺量距需要测钎、花杆(标杆)、垂球、温度计、拉力器等。

当两个地面点之间的距离较远或地势起伏较大时,为使量距工作方便,可分成几段进行丈量。把多根标杆标定在已知直线上的工作称为直线定线。一般量距可采用目视或全站仪进行定线,方法如下述。如图 3-23 所示,A、B 为待测距离的两个端点,先在 A、B 点上持立标杆,甲立在 A 点后 1～2m 处,由 A 瞄向 B,使视线与标杆边缘相切,甲指挥乙持标杆左右移动,直到 A、2、B 三标杆在一条直线上,然后将标杆竖直地插下。直线定线一般应由远到近,即先定点 1,再定点 2。

图 3-23　直线定线

钢尺量距的基本要求是"直、平、准"。直,就是要量两点间的直线长度,要求定线直;平,就是要量出两点间的水平距离,要求尺身水平;准,要求对点、投点、读数要准确,要符合精度要求。钢尺量距一般包括以下几方面工作。

丈量时,后司尺员持钢尺零点端,前司尺员持钢尺末端,通常在土质地面上用测钎标示尺段端点位置。丈量时尽量用整尺段,一般仅末段用零尺段丈量。设此段距离 D 为

$$D = nl + q \tag{3-16}$$

式中:n——尺段数;

　　　l——钢尺长度;

　　　q——不足整尺的余长。

为了防止错误和提高丈量结果的精度,需进行往、返丈量。一般用相对误差来表示成果的精度。计算相对误差时,分子为往返测差数取绝对值,分母取往返测的平均值,并化为分子为 1 的分数表达式。例如 AB 往测长为 327.47m,返测长为 327.35m,则相对误差为

$$K = \frac{|D_{往} - D_{返}|}{D_{平均}} = \frac{0.12}{327.41} = \frac{1}{2\,700}$$

一般要求 K 在 $1/3\,000 \sim 1/1\,000$ 之间,当量距相对误差满足规范要求时,取往、返丈量结果的平均值作为两点间的水平距离。

二、视距测量

视距测量是一种根据几何光学原理进行测距的技术,是一种间接测距方法,利用定角测距方式进行测量。由于十字丝分划板的上、下视距丝的位置固定,因此通过视距丝的视线所形成的夹角是不变的,即为定角。

视距测量操作简单,作业方便,观测速度快,一般不受地形条件的限制,但测程较短,测距精度较低,在比较好的外界条件下测距相对精度仅为 $1/300 \sim 1/200$。

视距法测距是利用测量仪器望远镜十字丝的上、下丝获得尺子刻划读数 M、N,从而实现距离测量。当视准轴水平时,水准仪望远镜的几何光路原理如图 3-24 所示:K 是目镜前的十字丝分划板,n、m 是上、下丝的位置,二者间的距离为 p;L_2 是望远镜的凹透镜;L_1 是望远镜的物镜,F_1 是物镜焦点。

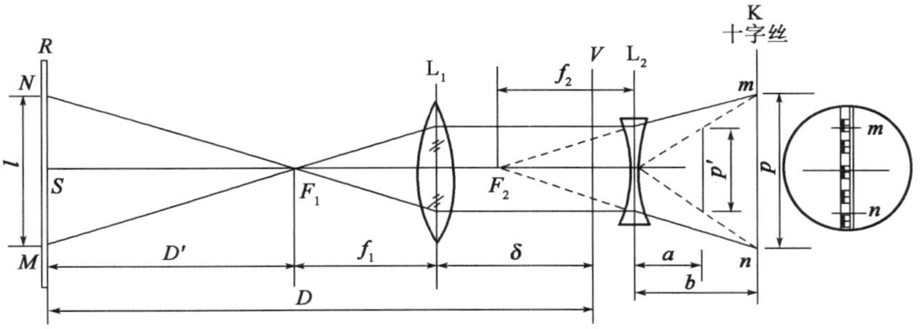

图 3-24 视距测量原理

视距计算公式讲解

V 为仪器的安置中心,R 为立尺点,M、N 是仪器望远镜视准轴处于水平状态瞄准直立的尺子后上、下丝在尺面截获的刻划值读数,且 $N > M$。N、M 的间隔长度 l 称为视距差,即

$$l = N - M \tag{3-17}$$

可根据几何光学原理推得望远镜视距法测距公式为

$$D = Kl + C \tag{3-18}$$

式中,K 为乘常数,C 为加常数。通常,在设计望远镜时,适当选择有关参数后,可使乘常数 $K = 100$,加常数 $C = 0$。故式(3-18)可简化为

$$D = Kl = 100l \tag{3-19}$$

三、光电测距

光电测距是以电磁波作为载波进行距离测量的一种技术方法。与传统测距方法相比,光电测距具有精度高、测程远、操作简便、作业速度快和劳动强度低等优点。

光电测距的基本原理是通过测定电磁波在待测距离两端点间往返一次的传播时间 t,乘电磁波在大气中的传播速度 c,来计算两点间的距离 D(图 3-25),其计算公式为

$$D = \frac{1}{2}c \cdot t \tag{3-20}$$

光电测距原理

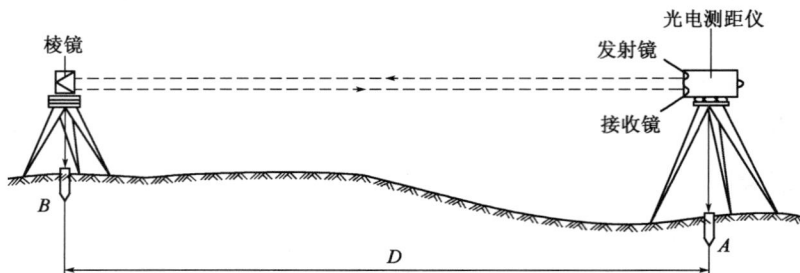

图 3-25　光电测距

光电测距仪主要有以下几种分类。

按测程,分为远程(几十千米)、中程(数千米至十余千米)、短程(3km 以下)。

按载波数,分为单载波(可见光、红外光、微波)、双载波(可见光,可见光;可见光,红外光等)、三载波(可见光,可见光,微波;可见光,红外光,微波等)。

按反射目标,分为漫反射目标(无合作目标)、合作目标(平面反射镜、角反射镜等)、有源反射器(同频载波应答机、非同频载波应答机等)。

另外,还可按精度指标分级。光电测距仪的精度公式为

$$m_D = A + BD \tag{3-21}$$

式中:A——仪器标称精度中的固定误差,mm;

　　　B——仪器标称精度中的比例误差系数,mm/km;

　　　D——测距边长度,km。

当 $D = 1km$ 时,m_D 为 1km 的测距中误差。

根据测定时间与方式的不同,光电测距仪又分为脉冲式光电测距仪和相位式光电测距仪。

1. 脉冲式光电测距仪

脉冲式光电测距是通过直接测定光脉冲在测线上往返传播的时间 t 来求得距离。图 3-26a)所示是脉冲式光电测距仪的工作原理。

2. 相位式光电测距仪

(1)相位式光电测距的基本原理。

相位式光电测距是通过测量调制光在测线上往返传播所产生的相位移,以及调制波长的相对值来求出距离 D。相位式光电测距仪的基本工作原理可用图 3-26b)来说明。

(2)相位式光电测距的基本公式。

如将调制波的往程和返程摊平,则有图 3-27 所示的波形。调制光全程的相位变化值为

$$\varphi = N \cdot 2\pi + \Delta\varphi = 2\pi \left(N + \frac{\Delta\varphi}{2\pi} \right) \tag{3-22}$$

对应的距离值为

$$D = \frac{\lambda}{2} (N + \Delta N) \tag{3-23}$$

式中:$\Delta N = \Delta\varphi / 2\pi$;

　　　N——相位移的整周期数或调制光整波长的个数,其值可为零或正整数;

　　　λ——调制光的波长;

$\Delta\varphi$——不足一个整周期的相位移尾数。

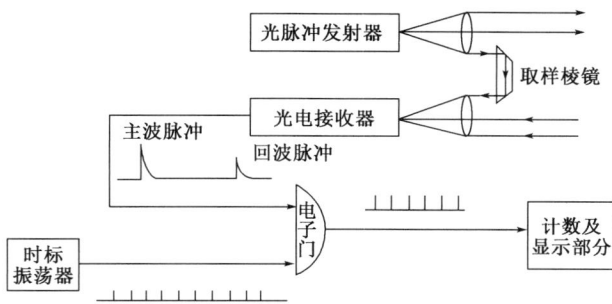

a) 脉冲式光电测距仪工作原理

脉冲式测距原理

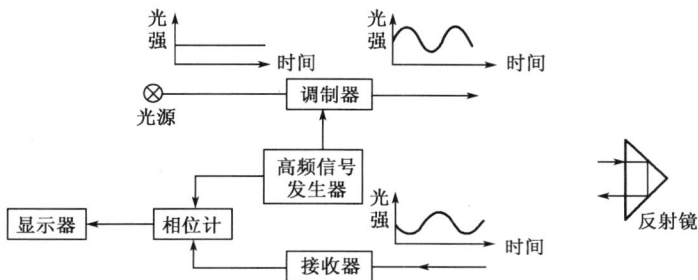

b) 相位式光电测距仪工作原理

图 3-26　光电测距仪工作原理

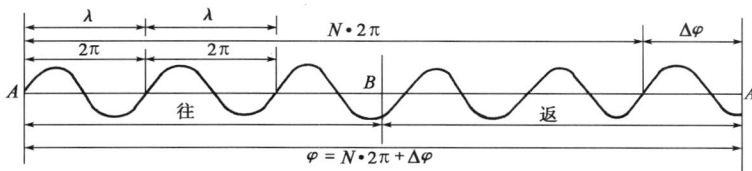

相位式测距原理

图 3-27　相位法测距的原理

通常令 $u = \lambda/2$，则

$$D = u(N + \Delta N) \tag{3-24}$$

式（3-24）即为相位法测距的基本公式。这种测距方法的实质是相当于用一把长度为 u 的尺子来丈量欲测距离，如同钢尺量距。这一根"尺子"称为"测尺"，$u = \lambda/2$ 称为测尺长度。

相位式光电测距仪一般只能测定 $\Delta\varphi$，而无法测定整周期数 N，因此使式（3-24）产生多值解，距离 D 无法确定。

（3）N 值的确定。

由式（3-24）可以看出，当测尺长度 u 大于距离 D 时，$N = 0$，此时可求得确定的距离值，即 $D = u\dfrac{\Delta\varphi}{2\pi} = u\Delta N$。由于仪器测相误差对测距误差的影响将随测尺长度的增加而增大（表 3-5），因此，为了解决扩大测程与提高精度之间的矛盾，可以采用一组测尺共同测距，用短测尺（又称精测尺）保证精度，用长测尺（又称粗测尺）保证测程，从而也解决了"多值性"的问题。这就如同钟表上用时、分、秒互相配合来确定 12 小时内的准确时刻一样。根据仪器的测程与精度要求,即可选定测尺数目和测尺精度。

测尺频率与测距误差的关系　　　　　　　　　　　　　　　表 3-5

测尺频率	15MHz	1.5MHz	150kHz	15kHz	1.5kHz
测尺长度	10m	100m	1km	10km	100km
精度	1cm	10cm	1m	10m	100m

设仪器中采用了两把测尺配合测距,其中精测频率为 f_1,相应的测尺长度为 $u_1 = \dfrac{c}{2f_1}$;粗测频率为 f_2,相应的测尺长度为 $u_2 = \dfrac{c}{2f_2}$。若用两者测定同一距离,则由式(3-24)可写出下列方程组:

$$\begin{cases} D = u_1(N_1 + \Delta N_1) \\ D = u_2(N_2 + \Delta N_2) \end{cases} \qquad (3\text{-}25)$$

将以上两式稍加变换即得

$$N_1 + \Delta N_1 = \frac{u_2}{u_1}(N_2 + \Delta N_2) = K(N_2 + \Delta N_2)$$

式中,$K = \dfrac{u_2}{u_1} = \dfrac{f_1}{f_2}$,称为测尺放大系数。

若已知 $D < u_2$,则 $N_2 = 0$。因为 N_1 为正整数,ΔN_1 为小于 1 的小数,等式两边的整数部分和小数部分应分别相等,所以有 $N_1 = K\Delta N_2$ 的整数部分。为了保证 N_1 值正确无误,测尺放大系数 K 应根据 ΔN_2 的测定精度来确定。

3. 全反射棱镜

使用激光测距仪、红外测距仪进行距离测量时,一般需要与一个合作目标相配合才能工作,这种合作目标叫反射器。对激光测距仪和红外测距仪而言,大多采用全反射棱镜作为反射器,全反射棱镜也称反光镜。棱镜,是用光学玻璃精心磨制成的四面体,如同从立体玻璃上切下的一角,如图 3-28a)、b)

全反射棱镜

所示。

将图 3-28b)放大并转向,即成图 3-28c)所示的情况。其中 *ADB*、*ADC*、*BDC* 三个面互相垂直,这三个面作为反射面,可对向反射光束。常见的全反射棱镜如图 3-28d)所示。

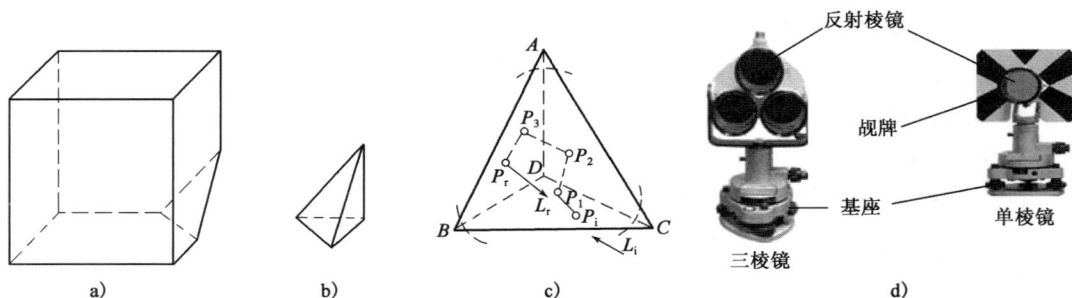

图 3-28　全反射棱镜

假设入射光 L_i 从任意方向射到棱镜的透射面 P_1 点,入射光 L_i 因玻璃的折射作用而射向 BDC 面的 P_1 点,并从 P_1 点反射到 ADC 面的 P_2 点,从 P_2 点反射到 ADB 面的 P_3 点,从 P_3 点再反射到 ABC 面的 P_r 点。入射光 L_i 便从透射面 ABC 的 P_r 点反射出来成为反射光 L_r。在理想的情况下,反射光 L_r 的方向应平行于入射光 L_i 的方向。

由于光在玻璃中的折射率为 1.5 ~ 1.6,而光在空气中的折射率近似等于 1,因此光在棱镜中传播所用的超量时间会使所测距离增大某一数值,称为棱镜常数。棱镜常数的大小与棱镜直角玻璃锥体的尺寸和玻璃的类型有关,一般会在厂家所附的说明书或在棱镜上标出,供测距时使用。

第四节 直线定向

在测量工作中,常常需要确定两点间平面位置的相对关系。此时,除了测定两点间的距离外,还需确定两点直线的方向。确定一条直线与一基本方向之间的水平角,称为直线定向。

一、基本方向

1. 真北方向

过地面某点真子午线的切线北端所指示的方向称为真北方向。真北方向可采用天文测量的方法测定,如观测太阳、北极星等,也可采用陀螺经纬仪测定。

2. 磁北方向

磁针自由静止时其北端所指的方向,称为磁北方向,可用罗盘仪测定。

3. 坐标北方向

坐标纵轴(X 轴)正向所指示的方向,称为坐标北方向。实际应用中常取与高斯平面直角坐标系中 X 坐标轴平行的方向为坐标北方向。

二、方位角

由直线起点的基本方向北端开始,顺时针量至直线的水平角称为该直线的方位角,方位角的取值范围为 $0° \sim 360°$。

坐标方位角

1. 真方位角

从直线上某点的真子午线方向北端顺时针量至该直线的水平角值,称为该直线在该点处的真方位角,用 A 表示。由于地面直线各点(赤道上的点除外)处的真子午线彼此不平行,所以同一条直线上各点的真方位角也各不相等,这将给应用带来不便。

2. 磁方位角

从直线上某点的磁子午线方向北端顺时针量至该直线的水平角值,称为该直线在该点处的磁方位角,用 A_m 表示。由于磁子午线收敛于磁南极和磁北极,所以同一直线上各点的磁方位角互不相等。地球上磁子午线方向不是固定不变的,而是因地而异;同一地点,也随时间有微小的周年变化和周日变化。磁子午线是一种不稳定的标准方向线,所以磁方位角表示直线方向的精度不高,只能用于直线的粗略定向。

3. 坐标方位角

从直线上某点的坐标纵轴线方向北端顺时针量至该直线的水平角值,称为该直线在该点处的坐标方位角,用 α 表示。实际应用中常取与高斯平面直角坐标系中 X 坐标轴平行的方向为坐标纵轴线方向。由于各点处的坐标纵轴线方向相互平行,因此,同一投影带内各点的标准方向线是一致的,所以同一直线上各点的坐标方位角是相等的,这将给方向计算带来方便。

三、磁偏角与子午线收敛角

(1)磁偏角 δ:过一点的真北方向与磁北方向之间的夹角,如图 3-29 所示。

(2)子午线收敛角 γ:过一点的真北方向与坐标北方向之间的夹角,如图 3-29 所示。

δ 与 γ 的符号规定相同,即磁北或坐标北方向在真北方向东侧时,δ 与 γ 均为正;磁北方向或坐标北方向在真北方向西侧时,δ 与 γ 均为负,如图 3-30 所示。

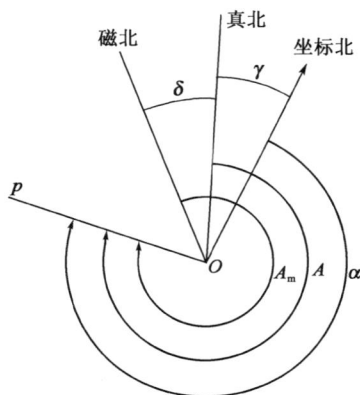

图 3-29　三种方位角的关系

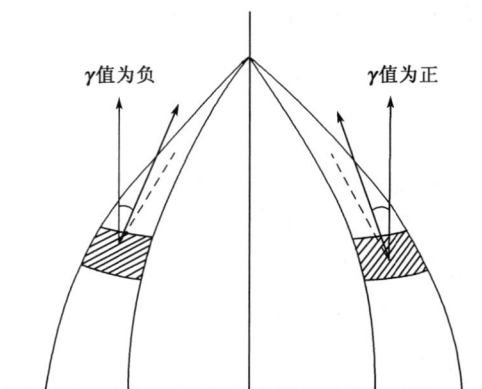

图 3-30　γ 符号规定

四、方位角之间的相互换算

由于三个指北的标准方向并不重合,所以,一直线的三种方位角并不相等,它们之间存在着一定的换算关系。

由图 3-29 可知,一条直线的真方位角 A、磁方位角 A_m、坐标方位角 α 之间有如下关系式:

$$A_m = A + \delta \tag{3-26}$$

$$A = \alpha + \gamma \tag{3-27}$$

$$\alpha = A_m - (\delta + \gamma) \tag{3-28}$$

五、正、反坐标方位角

一条直线的坐标方位角,由于起始点的不同而存在着两个值,如图 3-31 中,$\alpha_{1,2}$ 表示 P_1P_2 方向的坐标方位角,$\alpha_{2,1}$ 表示 P_2P_1 方向的坐标方位角。$\alpha_{1,2}$ 和 $\alpha_{2,1}$ 互称为正、反坐标方位角,$\alpha_{1,2}$ 为正坐标方位角,$\alpha_{2,1}$ 为反坐标方位角;反之,$\alpha_{2,1}$ 为正坐标方位角,则 $\alpha_{1,2}$ 为反坐标方位角。

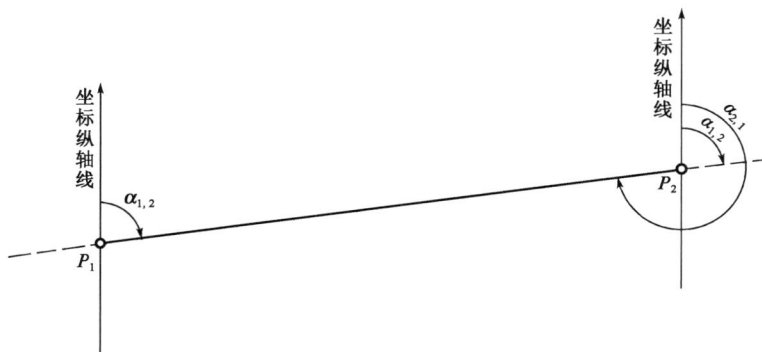

图 3-31 正、反坐标方位角

由于在同一高斯平面直角坐标系内各点处坐标北方向均是平行的,所以一条直线的正、反坐标方位角相差 180°,即

$$\alpha_{1,2} = \alpha_{2,1} \pm 180° \tag{3-29}$$

【思考题与习题】

1. 什么是水平角?在同一竖直面内不同高度的点在水平度盘上的读数是否一样?

2. 什么是竖直角?如何区分仰角和俯角?

3. 角度测量时,对中、整平的目的是什么?简述全站仪对中整平的过程。

4. 整理表 3-6 所示的测回法观测水平角的记录手簿。

测回法观测记录手簿   表 3-6

测站	盘位	目标	水平度盘读数 (° ′ ″)	半测回角值 (° ′ ″)	一测回角值 (° ′ ″)
O	左	A	0 02 00		
		B	120 18 24		
	右	A	180 02 06		
		B	300 18 06		

5. 什么是竖盘指标差?指标差的正、负是如何定义的?

6. 在进行角度测量时,采用盘左、盘右观测可以消除哪些误差对测角的影响?

7. 竖轴误差是怎样产生的?如何减弱其对测角的影响?

8. 在什么情况下对中误差和目标偏心差对测角的影响大?

9. 用钢尺丈量 AB、CD 两段距离,AB 段往测为 232.355m,返测为 232.340m;CD 段往测为 145.682m,返测为 145.690m。两段丈量结果各为多少?两段距离丈量精度是否相同?为什么?

10. 什么叫直线定向?为什么要进行直线定向?

11. 测量上作为定向依据的基本方向线有哪些?什么是方位角?

12. 真方位角、磁方位角、坐标方位角三者的关系是什么?

13. 已知 A 点的磁偏角为西偏 21′,过 A 点的真子午线与中央子午线的收敛角为 +3′,直线 AB 的坐标方位角 $\alpha = 64°20′$,求 AB 直线的真方位角与磁方位角。

第四章

测量误差的基本理论

【学习内容与要求】

本章学习测量误差的有关知识。通过学习,了解测量误差的定义、来源、分类和特点,了解权的定义、特点以及使用方法;熟悉偶然误差的特性和衡量精度的指标;掌握算术平均值(最或是值)及其中误差的定义和计算方法;掌握误差传播定律及其使用方法。

第一节　测量误差概述

测量工作中的大量实践表明,当对某一客观存在的量进行多次观测时,不论测量仪器多么精密,观测进行得多么仔细,观测值之间总是存在着差异。例如,用经纬仪反复观测某一角度,各次测量结果都不会完全相同。再如,观测了某一平面三角形的三个内角,其观测值之和往往不等于其理论值180°。为什么会出现这些现象呢? 这是观测值中不可避免地包含有观测误差的缘故。

测量工作中,一般把观测值与真值之差称为误差,严格意义上讲应称之为真误差。由于在实际工作中真值不易测定,一般把某一量的观测值与其近似值之差称为误差。

一、测量误差产生的原因

产生测量误差的原因,概括起来有以下三个方面。

1. 观测者的原因

由于观测者的感觉器官的辨别能力存在一定的局限性,所以,测量仪器的安置、瞄准、读数等操作都会产生误差。例如,在厘米分划的水准尺上,毫米数只能估读而得,但1mm以下的估读误差是完全有可能发生的。此外,观测者的技术水平和工作态度也会给观测成果带来不同程度的影响。

2. 测量仪器的原因

测量工作是需要利用特制的仪器、工具或传感器等进行的,而每一种测量仪器都只具有一定限度的精确度,导致测量结果受到一定的影响。例如,测角仪器的度盘分划误差可能达到3″,由此使所测的角度产生误差。另外,仪器制造或结构上的不完善使得仪器本身也具有一定的误差,如水准仪的视准轴不平行于水准管轴,经纬仪的水平度盘可能偏心、度盘刻划不均匀等也会引起测量误差。

3. 外界环境的影响

测量工作进行时所处的外界环境中的空气温度、湿度、风力、气压、日光照射、大气折光、烟雾等客观情况时刻在变化,这些都会使测量结果产生误差。例如,温度变化使钢尺产生伸缩,风吹和日光照射使仪器的安置不稳定,大气折光使望远镜的瞄准产生偏差等。

观测者、测量仪器和外界环境是测量工作得以进行的必要条件,通常把这三个方面综合起来称为观测条件。这些观测条件都有其本身的局限性并影响着测量精度,因此,测量成果中的误差是不可避免的,误差的大小决定了观测成果的精度。凡是观测条件相同的同类观测称为"等精度观测",观测条件不同的同类观测则称为"不等精度观测",这对于观测值的成果处理应有所区别。

二、测量误差的分类及其处理方法

测量误差按其产生的原因和对观测结果影响性质的不同,可以分为系统误差、偶然误差和粗差三类。

1. 系统误差

在相同的观测条件下,对某一量进行一系列的观测,如果出现的误差在符号和数值上都相同,或按一定的规律变化,这种误差称为系统误差。例如,用名义长度为30m而实际正确长度为30.004m的钢卷尺量距,每量一尺段就有使距离量短了0.004m的误差,其量距误差的符号不变,且与所量距离的长度成正比。因此,系统误差具有积累性。

又如,若水准仪的水准管轴与视准轴不平行,则会产生 i 角误差,使得中丝在水准尺上的读数不准确。水准仪离水准尺越远,i 角误差就会越大。由于 i 角误差是有规律的,因此,它也是系统误差。

正是由于系统误差对观测值的影响具有一定的数学或物理上的规律性,因此,只要这种规律性能够被找到,则系统误差对观测值的影响就可以被改正,或者用一定的测量方法加以抵消或削弱。具体措施如下。

（1）用一定的观测方法加以消除。例如，水准测量时，将水准仪安置在至前、后水准尺等距离的地方可以消除 i 角误差和地球曲率对高差的影响，通过"后—前—前—后"的观测顺序可以减弱水准仪下沉对高差的影响；在用经纬仪进行水平角观测时，通过盘左、盘右观测取平均值的方法可以消除经纬仪的横轴误差、视准轴误差、水平度盘偏心误差的影响。

（2）用计算的方法加以改正。例如，在精密钢尺量距中加入尺长改正、温度改正和高差改正；在三角高程测量中加入球气差改正；光电测距中的仪器加常数和乘常数改正等。

（3）将系统误差限制在允许范围内。有的系统误差既不便于计算改正，又不能通过一定的观测方法加以消除，如经纬仪的竖轴误差对水平角观测结果的影响。对于这类系统误差，只能按照规范的要求精确检校测量仪器，将仪器的系统误差降低到最小限度或限制在一个允许的范围之内。

2. 偶然误差

在相同的观测条件下，对某一量进行一系列的观测，如果误差在数值大小和符号上都表现出偶然性，即从单个误差来看，该系列误差的大小和符号没有规律性，但就大量误差的总体而言，具有一定的统计规律，这种误差称为偶然误差。

偶然误差的定义

例如，在厘米分划的水准尺上估读毫米数的读数误差，计算时的舍入误差等都属于偶然误差。如果观测数据的误差是由许多微小偶然误差项的总和构成的，则其总和也是偶然误差。比如测角误差可能是照准误差、读数误差、外界条件变化等多项误差的代数和。也就是说，测角误差实际上是许多微小误差项的总和，而每项微小误差又随着偶然因素的影响而发生无规则的变化，其数值忽大忽小，符号或正或负，无论是数值的大小还是符号的正负都不能事先预知，这是观测数据中存在偶然误差的最普遍的情况。

总之，偶然误差是由偶然因素引起的，不是观测者所能控制的一种误差，它不可避免，也无法用计算的方法或用一定的观测方法简单地加以消除，只能根据自身特性来合理地处理观测数据，以减小对测量成果的影响。

3. 粗差

粗差即粗大误差，是指比在正常条件下可能出现的最大偶然误差还要大的误差。通俗地说，粗差是比偶然误差大上好几倍的误差，如瞄错目标、读错大数等。

粗差也称"错误"。因此，从严格意义上来讲，粗差并不属于测量误差的范畴。

粗差是一种大量级的误差。一般认为粗差是工作人员的工作态度不认真或各种干扰所造成的。但由于粗差是一种大量级的误差，它对于观测成果的影响比较严重，而观测值中是不允许存在粗差的，必须将其剔除。因此，在测量工作中，除认真仔细作业外，还必须采取必要的检核措施来避免粗差的产生。

三、测量误差的处理原则

为了防止粗差的产生和提高观测成果的精度，在测量工作中，一般需要进行多于必要观测数的观测，称为"多余观测"。例如，一段距离用钢尺进行往、返丈量，如果将往测作为必要观测，则返测就属于多余观测；又如，由三个地面点构成一个平面三角形，在三个点上进行水平角观测，其中两个角度的观测属于必要观测，则第三个角度的观测就属于多余观测。有了多余观测，就可以发现观测值中的错误，以便将其剔除和重测。

由于观测值中的偶然误差不可避免,有了多余观测,观测值之间必然产生矛盾(往返差、不符值、闭合差),根据差值的大小,可以评定测量的精度。差值如果大到一定程度,就认为观测值误差超限,应予重测(返工);差值如果不超限,则按偶然误差的规律加以处理,称为闭合差的调整,以求得最可靠的数值。

至于观测值中的系统误差,应该尽可能按其产生的原因和规律加以改正以消除或削弱其影响。

四、测量平差

先看两个简单的测量实例。

【例 4-1】 设地面上有一条边,为了求得其长度而进行距离测量。若只测量一次,则其观测值就是该边的长度,若观测值中存在大误差,那么所求边长就完全不正确。考虑到观测误差的不可避免性,实际上对该边进行多次重复观测,并取其平均值作为该边的长度,这是一个最优的结果。因为根据偶然误差的定义,误差在大小和符号上呈现偶然性,即可正、可负,多次观测的误差在平均值中的影响可以得到削弱或消除,而且在多次重复观测值的相互比较中,误差大小可以相互检核。

【例 4-2】 设地面上有一平面三角形,如图 4-1 所示,为了确定其形状,观测了该三角形的三个内角,分别为 L_1、L_2 和 L_3,且由于观测误差的存在,$L_1 + L_2 + L_3 \neq 180°$。

若令 $L_1 + L_2 + L_3 - 180° = \omega$,则 ω 称为三角形闭合差或不符值,也是三个内角的观测误差之和(反号)。三角形存在闭合差的情况下,任取其中的两个内角观测值,就可决定其形状。但问题是哪一个

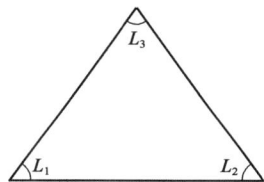

图 4-1 三角形

三角形的形状是符合真实形状的呢? 按最优化数学方法,就是平均分配闭合差于每个观测值,对各观测值进行改正,得到观测值的平差值,用 $\hat{L}$ 表示,则有

$$\hat{L}_1 = L_1 - \omega/3$$

$$\hat{L}_2 = L_2 - \omega/3$$

$$\hat{L}_3 = L_3 - \omega/3$$

及
$$\hat{L}_1 + \hat{L}_2 + \hat{L}_3 = 180°$$

由 $\hat{L}_1$、$\hat{L}_2$ 和 $\hat{L}_3$ 决定的三角形形状是唯一的,而且是最优的。

从以上两例可以看出,由于观测值中存在着偶然误差,对同一量进行多次观测,其观测值间会产生差异,对于一个几何图形,如三角形,则产生角度闭合差,致使所求的未知量产生多解(如例 4-1 中的长度,例 4-2 中的三角形形状)。这在生产实际中是完全不允许的。为此,需要对观测值进行处理,从而达到消除观测值之间的矛盾的目的,求得最优结果。这就是测量平差要解决的问题。

测量平差是对测量数据进行调整的方法。其基本定义是,依据某种最优化准则,由一系列带有观测误差的观测值,求出未知量的最优估值及其精度的理论和方法。

讲解测量误差理论知识,是为了使读者了解各种误差的规律,学会正确地处理观测数据,即根据一组带有误差的观测值,求出未知量的最优估值,并衡量其精度;同时,根据测量误差理论来指导实践,使测量成果能达到预期的要求。这不仅是学习本门课程的需要,也是今后从事各种科学研究、处理观测资料和实验数据的需要,是当代理工科大学生必备的基础知识。

第二节　偶然误差的特性

任意被观测的量,客观上总存在一个能代表其真正大小的数值,这一数值就称为该观测量的真值。

1. 真误差

设某一观测量的真值为 X,在相同的观测条件下对此量进行 n 次观测,得到的观测值分别为 l_1、l_2、$\cdots$、l_n,由于各观测值都带有一定的误差,因此,每一观测值与其真值 X 之间必然存在一个差数 Δ,即

$$\Delta_i = l_i - X(i = 1, 2, \cdots, n) \tag{4-1}$$

式中,Δ_i 称为"真误差"。此处 Δ 仅表现为偶然误差。

从单个偶然误差来看,其符号的正负和数值的大小没有任何规律性。但是,人们经过大量的测量实践发现,如果观测的次数很多,观察大量的偶然误差,就能发现隐藏在偶然性下面的必然规律,而且进行统计的偶然误差的数量越多,规律性也就越明显。下面就结合某观测实例,用统计方法进行说明和分析。

2. 误差分布密度统计及其特性

在某一测区,在相同的观测条件下共观测了 358 个三角形的全部内角,由于每个三角形内角之和的真值(180°)为已知,因此,可以按式(4-1)计算每个三角形内角之和的偶然误差 Δ(三角形闭合差),将它们分为负误差和正误差,按误差绝对值由小到大排列次序。以误差区间 $d\Delta = 3''$ 进行误差个数(k)的统计,并计算其相对个数 k/n($n = 358$),k/n 称为误差出现的频率。偶然误差的统计见表 4-1。

偶然误差的统计表　　　　　　　　　　　　　　　　　　表 4-1

误差区间 dΔ ($''$)	负误差		正误差		误差绝对值	
	k	k/n	k	k/n	k	k/n
0 ~ 3	45	0.126	46	0.128	91	0.254
3 ~ 6	40	0.112	41	0.115	81	0.226
6 ~ 9	33	0.092	33	0.092	66	0.184
9 ~ 12	23	0.064	21	0.059	44	0.123
12 ~ 15	17	0.047	16	0.045	33	0.092
15 ~ 18	13	0.036	13	0.036	26	0.073
18 ~ 21	6	0.017	5	0.014	11	0.031
21 ~ 24	4	0.011	2	0.006	6	0.017
24 以上	0	0	0	0	0	0
Σ	181	0.505	177	0.495	358	1.000

为了直观地表示偶然误差的正负和大小的分布情况,可以按表 4-1 的数据作图,如图 4-2 所示。图中以横坐标表示误差的正负和大小,以纵坐标表示误差出现在各区间的频率(k/n)除以区间间隔($d\Delta$),每一区间按纵坐标画成矩形小条,则每一小条的面积代表误差出现在该

区间的频率,而各小条的面积总和等于 1。该图在统计学上称为"频率直方图",其特点是能形象地表示出误差的分布情况。

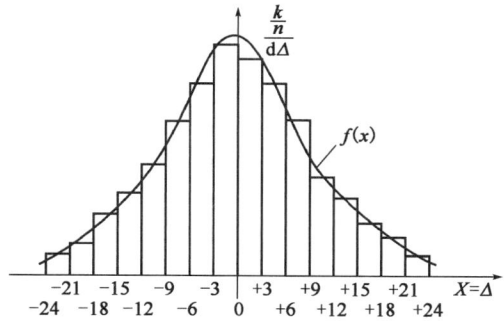

图 4-2　频率直方图

从表 4-1 的统计中,结合图 4-2,可以归纳出偶然误差的特性如下:

(1)有界性:在一定观测条件下的有限次观测中,偶然误差的绝对值不会超过一定的限值。

(2)单峰性:绝对值较小的误差出现的频率高,绝对值较大的误差出现的频率低。

(3)对称性:绝对值相等的正、负误差具有大致相等的出现频率。

(4)抵偿性:当观测次数无限增大时,偶然误差的理论平均值趋近于零,即偶然误差具有抵偿性。用公式表示为

$$\lim_{n \to +\infty} \frac{\Delta_1 + \Delta_2 + \cdots + \Delta_n}{n} = \lim_{n \to +\infty} \frac{[\Delta]}{n} = 0 \tag{4-2}$$

式中,[ ]表示取括号中数值的代数和。

有界性　　　　　单峰性　　　　　对称性　　　　　抵偿性

上述的特性(4)是由特性(3)导出的。特性(3)说明了在大量偶然误差中,正、负误差有互相抵消的特性。因此,当 n 无限增大时,真误差的理论平均值必然趋向于零。

需要指出的是,对于一系列的观测而言,不论其观测条件是好是坏,也不论是对同一个量还是对不同的量进行观测,只要这些观测是在相同的条件下独立进行的,则它所产生的一组偶然误差都必然具有上述的四个特性。而且,当观测值的个数 n 愈大时,这种特性就表现得愈明显。偶然误差的这种特性,也称为统计规律性。

3. 误差概率密度函数

图 4-2 是根据表 4-1 中的 358 个三角形角度观测值闭合差绘出的误差出现频率直方图,表现为中间高、两边低并向横轴逐渐逼近的对称图形,它并不是一种特例,而是统计偶然误差时出现的普遍规律,并且可以用数学公式来表示。

若误差的个数无限增大($n \to +\infty$),同时又无限缩小误差的区间 $d\Delta$,则图 4-2 中各小长条的顶边的折线就逐渐成为一条光滑的曲线。该曲线在概率论中称为"正态分布曲线"或称"误差分布曲线",它完整地表示了偶然误差出现的概率 P。即当 $n \to +\infty$ 时,上述误差区间内误差出现的频率趋于稳定,成为误差出现的概率。

正态分布曲线的数学方程式为

$$f(\Delta) = \frac{1}{\sqrt{2\pi}\sigma} e^{-\frac{\Delta^2}{2\sigma^2}} \tag{4-3}$$

式中,圆周率 $\pi = 3.141\,6$,自然对数的底 $e = 2.718\,3$,σ 为标准差,标准差的平方 σ^2 为方

差。方差为偶然误差平方的理论平均值：

$$\sigma^2 = \lim_{n \to +\infty} \frac{\Delta_1^2 + \Delta_2^2 + \cdots + \Delta_n^2}{n} = \lim_{n \to +\infty} \frac{[\Delta^2]}{n} \tag{4-4}$$

因此，标准差 σ 为

$$\sigma = \lim_{n \to +\infty} \sqrt{\frac{[\Delta^2]}{n}} = \lim_{n \to +\infty} \sqrt{\frac{[\Delta\Delta]}{n}} \tag{4-5}$$

由式(4-5)可知，标准差的大小决定于在一定条件下偶然误差出现的绝对值的大小。由于在计算标准差时取各个偶然误差的平方和，因此，当出现有较大绝对值的偶然误差时，在标准差的数值大小中会得到明显的反映。

式(4-3)称为"正态分布的密度函数"，其以偶然误差 Δ 为自变量，以标准差 σ 为唯一参数，σ 是曲线拐点的横坐标值。

第三节　衡量精度的指标

测量平差的基本内容之一，就是衡量测量成果的精度。在相同的观测条件下，对某一量所进行的一组观测对应着一种误差分布，因此，这一组中的每一个观测值都具有同样的精度。为了衡量观测值精度的高低，可以采用误差分布表或绘制频率直方图，但这样做很不方便，有时也不可能实现。因此，需要建立一个统一的衡量精度的标准，给出一个数值概念，使得该标准及其数值大小能反映出误差分布的离散或密集程度，称之为衡量精度的指标。

一、精度的含义

在测量中，一般用精确度来评价观测成果的优劣。精确度是准确度与精密度的总称。准确度主要取决于系统误差的大小，精密度主要取决于偶然误差的分布。对于已基本排除了系统误差，而以偶然误差为主的一组观测值，主要用精密度来评价该组观测值质量的优劣。精密度简称精度，就是指误差分布的密集或离散程度。

倘若两组观测成果的误差分布相同，则两组观测成果的精度相同；反之，若误差分布不同，则精度也就不同。在相同的观测条件下所进行的一组观测，由于它对应着同一种误差分布，因此对于这一组中的每一个观测值，都称为同精度观测值。

二、衡量精度的指标定义

在测量工作中，有如下几种常用的精度指标。

1. 方差和中误差

假设对某一未知量 x 进行了 n 次等精度观测，其观测值为 l_1、l_2、$\cdots$、l_n，相应的真误差为 Δ_1、Δ_2、$\cdots$、Δ_n，则定义该组观测值的方差为[参见式(4-4)]：

$$D = \lim_{n \to +\infty} \frac{[\Delta\Delta]}{n} \tag{4-6}$$

显然，方差 D 是当观测次数 n 趋于无穷大时的理论平均值。

中误差的定义与计算　　中误差 σ 在数理统计中也称为"标准差"，其定义式如下[参见式(4-5)]：

$$\sigma = \sqrt{D} = \lim_{n \to +\infty} \sqrt{\frac{[\Delta\Delta]}{n}} \tag{4-7}$$

为了统一衡量在一定观测条件下观测结果的精度,用中误差 σ 作为依据是比较合适的。但是,在实际测量工作中,不可能对某一量做无穷多次观测,因此,当 n 为有限值时,σ 的估值 $\hat{\sigma}$ 为

$$\hat{\sigma} = \pm \sqrt{\frac{[\Delta\Delta]}{n}} \tag{4-8}$$

在测量工作中,$\hat{\sigma}$ 常用符号 m 代替,习惯写为

$$m = \hat{\sigma} = \pm \sqrt{\frac{\Delta_1^2 + \Delta_2^2 + \cdots + \Delta_n^2}{n}} = \pm \sqrt{\frac{[\Delta\Delta]}{n}} \tag{4-9}$$

显然,m 也是中误差的估值。但是,在不特别强调"估值"意义的情况下,也将 m 称为"中误差"。

【例 4-3】 对 10 个三角形的内角进行两组观测,根据两组观测值中的偶然误差(三角形的角度闭合差——真误差),分别计算其中误差,结果列于表 4-2 中。

按观测值的真误差计算中误差　　　　表 4-2

次序	第一组观测值			第二组观测值		
	观测值	真误差 $\Delta(")$	$\Delta^2(")$	观测值	真误差 $\Delta(")$	$\Delta^2(")$
1	180°00′03″	3	9	180°00′00″	0	0
2	180°00′02″	2	4	179°59′59″	−1	1
3	179°59′58″	−2	4	180°00′07″	7	49
4	179°59′56″	−4	16	180°00′02″	2	4
5	180°00′01″	1	1	180°00′01″	1	1
6	180°00′00″	0	0	179°59′59″	−1	1
7	180°00′04″	4	16	179°59′52″	−8	64
8	179°59′57″	−3	9	180°00′00″	0	0
9	179°59′58″	−2	4	179°59′57″	−3	9
10	180°00′03″	3	9	180°00′01″	1	1
Σ		24	72		24	130
中误差	$m_1 = \pm\sqrt{\dfrac{\sum\Delta^2}{10}} = \pm 2.7''$			$m_2 = \pm\sqrt{\dfrac{\sum\Delta^2}{10}} = \pm 3.6''$		

由此可见,第二组观测值的中误差 m_2 大于第一组观测值的中误差 m_1。虽然这两组观测值的误差绝对值之和是相等的,可是在第二组观测值中出现了较大的误差(7″,−8″),因此,计算出来的中误差就较大,或者相对来说其精度较低。

在一组观测值中,如果中误差已经确定,就可以画出它所对应的偶然误差的正态分布曲线。根据误差分布密度函数[式(4-3)],当 $\Delta = 0$ 时,$f(\Delta)$ 有最大值,其最大值为 $\dfrac{1}{\sqrt{2\pi}\,m}$。

当 m 较小时,曲线在纵轴方向的顶峰较高,在纵轴两侧迅速逼近横轴,表示小误差出现的频率较大,误差分布比较集中;当 m 较大时,曲线的顶峰较低,曲线形状平缓,表示误差分布比较离散。以上两种情况的正态分布曲线如图 4-3 所示。

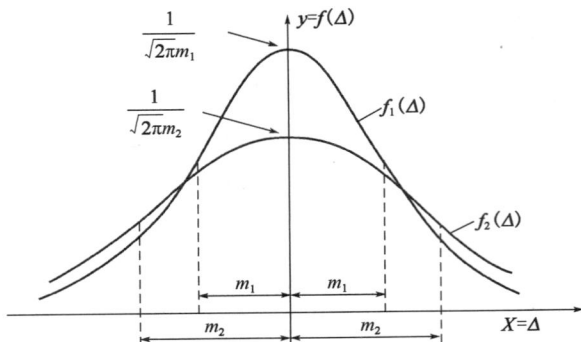

图 4-3　不同中误差的正态分布曲线

目前,在测量数据处理中,统一采用中误差作为衡量精度的指标。

2. 极限误差($\Delta_{限}$)和容许误差($\Delta_{容}$)

由频率直方图(图 4-2)可知:图中各矩形小条的面积代表误差出现在该区间的频率,当统计的误差个数无限增加、误差区间无限减小时,频率逐渐趋于稳定而成为概率,直方图的顶边即形成正态分布曲线。因此,根据正态分布曲线,可以表示出误差出现在微小区间 $d\Delta$ 中的概率 $p(\Delta)$:

$$p(\Delta) = f(\Delta) \cdot d\Delta = \frac{1}{\sqrt{2\pi}\,m} e^{-\frac{\Delta^2}{2m^2}} \cdot d\Delta \tag{4-10}$$

根据上式的积分,可以得到偶然误差在任意大小区间中出现的概率。设以 k 倍中误差为区间,则在此区间中误差出现的概率为

$$P(|\Delta| \leqslant km) = \int_{-km}^{+km} \frac{1}{\sqrt{2\pi}\,m} e^{-\frac{\Delta^2}{2m^2}} d\Delta \tag{4-11}$$

分别以 $k=1$、$k=2$、$k=3$ 代入上式,可得到偶然误差的绝对值不大于 1 倍中误差、2 倍中误差和 3 倍中误差的概率:

$$\begin{cases} P(|\Delta| \leqslant m) = 0.683 = 68.3\% \\ P(|\Delta| \leqslant 2m) = 0.954 = 95.4\% \\ P(|\Delta| \leqslant 3m) = 0.997 = 99.7\% \end{cases} \tag{4-12}$$

由式(4-12)可知,偶然误差的绝对值大于 2 倍中误差的约占误差总数的 4.6%,而大于 3 倍中误差的仅占误差总数的 0.3%。由于出现的概率很小,故可以认为,绝对值大于 $3m$ 的真误差实际上是不可能出现的。故通常以 3 倍中误差为真误差极限误差的估值,即

$$\Delta_{限} = 3|m| \tag{4-13}$$

在实际工作中,测量规范要求观测值中不应该存在较大的误差,常以 2 倍或 3 倍中误差为偶然误差的容许值,称为容许误差,即

$$\Delta_{容} = 2|m| \text{ 或 } \Delta_{容} = 3|m| \tag{4-14}$$

前者要求较严,后者要求较宽。如果在观测值中,某误差超过了规定的容许误差,则认为该观测值不可靠,其中可能含有系统误差或粗差,应舍去不用或重测。

3. 相对中误差

有时仅仅依靠中误差还不能完全表达观测结果的好坏。例如,某观测者分别丈量的

1 000m 及 80m 两段距离,观测值的中误差均为 ±3cm。虽然表面上看两者观测精度相同,但就单位长度而言,两者精度并不相同。显然,前者的相对精度比后者要高。为此,通常又采用另一种衡量精度的方法,即相对中误差 K,它是中误差与观测值之比,是一个不名数,常用分子为 1 的分式来表示,即

$$K = \frac{|m|}{D} = \frac{1}{D/|m|} \tag{4-15}$$

如上述两段距离,前者的相对中误差为 1/33 300,而后者则为 1/2 600。因此,用相对中误差可以很容易地衡量出这两段距离的丈量精度。

在距离测量中,常用往返测量结果的较差率来检核。较差率为

$$\frac{|D_{往} - D_{返}|}{D_{平均}} = \frac{|\Delta D|}{D_{平均}} = \frac{1}{D_{平均}/|\Delta D|} \tag{4-16}$$

较差率是真误差的相对误差,它只反映了往返测的符合程度,以资检核。显然,较差率越小,观测结果越可靠。

相对中误差仅适用于距离测量,角度测量时,不能用相对误差来衡量测角精度,因为测角误差与角度大小无关。

与相对误差相对应,真误差、中误差和极限误差均称为绝对误差。

第四节　误差传播定律

一、观测值的函数

上述几例中介绍的都是对于某一量(例如一个角度、一段距离)直接进行多次观测,以求得其最优估值,并计算出观测值的中误差,作为衡量其精度的标准。但是,在测量工作中,有一些需要知道的量并非直接观测值,而是根据一些直接观测值用一定的数学公式(函数关系)计算而得,因此称这些量为观测值的函数。由于观测值中含有误差,函数受其影响也含有误差,称之为"误差传播"。阐述观测值的中误差与观测值函数的中误差之间关系的定律,称为误差传播定律。

在测量工作中,一般有下列一些函数关系。

1. 和差函数

例如,两点间的水平距离 D 分为 n 段来丈量,各段量得的长度分别为 d_1、d_2、$\cdots$、d_n,则 $D = d_1 + d_2 + \cdots + d_n$,即距离 D 是各分段观测值 d_1、d_2、$\cdots$、d_n 之和,这种函数称之为和差函数。其一般形式为

$$Z = x_1 + x_2 + \cdots + x_n \tag{4-17}$$

2. 倍数函数

例如,用尺子在 1∶1 000 的地形图上量得两点间的距离 d,其相应的实地距离 $D = 1\,000d$,则 D 是 d 的倍数函数。其一般形式为

$$Z = kx \tag{4-18}$$

3. 线性函数

例如,计算某观测量的算术平均值的公式为

$$\bar{x} = \frac{1}{n}(l_1 + l_2 + \cdots + l_n) = \frac{1}{n}l_1 + \frac{1}{n}l_2 + \cdots + \frac{1}{n}l_n \tag{4-19}$$

式中,在直接观测值 l_n 之前乘某一系数(系数不一定相同),并取其代数和,因此,可以把算术平均值看成是各个观测值的线性函数。和差函数与倍数函数也属于线性函数。线性函数的一般形式可写为

$$Z = k_1x_1 + k_2x_2 + \cdots + k_nx_n \tag{4-20}$$

4. 一般函数

例如,已知直角三角形的斜边 c 和一锐角 α,则可求出其对边 a 和邻边 b,公式为 $a = c \cdot \sin\alpha$,$b = c \cdot \cos\alpha$。凡是变量之间用数学运算符号乘、除、乘方、开方、三角函数等组成的函数称为非线性函数。线性函数和非线性函数统称为一般函数。其一般形式为

$$Z = f(x_1, x_2, \cdots, x_n) \tag{4-21}$$

根据观测值的中误差求观测值函数的中误差,需要用误差传播定律。它根据函数的形式把函数的中误差以一定的数学形式表达出来,反映了观测值中误差与观测值函数中误差之间的特定关系。

二、误差传播定律推导

下面以一般函数关系为例来推导误差传播定律。

设有一如式(4-21)所示的一般函数,其中 x_1、x_2、$\cdots$、x_n 为可直接观测的未知量,Z 为不便直接观测的未知量。

误差传播定律推导

设 $x_i(i = 1, 2, \cdots, n)$ 的独立观测值为 l_i,其相应的真误差为 Δx_i。由于 Δx_i 的存在,函数 Z 也产生相应的真误差 ΔZ。将式(4-21)取全微分,得

$$dZ = \frac{\partial f}{\partial x_1}dx_1 + \frac{\partial f}{\partial x_2}dx_2 + \cdots + \frac{\partial f}{\partial x_n}dx_n$$

因误差 Δx_i 及 ΔZ 都很小,故在上式中,可近似用 Δx_i 及 ΔZ 代替 dx_i 及 dZ,于是有

$$\Delta Z = \frac{\partial f}{\partial x_1}\Delta x_1 + \frac{\partial f}{\partial x_2}\Delta x_2 + \cdots + \frac{\partial f}{\partial x_n}\Delta x_n \tag{4-22}$$

式中,$\frac{\partial f}{\partial x_i}$ 为函数 f 对各自变量的偏导数。将 $x_i = l_i$ 代入各偏导数中,即为确定的常数,设 $\left(\frac{\partial f}{\partial x_i}\right)_{x_i = l_i} = f_i$,则式(4-22)可写成:

$$\Delta Z = f_1\Delta x_1 + f_2\Delta x_2 + \cdots + f_n\Delta x_n \tag{4-23}$$

为了求得函数和观测值之间的中误差的关系式,设对各 x_i 进行了 k 次观测,则可写出 k 个类似于式(4-23)的关系式:

$$\begin{cases} \Delta Z^{(1)} = f_1\Delta x_1^{(1)} + f_2\Delta x_2^{(1)} + \cdots + f_n\Delta x_n^{(1)} \\ \Delta Z^{(2)} = f_1\Delta x_1^{(2)} + f_2\Delta x_2^{(2)} + \cdots + f_n\Delta x_n^{(2)} \\ \qquad\qquad\cdots\cdots \\ \Delta Z^{(k)} = f_1\Delta x_1^{(k)} + f_2\Delta x_2^{(k)} + \cdots + f_n\Delta x_n^{(k)} \end{cases}$$

将以上各式等号两边平方后再相加，得

$$\left[\Delta Z^2\right] = f_1^2\left[\Delta x_1^2\right] + f_2^2\left[\Delta x_2^2\right] + \cdots + f_n^2\left[\Delta x_n^2\right] + \sum_{\substack{i,j=1 \\ i \neq j}}^{n} 2f_i f_j\left[\Delta x_i \Delta x_j\right]$$

上式两端分别除以 k，即

$$\frac{\left[\Delta Z^2\right]}{k} = f_1^2\frac{\left[\Delta x_1^2\right]}{k} + f_2^2\frac{\left[\Delta x_2^2\right]}{k} + \cdots + f_n^2\frac{\left[\Delta x_n^2\right]}{k} + \sum_{\substack{i,j=1 \\ i \neq j}}^{n} 2f_i f_j\left[\frac{\Delta x_i \Delta x_j}{k}\right] \tag{4-24}$$

假设对各 x_i 的观测值 l_i 为彼此独立的观测，则 $\Delta x_i \Delta x_j$ 在 $i \neq j$ 时，也是偶然误差。根据偶然误差的特性(4)可知，式(4-24)的最后一项在 $k \to +\infty$ 时趋近于 0，即

$$\lim_{k \to +\infty} \frac{\left[\Delta x_i \Delta x_j\right]}{k} = 0$$

故式(4-24)可写为

$$\lim_{k \to +\infty} \frac{\left[\Delta Z^2\right]}{k} = \lim_{k \to +\infty}\left(f_1^2\frac{\left[\Delta x_1^2\right]}{k} + f_2^2\frac{\left[\Delta x_2^2\right]}{k} + \cdots + f_n^2\frac{\left[\Delta x_n^2\right]}{k}\right)$$

根据中误差的定义，上式可写成

$$\sigma_Z^2 = f_1^2\sigma_1^2 + f_2^2\sigma_2^2 + \cdots + f_n^2\sigma_n^2$$

当 k 为有限值时，上式可进一步写为

$$m_Z^2 = f_1^2 m_1^2 + f_2^2 m_2^2 + \cdots + f_n^2 m_n^2 \tag{4-25}$$

即

$$m_Z = \pm\sqrt{\left(\frac{\partial f}{\partial x_1}\right)^2 m_1^2 + \left(\frac{\partial f}{\partial x_2}\right)^2 m_2^2 + \cdots + \left(\frac{\partial f}{\partial x_n}\right)^2 m_n^2} \tag{4-26}$$

式(4-26)即为由观测值中误差计算其函数中误差的一般形式，称为中误差传播公式。而其他函数，如和差函数、倍数函数、线性函数等，都是式(4-26)的特例。

为方便应用，由式(4-26)可以推导出下列简单函数式的中误差传播公式，如表4-3所示。

几种简单函数式的中误差传播公式 表4-3

函数名称	函数式	中误差传播公式
和差函数	$Z = x_1 + x_2 + \cdots + x_n$	$m_Z = \pm\sqrt{m_1^2 + m_2^2 + \cdots + m_n^2}$
倍数函数	$Z = kx$	$m_Z = \pm km$
线性函数	$Z = k_1 x_1 + k_2 x_2 + \cdots + k_n x_n$	$m_Z = \pm\sqrt{k_1^2 m_1^2 + k_2^2 m_2^2 + \cdots + k_n^2 m_n^2}$

此外，在应用式(4-26)时，必须注意：各观测值必须是相互独立的变量。而当 l_i 为未知量 x_i 的直接观测值时，可认为各 l_i 之间满足相互独立的条件。

通过以上误差传播定律的推导，可以总结出求观测值函数中误差的四个步骤：

(1)列出观测值与其函数之间的正确表达式；

(2)若该函数为非线性函数，应对其求全微分；

(3)应用误差传播定律，写出观测值函数中误差的表达式；

(4)代入相应的数值，计算出观测值函数的中误差。

三、误差传播定律的应用

【例4-4】 利用误差传播定律，试推导表4-3中的线性函数中误差传播公式。假设有线性函数：

$$Z = k_1x_1 + k_2x_2 + \cdots + k_nx_n \tag{4-27}$$

式中，k_1、k_2、$\cdots$、k_n为任意常数，x_1、x_2、$\cdots$、x_n为独立变量，其中误差分别为m_1、m_2、$\cdots$、m_n。试计算函数Z的中误差。

解：按照一般函数误差传播定律，对每个独立观测值做全微分：

$$\frac{\partial f}{\partial x_1} = k_1, \frac{\partial f}{\partial x_2} = k_2, \cdots, \frac{\partial f}{\partial x_n} = k_n$$

于是，根据式(4-26)可以得到线性函数Z的中误差：

$$m_Z = \pm \sqrt{k_1^2m_1^2 + k_2^2m_2^2 + \cdots + k_n^2m_n^2} \tag{4-28}$$

【例4-5】 利用误差传播定律，试推导出算术平均值中误差M的公式。前述算术平均值$x = \dfrac{[l]}{n} = \dfrac{1}{n}l_1 + \dfrac{1}{n}l_2 + \cdots + \dfrac{1}{n}l_n$。

解：假设$\dfrac{1}{n} = k$，则

$$x = k\,l_1 + k\,l_2 + \cdots + k\,l_n$$

因为等精度观测，各观测值的中误差相同，即$m_1 = m_2 = \cdots = m_n = m$，得算术平均值的中误差为

$$M = \pm \sqrt{k^2m_1^2 + k^2m_2^2 + \cdots + k^2m_n^2}$$

$$= \pm \sqrt{\frac{1}{n^2}(m^2 + m^2 + \cdots + m^2)} = \pm \sqrt{\frac{1}{n^2} \times n\,m^2} = \pm \sqrt{\frac{m^2}{n}}$$

所以

$$M = \pm \frac{m}{\sqrt{n}} \tag{4-29}$$

由此可见，算术平均值的中误差是观测值中误差的$\dfrac{1}{\sqrt{n}}$。因此，对于某一量进行多次等精度观测而取其算术平均值，是提高观测成果精度的一种有效方法。

【例4-6】 假设对某个三角形进行角度测量，观测了其中的两个内角α和β，测角中误差分别为$m_\alpha = \pm 3.0''$，$m_\beta = \pm 4.0''$，现按公式$\gamma = 180° - \alpha - \beta$求得第三个内角$\gamma$，试计算$\gamma$角的中误差$m_\gamma$。

解：据表4-3可知，$\gamma = 180° - \alpha - \beta$为和差函数，于是

$$m_\gamma = \pm \sqrt{m_\alpha^2 + m_\beta^2} = \pm \sqrt{(\pm 3.0'')^2 + (\pm 4.0'')^2} = \pm 5.0''$$

【例4-7】 试推导平面直角坐标计算（坐标正算）的精度。首先按两点间的坐标方位角α和水平距离D计算两点间的坐标增量Δx和Δy，然后按其中一个已知点A的坐标计算另一个待定点B的坐标。设已知观测值α和D的中误差m_α和m_D，试计算出坐标增量的中误差$m_{\Delta x}$和$m_{\Delta y}$。

解：计算两点间坐标增量的函数式为

$$\Delta x = D\cos\alpha$$

$$\Delta y = D\sin\alpha$$

按非线性函数的误差传播定律，对上式求全微分，可得

$$\mathrm{d}\Delta x = \cos\alpha \cdot \mathrm{d}D - D\sin\alpha \cdot \mathrm{d}\alpha$$

$$\mathrm{d}\Delta y = \sin\alpha \cdot \mathrm{d}D + D\cos\alpha \cdot \mathrm{d}\alpha$$

将上式化为中误差的表达式,并将方位角误差以秒表示($\rho'' = 206\,265$,为秒转换系数),则有

$$\begin{cases} m_{\Delta x} = \sqrt{\cos^2\alpha \cdot m_D^2 + (D\sin\alpha)^2 \dfrac{m_\alpha^2}{(\rho'')^2}} \\[3mm] m_{\Delta y} = \sqrt{\sin^2\alpha \cdot m_D^2 + (D\cos\alpha)^2 \dfrac{m_\alpha^2}{(\rho'')^2}} \end{cases} \tag{4-30}$$

而 A、B 两点间的相对点位中误差可由下式计算:

$$M_{AB} = \sqrt{m_{\Delta x}^2 + m_{\Delta y}^2} = \sqrt{m_D^2 + \left(D\,\frac{m_\alpha}{\rho''}\right)^2} \tag{4-31}$$

上式右端根号内第一项为两点间的纵向误差,第二项为横向误差,即两点间的距离误差形成纵向误差,方位角误差形成横向误差。

在例 4-7 中,设 A、B 两点间的距离、方位角分别为

$$D = 360.440\text{m} \pm 0.030\text{m}, \quad \alpha = 60°24'30'' \pm 16''$$

代入式(4-30)和式(4-31),计算出的距离和方位角中误差结果如下:

$$m_{\Delta x} = \pm 0.028\text{m}, \quad m_{\Delta y} = \pm 0.030\text{m}, \quad M_{AB} = \pm 0.041\text{m}$$

第五节 等精度直接观测平差

一、算术平均值

设在相同的观测条件下对某量进行了 n 次同精度观测,其真值为 X,观测值为 l_1、l_2、$\cdots$、l_n,相应的真误差为 Δ_1、Δ_2、$\cdots$、Δ_n,则

$$\Delta_1 = l_1 - X$$
$$\Delta_2 = l_2 - X$$
$$\cdots\cdots$$
$$\Delta_n = l_n - X$$

将上列等式相加,得

$$[\Delta] = [l] - nX$$

两端再同除以 n,可得

$$\frac{[\Delta]}{n} = \frac{[l]}{n} - X = L - X \tag{4-32}$$

式(4-32)中,L 为算术平均值,即

$$L = \frac{l_1 + l_2 + \cdots + l_n}{n} = \frac{[l]}{n} \tag{4-33}$$

根据偶然误差的特性(4),当 $n \to +\infty$ 时,$\dfrac{[\Delta]}{n} \to 0$,即

$$\lim_{n \to +\infty} \frac{[\Delta]}{n} = 0$$

于是 $L \approx X$,即当观测次数 n 无限多时,观测值的算术平均值就趋向于未知量的真值。但是,在实际工作中,不可能对某一量进行无限次的观测。因此,当观测次数有限时,就把有限次观测值的算术平均值作为该量的"最或是值"或"最或然值"。

二、观测值的改正数

算术平均值与观测值之差称为观测值的改正数,改正数一般用符号 v 来表示。

$$\begin{cases} v_1 = L - l_1 \\ v_2 = L - l_2 \\ \cdots\cdots \\ v_n = L - l_n \end{cases} \tag{4-34}$$

将上列等式相加,得

$$[v] = nL - [l]$$

再根据式(4-33),得到

$$[v] = n\frac{[l]}{n} - [l] = 0 \tag{4-35}$$

由此可见,一组观测值取算术平均值后,其改正数之和恒等于零。这一特性可以作为计算中的校核。

三、精度评定

1. 等精度观测值的中误差

前已述及,等精度观测值中误差的定义式为 $m = \pm\sqrt{\dfrac{[\Delta\Delta]}{n}}$。但由于未知量的真值 X 无法确知,真误差 Δ_i 也是未知数,故不能直接用其定义式来计算观测值的中误差。在实际工作中,一般用观测值的改正数 v_i 来计算观测值的中误差。

由真误差 Δ_i 和改正数 v_i 的定义可知:

$$\Delta_i = l_i - X$$
$$v_i = L - l_i (i = 1, 2, \cdots, n)$$

利用改正数计算中误差

以上两式对应相加,得

$$\Delta_i + v_i = L - X$$

令 $L - X = \sigma$,将其代入上式,移项后可得

$$\Delta_1 = -v_1 + \sigma$$
$$\Delta_2 = -v_2 + \sigma$$
$$\cdots\cdots$$
$$\Delta_n = -v_n + \sigma$$

上列各式分别先自乘,然后求和,有

$$[\Delta\Delta] = [vv] + n\sigma^2 - 2\sigma[v]$$

因为 $[v] = 0$,故有

$$[\Delta\Delta] = [vv] + n\sigma^2$$

上式两端再同除以 n，则有

$$\frac{[\Delta\Delta]}{n} = \frac{[vv]}{n} + \sigma^2 \qquad (4\text{-}36)$$

又因为

$$\sigma = L - X = \frac{[l]}{n} - X = \frac{[l-X]}{n} = \frac{[\Delta]}{n}$$

故

$$\sigma^2 = \frac{[\Delta]^2}{n^2} = \frac{1}{n^2}(\Delta_1^2 + \Delta_2^2 + \cdots + \Delta_n^2 + 2\Delta_1\Delta_2 + 2\Delta_1\Delta_3 + \cdots + 2\Delta_1\Delta_n)$$

$$= \frac{[\Delta\Delta]}{n^2} + \frac{2}{n^2}(\Delta_1\Delta_2 + \Delta_1\Delta_3 + \cdots + \Delta_1\Delta_n)$$

由于 Δ_1、Δ_2、$\cdots$、Δ_n 是彼此独立的偶然误差，故 $\Delta_1\Delta_2$、$\Delta_1\Delta_3$ 等也具有偶然误差的性质。当 $n \to +\infty$ 时，上式等号右侧第二项应趋近于 0；当 n 为较大的有限值时，其值远比第一项小，故可忽略不计。于是，式(4-36)可以写为

$$\frac{[\Delta\Delta]}{n} = \frac{[vv]}{n} + \frac{[\Delta\Delta]}{n^2}$$

根据中误差的定义，上式可进一步写为

$$m^2 = \frac{[vv]}{n} + \frac{m^2}{n}$$

即

$$m = \pm\sqrt{\frac{[vv]}{n-1}} \qquad (4\text{-}37)$$

式(4-37)即为等精度观测中用观测值的改正数计算观测值中误差的公式，称为白塞尔公式。

2. 算术平均值的中误差

设对某量进行了 n 次等精度观测，其观测值为 l_i $(i = 1, 2, \cdots, n)$，观测值中误差为 m，其算术平均值(最或是值)为 L。则有

$$L = \frac{[l]}{n} = \frac{1}{n}l_1 + \frac{1}{n}l_2 + \cdots + \frac{1}{n}l_n$$

按误差传播定律，可算得该观测值的算术平均值的中误差为

$$M = \pm\frac{m}{\sqrt{n}} = \pm\sqrt{\frac{[vv]}{n(n-1)}} \qquad (4\text{-}38)$$

式(4-38)即为等精度观测值的算术平均值的中误差计算公式。

比较基于改正数的观测值中误差[式(4-37)]与基于真误差的观测值中误差[式(4-9)]，可发现计算式内除了以[vv]代替[$\Delta\Delta$]之外，还以 $n-1$ 代替了 n。简单的解释为：在真值已知的情况下，所有的 n 次观测均属多余观测；而在真值未知的情况下，则有一次观测是必要观测，其余的 $n-1$ 次观测是多余观测。因此，n 和 $n-1$ 分别代表真值已知和真值未知两种不同情况下的多余观测数。

【例 4-8】 假设对某角进行了 5 次等精度观测，观测结果如表 4-4 所示，试求其观测值的中误差及算术平均值的中误差。

等精度角度观测值及其改正数 表4-4

观测值	v	vv
$l_1 = 35°18'28''$	-3	9
$l_2 = 35°18'25''$	0	0
$l_3 = 35°18'26''$	-1	1
$l_4 = 35°18'22''$	$+3$	9
$l_5 = 35°18'24''$	$+1$	1
$L = \dfrac{[l]}{n} = 35°18'25''$	$[v] = 0$	$[vv] = 20$

解:根据表中数据,由式(4-37)可算得观测值的中误差为

$$m = \pm\sqrt{\frac{[vv]}{n-1}} = \pm\sqrt{\frac{20}{5-1}} = \pm 2.2''$$

由式(4-38)可算得其算术平均值的中误差为

$$M = \pm\frac{m}{\sqrt{n}} = \pm\frac{2.2''}{\sqrt{5}} = \pm 1.0''$$

同时,从式(4-38)可以看出:算术平均值的中误差与观测次数的平方根成反比。因此,增加观测次数可以提高算术平均值的精度。不同的观测次数对应的 M 值见表4-5。

不同观测次数下的 M 值 表4-5

观测次数 n	2	4	6	8	10	12	14	16
算术平均值中误差 M（以中误差 m 为单位计）	±0.71	±0.50	±0.41	±0.35	±0.32	±0.29	±0.27	±0.25

以观测次数 n 为横坐标,算术平均值中误差 M 为纵坐标,并令 $m = \pm 1$,可以画出如图4-4所示的 M 值与观测次数 n 的关系曲线。从图4-4中可以看出,当观测次数达到一定数值后(如10次以后),随着观测次数的增加,中误差减小得愈来愈慢。此时,再增加观测次数,工作量增加了不少,但精度的提高效果就不太明显了。故不能单靠增加观测次数来提高测量成果的精度,还应设法提高观测值本身的精度。例如,采用精度较高的仪器,提高观测技能,在良好的外界条件下进行观测等。

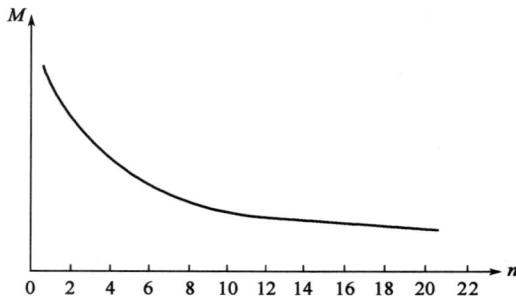

图4-4　M 值与观测次数 n 的关系曲线

因此,测量一般精度的角,要求观测 1~3 个测回;对于中等精度要求的角,观测 3~6 个测回即可;只有对精度要求很高的角,才观测 9~24 个测回。

第六节 不等精度直接观测平差

对于某一未知的量,如何从 n 次等精度观测中确定未知量的最或是值(即取算术平均值),以及评定其精度的问题,前节已作了详细叙述。但是,在测量实践中,除了等精度观测以外,还有不等精度观测。例如,有一个待定水准点,需要从两个已知点经过两条不同长度的水准路线测定其高程,则从两条路线分别测得的高程是不等精度观测,不能简单地取其算术平均值,并据此评定其精度。这时,就需要引入"权"的概念来处理这个问题。

一、权

"权"的原意为秤锤,是用来测定物体质量的器具,此处用作"权衡轻重"之意。某一观测值或观测值函数的精度越高(中误差 m 越小),其权应越大。在测量误差理论中,一般用符号 P 表示权。

1. 权的定义

一定的观测条件,对应着一定的误差分布,而一定的误差分布对应着一个确定的中误差。对不同精度的观测值来说,中误差越小,则精度越高,观测结果也就越可靠,因而应具有较大的权。故可以用中误差来定义权。

权的定义与特点

设有一组不等精度观测值为 l_i,相应的中误差为 $m_i(i=1,2,\cdots,n)$,选定任一大于零的常数 λ,定义权 P_i 为

$$P_i = \frac{\lambda}{m_i^2} \tag{4-39}$$

在式(4-39)中,称 P_i 为观测值 l_i 的权。对一组已知中误差的观测值而言,选定一个 λ 值,就有一组对应的权。

由式(4-39)可以确定出各观测值权之间的比例关系:

$$P_1 : P_2 : \cdots : P_n = \frac{\lambda}{m_1^2} : \frac{\lambda}{m_2^2} : \cdots : \frac{\lambda}{m_n^2} = \frac{1}{m_1^2} : \frac{1}{m_2^2} : \cdots : \frac{1}{m_n^2} \tag{4-40}$$

2. 权的性质

由式(4-39)和式(4-40)可知,权具有如下的性质:

(1)权与中误差都是用来衡量观测值精度的指标,但中误差是绝对性数值,用于表示观测值的绝对精度;权是相对性数值,用于表示观测值的相对精度。

(2)权与中误差的平方成反比,中误差越小,权越大,表示观测值越可靠,精度越高。

(3)权始终取正号。

(4)由于权是一个相对性数值,对于单一观测值而言,权无任何意义。

(5)权的大小随常数 λ 的不同而不同,但权之间的比例关系始终保持不变。

(6)在同一个问题中只能选定一个 λ 值,不能同时选用几个不同的 λ 值,否则就破坏了权之间的比例关系。

二、测量中常用的定权方法

1. 等精度观测值的算术平均值的权

设一次观测的中误差为 m，由前述小节可知 n 次等精度观测值的算术平均值的中误差 $M = m/\sqrt{n}$。由权的定义，可设 $\lambda = m^2$，则一次观测值的权为

$$P = \frac{\lambda}{m^2} = \frac{m^2}{m^2} = 1$$

算术平均值 L 的权为

$$P_L = \frac{\lambda}{m^2/n} = \frac{m^2}{m^2/n} = n \tag{4-41}$$

由此可知，取一次观测值之权为 1，则 n 次观测的算术平均值的权为 n。故权与观测次数成正比。

在不等精度观测中引入"权"的概念，可以建立起各观测值之间的精度比值关系，以便更合理地处理观测数据。

例如，设一次观测值的中误差为 m，其权为 P_0，并设 $\lambda = m^2$，则 $P_0 = \frac{m^2}{m^2} = 1$。

权值等于 1 的权称为单位权，而权值等于 1 的中误差称为单位权中误差，一般用符号 μ 表示。对于中误差为 m_i 的观测值（或观测值的函数），其权 P_i 为

$$P_i = \frac{\mu^2}{m_i^2} \tag{4-42}$$

则相应的中误差的另一表达式可写为

$$m_i = \mu \sqrt{\frac{1}{P_i}} \tag{4-43}$$

2. 权在水准测量中的应用

设水准测量中每一测站观测高差的精度相同，其中误差为 $m_{站}$，则不同测站数的水准路线观测高差的中误差为

$$m_i = m_{站} \sqrt{N_i}(i = 1, 2, \cdots, n) \tag{4-44}$$

式中，N_i 为各水准路线的测站数。

若取 C 个测站的高差中误差为单位权中误差，即 $\mu = \sqrt{C} m_{站}$，则各水准路线的权为

$$P_i = \frac{\mu^2}{m_i^2} = \frac{C}{N_i} \tag{4-45}$$

同理，可得

$$P_i = \frac{C}{L_i} \tag{4-46}$$

式（4-46）中，L_i 为各水准路线的长度。

由式（4-45）和式（4-46）可知，当各测站观测高差为等精度时，各水准路线的权与测站数

或路线长度成反比。

3. 权在距离丈量中的应用

设单位长度(1km)的距离丈量中误差为 m,则长度为 S 的距离丈量中误差为 $m_S = m\sqrt{S}$。

若取长度为 C 的距离丈量中误差为单位权中误差,即 $\mu = m\sqrt{C}$,则可得长度为 S 的距离丈量的权为

$$P_S = \frac{\mu^2}{m_S^2} = \frac{C}{S} \tag{4-47}$$

由式(4-47)可知,距离丈量的权与长度成反比。

从上述几种定权公式中可以看出,在定权时,并不需要预先知道各观测值中误差的具体数值。在观测方法确定之后,权就可以预先确定。这一点说明,可以事先对最后观测结果的精度进行估算,这在实际测量工作中具有很重要的意义。

三、加权算术平均值

对某一未知的观测量,有一组不等精度的观测值 L_1、L_2、$\cdots$、L_n,其中误差为 m_1、m_2、$\cdots$、m_n,按式(4-39)计算其权为 P_1、P_2、$\cdots$、P_n。按下式计算其加权算术平均值 x,作为该观测量的最或是值:

$$x = \frac{P_1 L_1 + P_2 L_2 + \cdots + P_n L_n}{P_1 + P_2 + \cdots + P_n} = \frac{[PL]}{[P]} \tag{4-48}$$

根据同一个量的 n 次不等精度观测值,计算其加权算术平均值 x 后,还可用下式来计算各观测值的改正数 v_i:

$$\begin{cases} v_1 = x - L_1 \\ v_2 = x - L_2 \\ \qquad \cdots\cdots \\ v_n = x - L_n \end{cases} \tag{4-49}$$

即

$$v_i = x - L_i$$

若将上式两边乘相应的权:

$$P_i v_i = P_i x - P_i L_i$$

并将 n 个等式相加后,可得

$$[Pv] = [P]x - [PL] = [P]\frac{[PL]}{[P]} - [PL] = 0 \tag{4-50}$$

因此,上式可以用作计算中的检核。

四、加权算术平均值的中误差

不等精度观测值的加权算术平均值的计算公式(4-48)可以写成如下的线性函数的形式:

$$x = \frac{P_1}{[P]}L_1 + \frac{P_2}{[P]}L_2 + \cdots + \frac{P_n}{[P]}L_n$$

根据线性函数的中误差传播公式,可得加权算术平均值的中误差:

$$M_x = \sqrt{\left(\frac{P_1}{[P]}\right)^2 m_1^2 + \left(\frac{P_2}{[P]}\right)^2 m_2^2 + \cdots + \left(\frac{P_n}{[P]}\right)^2 m_n^2}$$

按式(4-42),上式中 $m_i^2 = \dfrac{\mu^2}{P_i}$($\mu$ 为单位权中误差),则加权算术平均值的中误差为

$$M_x = \mu \sqrt{\frac{P_1}{[P]^2} + \frac{P_2}{[P]^2} + \cdots + \frac{P_n}{[P]^2}}$$

即

$$M_x = \frac{\mu}{\sqrt{[P]}} \tag{4-51}$$

由式(4-42)可知,加权算术平均值的权即为观测值的权之和:

$$P_x = [P] = \frac{\mu^2}{M_x^2} \tag{4-52}$$

五、单位权中误差的计算

根据一组对同一观测量的不等精度观测值,可以计算该类观测值的单位权中误差。由式(4-42)可得

$$\mu^2 = P_i m_i^2 \tag{4-53}$$

对于同一观测量,若有 n 个不等精度观测值,则有

$$\mu^2 = P_1 m_1^2, \mu^2 = P_2 m_2^2, \cdots, \mu^2 = P_n m_n^2$$

将上面的 n 个 μ^2 求和,得

$$\mu^2 = \frac{[Pm^2]}{n} = \frac{[Pmm]}{n}$$

此时,用真误差 Δ_i 代替中误差 m_i,得到在观测量的真值已知的情况下用真误差求单位权中误差的公式:

$$\mu = \pm \sqrt{\frac{[P\Delta\Delta]}{n}} \tag{4-54}$$

将式(4-54)代入式(4-51)中,可得加权算术平均值的中误差为

$$M_x = \frac{\mu}{\sqrt{[P]}} = \pm \sqrt{\frac{[P\Delta\Delta]}{n[P]}} \tag{4-55}$$

在观测量的真值未知的情况下,用观测值的加权算术平均值 x 代替真值 X,用观测值的改正值 v_i 代替真误差 Δ_i,并仿照式(4-37)的推导,得到按不等精度观测值的改正数计算单位权中误差的公式:

$$\mu = \pm \sqrt{\frac{[Pv v]}{n-1}} \tag{4-56}$$

将式(4-56)代入式(4-51)中,可得加权算术平均值的中误差的实用计算公式:

$$M_x = \frac{\mu}{\sqrt{[P]}} = \pm \sqrt{\frac{[Pvv]}{[P](n-1)}} \tag{4-57}$$

【例 4-9】 在水准测量中,从三个已知高程点 A、B、C 出发,来测量 E 点的高程值,水准路线如图 4-5 所示。测后分别得到 E 点的三个高程观测值:42.347m、42.320m、42.332m,L_i 为各水准路线的长度,求 E 点高程的最或是值及其中误差。

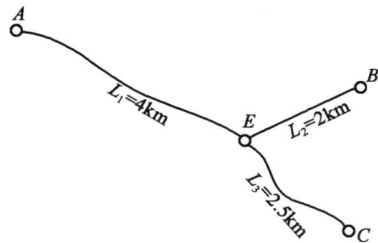

解:取各水准路线长度 L_i 的倒数乘 C 为权,并令 $C=1$,计算数据见表 4-6。

图 4-5 不等精度观测水准路线图

E 点高程最或是值(加权算术平均值)**的计算** 表 4-6

测段	高程观测值 (m)	水准路线长度 L_i(km)	权 $P_i = \dfrac{1}{L_i}$	v (mm)	Pv (mm)	Pvv (mm)
AE	42.347	4.0	0.25	−17.0	−4.2	71.4
BE	42.320	2.0	0.50	+10.0	+5.0	50.0
CE	42.332	2.5	0.40	−2.0	−0.8	1.6
合计			$[P]=1.15$		$[Pv]=0$	$[Pvv]=123.0$

E 点高程的最或是值为

$$H_E = \frac{0.25 \times 42.347 + 0.50 \times 42.320 + 0.40 \times 42.332}{0.25 + 0.50 + 0.40}$$

$$= 42.330(\text{m})$$

单位权中误差为

$$\mu = \pm\sqrt{\frac{[Pvv]}{n-1}} = \pm\sqrt{\frac{123.0}{3-1}} = \pm 7.8(\text{mm})$$

最或是值中误差为

$$M_{H_E} = \frac{\mu}{\sqrt{[P]}} = \pm\frac{7.8}{\sqrt{1.15}} = \pm 7.3(\text{mm})$$

【思考题与习题】

1. 什么是误差?产生测量误差的原因有哪些?

2. 测量误差可以分为几类?这几类误差各有何特点?

3. 偶然误差和系统误差有什么不同?偶然误差具有哪些特性?

4. 在角度测量中采用正倒镜观测、水准测量中前后视距相等,这些规定都是为了消除什么误差?

5. 何为精度?测量工作中常用的衡量精度的指标有哪些?

6. 什么是中误差?为什么中误差能作为衡量精度的标准?

7. 什么是误差传播定律?函数 $z = z_1 + z_2$,其中 $z_1 = x + 2y$,$z_2 = 2x - y$,x 和 y 相互独立,其 $m_x = m_y = m$,求 m_z。

8.进行三角高程测量,按 $h = D \cdot \tan\alpha$ 计算高差,已知 $\alpha = 20°$,$m_\alpha = \pm 1'$,$D = 250\text{m}$,$m_D = \pm 0.13\text{m}$,求高差中误差 m_h。

9.用经纬仪观测某角共 8 个测回得如下结果:$56°32'13''$,$56°32'21''$,$56°32'17''$,$56°32'14''$,$56°32'19''$,$56°32'23''$,$56°32'21''$,$56°32'18''$,试求该角最或是值及其中误差。

10.用水准仪测量 A、B 两点高差 9 次,得下列结果(以 m 为单位):1.253,1.250,1.248,1.252,1.249,1.247,1.250,1.249,1.251,试求 A、B 两点高差的最或是值及其中误差。

11.用经纬仪测水平角,一测回的中误差 $m = \pm 15''$,欲使测角精度达到 $m = \pm 5''$,需观测几个测回?

12.什么是单位权?什么是单位权中误差?为什么不等精度观测需用权来衡量?

第五章

GNSS 测量

【学习内容与要求】

通过本章学习,了解 GNSS 的基本构建过程和发展现状,理解 GNSS 的基本概念、定义和参数,掌握 GNSS 定位导航的基本原理,重点掌握利用 GNSS 进行静态相对定位和 GNSS-RTK 定位导航的原理及实施方法,掌握相关仪器操作和数据处理软件使用方法,最后了解网络 RTK 和 CORS 定义及优势。

第一节 GNSS 概 述

全球导航卫星系统(Global Navigation Satellite System,GNSS)是新一代精密卫星导航定位系统。GNSS 分为空间部分、地面控制部分和用户部分(图 5-1)。空间部分主要由一定数量的卫星组成,地面控制部分由主控站(监测和控制卫星运行)、监测站[编算卫星星历(导航电文)]和注入站(保持系统时间)组成,用户部分由民用终端和军用终端组成。

一、GNSS 的发展

1957 年 10 月 4 日,苏联成功地发射了世界上第一颗人造地球卫星后,人们开始利用卫星进行定位和导航研究,世界各国争相利用人造地球卫星为军事、经济和科学文化服务。大地测量学领域,卫星导航定位技术目前已基本取代了地基无线电导航、传统大地测量和天文测量导航定位技术,并推动了大地测量与导航定位领域的全新发展。现如今,GNSS 不仅是保障国家安全和经济稳定的基础设施,也是体现现代化大国地位和国家综合国力的重要标志。

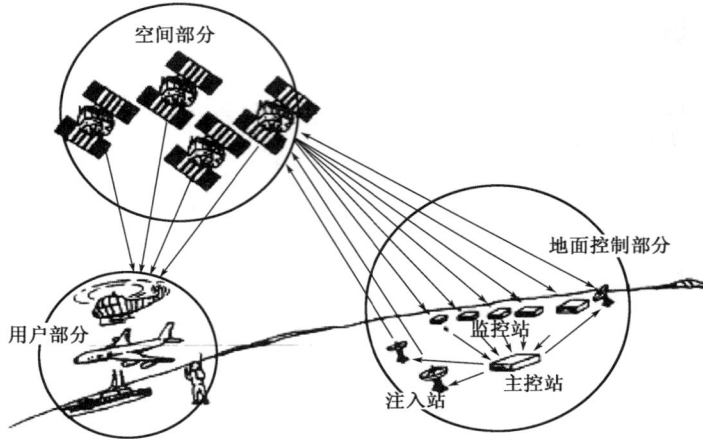

图 5-1　GNSS 系统

现阶段,中国的北斗卫星导航系统(BDS)、美国的 GPS、俄罗斯的格洛纳斯(GLONASS)、欧盟的伽利略系统(Galileo)是 GNSS 的四大主要系统。它们的民用部分呈现出彼此补充、用户共享的态势,同时更多的卫星和信号会使全球卫星导航系统的连续性、精度、效率、可用性和可靠性等整体性能得到提高,用户可以根据各个卫星导航系统的不同特点和优势,针对自己所需的精度、可靠性和能够承担的费用,有选择地主动采用最佳方案,综合利用多系统导航卫星信息。

二、GNSS 四大系统简介

BDS、GPS、GLONASS 与 Galileo 四大卫星导航系统比较见表 5-1。

四大卫星导航系统比较　　　　　　　　　　　　　　　　　　表 5-1

GNSS	BDS	GPS	GLONASS	Galileo
所属国家和地区	中国	美国	俄罗斯	欧盟
开发历程	2000 年北斗一代,2012 年北斗二代,2020 年北斗组网完成	20 世纪 70 年代美国军方开发,1994 年建设完成	20 世纪 80 年代初开始建造,1996 年正式运行	20 世纪 90 年代提出,2002 年 3 月开始建设
覆盖范围	全球	全球	全球	全球
导航卫星数量	已发射 58 颗导航卫星	开始 24 颗工作卫星、4 颗备用卫星,现已逐渐增加到 31 颗	目前 23 颗在轨运行	目前 22 颗在轨运行
定位精度（处理后）	毫米级	毫米级	毫米级	毫米级
用户范围	军民两用	军民两用,军用为主	军民两用,军用为主	军民两用,民用为主

续上表

GNSS	BDS	GPS	GLONASS	Galileo
建设进展	北斗全球星座部署完成,已开始向全球提供服务	1994年建设完成,目前在研制第三代	基本完成	已发射28颗卫星,并开始提供服务
优势	独有位置报告、短报文通信服务,突出互动性和开放性	成熟	在高纬度(50°以上)地区的可视性较好。抗干扰能力强	多国参与

1. 中国的卫星导航定位系统——北斗(BDS)

北斗卫星导航系统(BeiDou Navigation Satellite System,BDS)是中国自主建设、独立运行,并与世界其他卫星导航系统兼容共用的全球卫星导航系统。按照"自主、开放、兼容、渐进"的发展原则,遵循先区域、后全球的总体思路,我国北斗卫星导航系统按三步走发展规划稳步有序推进:第一步,1994年启动北斗卫星导航试验系统建设,并于2000年形成区域服务能力;第二步,2004年启动北斗卫星导航系统建设,2012年形成亚太区域服务能力;第三步,2020年北斗卫星导航系统形成全球服务能力。

2017—2020年,我国先后发射35颗北斗三号导航卫星(5颗静止轨道卫星+3颗倾斜地球同步轨道卫星+27颗中圆轨道卫星),建成采用无源与有源导航方式相结合的全球卫星导航系统。其服务范围为全球,定位精度为分米级,测速精度为0.2m/s,授时精度为10μs,短报文通信服务容量提高。2023年12月,我国发射了第57颗、第58颗北斗导航卫星。它为民用用户免费提供约10m精度的定位服务以及0.2m/s的测速服务,并且为付费用户提供更高精度等级的服务。"北斗"的定位精度可与美国GPS相当。

2. 美国的全球导航卫星系统——GPS

1973年12月,美国国防部批准美国海陆空三军联合研制新一代卫星导航定位系统,也就是目前的全球导航定位系统GPS。GPS的前身是美国海军导航卫星系统,能够给用户提供精准的三维坐标以及速度等方面的导航信息。GPS采用WGS-84坐标系。至今,GPS共拥有工作卫星31颗,这些卫星均匀地分布在6个相对于赤道倾角为55°的近似圆形轨道上,距离地球表面的平均高度约为20200km,运行速度为3800m/s。

卫星的运行周期,即绕地球一周的时间约为12恒星时(11h58min),每颗卫星可覆盖全球约38%的面积。位于地平线以上的卫星颗数随时间和地点的不同而不同,最少可见4颗,最多可见11颗。

3. 俄罗斯的全球导航卫星系统——GLONASS

俄罗斯的全球导航卫星系统GLONASS是苏联从20世纪80年代初开始建设的与美国GPS相似的卫星定位系统,GLONASS卫星均匀地分布在3个等间距椭圆轨道平面内,轨道倾角为64.8°,每个轨道上等间距地分布着8颗卫星。卫星距离地面高度约为19100km,卫星运转周期为11h15min。由于GLONASS卫星轨道倾角大于GPS卫星轨道倾角,故在高纬度(50°以上)地区其可视性较好。地面用户每天提前4.07min见到同一颗卫星,在中国境内可见到24颗中高度角5°以上的卫星有11颗,比能够见到的GPS卫星要多3~4颗。

每颗GLONASS卫星上都装有铯原子钟,以产生高稳定的时间标准,并向所有星载设备提供同步信号。俄罗斯在恢复 GLONASS 系统运行的基础上又相继发射了 6 颗卫星,计划将整个 GLONASS 系统星座的运行卫星数目提升至 30 颗,并于 2015 年将定位精度提升至 3m 以内。当前 GLONASS 系统与 GPS 的定位精度基本一致。

4. 欧盟伽利略全球导航定位系统——Galileo

Galileo 系统的基本服务有导航、定位、授时,特殊服务有搜索与救援,拓展应用服务系统应用于飞机导航和着陆系统、铁路安全运行调度、海上运输系统、陆地车队运输调度和精确农业。Galileo 系统的主要特点是,向用户提供公开服务、商业服务、政府服务等不同模式的服务。它除具有与 GNSS 相同的全球定位导航功能外,还具有全球搜救功能。为此 Galileo 卫星除了搭载导航设备外,每颗卫星还装备一种救援收发器,接收来自遇险用户的求救信号,并将它转发给地面救援协调中心,以便组织对遇险用户的救援。

三、GNSS 的应用

1. 在大地测量中的应用

GNSS 定位技术以其高精度、高效率、低成本等优良特性完全取代了用常规测角、测距手段建立大地控制网的方式,成为大地控制测量的主力军。GNSS 定位技术应用于全球或全国性的高精度 GNSS 网建设,并广泛应用于城市或工矿区城市控制网的建立、检核,改善已有地面网,以及对已有的地面网进行加密。GNSS 工程网在建立时,相邻点间的距离为几千米至几十千米,其主要任务是直接为国民经济建设服务。我国建立区域大地控制网已基本采用 GNSS 定位技术。

2. 在工程测量中的应用

目前,GNSS 定位技术广泛应用于工程测量,甚至应用于毫米级乃至亚毫米级精度的精密工程测量。它具有精度高、观测时间短、测站间不需要通视、全天候作业、花费时间少和作业方法多样等优点,使三维坐标测设简单易行。GNSS 已广泛应用于水利施工、输电线路施测、道路(铁路、公路)测量、精密设备安装、水下地形测量等。

3. 在变形监测中的应用

工程变形监测通常要达到毫米级或亚毫米级的精度,而监测对象的边长一般为 300 ~ 1 000m。与传统方法相比较,GNSS 不仅具有精度高、速度快、操作简便等优点,而且能与计算机技术、通信技术及数据处理与分析技术相结合,可实现从数据采集、传输、管理到变形分析及预报的全自动化、实时监测。GNSS 用于工程结构和局部性变形监测的精度可达到亚毫米级,从而为监测大型建筑物(如大坝、桥梁、大型厂房等)及滑坡崩塌等高精度工程结构变形提供了一种极为有效的手段。

4. 在海洋测绘中的应用

海上定位是海洋测绘中最基本的工作。由于海域辽阔,GNSS 定位技术具有得天独厚的优势。海上定位导航,一般采用一台 GNSS 接收机进行单点定位(绝对定位),其实时定位精度,对于 C/A 码伪距可达 15 ~ 25m,已满足多数海洋定位工作需求。对于精度要求较高的定位,可采用 GNSS 实时动态(GNSS-RTK)定位差分法,包括单站差分 GNSS(SRDGNSS)、局域差分 GNSS(LADGNSS)和广域差分 GNSS(WADGNSS)等,精度一般可达到米级或亚米级。

除上述应用外,GNSS 定位技术在军事、农业、渔业、林业、大气研究、资源调查、环境监测、移动通信、考古、智能交通等领域均有较好的应用价值和前景。

第二节 GNSS 卫星定位

一、GNSS 卫星定位的基本原理

当用户接收到导航电文时,提取出卫星时间并将其与自己的时钟作对比,便可得知卫星与用户的距离(时间乘光速),再利用导航电文中的卫星星历数据推算出卫星发射电文时所处位置(根据星载时钟所记录的时间在卫星星历中查出),最后得出已知位置的卫星到用户接收机之间的距离,然后综合多颗卫星的数据即可求解出接收机的具体位置,如图 5-2、图 5-3 所示。

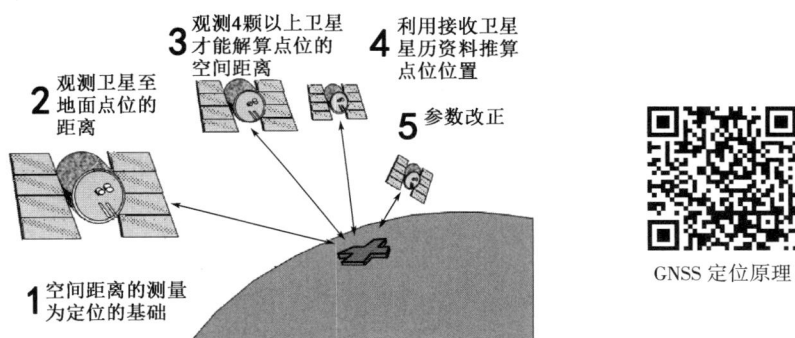

图 5-2 卫星定位步骤图

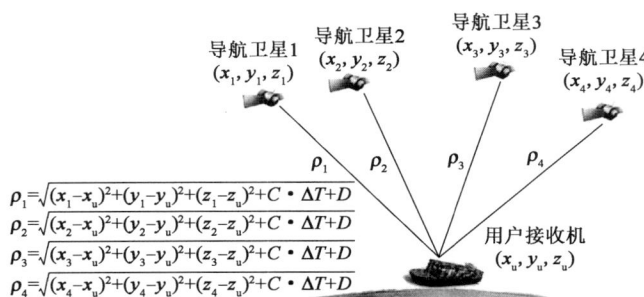

图 5-3 卫星定位示意图

卫星定位基本公式:

$$\begin{cases} (x-x_1)^2+(y-y_1)^2+(z-z_1)^2=C_2(T+\Delta T-T_1-\tau_1) \\ (x-x_2)^2+(y-y_2)^2+(z-z_2)^2=C_2(T+\Delta T-T_2-\tau_2) \\ (x-x_3)^2+(y-y_3)^2+(z-z_3)^2=C_2(T+\Delta T-T_3-\tau_3) \\ (x-x_4)^2+(y-y_4)^2+(z-z_4)^2=C_2(T+\Delta T-T_4-\tau_4) \end{cases} \tag{5-1}$$

二、GNSS 定位方法分类

应用 GNSS 卫星信号进行定位的方法,可以按照用户接收机天线在测量中所处的状态,或者按照参考点的位置,分为以下几种。

1. 静态定位和动态定位

如果在定位过程中,用户接收机天线处于静止状态,那么确定这些待定点位置的定位测量就称为静态定位。由于待定点位置固定不动,因此可通过大量重复观测提高定位精度。静态定位在大地测量、工程测量、地球动力学研究和大面积地壳形变监测中获得了广泛的应用。随着快速解算整周模糊度技术的出现,快速静态定位技术已在实际工作中得到使用,使静态定位作业时间大为减少,从而使静态定位在地形测量和一般工程测量领域内也将获得广泛的应用。

相反,如果在定位过程中,用户接收机天线处在运动状态,这时待定点位置将随时间变化。确定这些运动着的待定点的位置,称为动态定位。例如,为了确定车辆、船舰、飞机和航天器运行的实时位置,就可以在这些运动着的载体上安置 GNSS 信号接收机,采用动态定位方法获得接收机天线的实时位置。

2. 绝对定位和相对定位

根据参考点位置的不同,GNSS 定位测量又可分为绝对定位和相对定位。

绝对定位是以地球质心为参考点,测定接收机天线(即待定点)在协议地球坐标系中的绝对位置。由于定位作业仅需使用一台接收机,所以又称为单点定位。单点定位外业工作和数据处理都比较简单,但其定位结果受卫星星历误差和信号传播误差影响较大,所以定位精度较低。这种定位方法,适用于低精度测量领域,例如船舶、飞机的导航,海洋捕鱼,地质调查等。

如果选择地面某个固定点为参考点,确定接收机天线相位中心相对参考点的位置,则称为相对定位。由于相对定位至少使用两台以上接收机,同步跟踪 4 颗以上 GNSS 卫星,因此相对定位所获得的观测量具有相关性,并且观测量中所包含的误差也同样具有相关性。采用适当的数学模型,即可消除或者削弱观测量所包含的误差的影响,使定位结果达到相当高的精度。

具体的定位模式主要有以下几种(图5-4):

(1)静态绝对定位。将一台接收机架设到某点上静止观测一段时间,获取此点的坐标。

(2)动态绝对定位。将一台接收机安置到运动的载体上,实时获取点的位置。

(3)静态相对定位。将多台接收机架设在待测点位上静止同步观测,按一定的采样间隔采集由卫星发射来的观测文件和星历文件,观测一定时间后,用静态后处理软件对观测文件和星历文件进行基线解算、网平差、坐标转换和高程转换等工作,最终求出高精度的点坐标。

(4)动态相对定位。将一台接收机安置在一个固定的基准站上,而另一台或若干台接收机安置在运动的载体上(移动站),基准站和移动站通过一定的通信方式(电台或者网络)连接,保持移动站和基准站同步观测相同数量的卫星。通过差分技术可以精确地确定移动站的瞬时位置。

现在大部分 GNSS 接收机一般都带有"基准站""移动站""静态"三种测量模式,根据具体需要,切换成相应测量模式。

参考点数不同		待定点的运动状态

1. 绝对定位：单点定位，在未知点上用GNSS接收机(单机)测定星站距离，从而独立解算测点WGS-84坐标的过程

2. 相对定位：差分定位，在一定距离内，用两台以上GNSS接收机同时测定星站距离，通过求差的方法解算测点间基线向量的过程

1. 静态定位：在定位过程中，GNSS接收机始终处于静止接收状态的定位方法

2. 动态定位：在定位过程中，GNSS接收机始终处于运动接收状态的定位方法

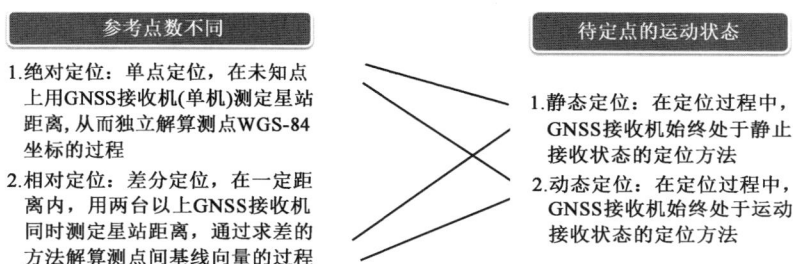

图 5-4　GNSS 定位测量分类

三、GNSS 卫星定位测量的主要误差来源

正如其他测量工作一样，GNSS 测量同样不可避免地会受到测量误差的干扰。按误差性质，影响 GNSS 测量精度的误差主要是系统误差和偶然误差，其中，系统误差的影响远大于偶然误差，相比之下，偶然误差甚至可以忽略不计。从误差来源分析，GNSS 测量误差大体上又可分为以下五类。

1. 与 GNSS 卫星有关的误差

这类误差主要包括卫星星历误差和卫星钟误差，两者都是系统误差。在 GNSS 测量作业中，可通过一定的方法消除或削弱其影响，也可采用某种数学模型对其进行改正。

2. 与 GNSS 卫星信号传播有关的误差

GNSS 卫星发射的信号，需穿过地球上空电离层和对流层才能到达地面。当信号通过电离层和对流层时，由于传播速度发生变化而产生时延，使测量结果产生系统误差，称为 GNSS 信号的电离层、对流层折射误差。在 GNSS 测量作业中，同样可通过一定的方法消除或者削弱其影响，也可通过观测气象元素并采用一定的数学模型对其进行改正。

当卫星信号到达地面时，往往被某些物体表面反射，使接收机收到的信号不单纯是直接来自卫星的信号，而包含一部分反射信号，从而产生信号的多路径误差。多路径误差取决于测站周围的环境，具有随机性，是一种偶然误差。

3. 与 GNSS 接收机有关的误差

这类误差包括接收机的分辨率误差、接收机的时钟误差以及接收机天线相位中心的位置偏差。

接收机的分辨率误差也就是 GNSS 测量的观测误差，具有随机性，是一种偶然误差，通过增加观测量可以明显减弱其影响。接收机时钟误差，指接收机内部安装的高精度石英钟的钟面时间相对 GNSS 标准时间的偏差，这项误差与卫星钟误差一样属于系统误差，并且一般比卫星钟误差大，同样可通过一定的方法消除或削弱其影响。在进行 GNSS 定位测量时，是以接收机天线相位中心代表接收机位置的。理论上讲，天线相位中心与天线几何中心应当一致，但事实上天线相位中心随着信号强度和输入方向的不同而变化，偏离天线几何中心而产生定位系统误差。

4. 地球自转引起的误差

卫星在协议地球坐标系中的瞬间位置，是根据信号发播的瞬间时刻计算的，当信号到达测站时，由于地球自转影响，卫星在上述瞬间的位置也产生了相应的旋转变化。因此，对于卫星瞬时位置，应加地球自转改正。

5. 相对论效应引起的误差

根据相对论原理,处在不同运动速度中的时钟振荡器会产生频率偏移,而引力位不同的时钟振荡器会产生引力频移现象。在进行 GNSS 定位测量时,由于卫星钟和接收机时钟所处的状态不同,即它们的运动速度和引力位不同,卫星钟和接收机时钟会因相对论效应而产生相对钟差。

有很多办法可以削弱和消除上述各种误差的影响,比如,针对实时广播星历提供的卫星坐标精度不高的问题,国际 GNSS 服务(IGS)提供了事后的 GNSS 卫星的精密星历,其轨道坐标精度可达 3～5cm。同时也提供卫星钟差、电离层延迟的精密事后修正数据,利用这些数据,可以进行多种精密定位和定时。

第三节　GNSS 静态相对定位的实施

GNSS 静态相对定位技术被广泛应用于各种级别、不同用途的控制测量中。较之常规方法,GNSS 在布设控制网方面具有测量精度高、选点灵活、不需要造标、费用低、可全天候作业、观测时间短、观测与数据处理全自动化等特点。

GNSS 控制测量的主要内容包括技术设计、外业观测和 GNSS 数据处理。

一、技术设计

GNSS 网的技术设计是进行 GNSS 测量的基础,它应根据用户提交的任务书所规定的测量任务进行,内容包括测区范围、测量精度、测量方法、提交成果方式、完成时间等。

1. GNSS 静态控制测量精度标准的确定

GNSS 静态控制测量按照精度和用途分为 A、B、C、D、E 五个级别。各级控制网的用途如下:

A 级网用于建立国家一等大地控制网,进行全球性的地球动力学研究、地壳形变测量和精密定轨等的 GNSS 测量。它由卫星定位连续运行基准站构成。

B 级网用于建立国家二等大地控制网,以及建立地方或城市坐标基准框架、区域性的地球动力学研究、地壳形变测量、局部形变监测和各种精密工程测量等的 GNSS 测量。

C 级网用于建立三等大地控制网,以及建立区域、城市及工程测量的基本控制网等的 GNSS 测量。

D 级网用于建立四等大地控制网的 GNSS 测量。

E 级网用于中小城市、城镇以及测图、地籍、土地信息、房产、物探、勘测、建筑施工等控制测量的 GNSS 测量。

不同用途的 GNSS 网的精度是不一样的,其精度指标见表 5-2。常用的 B、C、D、E 级 GNSS 静态观测各等级技术指标见表 5-3。

GNSS 控制网各等级精度指标　　　　　　　　　　　　表 5-2

级别	主要用途	水平分量中误差 (mm)	垂直分量中误差 (mm)	相邻点间平均距离 (km)
A	地壳形变测量及 国家高精度 GNSS 网建立	≤2	≤3	—

续上表

级别	主要用途	水平分量中误差 （mm）	垂直分量中误差 （mm）	相邻点间平均距离 （km）
B	国家基本控制测量	≤5	≤10	50
C	工程控制测量	≤10	≤20	20
D	工程控制测量	≤20	≤40	5
E	工程控制测量	≤20	≤40	3

GNSS 静态观测 B、C、D、E 级技术指标　　　　表 5-3

项目	级别			
	B	C	D	E
卫星截止高度角(°)	15	15	15	15
同时观测有效卫星数	>4	≥4	≥4	≥4
有效观测卫星总数	≥20	≥6	≥4	≥4
观测时段数	≥3	≥2	≥1.6	≥1.6
时段长度	≥23h	≥4h	≥60min	≥40min
采样间隔(s)	30	15～30	5～15	5～15

注：1. 计算有效观测卫星总数时，应将各时段的有效观测卫星数扣除其间的重复卫星数。

2. 观测时段长度应为开始记录数据到结束记录的时间段。

3. 观测时段数≥1.6，指采用网观测模式时，每站至少观测一时段，其中二次设站点数应不少于 GNSS 网总点数的 60%。

4. 采用基于卫星定位连续运行基准站点观测模式时，可连续观测，但观测时间应不低于表中规定的各时段观测时间的和。

2. 观测点的布设

由于 GNSS 观测是通过接收卫星信号实现定位测量，一般不要求观测站之间相互通视。而且，由于 GNSS 观测精度主要受观测卫星几何状况的影响，与地面点构成的几何状况无关，因此，网形的选择较灵活。应根据本次控制测量的目的、精度、密度要求，在充分收集和了解测区范围、地理情况以及原有控制点的精度、分布和保存情况的基础上，进行 GNSS 点位的选定与布设。一般应注意以下几点：

（1）点位应根据测量目的布设。例如：测绘地形图时，点位应尽量均匀；线路测量点位应为带状点对。

（2）点位布设应考虑便于其他测量手段联测和扩展，最好能与相邻 1～2 个点通视。

（3）点位应选在交通方便、便于安置接收机设备的地方。视野开阔，视场内周围障碍物的高度角一般应小于 15°。

（4）点位应远离大功率无线电发射源（如电视台、电台、微波站等）和高压输电线，以避免周围磁场对 GNSS 信号的干扰。

（5）点位附近不应有对电磁波反射强烈的物体，例如大面积水域、镜面建筑物等，以减弱多路径效应的影响。

（6）点位应选在地面基础坚固的地方，以便于保存。

（7）点位选定后，均应按规定绘制点之记，其主要内容应包括点位及点位略图、点位交通情况以及选点情况等。

3.观测网形设计

目前的 GNSS 控制测量,基本上都是采用相对定位的测量方法。这就需要 2 台及 2 台以上的 GNSS 接收机在相同的时间段内同时连续跟踪相同的卫星组,即实施所谓同步观测。

不同台数 GNSS 接收机同步观测一个时段,便组成以下各种不同的同步图形结构,如图 5-5 所示。总之,当 T 台接收机同步观测获得的同步图形由 n 条基线构成时,$n = T(T-1)/2$。

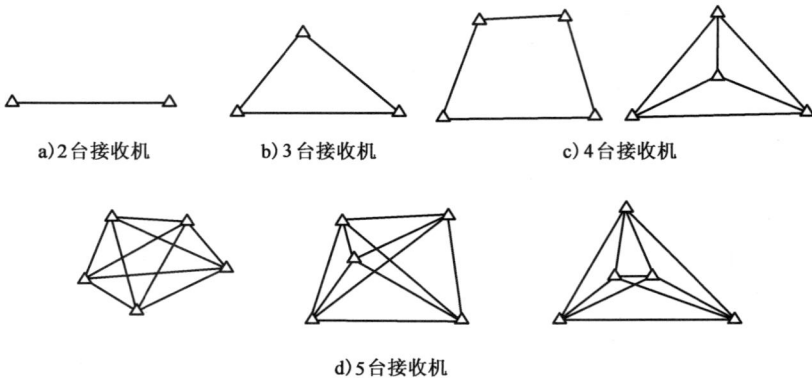

a)2台接收机   b)3台接收机   c)4台接收机

d)5台接收机

图 5-5　同步图形示例

同步图形是构成 GNSS 网的基本图形。而在组成同步图形的 n 条基线中,只有 $(T-1)$ 条是独立基线,其余基线均为非独立基线,可由独立基线推算得到。由此,也就在同步图形中形成了若干坐标闭合差条件,称为同步图形闭合差。由于同步图形是由在相同的时间观测相同的卫星所获得的基线构成的,基线之间是相关的观测量,因此,同步图形闭合差不能作为衡量精度的指标,但它可以反映野外观测质量和条件的好坏。

在 GNSS 测量中,与同步图形相对应的,还有非同步图形或称为异步图形,即由不同时段的基线构成的图形。由异步图形形成的坐标闭合差条件称为异步图形闭合差。当某条基线被两个或多个时段观测时,就有了所谓重复基线坐标闭合差条件。异步图形闭合条件和重复基线坐标闭合差条件是衡量精度、检验粗差和系统差的重要指标。

GNSS 网是由同步图形作为基本图形扩展延伸得到的,当采用不同的连接方式时,网形结构随之会有不同形状。GNSS 网的布设就是将各同步图形合理地衔接成一个有机的整体,使之能达到精度高、可靠性强,且作业量和作业经费少的要求。GNSS 网的布设按网的构成形式分为星形网、点连式网、边连式网、边点混合连接式网和网连式网。

(1)星形网。

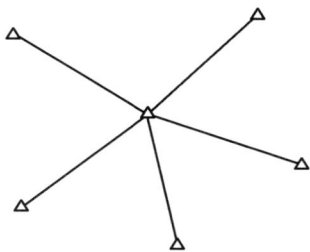

图 5-6　星形网

星形网的图形如图 5-6 所示。这种网形在作业中只需要 2 台 GNSS 接收机,作业简单,是一种快速定位作业方式,常用在快速静态定位和准动态定位中。但由于各基线之间不构成任何闭合图形,所以其抗粗差的能力非常差。一般只用在工程测量、边界测量、地籍测量和碎部测量等一些对精度要求较低的测量中。

(2)点连式网。

所谓点连式网,就是相邻同步图形间仅由一个公共点连接成的网,其网形如图5-7所示。任意一个由 m 个点组成的网,由 T 台接收机观测,则完成该网至少需要 n 个同步图形:

$$n = 1 + \text{int}\left[(m - T)/(T - 1)\right]$$

式中,int 为取整。

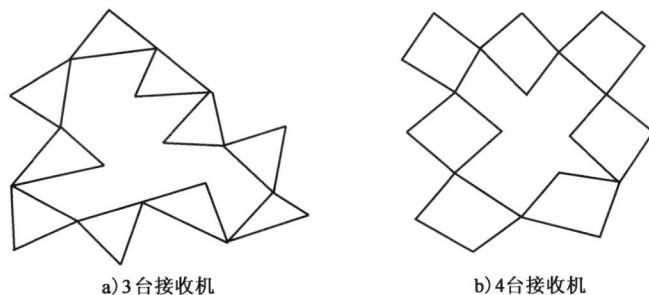

a)3台接收机   b)4台接收机

图5-7 点连式 GNSS 网

例如,当 $m = 30$ 时,采用3、4、5台接收机观测,最少同步图形分别为15、10、8。网的必要观测基线数为 $m - 1$,而网中 n 个同步图形总共有 $n \times (T - 1)$ 条独立基线。

显然,以这种方式布网,没有或仅有少量的异步图形闭合条件。因此,所构成的网形抗粗差能力仍不强,特别是粗差定位能力差,网的几何强度也较弱。在这种网的布设中,可以在 n 个同步图形的基础上,再加测几个时段,增加网的异步图形闭合条件的个数,从而提高网的几何强度,使网的可靠性得到改善。

(3)边连式网。

边连式网指相邻同步图形之间通过两个公共点相连而成的网,即同步图形由一条公共基线连接。任意一个由 m 个点构成的网,若用 T 台($T \geq 3$)接收机采用边连式布网方法进行观测,则完成该测量任务的最少同步图形个数 n 为

$$n = 1 + \text{int}\left[(m - T)/(T - 2)\right] \quad (T \geq 3)$$

相应观测获得的总基线数为 $n \times (T - 1) \times T/2$,其中独立基线数为 $n \times (T - 1)$,而网的多余观测基线数为 $n \times (T - 1) - (m - 1)$。边连式网图形如图5-8所示。

比较边连式与点连式布网方法,可以看出,采用边连式布网方法有较多的非同步图形闭合条件,以及大量的重复基线边,因此,用边连式布网方法布设的 GNSS 网的几何强度较高,具有良好的自检能力,能够有效发现测量中的粗差,具有较高的可靠性。

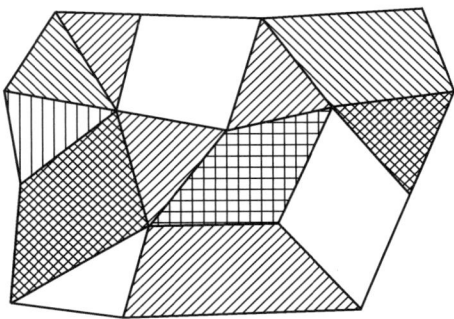

图5-8 边连式 GNSS 网

(4)边点混合连接式网。

边点混合连接式网是指将点连接和边连接有机结合起来组成的 GNSS 网。这种网的布设特点是周围的图形尽量采用边连接方式,在图形内部形成多个异步环。利用异步环闭合差进行检验,保证测量的可靠性,如图5-9所示。

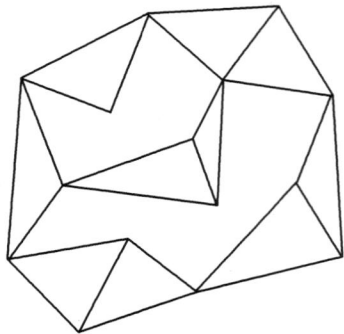

图5-9 边点混合连接(10个三角形)

（5）网连式网。

网连式网指相邻同步图形之间有两个以上公共点相连接。网连式布网方法需要4台以上的接收机。用这种方法布设的GNSS网的几何强度和可靠性更高，但是花费的时间和经费也更多，常用于高精度控制网。

4. 外业观测计划设计

（1）编制GNSS卫星可见性预报图

利用卫星预报软件，输入测区中心点概略坐标、作业时间、卫星截止高度角（≥15°）等，利用不超过20d的星历文件即可编制卫星可见性预报图。

（2）编制作业调度表

根据仪器数量、交通工具状况、测区交通环境及卫星预报状况制订作业调度表。作业调度表应包括：①观测时段（测站开始接收卫星信号到停止观测连续工作的时间段），注明开、关机时间；②测站号、测站名；③接收机号、作业员；④车辆调度表。

GNSS 静态控制
测量外业

二、GNSS 静态控制测量外业观测

观测工作包括接收机安置、观测作业、观测记录和观测数据检查等。

1. 接收机安置

接收机架设在测点上，精确对中整平，如图5-10所示，对于有观测墩的强制对中点，应将接收机直接强制对中到中心。对接收机进行整平，使基座上的圆水准气泡居中。接收机定向标志线指向正北。定向误差不大于±5°。接收机安置好后，应在各观测时段前后，各量测接收机高一次。两次测量结果之差不应超过3mm，并取其平均值。

接收机高指的是接收机相位中心至地面标志中心之间的垂直距离。而接收机相位中心至接收机底面之间的距离在接收机内部无法直接测定，由于其是一个固定常数，通常由厂家直接给出；接收机底面至地面标志中心的高度可直接测定，两部分之和为接收机高。

图5-10 GNSS接收机架设

2. 观测作业

GNSS接收机的具体操作步骤和方法，因接收机的类型和作业模式不同而有所差异。总体而言，GNSS接收机作业的自动化程度很高，需要人工干预的地方愈来愈少，作业将变得愈来愈简单。静态测量作业时需注意：

（1）首次使用某种接收机前，应认真阅读操作手册，作业时应严格按操作要求进行。

（2）将接收机设置成"静态模式"，在观测前应确保电池电量充足。

（3）将接收机放到基座固定，对中整平后，再启动接收机。

（4）为确保在同一时间段内获取相同卫星的信号数据，各接收机应按观测计划规定的时间作业，且各接收机应具有相同获取信号数据的时间间隔（采样间隔）。

（5）接收机跟踪锁住卫星，开始记录数据后，如果能够查看，作业员应注意查看有关观测

卫星数量、相位测量残差、实时定位结果及其变化和存储介质的记录情况。

（6）在一个观测时段中，一般不得关闭或重新启动接收机；不准改变卫星高度角限值、数据采样间隔及接收机高等参数值。

（7）作业时，应注意供电情况，一旦听到低电压报警要及时更换电池。观测中不得移动接收机。观测结束时，先关机再迁站。

（8）在进行长距离或高精度GNSS测量时，应在观测前后测量气象元素，如观测时间长，还应在观测中间加测气象元素。

（9）每日观测结束后，应及时将接收机内存中的数据传输到计算机中，并妥善保存，同时还需检查数据是否正确完整，当数据正确无误地记录保存后，应及时清除接收机内存中的数据，以确保下次观测数据的记录有足够的存储空间。

3. 观测记录

GNSS接收机获取的卫星信号由接收机内置的存储介质记录，其中包括：载波相位观测值及相应的观测历元，伪距观测值，相应的GNSS时间、GNSS卫星星历以及卫星钟差参数，测站信息及单点定位近似坐标值。

在观测现场，观测者还应填写观测手簿，包括控制点点名、接收机序列号、仪器高、开关机时间等相关测站信息（表5-4），若测站间距离小于10km，可不必记录气象元素。为保证记录的准确性，必须在作业过程中随时填写，不得测后补记。

GNSS 静态观测记录表　　　　　　　　　　表 5-4

接收机名称（G1～G8）：　　　　　接收机序列号：　　　　天气：　　　　日期:20　年　月　日

观测时段	规定观测时间	控制点点名	开机时间	测前仪器高（m）	关机时间	测后仪器高（m）	观测人员	备注
第1时段	：—：							
第2时段	：—：							
第3时段	：—：							
第4时段	：—：							
第5时段	：—：							
第6时段	：—：							

注：1. GNSS接收机必须对中整平后，再开机，量仪器高。关机后，再迁站。

　　2. 观测期间，不得断电，不得移动仪器。

4. 观测数据检查

为了确保有效的观测时间和原始观测数据的质量，数据采集工作结束后，应将GNSS观测数据文件转换为标准化的RINEX格式，并采用TEQC（Translation, Editing and Quality Checking）软件对所有的GNSS原始观测数据进行质量检验，将不合格的观测数据剔除。

三、数据处理

GNSS外业观测结束后，应及时对所获得的外业数据进行处理，解算出基线向量，并对基线向量的解算结果进行质量评估。然后对由合格基线向量构建成的GNSS基线向量网进行平差计算，得出网中各点的坐标成果。

GNSS 静态控制测量
内业软件解算

此外,由于 GNSS 定位结果通常采用 WGS-84 坐标系,在 GNSS 测量数据处理中,还需要考虑如何将 GNSS 测量成果由 WGS-84 坐标系转换至实用的国家坐标系或地方独立坐标系。GNSS 测量数据处理的基本流程如图 5-11 所示。

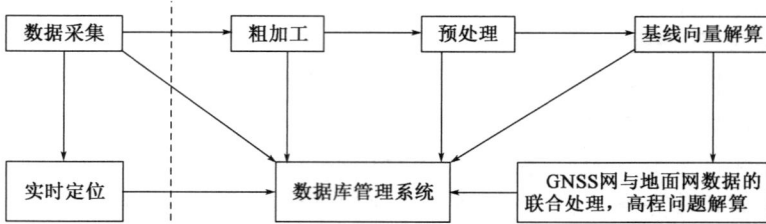

图 5-11　GNSS 测量数据处理的基本流程

1. 数据预处理

数据预处理是将接收机采集的数据通过传输、分流,解译成相应的数据文件,通过预处理将各类接收机的数据文件标准化,形成平差计算所需的文件。预处理的主要目的在于:

(1)对数据进行平滑滤波,剔除粗差,删除无效或无用数据。

(2)统一数据文件格式,将各类接收机的数据文件加工成彼此兼容的标准化文件。

(3)GNSS 卫星轨道方程的标准化,一般用一多项式拟合观测时段内的星历数据(广播星历或精密星历)。

(4)诊断整周跳变点,发现并恢复整周跳变,使观测值复原。

(5)对观测值进行各种模型改正,最常见的是大气折射模型改正。

2. GNSS 基线向量解算

对 2 台及 2 台以上接收机同步观测的数据,需根据双差模型和三差模型对每一个观测值建立相应的观测方程,双差模型共应建立 $(n_i-1)(n_j-1)n_t$ 个方程,三差模型共应建立 $(n_i-1)(n_j-1)(n_t-1)$ 个方程(n_i 为测站数,n_j 为观测的卫星数,n_t 为观测历元数),无论采用哪种模型,均应按最小二乘原理对其进行求解,从而求出方程中的未知参数。

由于通常一个时段接收的卫星数据量非常大,所列的方程数也很多,所以,相对定位的基线向量一般均采用仪器厂家提供的专门软件来求解。基本处理过程如下:

(1)数据传输:将 GNSS 接收机记录的观测数据传输到计算机内存或存储介质上。

(2)数据预处理:从原始数据中剔除无效观测值和冗余信息,形成各种数据文件,如星历文件、载波相位和伪距观测文件、测站信息文件,将不同类型接收机的数据记录格式统一为标准化的文件格式。

(3)数据导入:新建项目,设置椭球和投影方式,导入数据。

(4)基线向量解算:一般先采用三差模型对基线向量进行预求解,然后采用双差模型对基线向量进行精确求解。

3. GNSS 网平差与坐标转换

GNSS 网平差的类型有多种,根据平差的坐标空间维数,可将 GNSS 网平差分为三维平差和二维平差;根据平差时所采用的观测值和起算数据的类型,可将平差分为无约束平差、约束平差和联合平差等。

（1）三维平差与二维平差。

三维平差：平差在三维空间坐标系中进行，观测值为三维空间中的基线向量，解算出的结果为点的三维空间坐标。GNSS网的三维平差，一般在三维空间直角坐标系或三维空间大地坐标系下进行。

二维平差：平差在二维平面坐标系下进行，观测值为二维基线向量，解算出的结果为点的二维平面坐标。二维平差一般适合于小范围GNSS网的平差。

（2）无约束平差。

为检验基线向量观测值的网内部符合精度以及观测值是否存在系统误差和粗差，一般常采用无约束平差法，即以WGS-84坐标系下一个点的三维坐标为位置基准的平差，该平差避免了基准信息误差，因此，平差后的结果可以准确地反映观测值的精度。并可通过单位权方差检验，观测值改正数的分布及其粗差检验，发现网中可能存在的系统误差及粗差。

（3）约束平差和联合平差。

约束平差是将国家大地坐标系或地方坐标系下的某些点的坐标、边长、方位角作为网平差的基准信息，也就是作为平差的约束条件，利用GNSS网的WGS-84坐标系与国家或地方坐标系之间的转换参数进行平差计算。平差后不但可获得GNSS网的坐标平差值及精度评定，而且还实现了将WGS-84坐标系向国家或地方坐标系的转换。

联合平差是GNSS基线向量观测值与地方常规观测值的联合平差，平差计算中除包含基线观测值和基准约束数据外，还包含边长、方位、高差等一些常规观测值。由于联合平差仍带有约束条件，所以平差后也可将GNSS成果转换到国家或地方坐标系下。

四、技术总结

每项GNSS工程的技术总结不仅是工程一系列必要文档的主要组成部分，而且它还能够使工程设计、施工、管理等相关人员对GNSS工程各个细节有完整而充分的了解，便于今后对成果充分而全面地加以利用。另外，通过对整个工程的总结，测量作业单位还能够总结经验，发现不足，为今后开展新的工程项目提供参考。

技术总结内容一般应包括：

（1）测区范围与位置，自然地理条件，气候特点，交通及经济等情况。

（2）任务来源，测区已有测量成果的情况，施测目的和基本精度要求。

（3）施测单位，施测起止时间，技术依据，作业人员情况，使用接收机类型和数量以及检验情况，观测方法，重测、补测情况，作业环境，重合点情况，工作量与工作日情况。

（4）野外数据检核情况和分析，起算数据和坐标系统，数据后处理内容、方法及软件情况，精度分析。

（5）外业观测数据质量分析与野外检核情况。

（6）方案实施与规范执行情况。

（7）工作量与定额计算。

（8）提交成果中尚存在的问题和需要说明的其他问题。

（9）上交资料清单。

（10）各种附表与附图。

第四节　GNSS-RTK 测量的原理与应用

一、GNSS-RTK 测量的基本原理

实时动态测量（Real-Time Kinematic，RTK）是一种差分 GNSS 测量技术。RTK 利用 2 台以上的 GNSS 接收机，将其中一台接收机设置在基准站上，另外一台或数台接收机安置在流动站（移动站），同时接收所有相同的可见 GNSS 卫星信号，同步观测获得所需的观测数据，使用无线电传输技术把基准站上的观测数据发送到流动站上。利用载波相位原理进行测量，通过差分技术消除或减弱基准站和流动站间共有误差，实时地解算并得到流动站上的高精度的三维坐标；最后根据计算结果的收敛情况，实时地判定解算结果是否满足要求，将测量结果实时显示给用户，极大地提高了测量精度和效率，如图 5-12 所示。

GNSS 实时差分定位系统硬件由基准站、流动站和无线电通信链三部分组成。

基准站：接收 GNSS 卫星信号并实时向流动站提供差分修正信号，如图 5-13 所示。

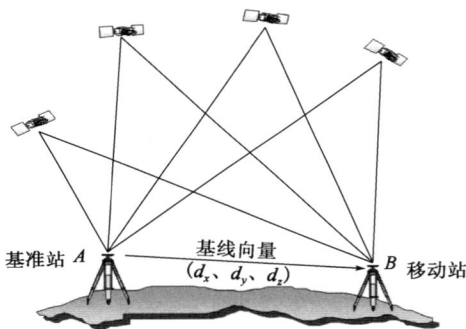

图 5-12　GNSS-RTK 测量的基本原理

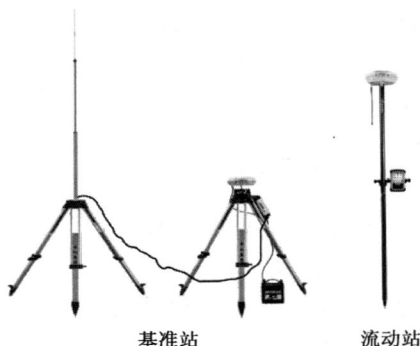

图 5-13　GNSS-RTK（电台模式）测量系统示意图

流动站：接收 GNSS 卫星信号和基准站发送的差分修正信号，对 GNSS 卫星信号进行修正，并进行实时定位。

无线电通信链：可用电台或者无线网络实时传输基准站数据给流动站。

二、RTK 测量系统的组成

1. GNSS 接收设备

GNSS-RTK 测量系统中至少应包含 2 台 GNSS 接收机，其中一台安置在基准站上，另一台或若干台分别安置在不同的流动站上。基准站可设在已知点上，也可以设在任意点上。作业期间，基准站的接收机应连续跟踪全部可见的 GNSS 卫星，并将观测数据通过数据传输系统实时地发送给流动站。GNSS 接收机可以是单频或双频，当系统中包含多个用户接收机时，基准站上的接收机宜采用双频接收机。

2. 数据传输系统

基准站与流动站之间的通信是由数据传输系统（数据链）完成的，分为电台模式和网络模式。电台模式是利用调制解调器和电台将基准站数据由无线电发射台发射出去,流动站上的无线电接收台将其接收下来,并由解调器将数据解调还原。网络模式是利用移动无线网络将基准站数据发射出去,流动站上的连接无线网络接收基准站数据。

3. 实时动态测量的软件系统

软件系统的质量与功能,对于保障实时动态测量的可行性、测量结果的精确性与可靠性,具有决定性的意义。其具有如下主要功能:

(1)整周模糊度的动态快速解算。

(2)实时解算用户站在 WGS-84 地心坐标系下的三维坐标。

(3)求解坐标系之间的转换参数。

(4)根据转换参数,进行坐标系的转换。

(5)解算结果质量分析与精度评定。

(6)测量结果的显示与绘图。

三、RTK 测量的步骤

1. 测量前的准备工作

在赴野外工作之前,一定要检查 GNSS-RTK 测量系统在运输箱中的所有必需部件和测量所需的已知数据以及其他资料是否齐备,电池电量是否饱满,以免影响工作。

2. 基准站设置

(1)选择合适的基准站点。

①基准站 GNSS 接收机与卫星之间应无遮挡物,保证地平线 15°以上没有障碍。尽管在基准站点附近可允许有一些障碍物,但最好的情况是对空开阔,以保证 RTK 系统可接收到最多的可用卫星数据。

②相对于周围的地形,基准站点应处于较高处,目的是增大基准站电台传输的半径。若基准站和流动站之间有明显障碍,其作用范围将会缩小。

(2)基准站系统的架设。

基准站接收机可架设在三脚架或固定高度的 GNSS 观测墩上,架设好之后要从互为120°角的三个方向分别量测基准站 GNSS 接收机的高度,并取其平均值作为最终结果,以确保接收机高正确无误。

电台天线可架设在基准站点附近的高处。用相应的电缆或蓝牙将电台天线与电台、电台与 GNSS 接收机、电台与外接电源、电子手簿与 GNSS 接收机分别连接起来。

(3)基准站功能设置。

打开 GNSS 接收机的电源开关,接通电源。打开电子手簿,利用手簿将 GNSS 接收机设置为基准站模式,并观察基准站 GNSS 接收机卫星信号、电台信号是否正常。

3. 流动站设置

GNSS 接收机、主机和电台均集成在一起,一般安置在一根流动杆上,该测杆可精确地在测点上对中、整平。电子手簿一般固定在测杆的中部,以方便操作。

打开主机和电子手簿,将流动站接收机设置为 RTK 移动站模式,然后确认卫星信号和电台信号是否正常。

4.系统初始化

流动站设置好后,系统会初始化,在已知基线上为求解整周模糊度而采集足够数据进行平差计算。测点精度从米级上升到毫米级,测量状态会显示为固定解模式。

5.数据采集

初始化完毕后,流动站上采集的所有数据都将达到厘米级甚至毫米级精度。可进行单个点测量数据保存,也可以对一个点测多次求平均值,以提高精度。还可以设置为自动测量保存,如果将自动间隔设置为2s,则每隔2s就会测一次数据,连续行进采集数据后,系统将绘制出所经过的轨迹图。

四、RTK 测量中的坐标转换

1.平面坐标转换

GNSS 动态定位中,所提供的是 WGS-84 坐标。但在工程应用中,一般采用 1954 北京坐标、1980 西安坐标或当地任意坐标。动态定位的坐标转换不同于静态测量。一方面,它不可能利用较多的已知点进行计算,以求得最佳的转换参数;另一方面,它又要求实时快速地进行转换,精度要满足规范要求,能满足任何一种坐标系统。

方法一:适用于已知点有地方坐标但无 WGS-84 坐标的情况。

平面已知控制点只有地方坐标而无对应的 WGS-84 坐标,通过两个坐标点对求解出两坐标系的转换关系。采取此方法时,基准点可以设在未知点上,待联测求解出转换参数后,基准站坐标便可转换为本地坐标,这里以基准站在已知点 O 上、方位点在 A 上为例(如表 5-5和图 5-14 所示),I 为任意待定点。

已知点有地方坐标但无 WGS-84 坐标的转换关系 表 5-5

点名	WGS-84 坐标系		当地坐标系	
	测量值	测量后计算值	已知值	欲求值
基准点 O	B_O, L_O	X_O, Y_O	x_O, y_O	
方位点 A	B_A, L_A	X_A, Y_A	x_A, y_A	
测量点 I	B_I, L_I	X_I, Y_I		x_I, y_I

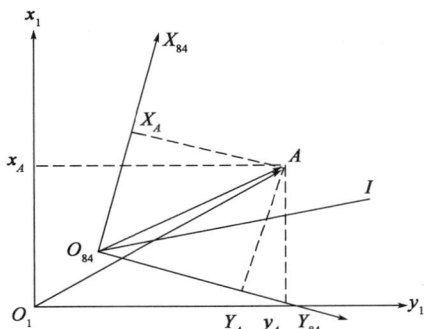

图 5-14 已知点有地方坐标但无 WGS-84 坐标的转换关系

其基本步骤如下:

(1)将基准点和方位点的 WGS-84 坐标投影到平面上,即用 (B_O, L_O),(B_A, L_A) 分别计算出 (X_O, Y_O),(X_A, Y_A)。

(2)利用静态测量方法求出基准站和方位点的基线矢量,即求出该基线在 WGS-84 坐标系中的各种参数:

坐标增量 $$\begin{bmatrix} \Delta X \\ \Delta Y \end{bmatrix}_{84} = \begin{bmatrix} X_A \\ Y_A \end{bmatrix}_{84} - \begin{bmatrix} \Delta X_O \\ \Delta Y_O \end{bmatrix}_{84} \quad (5-2)$$

方位角 $$\alpha_{84} = \tan^{-1} \left(\frac{\Delta Y}{\Delta X} \right)_{84} \quad (5-3)$$

边长 $$S_{84} = \sqrt{\Delta X^2 + \Delta Y^2} \tag{5-4}$$

（3）利用基准点和方位点的已知当地坐标求出该基线在当地坐标系下的各种参数：

坐标增量 $$\begin{bmatrix} \Delta x \\ \Delta y \end{bmatrix}_1 = \begin{bmatrix} x_A \\ y_A \end{bmatrix}_1 - \begin{bmatrix} x_O \\ y_O \end{bmatrix}_1 \tag{5-5}$$

方位角 $$\alpha_1 = \tan^{-1}\left(\frac{\Delta y}{\Delta x}\right)_1 \tag{5-6}$$

边长 $$S_1 = \sqrt{\Delta x^2 + \Delta y^2} \tag{5-7}$$

（4）由式（5-2）~式（5-7）可求出由 WGS-84 坐标系向当地坐标系转换的平移参数、旋转角和尺度因子：

平移参数 $$\begin{bmatrix} D_x \\ D_y \end{bmatrix} = \begin{bmatrix} X_O \\ Y_O \end{bmatrix}_{84} - \begin{bmatrix} x_O \\ y_O \end{bmatrix}_1 \tag{5-8}$$

旋转角 $$\theta = \alpha_{84} - \alpha_1 \tag{5-9}$$

尺度因子 $$m = \frac{S_{84} - S_1}{S_{84}} \tag{5-10}$$

（5）将测量点的 WGS-84 坐标投影到平面上，即将 (B_I, L_I) 分别换算成 (X_I, Y_I)。

（6）求出测量点相对于基准点在 WGS-84 平面上的坐标增量：

$$\begin{bmatrix} \Delta X_I \\ \Delta Y_I \end{bmatrix}_{84} = \begin{bmatrix} X_I \\ Y_I \end{bmatrix}_{84} - \begin{bmatrix} X_O \\ Y_O \end{bmatrix}_{84} \tag{5-11}$$

（7）将式（5-11）计算得到的坐标增量转换成当地坐标系下的坐标增量：

$$\begin{bmatrix} x_I \\ y_I \end{bmatrix}_1 = (1+m)\begin{bmatrix} \cos\theta & \sin\theta \\ -\sin\theta & \cos\theta \end{bmatrix}\begin{bmatrix} \Delta X_I \\ \Delta Y_I \end{bmatrix}_{84} \tag{5-12}$$

（8）最后，求出测量点在当地坐标系中的坐标：

$$\begin{bmatrix} x_I \\ y_I \end{bmatrix}_1 = \begin{bmatrix} X_O \\ Y_O \end{bmatrix}_{84} + \begin{bmatrix} \Delta x_I \\ \Delta y_I \end{bmatrix}_1 - \begin{bmatrix} D_x \\ D_y \end{bmatrix} = \begin{bmatrix} x_O \\ y_O \end{bmatrix}_1 + \begin{bmatrix} \Delta x_I \\ \Delta y_I \end{bmatrix}_1 \tag{5-13}$$

坐标转换参数：D_x、D_y（平移参数），θ（旋转参数），m（尺度参数）。当地坐标系可以是 1954 北京坐标系或 1980 西安坐标系，也可以是任意坐标系。

方法二：适用于已知点既有地方坐标又有 WGS-84 坐标的情况。

采用 GNSS 做控制测量时，同时提供 WGS-84 坐标系下的控制点坐标。这些点的坐标与参考点的相对关系是正确的，但参考点的绝对坐标不一定准确，这些点同时又具有地方坐标系下的坐标。利用同一点的两种坐标便可求出两坐标系间的转换参数。

如表 5-6 所示，选取两个同时具有 WGS-84 坐标和地方坐标的点来求解坐标转换参数。

已知点既有地方坐标又有 WGS-84 坐标的转换关系 表 5-6

点名	WGS-84 坐标系		当地坐标系	
	已知值	已知的计算值	已知值	欲求值
P_1	B_1, L_1	X_1, Y_1	x_1, y_1	
P_2	B_2, L_2	X_2, Y_2	x_2, y_2	
测量点 I	B_I, L_I	X_I, Y_I		x_I, y_I

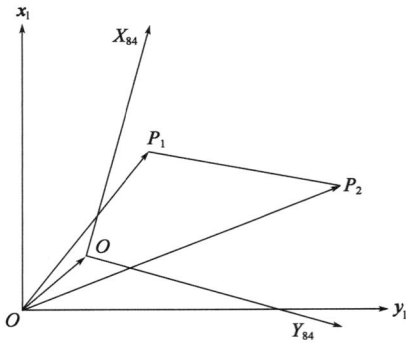

图 5-15　已知点既有地方坐标又有 WGS-84
坐标的转换关系

在这种情况下,由于已知点的 WGS-84 坐标和地方坐标都已知,所以可以直接采用平面坐标系统的转换模型来达到求解转换参数的目的。即利用式(5-14)将 P_1、P_2 两已知点代入求解 4 个坐标转换参数 ΔX、ΔY(平移参数),θ(旋转参数),m(尺度参数),如图 5-15 所示。然后,利用转换参数即可求出任意测量点在当地坐标系中的坐标。

$$\begin{bmatrix} x_I \\ y_I \end{bmatrix}_1 = \begin{bmatrix} \Delta X \\ \Delta Y \end{bmatrix} + (1+m) \begin{bmatrix} \cos\theta & \sin\theta \\ -\sin\theta & \cos\theta \end{bmatrix} \begin{bmatrix} \Delta X_I \\ \Delta Y_I \end{bmatrix}_{84}$$

(5-14)

2. 高程转换

高程的转换(从大地高转换到实用的正常高),一般采用数值拟合计算方法。

(1)平面拟合法。

在小区域且较为平坦的范围内,可以考虑用平面逼近局部似大地水准面。作平面拟合时至少要联测三个高程控制点。据有关文献,此方法在 $120km^2$ 的平原地区,拟合精度可达 3~4cm。

(2)二次曲面拟合法。

似大地水准面的拟合也可采用二次曲面拟合法,此时测区内至少需有 6 个公共点。二次曲面拟合法还可进一步扩展为多项式曲面拟合法。此方法适合于平原与丘陵地区,在小区域范围内,拟合精度可优于 3cm。

(3)多面函数法。

多面函数法的基本思想是:任何数学表面和任何不规则的圆滑表面,总可以用一系列有规则的数学表面的总和以任意精度逼近。用多面函数法拟合高程异常,如果核函数和光滑因子等选取合适,其拟合精度不低于二次曲面拟合法。

(4)样条函数法。

样条曲面拟合解法与多面函数法大致相同。此方法适合于地形比较复杂的地区,拟合精度也可达 3cm 左右。

曲面拟合法中还有非参数回归曲面拟合法、有限元拟合法、移动曲面法等。

无论采用哪种模型,拟合的基本思想都是相同的,即利用区域内若干同时具有 GNSS 高程和水准高程的重合点,求出这些点的高程异常值,并按照一定的曲面函数关系,建立高程异常与曲面坐标之间的函数模型关系式,拟合出局部似大地水准面,即求出各点的高程异常值,从而实现 GNSS 大地高到正常高的转换。

第五节　网络 RTK 和 CORS 技术

利用 GNSS 精密定位技术,在一个国家、一个地区或一个城市布设分布密度各不相同的、长年运行的 GNSS 卫星永久性基准站,通过移动通信网络把这些站的精确坐标和 GNSS 卫星跟踪数据发播给用户,用户只需用一台 GNSS 流动站接收机,就可以进行毫米级、厘米级、分米级乃至米级、十米级、数十米级的实时、准实时、快速定位,这种技术称为网络RTK技术。

这些GNSS卫星永久性基准站也构成了一个基准站网络,并利用现代自动控制技术实现无人值守的连续运行,通过有线、无线数字通信网络,使系统数据实现局部或全球范围内的共享,这就是所谓的连续运行基准站(Continuously Operating Reference Station,CORS)系统。当前,建立CORS系统是一个正在兴起的潮流。它具有全自动、全天候、实时定位导航功能,还具有天气预报、灾害监测、电网及通信网络的时间同步等多种功能。

一、网络RTK

1. 网络RTK的定义

网络RTK由基准站网、数据处理中心和数据通信线路组成。基准站上应配备双频全波长GNSS接收机,该接收机最好能同时提供精确的双频伪距观测值。基准站的坐标应精确已知,其坐标可采用长时间GNSS静态相对定位等方法来确定。此外,这些基准站还应配备数据通信设备及气象仪器等。基准站应按规定的采样率进行连续观测,并通过数据通信链(移动网络)实时将观测资料传送给数据处理中心。数据处理中心根据流动站传送来的近似坐标(可根据伪距法单点定位求得)判断该站位于由哪三个基准站所组成的三角形内。然后根据这三个基准站的观测资料求出流动站的系统误差,并发播给流动用户进行修正以获得精确的结果。

基准站与数据处理中心间的数据通信可采用数字数据网或无线通信等方法进行。流动站和数据处理中心间的双向数据通信则可通过移动通信等方式进行。图5-16为一个典型的网络RTK系统的基准站、控制中心、数据通信和用户的示意图。

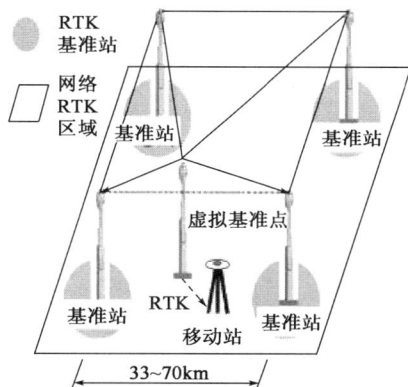

图5-16 网络RTK系统结构示意图

2. 网络RTK的优势

(1)覆盖范围更广。

网络RTK系统最少需要3个基准站。如按边长70km计算,一个三角形的覆盖面积为2200多平方千米。与传统的GNSS网络相比,扩大了覆盖范围。实际上,网络RTK系统可提供两种不同精度的差分信号,分别为厘米级和亚米级。若是精度要求更低,这个距离(70km)还可以扩展到几百千米。

(2)成本更低。

网络RTK技术的应用,使得用户不需要再架设自己的基准站。而70km的边长,只用很少的几个基准站就能覆盖很大范围,从而使建设GNSS基准站网络的费用大大降低。与传统的GNSS网络相比,网络RTK在扩大覆盖范围的同时,节约成本近70%。

(3)精度和可靠性更高。

在网络RTK系统的控制范围内,精度可始终保持在1~2cm。由于采用了多个基准站的联合数据,定位结果的可靠性也得到较大幅度的提高。

(4)应用范围更广。

网络RTK技术可以应用于道路建设、城市规划、交通管理、气象预报、环保、公共安全、工程与地壳形变监测、农业和林业资源普查以及所有在室外进行的各类勘察和测绘工作中。

(5)初始化时间更短。

网络 RTK 技术可以更好地消除流动站的综合误差,因此可以更快速、更准确地确定流动站的整周模糊度,从而大大缩短了 RTK 作业的初始化时间。

CORS 网络和测量
工作原理

二、CORS

1. CORS 的定义

CORS 可以定义为一个或若干个固定的、连续运行的 GNSS 基准站,利用现代计算机、数据通信和互联网技术组成的网络,实时地向不同类型、不同需求、不同层次的用户自动地提供经过检验的不同类型的 GNSS 观测值(载波相位、伪距),各种改正数、状态信息,以及其他有关 GNSS 服务项目的系统。

2. CORS 的优点

与传统的网络 GNSS 作业相比较,CORS 系统具有作业范围大、精度高、可野外单机作业等众多优点,目前国内一大批省级和发达地区的市级单位以及行业已经建成 CORS 系统。

CORS 系统的优点如下:

(1)具有跨行业特性,可为不同行业、不同类型的用户提供服务。

(2)可同时满足不同的用户在定位实时性方面的差异化需求,能同时提供 RTK、差分全球卫星导航系统(DGNSS)、静态或动态后处理及现场高精度准实时定位的数据服务。

(3)能兼顾不同层次的用户对定位精度指标的要求,提供覆盖米级、分米级、厘米级的数据。

(4)具有覆盖范围广、作业效率高、一次投资长期受益的特点,成为国家基础设施建设的新方向。

(5)可构建和维持稳定、统一的大地坐标系统。

(6)可提高作业精度和数据质量。

(7)可提高生产效率,单人测量系统将成为 GNSS 测量的主流作业模式。

CORS 系统不仅可以构成国家的新型大地测量动态框架体系,目前也正在构成城市地区新一代动态基准站网体系。它不仅能满足各种测绘、基准需求,还能满足多种环境变迁动态信息监测需求。

【思考题与习题】

1. 简述 GNSS 的定位测量原理。

2. 简述 BDS、GPS、GLONASS 与 Galileo 四大系统的优缺点。

3. 简述 GNSS 静态控制测量的实施步骤。

4. 什么是 RTK? RTK 技术的基本原理是什么?

5. 网络 RTK 的优势有哪些?

6. 请结合你身边的生活和科技应用,试着描述 GNSS 定位技术的应用前景。

第六章

控制测量

【学习内容与要求】

通过本章学习,了解控制测量的概念、等级和技术要求;掌握导线测量的布设形式、外业,闭合导线和附合导线的内业计算方法;了解三角高程测量的概念;掌握测边角后方交会测量的原理和计算方法。

第一节 概　　述

一、控制测量的概念

绪论中已经指出:测量工作必须遵循"从整体到局部,由高级到低级,先控制后碎部"的原则。为了保证测量成果具有规定的准确性和可靠性,必须首先建立控制网,然后根据控制网进行碎部测量和测设。由测区内选定的具有控制作用的若干个点构成的几何图形,称为控制网。控制网分为平面控制网和高程控制网。测定控制点平面位置(x,y)的工作,称为平面控制测量。测定控制点高程(H)的工作,称为高程控制测量。在传统测量工作中,平面控制网与高程控制网通常分别单独布设,有时也将两种控制网合起来布设成三维控制网。

在全国范围内建立的控制网,称为国家控制网。国家控制网是各种比例尺测图的基础,并为确定地球的形状和大小提供研究资料。国家控制网是用精密测量仪器和方法依照精度按一、二、三、四等四个等级建立的,其低级点受高级点逐级控制。

图 6-1 为各等级平面控制测量的布设示意图,图 6-2 为各等级高程控制测量的布设示意图。

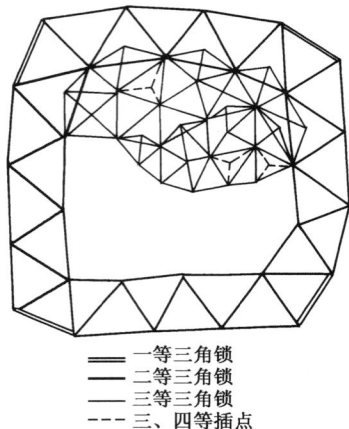

图 6-1　国家三角控制网布设图　　　　图 6-2　国家高程控制网布设图

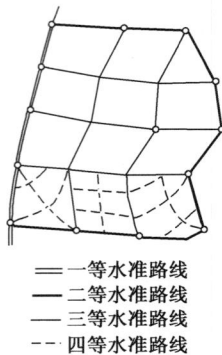

在城市或厂矿等地区,一般应在上述国家控制点的基础上,根据测区的大小和施工测量的要求,布设不同等级的城市平面控制网和高程控制网,以供地形测图和施工放样使用。

在小于 $10km^2$ 的范围内建立的控制网,称为小区域控制网。在这个范围内,水准面可视为水平面,采用平面直角坐标系,计算控制点的坐标,不需将测量成果归算到高斯平面上。小区域平面控制,应尽可能与国家控制网或城市控制网联测,将国家或城市高级控制点坐标作为小区域控制网的起算和校核数据。如果测区内或测区附近无高级控制点,或联测较为困难,也可建立独立平面控制网。

小区域平面控制网,应视测区面积的大小分级建立测区首级控制和图根控制。

直接供地形测图使用的控制点,称为图根控制点,简称图根点。测定图根点位置的工作,称为图根控制测量。图根点的密度,取决于测图比例尺和地物、地貌的复杂程度。一般地区图根点的密度可参考表 6-1 的规定。

图根控制点密度　　　　　　　　　　　　　　　　表 6-1

测图比例尺	1:500	1:1 000	1:2 000	1:5 000
图幅尺寸(cm×cm)	50×50	50×50	50×50	40×40
解析控制点(个)	8	12	15	30

小区域高程控制网也应视测区面积大小和工程要求采用分级的方法建立。一般以国家或城市等级水准点为基础,在测区内建立三、四、五等水准线路或水准网;再以三、四、五等水准点为基础,测定图根点的高程。

二、平面控制测量的等级与技术指标

平面控制网的布设宜符合因地制宜、技术先进、经济合理、确保质量的原则。应采用 GNSS 测量、导线测量方法。对于各级平面控制测量,其最弱点点位中误差均不得大于 ±5cm,最弱相邻点相对点位中误差均不得大于 ±3cm,最弱相邻点边长相对中误差不得大于表 6-2 的规定。

平面控制测量精度指标 表 6-2

测量等级	最弱相邻点边长相对中误差	测量等级	最弱相邻点边长相对中误差
二等	1/100 000	一级	1/20 000
三等	1/70 000	二级	1/10 000
四等	1/35 000		

公路路线平面控制网宜全线贯通、统一平差。各级公路及桥梁、隧道平面控制测量的等级不得低于表 6-3 的规定。

平面控制测量等级选用 表 6-3

高架桥、路线控制测量	多跨桥梁总长 $L(m)$	单跨桥梁全长 $L_K(m)$	隧道贯通长度 $L_G(m)$	测量等级
—	$L \geqslant 3\,000$	$L_K \geqslant 500$	$L_G \geqslant 6\,000$	二等
—	$2\,000 \leqslant L < 3\,000$	$300 \leqslant L_K < 500$	$3\,000 \leqslant L_G < 6\,000$	三等
高架桥	$1\,000 \leqslant L < 2\,000$	$150 \leqslant L_K < 300$	$1\,000 \leqslant L_G < 3\,000$	四等
高速、一级公路	$L < 1\,000$	$L_K < 150$	$L_G < 1\,000$	一级
二级、三级、四级公路	—	—	—	二级

1. 平面控制测量的技术指标

平面控制点布设时相邻控制点之间平均边长应参照表 6-4 的规定。四等以上平面控制网中相邻点之间的距离不得小于 500m,一、二级平面控制网中相邻点之间的距离在平原、微丘区不得小于 200m,重丘、山岭区不得小于 100m,最大距离不应大于平均边长的 2 倍。

相邻点间平均边长参照值 表 6-4

测量等级	平均边长(km)	测量等级	平均边长(km)
二等	3.0	一级	0.5
三等	2.0	二级	0.3
四等	1.0		

(1)GNSS 基线测量的中误差应小于式(6-1)计算的标准差,各等级控制测量固定误差 a、比例误差系数 b 的取值应符合表 6-5 的规定。

$$\sigma = \pm\sqrt{a^2 + (b \cdot d)^2} \qquad (6-1)$$

式中:σ——标准差,mm;

　　a——固定误差,mm;

　　b——比例误差系数,mm/km;

　　d——基线长度,km。

GNSS 测量的主要技术指标 表 6-5

测量等级	平均边长(km)	固定误差 a(mm)	比例误差系数 b(mm/km)	约束点间的边长相对误差	约束平差后最弱边相对误差
二等	9	≤1	≤1	≤1/250 000	≤1/120 000

续上表

测量等级	平均边长（km）	固定误差 a（mm）	比例误差系数 b（mm/km）	约束点间的边长相对误差	约束平差后最弱边相对误差
三等	4.5	≤5	≤2	≤1/150 000	≤1/70 000
四等	2	≤5	≤3	≤1/100 000	≤1/40 000
一级	1	≤10	≤3	≤1/40 000	≤1/20 000
二级	0.5	≤10	≤5	≤1/20 000	≤1/10 000

（2）导线测量的主要技术指标应满足表6-6的规定。

导线测量的主要技术指标　　　　　表6-6

测量等级	导线长度（km）	平均边长（km）	测角中误差（″）	测距中误差（mm）	测距相对中误差	测回数				方位角闭合差（″）	导线全长相对闭合差
						0.5″级仪器	1″级仪器	2″级仪器	6″级仪器		
三等	14	3	1.8	20	1/150 000	4	6	10	—	$3.6\sqrt{n}$	≤1/55 000
四等	9	1.5	2.5	18	1/80 000	2	4	6	—	$5\sqrt{n}$	≤1/35 000
一级	4	0.5	5	15	1/30 000	—	—	2	4	$10\sqrt{n}$	≤1/15 000
二级	2.4	0.25	8	15	1/14 000	—	—	1	3	$16\sqrt{n}$	≤1/10 000
三级	1.2	0.1	12	15	1/7 000	—	—	1	2	$24\sqrt{n}$	≤1/5 000

注：1. n 为测站数；

2. 当测区测图的最大比例尺为1:1 000时，一、二、三级导线的导线长度、平均边长可放长，但最大长度不应大于表中规定相应长度的2倍。

（3）图根导线测量的主要技术指标应满足表6-7的规定。

图根导线测量的主要技术指标　　　　　表6-7

导线长度（m）	相对闭合差	测角中误差(″)		方位角闭合差(″)	
		首级控制	加密控制	首级控制	加密控制
$\leq a \cdot M$	$\leq 1/(2\,000 \times a)$	20	30	$40\sqrt{n}$	$60\sqrt{n}$

注：1. a 为比例系数，取值宜为1。当采用1:500、1:1 000比例尺测图时 a 值可在1~2之间选用。

2. M 为测图比例尺的分母，但对于工矿区现状图测量，不论测图比例尺大小，M 应取值为500。

3. 施测困难地区导线相对闭合差，不应大于 $1/(1\,000 \times a)$。

2. 平面控制测量的观测技术指标

（1）GNSS观测的主要技术指标应符合表6-8的规定。

GNSS观测的主要技术指标　　　　　表6-8

项目		测量等级				
		二等	三等	四等	一级	二级
卫星高度角(°)		≥15	≥15	≥15	≥15	≥15
时段长度	静态(min)	≥240	≥90	≥60	≥45	≥40
	快速静态(min)	—	≥30	≥20	≥15	≥10
平均重复设站数(次/每点)		≥4	≥2	≥1.6	≥1.4	≥1.2
同时观测有效卫星数(个)		≥4	≥4	≥4	≥4	≥4

续上表

项目	测量等级				
	二等	三等	四等	一级	二级
数据采样率(s)	≤30	≤30	≤30	≤30	≤30
GDOP	≤6	≤6	≤6	≤6	≤6

注:GDOP 表示几何精度因子(Geometric Dilution Precision)。

（2）水平角观测的主要技术指标应符合表6-9的规定。

水平角观测的主要技术指标　　　　表6-9

测量等级	全站仪精度	半测回归零差(″)	同一测回中2C较差(″)	同一方向各测回间较差(″)	测回数
二等	1″	≤6	≤9	≤6	≥12
三等	1″	≤6	≤9	≤6	≥6
	2″	≤8	≤13	≤9	≥10
四等	1″	≤6	≤9	≤6	≥4
	2″	≤8	≤13	≤9	≥6
一级	2″	≤12	≤18	≤12	≥2
	6″	≤24	—	≤24	≥4
二级	2″	≤12	≤18	≤12	≥1
	6″	≤24	—	≤24	≥3

注:当观测方向的垂直角超过±3°时,该方向的2C较差可按同一观测时间段内相邻测回进行比较。

（3）距离测量。

距离测量中采用全站仪时,全站仪应按表6-10的规定选用,观测时的主要技术指标符合表6-11的要求。

全站仪的选用　　　　表6-10

全站仪精度等级	每公里测距中误差 m_D(mm)	适用的平面控制测量等级
Ⅰ级	$m_D \leqslant \pm 5$	二等、三等、四等、一级、二级
Ⅱ级	$\pm 5 < m_D \leqslant \pm 10$	三等、四等、一级、二级
Ⅲ级	$\pm 10 < m_D \leqslant \pm 20$	一级、二级,图根

全站仪的主要技术指标　　　　表6-11

测量等级	观测次数		每边测回数		一测回读数间较差(mm)	单程各测回较差(mm)	往返较差
	往	返	往	返			
二等	≥1	≥1	≥4	≥4	≤5	≤7	
三等	≥1	≥1	≥3	≥3	≤5	≤7	
四等	≥1	≥1	≥2	≥2	≤7	≤10	$\leqslant \sqrt{2}(a + b \cdot D)$
一级	≥1	—	≥2	—	≤7	≤10	
二级	≥1	—	≥1	—	≤12	≤17	

注:1. 测回是指照准目标一次,读数4次的过程。
　　2. a 为固定误差,b 为比例误差系数,D 为水平距离(km)。

三、高程控制测量

高程控制测量应采用水准测量或三角高程测量方法,高程控制测量的技术指标应符合表 6-12 的规定。

高程控制测量的技术指标 表 6-12

测量等级	每公里高差中数中误差(mm)		附合或环线水准路线长度(km)	
	偶然中误差 M_Δ	全中误差 M_W	路线、隧道	桥梁
二等	±1	±2	600	100
三等	±3	±6	60	10
四等	±5	±10	25	4
五等	±8	±16	10	1.6

注:控制网节点间的长度不应大于表中长度的70%。

各级公路及构造物的高程控制测量等级应按表 6-13 的规定选用。

高程控制测量等级选用 表 6-13

高架桥、路线控制测量	多跨桥梁总长 L（m）	单跨桥梁全长 L_K（m）	隧道贯通长度 L_G（m）	测量等级
—	$L \geqslant 3\ 000$	$L_K \geqslant 500$	$L_G \geqslant 6\ 000$	二等
—	$1\ 000 \leqslant L < 3\ 000$	$150 \leqslant L_K < 500$	$3\ 000 \leqslant L_G < 6\ 000$	三等
高架桥,高速公路、一级公路	$L < 1\ 000$	$L_K < 150$	$L_G < 3\ 000$	四等
二级、三级、四级公路	—	—	—	五等

路线高程控制点相邻点间的距离以 1~1.5km 为宜,特大型构造物每一端应埋设 2 个(含 2 个)以上高程控制点。高程控制点至路线中心线的距离应大于 50m,宜小于 300m。

1. 高程控制测量的主要技术指标

(1)水准测量的主要技术指标应符合表 6-14 的规定。

水准测量的主要技术指标 表 6-14

测量等级	每千米高差全中误差(mm)	路线长度(km)	水准仪级别	水准尺	观测次数		往返较差、附合或环线闭合差	
					与已知点联测	附合或环线	平地(mm)	山地(mm)
二等	2	—	DS_1、DSZ_1	条码因瓦、线条式因瓦	往返各一次	往返各一次	$4\sqrt{L}$	—
三等	6	≤50	DS_1、DSZ_1	条码因瓦、线条式因瓦	往返各一次	往一次	$12\sqrt{L}$	$4\sqrt{n}$
			DS_3、DSZ_3	条码式玻璃钢、双面		往返各一次		
四等	10	≤16	DS_3、DSZ_3	条码式玻璃钢、单面	往返各一次	往一次	$20\sqrt{L}$	$6\sqrt{n}$

测量等级	每千米高差全中误差（mm）	路线长度（km）	水准仪级别	水准尺	观测次数		往返较差、附合或环线闭合差	
					与已知点联测	附合或环线	平地（mm）	山地（mm）
五等	15	—	DS$_3$、DSZ$_3$	条码式玻璃钢、单面	往返各一次	往一次	30$\sqrt{L}$	—

注：计算往返较差时，L 为水准点间的路线长度（以 km 计）；计算附合或环线闭合差时，L 为附合或环线的路线长度（以 km 计），小于 1km 时按 1km 计算；n 为测站数。

（2）光电测距三角高程测量的主要技术指标应符合表 6-15 的规定。

光电测距三角高程测量的主要技术指标 表 6-15

测量等级	测回内同向观测高差较差（mm）	同向测回间高差较差（mm）	对向观测高差较差（mm）	附合或环线闭合差（mm）
四等	≤8$\sqrt{D}$	≤10$\sqrt{D}$	≤40$\sqrt{D}$	≤20$\sqrt{\sum D}$
五等	≤8$\sqrt{D}$	≤15$\sqrt{D}$	≤60$\sqrt{D}$	≤30$\sqrt{\sum D}$

注：D 为测距边长度，以 km 计。

2. 高程控制测量的观测技术指标

（1）水准测量观测的主要技术指标应符合表 6-16 的规定。

水准测量观测的主要技术指标 表 6-16

测量等级	仪器类型	视线长（m）	前后视距差（m）	前后视累积差（m）	视线离地面最低高度（m）	基辅（黑红）面读数差（mm）	基辅（黑红）面高差较差（mm）
二等	DS$_1$、DSZ$_1$	≤50	≤1	≤3	≥0.5	≤0.5	≤0.7
三等	DS$_1$、DSZ$_1$	≤100	≤3	≤6	≥0.3	≤1.0	≤1.5
	DS$_3$、DSZ$_3$	≤75				≤2.0	≤3.0
四等	DS$_3$、DSZ$_3$	≤100	≤5	≤10	≥0.2	≤3.0	≤5.0
五等	DS$_3$、DSZ$_3$	≤100	近似相等	—	—	—	—

（2）光电测距三角高程测量观测的主要技术指标应符合表 6-17 的规定。

光电测距三角高程测量观测的主要技术指标 表 6-17

测量等级	仪器	测距边测回数	边长（m）	垂直角测回数（中丝法）	指标差较差（″）	垂直角较差（″）
四等	DJ$_2$	往返均≥2	≤600	≥4	≤5	≤5
五等	DJ$_2$	≥2	≤600	≥2	≤10	≤10

（3）图根高程测量。

图根点高程测量可采用水准测量、光电测距三角高程测量或 GNSS-RTK 测量等满足精度要求的各种方法。图根水准测量主要技术指标应符合表 6-18 的规定；图根三角高程测量主要技术指标应符合表 6-19 的规定。

图根水准测量的主要技术指标 表6-18

每公里观测高差全中误差（mm）	水准路线长度（km）		视线长度（m）	观测次数		往返较差、附合或环线闭合差（mm）	
	附合路线或环线	支线		附合或闭合路线	支线或与已知点联测	平原、微丘	重丘、山岭
≤±20	≤6	≤3	≤100	往一次	往返各一次	≤40$\sqrt{L}$	≤12$\sqrt{n}$

注:1. L 为水准路线长度(km); n 为测站数。
 2. 组成节点后,节点间或节点与高级点间的长度不得大于表中规定的70%。

图根三角高程测量的主要技术指标 表6-19

每公里观测高差全中误差（mm）	最大边长（m）	垂直角测回数	指标差较差（″）	垂直角较差（″）	对向观测高差较差（mm）	附合或环线闭合差（mm）
≤±20	600	中丝法≥2	≤25	≤25	≤60$\sqrt{D}$	≤40$\sqrt{\sum D}$

注: D 为边长(km)。

第二节　导　线　测　量

导线测量是平面控制测量中的一种方法,主要用于隐蔽地区、带状地区、城建区、地下工程、公路、铁路和水利等控制点的测量。

将测区内相邻控制点连成直线而构成的折线图形称为导线,构成导线的控制点称为导线点,折线边称为导线边。导线测量就是依次测定各导线边的长度和各转折角;根据起算数据,推算各边的坐标方位角,从而求出各导线点的坐标。

一、导线测量的布设形式

根据测区的情况和要求,导线可布设成以下三种形式。

1. 闭合导线

如图 6-3a)所示,从一点出发,最后仍旧回到这一点,组成一闭合多边形。导线起始方位角和起始坐标可以分别测定或假定。导线附近若有高级控制点(三角点或导线点),应尽量使导线与高级控制点连接。图 6-3b)和 c)是导线直接连接和间接连接的形式,其中 β_A、β_C 为连接角, D_{A1} 为连接边。连接可获得起算数据,使之与高级控制点连成统一的整体。闭合导线多用在较宽阔的独立地区作测图控制。

2. 附合导线

如图 6-4 所示,从一高级控制点出发,最后附合到另一高级控制点上。附合导线多用在带状地区作测图控制。此外,也广泛用于公路、铁路、水利等工程的勘测与施工中。

3. 支导线

如图 6-5 所示,从一控制点出发,既不闭合也不附合于已知控制点上。

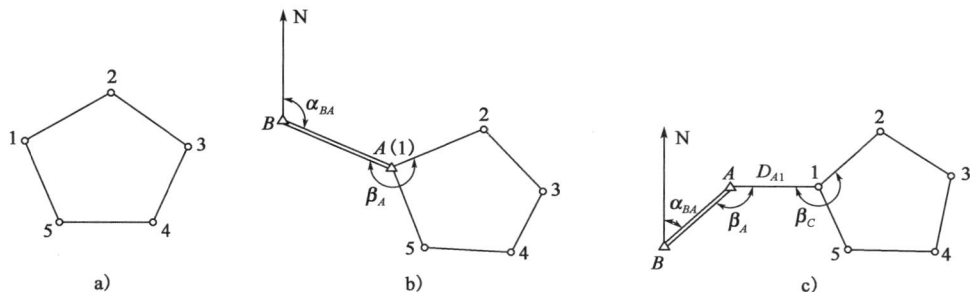

图6-3 闭合导线

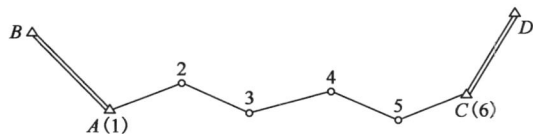

图6-4 附合导线

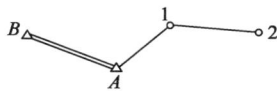

图6-5 支导线

闭合导线和附合导线在外业测量与内业计算中都能校核,它们是导线的主要布设形式。支导线没有校核条件,差错不易发现,故支导线的点数不宜超过两个,一般仅作补点使用。此外,根据测区的具体条件,导线还可以布设成具有结点或多个闭合环的导线网,如图6-6所示。

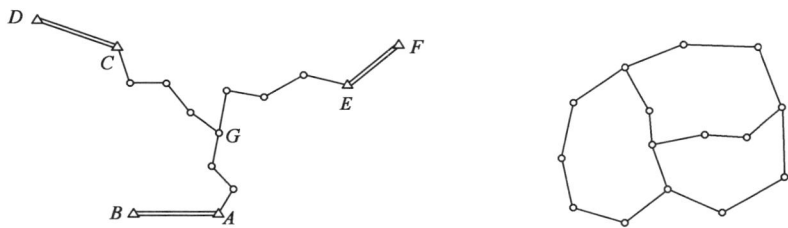

图6-6 导线网

在局部地区的地形测量和一般工程测量中,根据测区范围及精度要求,导线测量分为一级导线、二级导线和图根导线三个等级。它们可作为国家四等控制点或国家 E 级 GNSS 点的加密,也可以作为独立地区的首级控制。各级导线测量的主要技术指标应符合表6-6的规定。

二、导线测量的外业

导线测量的外业包括踏勘选点及建立标志、测边、测角和联测。

1. 踏勘选点及建立标志

选点前,应调查搜集测区已有的地形图和控制点的资料,先在已有的地形图上拟定导线布设方案,然后到野外去踏勘、核对、修改和落实点位。如果测区没有地形图资料,则需详细踏勘现场,根据已知控制点的分布、地形条件及测图和施工需要等具体情况,合理地选定导线点的位置。选点时应满足下列要求:

(1)相邻点间必须通视良好,地势较平坦,便于测角和量距;

(2)点位应选在土质坚实处,便于保存标志和安置仪器;

(3)视野开阔,便于测图或放样;

(4)导线各边的长度应大致相等,除特殊条件外,导线边长一般在 50~500m 之间,平均边长符合表6-4的规定；

（5）导线点应有足够的密度，分布较均匀，便于控制整个测区。

确定导线点位置后，应在地上打入木桩，桩顶钉一小钉作为导线点的标志。如导线点需长期保存，可埋设水泥桩或石桩，桩顶刻凿十字或嵌入锯有十字的钢筋作标志。导线点应按顺序编号，为便于寻找，可根据导线点与周围地物的相对关系绘制导线点点位略图。

2.测边

导线边长一般用全站仪测量，采用测回法往返观测。

3.测角

导线的转折角有左、右之分，在导线前进方向左侧的称为左角，而在右侧的称为右角。对

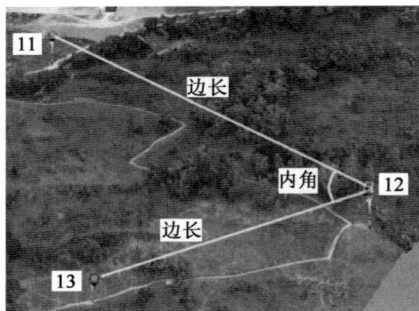

图6-7 全站仪导线测角、测距

于附合导线应统一观测左角或右角（在公路测量中，一般是观测右角）；对于闭合导线，则观测内角。当按顺时针方向编号时，闭合导线的右角即为内角；按逆时针方向编号时，则左角为内角。

导线的转折角通常采用测回法进行观测。各级导线的测角技术要求参见表6-6及表6-7。通常使用三个既能安置全站仪又能安置基座的脚架。如图6-7所示，将全站仪安置在测站12上，棱镜安置在后视点11和前视点13上，进行测距和测角。测完后迁站，直到测完整条导线为止。

导线测量内业

4.联测

如图6-3c）所示，导线与高级控制网联测，必须观测连接角 β_A、β_C，连接边 D_{A1}，供传递坐标方位角和坐标之用。若附近无高级控制点，可用罗盘仪观测导线起始边的磁方位角，并假定起始点的坐标作为起算数据。

方位角推算

三、导线测量内业计算

外业结束后，求各平面控制点的坐标，需要依次推算各边的坐标方位角；由边长和坐标方位角，计算两相邻控制点的坐标增量，然后推算各点的坐标。各导线坐标方位角的推算如下：

如图6-8所示，α_{12} 为起始方位角。图6-8a）的 β_2 转折角为右角，推算2-3边的坐标方位角为

$$\alpha_{23} = \alpha_{12} + 180° - \beta_2$$

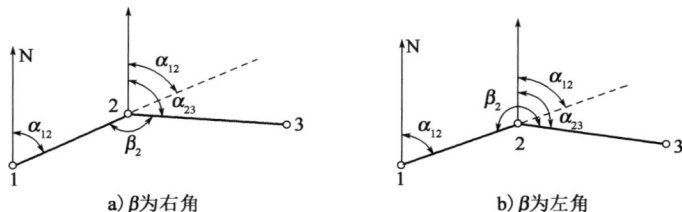

a) β 为右角　　　　　b) β 为左角

图6-8 坐标方位角推算图

因此用右角推算方位角的一般公式为

$$\alpha_{前} = \alpha_{后} + 180° - \beta_{右} \tag{6-2}$$

式中：$\alpha_{前}$——前一条边的方位角；

$\alpha_{后}$——后一条边的方位角。

图 6-8b）的 β_2 为左角，推算方位角的一般公式为

$$\alpha_{前} = \alpha_{后} + \beta_{左} - 180° \tag{6-3}$$

必须注意，推算出的方位角如大于 360°，则应减去 360°，若出现负值，则应加上 360°。

1. 根据已知点坐标、已知边长和坐标方位角计算未知点坐标（坐标正算）

如图 6-9 所示，设 A 为已知点、B 为未知点，当 A 点的坐标 (x_A,y_A)、边长 D_{AB} 和坐标方位角 α_{AB} 均为已知时，则可求得 B 点的坐标 (x_B,y_B)。这种计算称为坐标正算。由图知：

$$\begin{cases} x_B = x_A + \Delta x_{AB} \\ y_B = y_A + \Delta y_{AB} \end{cases} \tag{6-4}$$

其中：

$$\begin{cases} \Delta x_{AB} = D_{AB} \cdot \cos \alpha_{AB} \\ \Delta y_{AB} = D_{AB} \cdot \sin \alpha_{AB} \end{cases} \tag{6-5}$$

所以式（6-4）又可写成：

$$\begin{cases} x_B = x_A + D_{AB} \cdot \cos \alpha_{AB} \\ y_B = y_A + D_{AB} \cdot \sin \alpha_{AB} \end{cases} \tag{6-6}$$

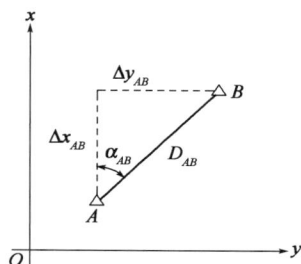

图 6-9 坐标正算

式中：Δx_{AB}、Δy_{AB}——纵、横坐标增量。

坐标方位角和坐标增量均带有方向性，注意下标的书写。当坐标方位角位于第一象限时，坐标增量均为正数；当坐标方位角位于第二象限时，Δx_{AB} 为负数，Δy_{AB} 为正数；当坐标方位角位于第三象限时，坐标增量均为负数；当坐标方位角位于第四象限时，Δx_{AB} 为正数，Δy_{AB} 为负数。

2. 由两个已知点的坐标反算坐标方位角和边长（坐标反算）

边的坐标方位角可根据两端点的已知坐标反算，这种计算称为坐标反算。如图 6-9 所示，设 A、B 为两已知点，其坐标分别为 (x_A,y_A) 和 (x_B,y_B)，则可得：

$$\tan\alpha_{AB} = \frac{\Delta y_{AB}}{\Delta x_{AB}} \tag{6-7}$$

$$D_{AB} = \frac{\Delta y_{AB}}{\sin\alpha_{AB}} = \frac{\Delta x_{AB}}{\cos\alpha_{AB}} \tag{6-8}$$

式中，$\Delta x_{AB} = x_B - x_A$；$\Delta y_{AB} = y_B - y_A$。

由式（6-8）算出两个 D_{AB}，用来相互校核。边长也可以用下式计算：

$$D_{AB} = \sqrt{\Delta x_{AB}^2 + \Delta y_{AB}^2} \tag{6-9}$$

按式（6-7）求得的 α_{AB} 在四个象限内的值，由 Δx_{AB} 和 Δy_{AB} 的正负符号确定，计算时应注意按下列关系区别：

（1）当 $\Delta x_{AB} > 0$ 且 $\Delta y_{AB} \geq 0$ 时：

$$\alpha_{AB} = \arctan \frac{\Delta y_{AB}}{\Delta x_{AB}}$$

（2）当 $\Delta x_{AB} = 0$ 且 $\Delta y_{AB} > 0$ 时：

$$\alpha_{AB} = 90°$$

（3）当 $\Delta x_{AB} = 0$ 且 $\Delta y_{AB} < 0$ 时：

$$\alpha_{AB} = 270°$$

（4）当 $\Delta x_{AB} < 0$ 时：

$$\alpha_{AB} = 180° + \arctan \frac{\Delta y_{AB}}{\Delta x_{AB}}$$

（5）当 $\Delta x_{AB} > 0$ 且 $\Delta y_{AB} < 0$ 时：

$$\alpha_{AB} = 360° + \arctan \frac{\Delta y_{AB}}{\Delta x_{AB}}$$

四、导线测量近似平差计算

1. 支导线坐标计算

支导线（图 6-5）中没有多余观测值，因此也没有闭合差产生，导线转折角和坐标增量都不需要改正。支导线坐标的计算步骤如下：

（1）根据起始边的端点坐标计算起始边坐标方位角；

（2）根据观测的转折角推算各边坐标方位角；

（3）根据各边坐标方位角和边长计算各边坐标增量；

（4）根据各边的坐标增量推算各点的坐标。

需要注意的是，由于支导线缺乏检核条件，所以最多只能支 2 个点。

2. 闭合导线坐标计算

闭合导线（图 6-3）坐标计算是按一定的次序在表 6-20 中进行的，也可以用计算程序在计算机上计算，计算前应检查外业观测成果是否符合技术要求，然后将角度、起始边坐标方位角、边长和起算点坐标分别填入表 6-20 的（2）、（4）、（5）、（10）、（11）栏，或输入计算机中。计算时还应绘制导线略图。现以闭合四边形导线为例，说明闭合导线坐标计算的步骤。

（1）角度闭合差的计算与调整。

闭合导线实测的 n 个内角总和 $\sum \beta_{测}$ 不等于其理论值 $(n-2) \cdot 180°$，其差称为角度闭合差，以 f_β 表示：

$$f_\beta = \sum \beta_{测} - (n-2) \cdot 180° \tag{6-10}$$

各级导线角度闭合差的容许值 $f_{\beta容}$ 见表 6-6 和表 6-7。

表 6-20 为图根导线计算实例，$f_{\beta容} = \pm 40'' \sqrt{n}$。

若 $f_\beta \leq f_{\beta容}$，则可进行角度闭合差的调整，否则，应分析情况进行重测。角度闭合差的调整原则是，将 f_β 以相反的符号平均分配到各观测角中，即各角的改正数为

$$V_\beta = \frac{-f_\beta}{n} \tag{6-11}$$

计算时，根据角度取位的要求，改正数可凑整到 $1''$。若不能均分，一般情况下，给短边的夹角多分配一点，或者给长边的夹角少分配一点，使各角改正数的总和与反号的角度闭合差相等，即 $\sum V_\beta = -f_\beta$。

表 6-20 为四边形图根导线的计算实例，$f_\beta = -1'$，故其中每个角分配 $+15''$。分配的改正数应写在各观测角的上方，然后计算改正后的角值，填入（3）栏。

表6-20

闭合导线计算表

点号 (1)	观测角（右角）(2)	改正后的角度 (3)	坐标方位角 (4)	边长（m）(5)	坐标增量计算值（m） Δx (6)	Δy (7)	改正后的坐标增量（m） Δx (8)	Δy (9)	坐标（m） x (10)	y (11)	备注 (12)
1			132°50'						500.000	500.000	
	+15" 73°00'12"	73°00'27"		129.341	+0.023 / −87.935	−0.010 / +94.850	−87.912	94.840			
2			239°49'33"						412.088	594.840	
	+15" 107°48'30"	107°48'45"		80.183	+0.014 / −40.302	−0.007 / +69.318	−40.288	−69.325			
3			312°00'48"						371.800	525.515	
	+15" 89°36'30"	89°36'45"		105.258	+0.019 / 70.450	−0.009 / −78.206	70.468	−78.214			
4			42°24'03"						442.268	447.300	
	+15" 89°33'48"	89°34'03"		78.162	+0.014 / 57.718	−0.006 / 52.706	57.732	52.699			
1			132°50'						500.000	500.000	
2					—	—	—	—	—	—	
Σ	359°59'	360°	—	392.944	−0.069	0.032	0.000	0.000	—	—	

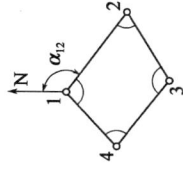

起点坐标为假定值

辅助计算

$$\sum \beta_测 = 359°59' \quad f_\beta = \sum \beta_测 - (n-2) \times 180° = -1' \quad f_{\beta容} = \pm 40''\sqrt{n} = \pm 80''$$

$$\sum D = 392.944\text{m} \quad f_x = -0.069 \quad f_y = +0.032 \quad f = \sqrt{f_x^2 + f_y^2} = 0.076, \quad K = \frac{0.076}{392.944} \approx \frac{1}{5\,100} < \frac{1}{4\,000}$$

注：边长用全站仪测量。

（2）推算各边的坐标方位角。

根据起始方位角及改正后的转折角,可按下式依次推算各边的坐标方位角,填入表 6-20 的（4）栏。

$$\alpha_{前} = \alpha_{后} + 180° - \beta_{右} 或 \alpha_{前} = \alpha_{后} + \beta_{左} - 180°$$

实例中:

α_{12}		132°50′
+)		180°
		312°50′
−)β_2		73°00′27″
α_{23}		239°49′33″
+)		180°
		419°49′33″
−)β_3		107°48′45″
α_{34}		312°00′48″
+)		180°
		492°00′48″
−)β_4		89°36′45″
−)		402°24′03″
		360°
α_{41}		42°24′03″
+)		180°
		222°24′03″
−)β_1		89°34′03″
α_{12}		132°50′（计算无误）

在推算过程中,如果算出的 $\alpha_{前} > 360°$,则应减去 360°;如果算出的 $\alpha_{前} < 0°$,则应加上 360°。为了发现推算过程中的差错,最后必须推算至起始边的坐标方位角,看其是否与已知值相等,以此作为计算校核。

（3）计算各边的坐标增量。

根据各边的坐标方位角 α 和边长 D,按式（6-5）计算各边的坐标增量,将计算结果填入表 6-20 的（6）、（7）栏。

（4）坐标增量闭合差的计算与调整。

闭合导线的纵、横坐标增量总和的理论值应为零,即

$$\begin{cases} \sum \Delta x_{理} = 0 \\ \sum \Delta y_{理} = 0 \end{cases} \tag{6-12}$$

由于测量误差,改正后的角度仍有残余误差,坐标增量总和的测量计算值 $\sum \Delta x_{测}$ 与 $\sum \Delta y_{测}$

一般都不为零,其值称为坐标增量闭合差,以 f_x 与 f_y 表示(图 6-10)。即

$$\begin{cases} f_x = \sum \Delta x_{测} \\ f_y = \sum \Delta y_{测} \end{cases} \quad (6\text{-}13)$$

这说明,实际计算的闭合导线并不闭合,而存在一个缺口 1-1′,这个缺口的长度称为导线全长闭合差,以 f 表示。由图 6-10 知:

$$f = \sqrt{f_x^2 + f_y^2}$$

导线越长,全长闭合差也就越大。因此,通常用相对闭合差来衡量导线测量的精度,导线的全长相对闭合差按下式计算:

图 6-10 导线闭合差示意图

$$K = \frac{f}{\sum D} = \frac{1}{\dfrac{\sum D}{f}} \quad (6\text{-}14)$$

式中,$\sum D$ 为导线边长的总和。导线的全长相对闭合差应满足表 6-6 的规定。否则,应首先检查外业记录和全部内业计算,必要时到现场检查,重测部分或全部成果。若 K 值符合精度要求,则可将增量闭合差 f_x、f_y 以相反符号,按与边长成正比分配到各增量中。任一边分配的改正数 $V_{\Delta x_{i,i+1}}$、$V_{\Delta y_{i,i+1}}$ 按下式计算:

$$\begin{cases} V_{\Delta x_{i,i+1}} = -\dfrac{f_x}{\sum D} D_{i,i+1} \\ V_{\Delta y_{i,i+1}} = -\dfrac{f_y}{\sum D} D_{i,i+1} \end{cases} \quad (6\text{-}15)$$

改正数应按坐标增量取位的要求凑整到 cm 或 mm,并且必须使改正数的总和与反符号增量闭合差相等,即

$$\sum V_{\Delta x} = -f_x$$
$$\sum V_{\Delta y} = -f_y$$

改正数写在各坐标增量计算值的上方,然后计算改正后的坐标增量,将其填入表 6-20 中的(8)、(9)栏。

(5)各点坐标的计算。

根据起始点的已知坐标和改正后的坐标增量,按式(6-6)依次推算各点的坐标,填入表 6-20 中的(10)、(11)栏。

如果导线未与高级点连接,则起算点的坐标可自行假定。为了检查坐标推算中的差错,最后还应推回到起算点的坐标,看其是否和已知值相等,以此作为计算校核。

3. 附合导线坐标计算

(1)具有两个连接角的附合导线计算。

这种附合导线的坐标计算与闭合导线的坐标计算基本相同,但由于附合导线两端与已知点相连,所以在计算角度闭合差和坐标增量闭合差上有所不同。下面介绍这两项的计算方法。

①角度闭合差的计算。

如图 6-11 所示,a)为观测左角时的导线略图,b)为观测右角时的导线略图,A、B、C、D 均为

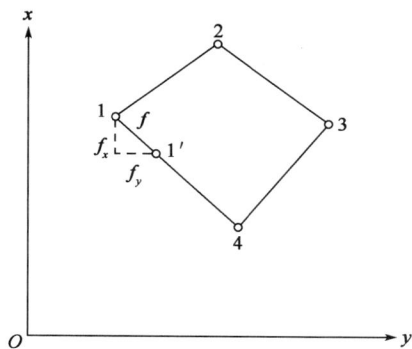

高级控制点,它们的坐标已知,起始边 AB 和终止边 CD 的坐标方位角 α_{AB}、α_{CD} 可根据式(6-7)求得。由起始方位角 α_{AB} 经各转折角推算终止边的方位角 α'_{CD} 与已知值 α_{CD} 不相等,其差数即为附合导线角度闭合差 f_β,即

$$f_\beta = \alpha'_{CD} - \alpha_{CD} \tag{6-16}$$

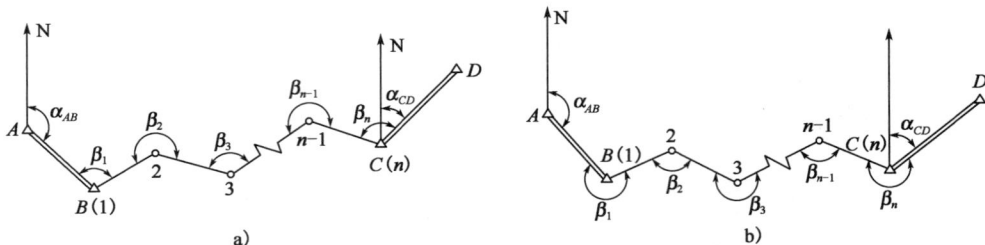

图6-11 附合导线示意图

参照图 6-11,按式(6-2)或式(6-3)可推算终止边的坐标方位角。β 为左角时:

$$\alpha'_{12} = \alpha_{AB} + \beta_1 - 180°$$

$$\alpha'_{23} = \alpha'_{12} + \beta_2 - 180°$$

$$\cdots\cdots$$

$$\underline{+)\ \alpha'_{CD} = \alpha'_{(n-1)n} + \beta_n - 180°}$$

$$\alpha'_{CD} = \alpha_{AB} + \sum\beta_左 - n \cdot 180°$$

同理可得 β 为右角时:

$$\alpha'_{CD} = \alpha_{AB} + n \cdot 180° - \sum\beta_右$$

代入式(6-16)后,角度闭合差为

$$f_\beta = (\alpha_{AB} - \alpha_{CD}) + \sum\beta_左 - n \cdot 180°$$
$$f_\beta = (\alpha_{AB} - \alpha_{CD}) + n \cdot 180° - \sum\beta_右 \tag{6-17}$$

或将上式写成一般式:

$$f_\beta = (\alpha_始 - \alpha_终) + \sum\beta_左 - n \cdot 180°$$
$$f_\beta = (\alpha_始 - \alpha_终) + n \cdot 180° - \sum\beta_右 \tag{6-18}$$

需特别注意,在调整角度闭合差时,若观测角为左角,则应以与闭合差相反的符号分配角度闭合差;若观测角为右角,则应以与闭合差相同的符号分配角度闭合差。

②坐标增量闭合差的计算。

附合导线的起点及终点均是已知的高级控制点,其误差可以忽略不计。附合导线的纵、横坐标增量的总和,在理论上应等于终点与起点的坐标差值,即

$$\begin{cases} \sum\Delta x_理 = x_终 - x_始 \\ \sum\Delta y_理 = y_终 - y_始 \end{cases} \tag{6-19}$$

由于量边和测角有误差,因此算出的坐标增量总和 $\sum\Delta x_测$、$\sum\Delta y_测$ 与理论值不相等,其差数即为坐标增量闭合差:

$$\begin{cases} f_x = \sum\Delta x_测 - (x_终 - x_始) \\ f_y = \sum\Delta y_测 - (y_终 - y_始) \end{cases} \tag{6-20}$$

附合导线起始边及终止边的坐标方位角,可按式(6-7)计算。

附合导线坐标计算实例见表6-21,其等级为图根导线。

表6-21

附合导线坐标计算表

起始边与终止边坐标方位角计算：

$$\tan\alpha_{AB} = \frac{y_B - y_A}{x_B - x_A} = \frac{88.17}{-207.86} = -0.424\,180$$

$$\tan\alpha_{CD} = \frac{y_D - y_C}{x_D - x_C} = \frac{207.05}{194.73} = 1.063\,267$$

$$\alpha_{AB} = 157°00'52''$$
$$\alpha_{CD} = 46°45'23''$$

点	x	y
A	2 507.693	1 215.636
B	2 299.833	1 303.806
C	2 166.753	1 757.276
D	2 361.483	1 964.326

略图与备注

N, A, α_{AB}, B(1), 2, 3, 4, C(5), α_{CD}, D

点号 (1)	观测角(右角) (°′″) (2)	改正后的角值 (°′″) (3)	坐标方位角 (°′″) (4)	边长 (m) (5)	坐标增量计算值 (m) Δx (6)	Δy (7)	改正后的坐标增量 (m) Δx (8)	Δy (9)	坐标 (m) x (10)	y (11)	点号 (1)
A	—	—	<u>157 00 52</u>	—	—	—	—	—	—	—	—
B(1)	−06 / 192 14 24	192 14 18	144 46 34	139.031	+0.032 / −113.575	+0.005 / 80.189	−113.543	80.194	2 299.833	1 303.806	—
2	−06 / 236 48 36	236 48 30	87 58 04	172.523	+0.040 / 6.118	+0.006 / 172.414	6.158	172.420	2 186.290	1 384.000	—
3	−06 / 170 39 36	170 39 30	97 18 34	100.070	+0.024 / −12.732	+0.004 / 99.257	−12.708	99.261	2 192.448	1 556.420	—
4	−07 / 180 00 48	180 00 41	97 17 53	102.421	+0.024 / −13.011	+0.004 / 101.591	−12.987	101.595	2 179.740	1 655.681	—
C(5)	−06 / 230 32 36	230 32 30	<u>46 45 23</u>	—	—	—	—	—	2 166.753	1 757.276	—
D	—	—	—	—	—	—	—	—	—	—	—

辅助计算

$\sum\beta = 1\,010°16'00''$　$f_\beta = (157°00'52'' - 46°45'23'') + 5 \times 180° - 1\,010°16'00'' = -31''$　$f_{\beta容} = \pm 40''\sqrt{5} = \pm 89''$

$\sum D = 514.045$，$\sum\Delta x = -133.200$，$\sum\Delta y = 453.451$　$f_x = \sum\Delta x - (x_C - x_B) = -0.119$　$f_y = \sum\Delta y - (y_C - y_B) = -0.018$

$f = \sqrt{f_x^2 + f_y^2} = 0.121$，$k = \dfrac{0.121}{514.045} = \dfrac{0.121}{514.045} \approx \dfrac{1}{4\,200} < \dfrac{1}{4\,000}$

注：边长用全站仪测量。

（2）仅有一个连接角的附合导线的计算。

图 6-12 所示为仅有一个连接角的附合导线，A、B 为已知点，P_2、P_3、$\cdots$、P_n 为待定点，β_i（$i = 1,2,\cdots,n+1$）为转折角，S_{ij} 为导线的边长。仅有一个连接角的附合导线的计算顺序与支导线相同，但其最后一点为已知点 B，故最后求得的坐标 x'_B 和 y'_B 的值由于观测角度和边长存在误差，必然与已知的坐标 x_B 和 y_B 不相同，将产生坐标闭合差 f_x、f_y，即

$$\begin{cases} f_x = x'_B - x_B \\ f_y = y'_B - y_B \end{cases} \tag{6-21}$$

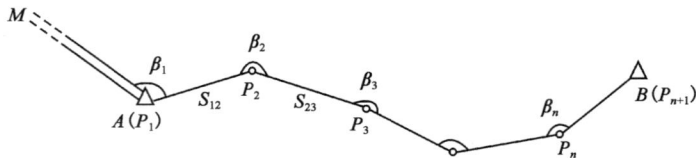

图 6-12　仅有一个连接角的附合导线示意图

可见，这种导线较支导线增加了一项处理坐标闭合差的计算，最简便的处理方法为按各导线边的长度成比例地改正它们的坐标增量，其改正数为

$$\begin{cases} V_{\Delta x_{ij}} = \dfrac{-f_x}{\sum S} \cdot S_{ij} \\ V_{\Delta y_{ij}} = \dfrac{-f_y}{\sum S} \cdot S_{ij} \end{cases} \tag{6-22}$$

改正后的坐标增量为

$$\begin{cases} \Delta x_{ij} = \Delta x'_{ij} + V_{\Delta x_{ij}} \\ \Delta y_{ij} = \Delta y'_{ij} + V_{\Delta y_{ij}} \end{cases} \tag{6-23}$$

求得改正后的坐标增量后，即可按式（6-4）依次推算 P_2、P_3、$\cdots$、$B(P_{n+1})$ 各导线点的坐标，此时，$B(P_{n+1})$ 点的坐标应等于已知值。

在仅有一个连接角的附合导线计算中，导线全长相对闭合差是评定导线精度的重要指标，它是全长绝对闭合差 f_S 与导线全长 $\sum S$ 的比值，通常用 k 表示，即

$$k = \dfrac{1}{\dfrac{\sum S}{f_S}} \tag{6-24}$$

式中，$f_S = \sqrt{f_x^2 + f_y^2}$。

（3）无连接角附合导线的计算。

无连接角附合导线没有观测导线两端的连接角，致使推算各导线边的方位角较困难。解决这一问题的途径是：首先假定导线第一条边的坐标方位角为起始方向，依次推算出各导线边的假定坐标方位角，然后按支导线的计算方法推求各导线点的假定坐标。由于起始边的定向不正确以及转折角和导线边观测误差的影响，终点的假定坐标与已知坐标不相等。为消除这一矛盾，可用导线固定边的已知长度和已知方位角分别作为导线的尺度标准和定向标准对导线进行缩放和旋转，使终点的假定坐标与已知坐标相等，进而计算出各导线点的坐标平差值。

第三节 测边角后方交会测量

当控制点的密度不能满足测图或施工放样的要求时,就必须对控制点进行加密,可用支导线测量的方法,也可用交会法。

测边角后方交会法是在加密点(未知点)安置仪器,测量加密点至若干个(两个或两个以上)已知点间的距离及加密点至各已知点方向的夹角,然后根据已知点坐标和观测值计算加密点坐标,并能检核测量精度的方法。

将各已知点坐标输入全站仪,再在未知点安置仪器,然后按规定的操作程序和方法观测边长和夹角,则可计算出未知点坐标。

如图 6-13 所示,A、B 为两个已知点,其坐标分别为(x_A,y_A)及(x_B,y_B);P 点为未知点。在 P 点安置全站仪,测得 P 点至 A、B 两点的距离分别为 a、b,测得 PA 与 PB 两方向的水平夹角为 α,则用 A、B 两点的坐标,按式(6-25)可计算得 AB 直线的坐标方位角为

图 6-13 后方交会示意图

$$\alpha_{AB} = \tan^{-1}\left(\frac{y_B - y_A}{x_B - x_A}\right) \tag{6-25}$$

而 AB 的反方位角为

后方交会测量

$$\alpha_{BA} = \alpha_{AB} \pm 180°$$

上式中,当 $\alpha_{AB} \leq 180°$ 时,取" + ";当 $\alpha_{AB} > 180°$ 时,取" - "。

在 $\triangle ABC$ 中,按正弦定理可求得:

$$\begin{cases} \beta = \sin^{-1}\dfrac{b\sin\alpha}{\sqrt{(x_B - x_A)^2 + (y_B - y_A)^2}} \\ \gamma = \sin^{-1}\dfrac{a\sin\alpha}{\sqrt{(x_B - x_A)^2 + (y_B - y_A)^2}} \end{cases} \tag{6-26}$$

则 AP 直线的方位角为

$$\alpha_{AP} = \alpha_{AB} \pm \beta \tag{6-27}$$

上式中,当 P 点在 AB 直线的右侧时,取" + ";当 P 点在 AB 直线的左侧时,取" - "。

则 BP 直线的方位角为

$$\alpha_{BP} = \alpha_{BA} \pm \gamma \tag{6-28}$$

上式中,当 P 点在 BA 直线的右侧时,取" + ";当 P 点在 BA 直线的左侧时,取" - "。

根据求得的坐标方位角和测量的边长分别计算未知点 P 的两组坐标:

$$\begin{cases} x_{P1} = x_A + a\cos\alpha_{AP} \\ y_{P1} = y_A + a\sin\alpha_{AP} \\ x_{P2} = x_B + b\cos\alpha_{BP} \\ y_{P2} = y_B + b\sin\alpha_{BP} \end{cases} \tag{6-29}$$

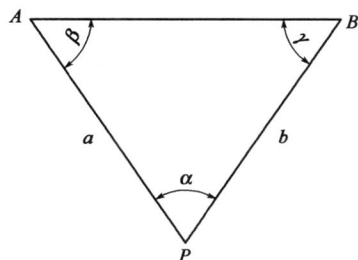

根据式(6-29)计算得两组坐标,因测量误差的影响,求得的两组 P 点坐标不完全相同,其点位较差为 $\Delta D = \sqrt{\delta_x^2 + \delta_y^2}$,其中 δ_x、δ_y 分别为两组 (x_p, y_p) 坐标值之差。当 $\Delta D \leqslant 2 \times 0.1 M \text{mm}$ 时(M 为测图比例尺分母),可取两组坐标的平均值作为最后结果。

第四节 三角高程控制测量

国家高程系统采用"1985 国家高程基准",凡有条件的高程控制测量都应采用国家高程系统。高程控制测量一般多采用水准测量法或三角高程测量法。水准测量详见第二章;全站仪三角高程测量的精度可以达到四、五等水准测量的要求,可测定四等及以下高程控制点,三角高程测量也可用于地形图碎部测量等。

一、三角高程测量原理

三角高程测量是根据两点间的水平距离或倾斜距离和竖直角,应用三角学的公式计算两点间的高差。如图 6-14 所示,已知 A 点的高程 H_A,要求测 AB 两点间高差 h,计算 B 点的高程 H_B。可在已知点 A 上安置全站仪,在 B 点安置棱镜,量取望远镜旋转轴到 A 点桩顶的高度 i(称为仪器高),用望远镜横丝瞄准 B 点棱镜中心,测出竖直角 α,测得斜距 D',量取棱镜的高度 j,则可得 AB 两点间高差 h:

$$h = D'\sin\alpha + i - j \tag{6-30}$$

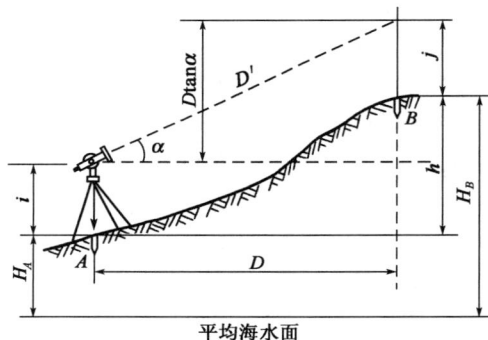

图 6-14 三角高程测量原理

B 点的高程为

$$H_B = H_A + D'\sin\alpha + i - j \tag{6-31}$$

当两点间距离 D 大于 200m 时,三角高程测量还必须考虑地球曲率及大气折光对高差的影响,即对高差加上球气差改正数:

$$f = 0.43 \frac{D^2}{R} \tag{6-32}$$

$$H_B = H_A + D'\sin\alpha + i - j + f \tag{6-33}$$

式中:D——两点间水平距离;

R——地球半径,取 6 371km。

二、三角高程测量的观测与计算

对于三角高程控制测量,一般分为两级,即四等和五等三角高程测量,它们可作为测区的首级控制。三角高程控制宜在平面控制点的基础上布设成三角高程网或高程导线,也可布置为闭合或附合的高程路线。三角高程测量的观测与计算如下:

双向三角高程测量

(1)安置仪器于测站,量仪器高 i;立棱镜于测点,量取棱镜高度 j,读数至毫米。

(2)用全站仪采用测回法观测竖直角 1~3 个测回,前后半测回之间的较差及指标差如果符合表 6-17 规定,则取其平均值作为最后的结果。

(3)高差及高程应用式(6-30)~式(6-33)计算。采用对向观测法且对向观测高差较差符合表 6-15 要求时,取其平均值作为高差结果。

全站仪三角高程测量的主要技术指标见表 6-15。

利用三角高程进行高程控制测量时应注意:同一段距离需要进行往返测,每段距离至少观测一个测回,当两点间距离 D 大于 200m 时,需要进行球气差改正。

外野观测表和平差表实例见表 6-22 和表 6-23。

三、三角高程测量的误差分析

三角高程测量的精度受竖直角观测误差、边长误差、大气折光误差、仪器高和目标高的量测误差等诸多因素的影响。当用全站仪三角高程测量代替四等水准测量时,仪器高和棱镜高的测定要求达到毫米级,用小钢卷尺认真地量测两次取平均值,准确读数至 1mm 是不困难的,若采用对中杆量取仪器高和棱镜高,其误差可小于 ±1mm。因此,可认为三角高程测量的主要误差来源是竖直角观测误差、大气垂直折光系数的误差。

竖直角观测误差主要由照准误差引起。目标的形状、颜色、亮度、空气对流、空气能见度等都会影响照准精度,给竖直角测定带来误差。竖直角观测误差对高差测定的影响与推算高差的边长成正比,边长愈长,影响愈大。

大气折光的影响与观测条件密切相关,大气垂直折光系数 K 是随地区、气候、季节、地面覆盖物和视线超出地面高度等条件不同而变化的,要精确测定它的数值,目前尚不可能。通过实验发现,K 值在一天内的变化情况,大致在中午前后数值最小,也较稳定,日出、日落时数值最大,变化也快。因而竖直角的观测时间最好在地方时间 10 时至 16 时之间,此时 K 值在 0.08~0.14 之间。

在三角高程测量中折光影响与距离平方成正比,因此,根据分析论证,对于短边三角高程测量在 400m 以内的短距离传递高程,大气折光的影响不是主要的。只要在最佳时刻测距和观测竖直角,采用合适的照准标志,精确地量取仪器高和目标高,达到毫米级的精度是可能的。

全站仪的测距精度很高,特别是短边测距精度可在毫米以内;对折光误差影响的研究也有了长足的进展;照准目标的改进和必要的观测措施的实施,使竖直角的观测精度得到进一步的提高。因此当前利用全站仪进行三角高程测量已经相当普遍。

三角高程测量记录表

表 6-22

日期： 天气： 仪器号： 地点： 观测人： 记录人：

测站	仪器高（m）	目标	目标高（m）	盘位	竖盘读数（° ′ ″）	指标差（″）	指标差较差（″）	半测回竖直角（° ′ ″）	竖直角较差（″）	一测回竖直角（° ′ ″）	斜距（m）	高差（m）	对向观测高差较差（mm）
				左									
				右									
				左									
				右									
				左									
				右									
				左									
				右									
				左									
				右									
				左									
				右									
				左									
				右									
				左									
				右									

注：1. 仪器或目标高度应在观测前后各量测一次并精确到 1mm，取其平均值作为最终高度。

2. 2″全站仪的竖盘指标差应≤10″。

3. 对向观测法在测后应立刻搬站进行返测。

4. 图根三角高程测量的指标差较差和竖直角较差应≤25″。

三角高程测量平差表

表6-23

计算：　　　　　　　　　　检核：

点名	高差/平距往返测观测值(m)				平距往返测		高差对向观测			高差改正值(mm)	改正后的高差(m)	最终高程(m)	备注
	往测高差(m)	往测平距(m)	返测高差(m)	返测平距(m)	平均值(m)	相对误差(1/K)	平均值(m)	较差(mm)	较差允许值(mm)				
Σ													

精度评定：

【思考题与习题】

1. 测绘地形图和施工放样时,为什么要先建立控制网?控制网分为哪几种?

2. 导线的布设形式有哪些?选择导线点应注意哪些事项?导线测量的外业工作包括哪些内容?

3. 已知 A 点坐标 $x_A = 437.620, y_A = 721.324$;$B$ 点坐标 $x_B = 239.460, y_B = 196.450$。求 AB 的方位角及边长。

4. 闭合导线 1—2—3—4—5—1 的已知数据及观测数据如表 6-24 所示,试计算各导线点的坐标。

闭合导线坐标计算表　　　　　　　　　　　　　表 6-24

点号	右角观测值 (° ′ ″)	右角改正后值 (° ′ ″)	坐标方位角 (° ′ ″)	边长 (m)	坐标增量计算值 (m)		改正后坐标增量 (m)		坐标 (m)	
					Δx	Δy	Δx	Δy	x	y
1	87 51 12								500.000	500.000
			126 45 00	107.612						
2	150 20 12									
				72.445						
3	125 06 42									
				179.925						
4	87 29 12									
				179.388						
5	89 13 42									
				224.402						
1										

5. 附合导线的已知数据及观测数据如表 6-25 所示,试计算附合导线各点的坐标。

附合导线坐标计算表　　　　　　　　　　　　　表 6-25

点号	右角观测值 (° ′ ″)	右角改正后值 (° ′ ″)	坐标方位角 (° ′ ″)	边长 (m)	坐标增量计算值 (m)		改正后坐标增量 (m)		坐标 (m)	
					Δx	Δy	Δx	Δy	x	y
A										
			45 00 00							
B	120 30 00								200.000	200.000
				297.262						
1	212 15 30									
				187.811						
2	145 10 00									
				93.502						
C	170 18 48								155.375	756.063
			116 44 48							
D										

6. 在什么情况下采用三角高程测量?三角高程测量应如何进行?

第七章

大比例尺地形图测绘与应用

【学习内容与要求】

本章学习大比例尺地形图测绘及应用相关知识。学习了解地形图符号的分类、地形图要素及分幅与编号、数字地面模型的构建及应用;熟悉数字测图的作业步骤、利用地形图绘制断面图及估算土石方数量等工程应用;掌握地形图比例尺、比例尺精度、等高线、等高距等基本概念,利用地形图求点的坐标、直线的方位角和距离以及按规定的坡度选线等基本应用。

第一节　地形图测绘的基本知识

地形图就是将地面上一系列地物及地貌点垂直投影到一个水平面,再按比例尺缩小后绘制的图。地形图投影采用正形投影。

现代测绘学不但可以生产不同比例尺的各种用途的地图,而且还可以生产多种数字地图产品,如"4D"(即 DGM、DEM、DOM、DLG)产品,增强了测量数据的共享性。

一、地形图的比例尺

地形图上某一线段的长度与地面上相应线段的实际水平长度之比,称为地

数字比例尺
和图示比例尺

形图的比例尺。

1. 数字比例尺

数字比例尺一般用分子为 1 的整分数形式表示。设图中某一线段长度为 d,相应的实际水平长度为 D,则地形图的比例尺为

$$\frac{d}{D} = \frac{1}{\dfrac{D}{d}} = 1 : M \qquad (7\text{-}1)$$

比例尺的大小是用比例尺的比值来衡量的,分数值越大(即分母 M 越小) ,比例尺越大;分数值越小(即分母 M 越大) ,比例尺越小。国家基本地形图及工程地形图数字比例尺见表7-1。

地形图比例尺 　　　　　　　　　　　　　　　　　　　　　　　　　　　　表 7-1

地形图	小比例尺	中比例尺	大比例尺
国家基本地形图	1∶50 000	1∶25 000,1∶10 000	1∶5 000,1∶2 000, 1∶1 000,1∶500
工程地形图	1∶50 000,1∶25 000	1∶10 000,1∶5 000	1∶2 000,1∶1 000,1∶500

中比例尺地形图是国家的基本地图,由国家专业测绘部门测绘,目前均用航空摄影测量方法成图。小比例尺地形图一般由中比例尺地形图缩小编绘而成。

城市和工程建设一般需要大比例尺地形图,其中,1∶500 和 1∶1 000 比例尺地形图一般用全站仪或 GNSS 等电子仪器测绘;1∶2 000 和 1∶5 000 比例尺地形图一般由 1∶500 或 1∶1 000 的地形图缩小编绘而成。

2. 图示比例尺

为了减少由图纸伸缩引起的误差以及提高精度,在绘制地形图时,通常在地形图上同时绘制图示比例尺,也叫直线比例尺。

图 7-1 所示为 1∶500 的图示比例尺,取 2cm 为基本单位,最左端的基本单位分成 10 等份。每一基本单位所代表的实地长度为 2cm × 500 = 10m。

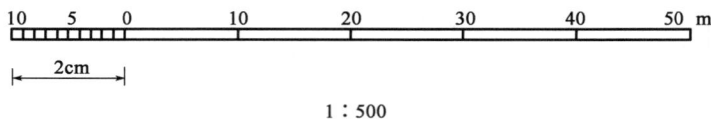

1∶500

图 7-1　1∶500 图示比例尺

3. 地形图比例尺精度

地形图比例尺的大小,与图上内容的显示精细程度有很大关系。因此,必须了解各种比例尺地形图所能达到的最大精度。显然,地形图所能达到的最大精度取决于人眼的分辨能力和绘图与印刷的能力。

一般认为在正常情况下,人的眼睛能分辨出图上的最小距离约为 0.1mm。因此,把地形图上 0.1mm 所代表的实地水平距离称为比例尺的精度,即 0.1mm 与比例尺分母的乘积。比例尺越大,地形图表示地物和地貌的情况就越详细,相应的测量精度也就要求越高(表7-2)。

比例尺精度表 　　　　　　　　　　　　　　　　　　　　　　　　　　　　表 7-2

比例尺	1∶500	1∶1 000	1∶2 000	1∶5 000	1∶10 000
比例尺精度(m)	0.05	0.1	0.2	0.5	1.0

比例尺精度

根据比例尺精度,可以确定:

(1)距离测量的精度。

有了比例尺精度就可以确定在测图时距离测量应该准确到什么程度。例如按1:1000的比例尺测图时,比例尺精度是0.1m,则实地地物量距只需取到0.1m,因为测得再精确,图上也无法表示出来。

(2)合理的测图比例尺。

当按设计规定多大的地物需在地形图上表示出来时,根据比例尺精度可以确定合理的测图比例尺。例如某项工程建设项目,要求在图上能反映实地5cm的精度,则选用的比例尺就不能小于1:500。同一测区,采用较大比例尺测图往往比采用较小比例尺测图的工作量和投资额增加数倍,因此采用哪一种比例尺测图,应从工程规划、施工实际需要的精度出发。

地形图测图的比例尺,根据工程的设计阶段、规模大小和运营管理需要,按表7-3选用。

地形图测图的比例尺 表7-3

比例尺	用途
1:5 000	可行性研究、总体规划、厂址选择、初步设计等
1:2 000	可行性研究、初步设计、矿山总图管理、城镇详细规划等
1:1 000	初步设计、施工图设计;城镇、工矿总图管理;竣工验收等
1:500	

注:1.精度要求较低的专用地形图,可按小一级比例尺地形图的规定进行测绘或利用小一级比例尺地形图放大成图。

2.对于局部施测大于1:500比例尺的地形图,除另有要求外,可按1:500地形图测量的要求执行。

二、地形要素及其表示

地球表面复杂多样的物体和形态可分为地物和地貌两大类。地物是指地球表面的固定性物体,如居民地、交通网、水系等;地貌是指地表高低起伏的状态,如山地、丘陵和平原等。地物和地貌总称为地形。

1.地物符号

地物一般可分为两大类:一类是自然地物,如河流、湖泊、森林、草地、独立岩石等;另一类是经过人类物质生产活动改造的人工地物,如房屋、道路、铁路、桥梁、管线、水渠等。这些地物的类别、大小、形状及其在图上的位置,都是按规定的地物符号和要求来表示的。测绘主管部门颁布实行的"地形图图式"统一规定了地形图的规格要求,地物、地貌符号和注记,供测图和识图时使用。根据地物的大小及绘图方法的不同,地物符号被分为比例符号、非比例符号和半比例符号(线性符号)。

地物识读

(1)比例符号。

有些地物的轮廓比较大,如房屋、草地及湖泊等,它们的形状和大小可以按比例缩小,并采用规定的符号绘于图上,这种符号称为比例符号。如表7-4中的1~12号。

当用比例符号仅能表示地物的轮廓形状及大小,而未能表示出其物类时,应在轮廓内加绘物类符号(如树种符号等)。

(2)非比例符号。

某些地物无轮廓或轮廓较小,如三角点、导线点、水准点、水井等,按比例无法在图上绘出,

则不考虑其实际大小,仅采用规定的符号表示,这种符号称为非比例符号。

非比例符号不仅其形状和大小不能按比例绘出,而且符号中心位置与该地物实地的中心位置关系,也随各种不同的地物而异,所以在测图和用图时应注意以下几点:

①规则的几何图形符号(圆形、正方形、三角形等),以图形几何中心为实地地物的中心位置,如表7-4中的27~29号;

②底部为直角的符号(独立树、路标等),以符号的直角顶点为地物的中心位置,如表7-4中的39号;

③几何图形组合符号(路灯、消火栓等),以符号下方图形的几何中心为地物的中心位置,如表7-4中的34、38号;

④宽底符号(烟囱、岗亭等),以符号底部中心为地物的中心位置,如表7-4中的32号;

⑤下方无底线的符号(山洞、窑洞等),以符号下方两端点连线的中心为地物的中心位置。

各种符号除简要说明中规定按真实方向表示者外,其余均按直立方向描绘,即与图廓线垂直。

(3)半比例符号(线性符号)。

对于一些呈现线状延伸的地物(如铁路、公路、管线等),其长度能按比例缩绘,但其宽度不能按比例表示的符号称为半比例符号。这种符号的中心线一般代表地物的中心位置,但是围墙、篱笆和栅栏等,地物中心位置则在符号的底线上,如表7-4中的13~21号。

地形图图式   表7-4

编号	符号名称	图例	编号	符号名称	图例
1	坚固房屋 4-房屋层数	坚4　　　1.5	4	台阶	0.5　　　0.5　0.5
2	普通房屋 2-房屋层数	2　　　1.5	5	花圃	1.5　1.5　10.0　10.0
3	窑洞 1. 住人的 2. 不住人的 3. 地面下的	1　2.5　2 2.0 3	6	草地	1.5　0.8　10.0　10.0

续上表

编号	符号名称	图例	编号	符号名称	图例
7	经济作物地		15	电杆	
8	水生经济作物地		16	电线架	
9	水稻田		17	砖、石及混凝土围墙	
			18	土围墙	
10	旱地		19	栅栏、栏杆	
11	灌木林		20	篱笆	
12	菜地		21	活树篱笆	
13	高压线		22	沟渠 1. 有堤岸的 2. 一般的 3. 有沟堑的	
14	低压线				

编号	符号名称	图例	编号	符号名称	图例
23	公路	0.3 ⎯⎯ 沥 ┊ 砾 ⎯⎯ 0.3	34	消火栓	1.5 ┊1.5┊ ⊙⎯2.0
24	简易公路	⎯ 8.0 ⎯ 2.0 ⎯	35	阀门	1.5 ┊1.5┊ ○⎯2.0
25	大车路	0.15 ⎯⎯ 碎石 ⎯⎯ 0.3	36	水龙头	3.5 ┊ ↑⎯2.0 1.2
26	小路	4.0 1.0 0.3 ⌐┐ ┌┐ ┌	37	钻孔	3.0 ⊙⎯1.0
27	三角点 凤凰山—点名 394.68—高程	△ 凤凰山 394.68 3.0	38	路灯	┬ 2.5 1.0
28	图根点 1. 埋石的 2. 不埋石的	1 2.0 ▫ N16 / 84.46 2 1.5 ○ D25 / 62.74 2.5	39	独立树 1. 阔叶 2. 针叶	1 3.0 ♀ 1.5 / 0.7 2 3.0 ♠ 0.7
29	水准点	2.0 ⊗ Ⅱ京石5 / 32.804	40	岗亭、岗楼	90° ⎘ 3.0 1.5
30	旗杆	1.5 4.0 ⊡ 1.0 ○ 1.0	41	等高线 1. 首曲线 2. 计曲线 3. 间曲线	0.15 ～ 87 ⎯1 0.3 ～ 85 ⎯2 0.15 ～ 6.0 ⎯3 1.0
31	水塔	2.0 3.0 ⊙ 1.0 1.2			
32	烟囱	3.5 ◑ 1.0	42	高程点及其注记	0.5 • 158.3 ♣ 65.6
33	气象站(台)	3.0 ⊤ 4.0 1.2			

2.地貌符号

地貌形态多种多样,按其起伏的变化程度分为平地、丘陵地、山地、高山地,见表7-5。

地貌分类 表7-5

地貌形态	地面坡度	地貌形态	地面坡度
平地	2°以下	山地	6°~25°(不包含25°)
丘陵地	2°~6°(不包含6°)	高山地	25°及以上

地形图上表示地貌的方法很多,如写景法、等高线法、分层设色和晕渲法等。对于大、中比例尺地形图,等高线法是最常用的表示地貌的方法。但对梯田、峭壁、冲沟等特殊地貌,不能用等高线表示时,可采用特殊的地貌符号来表示。本节主要讨论等高线表示地貌的方法。

地貌识读

(1)等高线的概念。

等高线是地形图上地面高程相等的相邻各点连成的闭合曲线。如图7-2所示,设想有一高出平静水面的小山头,山顶被水恰好淹没时的水面高程为100m,然后水位下降5m,露出山头,此时水面与山坡就有一条交线而且是闭合曲线,曲线上各点高程是相等的,这就是高程为95m的等高线。随后水位每下降5m,山坡与水面就有一条交线,依次类推,从而得到一组高差为5m的等高线。设想把这组实地上的等高线沿铅垂线方向投影到一个水平面 H 上,并按规定的比例尺绘制到图纸上,就得到用等高线表示该山头高低起伏的等高线图。

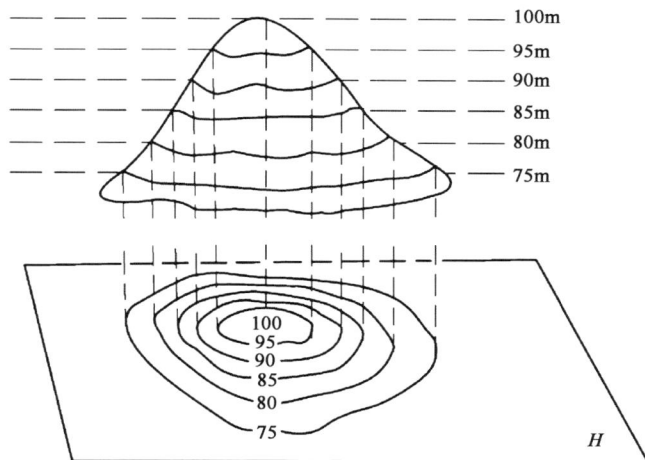

等高线原理

等高线平距、
等高距

图7-2 用等高线表示地貌的方法

(2)等高距和等高线平距。

地形图上,相邻两等高线之间的高差称为等高距,常用 h 表示。如图7-2中的等高距是5m。同一幅地形图中等高距相等。

相邻等高线间的水平距离称为等高线平距,常用 d 表示,其大小随地面的起伏情况而改变。h 与 d 的比值就是地面坡度 i:

$$i = \frac{h}{d \cdot M} \qquad (7-2)$$

式(7-2)中,M 为比例尺分母。坡度 i 一般以百分率表示,向上为正,向下为负。由于同一幅地形图上等高距相同,因此地面坡度与等高线平距 d 的大小有关。等高线平距越小,地面坡度越大;平距越大,则坡度越小;平距相等,则坡度也相同。故可根据等高线在地形图上的疏密情况来判定地面坡度的缓陡,如图7-3所示。

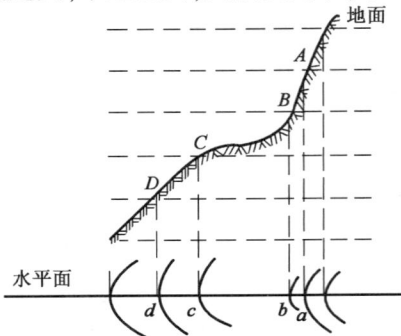

图7-3 等高距和等高线平距

另外,也可以看出,等高距愈小,图上等高线愈密,地貌显示就愈详细、确切;等高距愈大,图上等高线就愈稀,地貌显示就愈粗略。然而等高距过小,图上等高线将过于密集,则会影响图面的清晰程度。等高距选择应根据地形类型和比例尺大小,并按照相应的规范执行。表7-6是大比例尺地形图基本等高距参考值。高程注记点的密度:图上 $100cm^2$ 内 $5\sim20$ 个,一般选择明显地物点或地形特征点。

大比例尺地形图基本等高距(单位:m)   表7-6

地貌类别	比例尺			
	1:500	1:1 000	1:2 000	1:5 000
平地	0.5	0.5	1	2
丘陵地	0.5	1	2	5
山地	1	1	2	5
高山地	1	2	2	5

(3)等高线的分类。

为了更好地表示地貌的特征,便于识图用图,地形图上主要采用以下三种等高线:

①首曲线(又称基本等高线),即按基本等高距测绘的等高线。

②计曲线(又称加粗等高线),每隔四条首曲线加粗描绘一根等高线。其目的是方便计算高程。

③间曲线(又称半距等高线),是按 1/2 基本等高距测绘的等高线,以便显示首曲线不能显示的地貌特征。在平地,当首曲线间距过稀时,可加测间曲线,间曲线可不闭合,但一般应对称。图7-4表示首曲线、计曲线、间曲线的情况。

(4)典型地貌的等高线。

若将地面起伏和形态特征分解观察,则不难发现它是由一些地貌组合而成的。只有会用等高线表示各种典型地面,才能够用等高线表示综合地貌。

①山头和洼地。

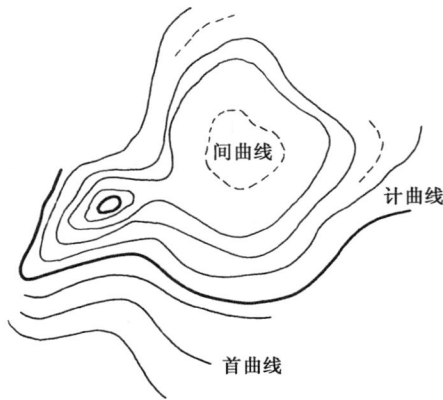

图7-4 等高线类型

较四周显著凸起的高地称为山,大者叫山岳,小者(比高低于200m)叫山丘。山的最高点叫山顶。比周围地面低且经常无水的地方称为凹地。大范围低地称为盆地,小范围低地称为洼地,如图7-5所示。

用等高线表示地形时,将会发现洼地的等高线和山头的等高线在外形上非常相似。它们之间的区别在于:山头地貌是里面的等高线高程大;洼地地貌是里面的等高线高程小。为了便于区别这两种地形,就在等高线的斜坡下降方向绘一短线,并把这种短线叫示坡线。示坡线一般仅选择在最高、最低两条等高线上表示,能明显地表示出坡度方向即可。图7-5a)所示为山头地貌的等高线,图7-5b)所示为洼地地貌的等高线。

a)山头   b)洼地

图7-5 山头与洼地

②山脊与山谷。

如图7-6所示,山的凸棱由山顶伸延至山脚者叫山脊。山脊最高的棱线称山脊线。以等高线表示的山脊是等高线凸向低处,雨水以山脊为界流向两侧坡面,故山脊线又称分水线。

两个山脊之间的凹部称为山谷,山谷的等高线凹向低处(凸向高处)。雨水从山坡面汇流到山谷。山谷最低点的连线称为山谷线,又称合水线。分水线(山脊线)和合水线(山谷线)统称为地性线。

③鞍部。

鞍部是连接两个山顶之间呈马鞍形的凹地,如图7-7所示。鞍部往往是山区公路的必经之地,又称垭口。因为是两个山脊与山谷的汇合点,所以,其等高线是两组相对的山脊等高线和山谷等高线的对称结合。

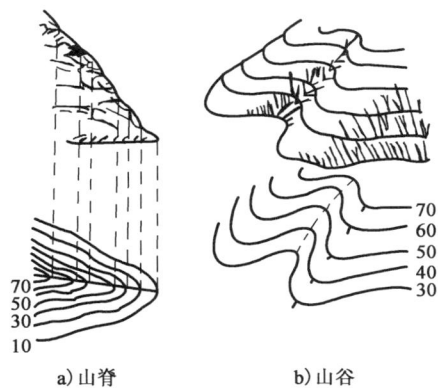

a)山脊   b)山谷

图7-6 山脊与山谷的等高线

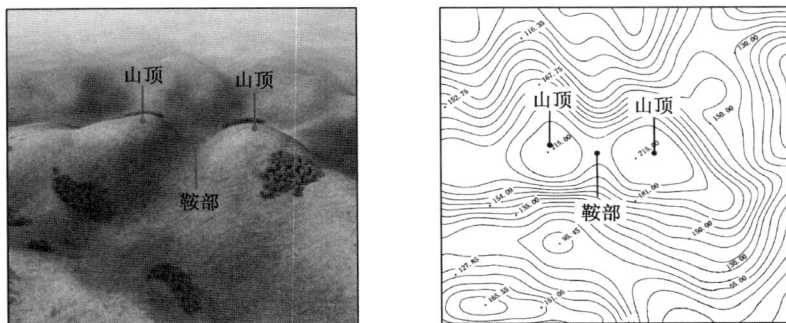

图7-7 鞍部及其等高线

④陡崖与悬崖。

当地面坡度大于70°时称为陡崖,等高线在此处非常密集,绘在图上几乎呈重叠状。为了便于绘图和识图,地形图图式中专门列出表示此类地貌的符号,如图7-8所示。

悬崖是上部凸出中间凹进的地貌。其等高线投影在平面上呈交叉状,如图7-9所示。

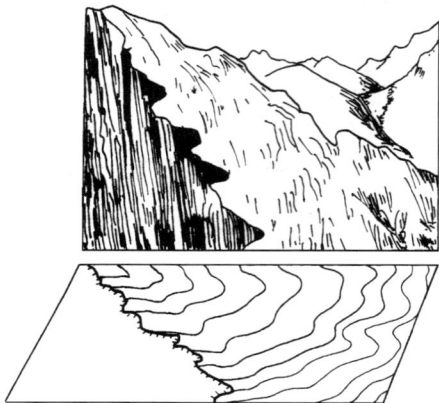

图7-8 陡崖

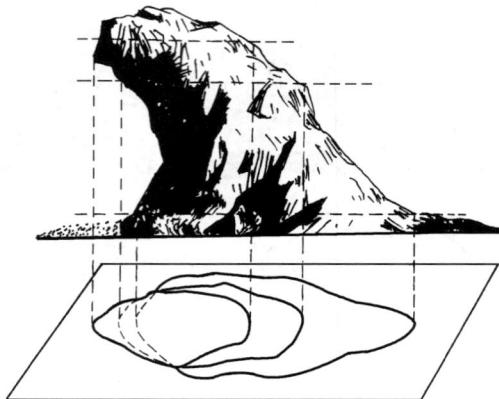

图7-9 悬崖

认识了典型地貌的等高线特征后,进而能够认识地形图上用等高线表示的各种复杂地貌。图7-10所示为某一地区综合地貌。

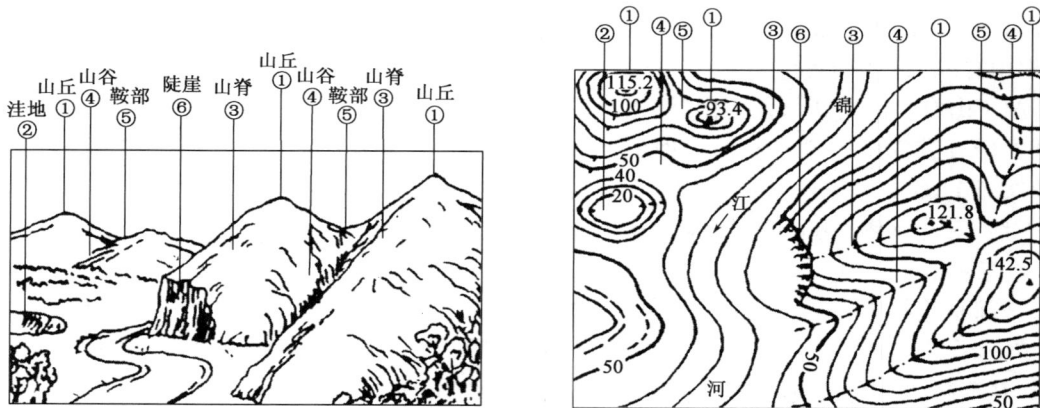

图7-10 综合地貌及其等高线表示

等高线特点

(5)等高线的特性。

等高线的规律和特性可归纳为如下几条:

①在同一条等高线上的各点高程相等。因为等高线是水平面与地表面的交线,故在一个水平面上的高程是一样的。但是不能得出结论说:凡高程相等的点一定在同一条等高线上。当水平面和两个山头相交时,会得出同样高程的两条等高线,如图7-11所示。

②等高线是闭合的曲线,若不在同一幅图内闭合,也会跨越一个或多个图幅闭合。

③除在悬崖或峭壁处外,等高线在图上既不重合,也不相交。

④等高线与山脊线、山谷线正交。由于等高线在水平方向上始终沿着同高的地面延伸,因

此等高线在经过山脊或山谷时,几何对称地在另一山坡上延伸,这样就形成了等高线与山脊线及山谷线在相交处呈正交,如图7-12所示。

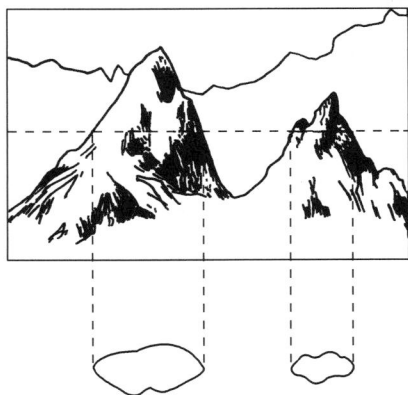

图7-11 等高线的特性

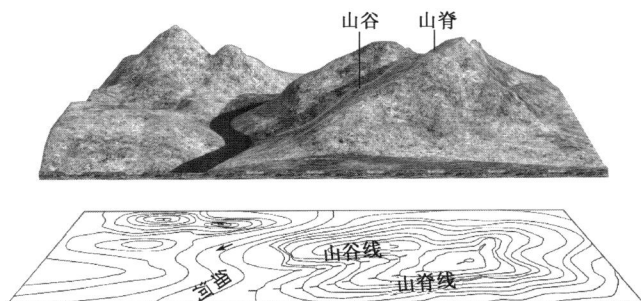

图7-12 等高线与山脊线、山谷线的关系

⑤等高线平距的大小与地面坡度的大小成反比。换句话说,坡度陡的地方,等高线就密;坡度缓的地方,等高线就稀。

3.注记符号

地形图上对一些地物的性质、名称等加以注记和说明的文字、数字或特定的符号,称为地图注记。例如房屋的层数,河流的名称、流向、深度,工厂、村庄的名称,控制点的点号、高程,地面的植被种类等。

地图注记的构成元素包括字体(形)、字级(尺寸)、字色(色彩)、字距等。

字体即字的形状,在地形图上常用来表示制图对象的名称和类别、性质。

字级是指注记字的大小,常用来反映被注对象的等级和重要性。越是重要的事物,其注记越大,反之亦然。

字色和字体作用相同,常结合字体变化用于增强类别、性质差异。如水系注记用蓝色、等高注记用棕色、区域表面注记用红色、居民地注记用黑色等。

字距是指注记中间字的距离大小。字距大小以方便确定制图对象的分布范围为依据。

各种注记的配置应分别符合下列规定:

(1)文字注记应使所指示的地物能明确判读。一般情况下,字头应朝北。道路河流名称,可随其弯曲的方向排列。各字侧边或底边,应垂直或平行于线状物体。各字间隔尺寸应在0.5mm以上;远间隔的也不宜超过字号的8倍。注字应避免遮挡主要地物和地形的特征部分。

(2)高程的注记应注于点的右方,离点位的间隔应为0.5mm。

(3)等高线点的注记字头,应指向山顶或高地,字头不应朝向图纸的下方。

第二节 地形图分幅与编号

由于每幅地形图所包含的地面面积有一定的限度,对于大区域需要若干幅地形图拼接成一幅完整的地形图。为便于管理、检索、使用地形图,需要对各种比例尺的地形图进行统一的分幅和编号。地形图的分幅方法有两种：一种是按经纬线分幅的梯形分幅法，它一般用于 1∶5 000 ~ 1∶1 000 000 的中、小比例尺地形图的分幅；另一种是按坐标格网分幅的矩形分幅法，它一般用于城市和工程建设 1∶500 ~ 1∶2 000 的大比例尺地形图的分幅。

一、梯形分幅与编号

梯形分幅又称国际分幅，以国际统一规定的经线为图的东西边界，以国际统一规定的纬线为图的南北边界。由于子午线向南、北两极收敛，因此整个图形呈梯形。

我国基本比例尺地形图(1∶5 000 ~ 1∶1 000 000)采用梯形分幅，它们均以 1∶1 000 000 的地形图为基础，按规定的纬差和经差划分分幅，使相邻比例尺地形图的数量呈简单的倍数关系。目前使用较多的图幅编号方法有两种，一是传统的编号方法，二是便于计算机管理的新编号方法。

1. 传统分幅与编号方法

1∶1 000 000 地形图的分幅与编号采用国际分幅编号标准。它是自赤道向北或向南分别按纬差 4°分成横行，每横行依次用大写的英文字母 A、B、C、…、V 表示；自经度 180°开始，自西向东按经差 6°分成纵列，各列依次用阿拉伯数字 1 ~ 60 表示，如图 7-13 所示。每一幅图的图幅按其所在的横行在前，纵列在后的原则进行编号，即由"横行号-纵列号"的编码组成。由于随着经纬度的增加，面积变小过快，为使图幅面积基本保持平衡，便规定在纬度 60° ~ 76°之间两幅合并，即纬差 4°、经差 12°，到纬度 76° ~ 88°之间四幅合并，即纬差 4°、经差 24°，纬度 88°以上单独作为一幅图处理。我国位于北纬 60°以下，故没有合幅图。另外，为了表示图幅是在北半球还是南半球，规定在图幅编号前加 N、S 予以区别，由于我国地处北半球，图幅编号前的 N 可以省略。

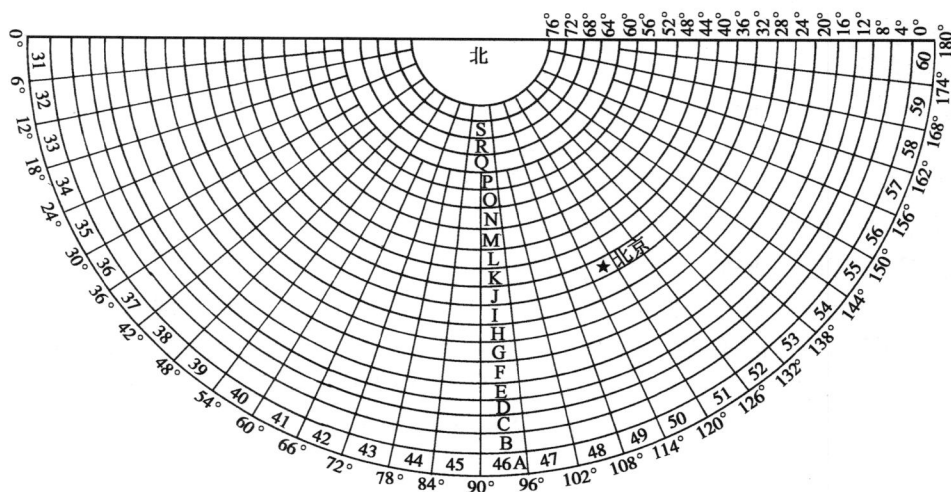

图 7-13　东半球北纬 1∶1 000 000 地形图的梯形分幅与编号

例如，北京某地的纬度为北纬 39°54′30″，经度为东经 116°28′06″，其所在 1∶1 000 000 比例尺的图幅的编号为 J-50；西安某地的纬度为北纬 34°10′26″，经度为东经 108°53′06″，其所在 1∶1 000 000 比例尺的图幅的编号为 I-49。

2. 现行的国家基本比例尺地形图分幅与编号

按照《国家基本比例尺地形图分幅和编号》(GB/T 13989—2012)的规定,1:500 000 ~ 1:500 地形图的分幅与编号均以 1:1 000 000 地形图编号为基础,采用行列编号法。即将 1:1 000 000 图幅按所含比例尺图幅的纬差和经差划分为若干行和列(其图幅关系详见表 7-7),横行从上到下、纵列从左到右按顺序分别用三位阿拉伯数字表示,不足三位者前面以零补齐(1:1 000、1:500 比例尺横行、纵列分别用四位阿拉伯数字表示,不足四位者前面以零补齐),取行号(字符码)在前、列号(数字码)在后的排列形式标记;各比例尺图幅分别采用不同的字符作为其比例尺代码,详见表 7-7。1:500 000 ~ 1:2 000 各比例尺地形图图幅的图号均由其所在 1:1 000 000 图幅的图号、比例尺代码和该图在 1:1 000 000 图幅中的行号和列号共十位码组成(1:1 000、1:500 共 12 位码),图 7-14 所示为 1:500 000 ~ 1:2 000 地形图图幅编号组成示意图,其分幅关系见表 7-7。如北京某地所在 1:100 000 地形图的图号为 J50D002011。

基本比例尺地形图分幅编号关系　　　　　　　　表 7-7

比例尺		1:1 000 000	1:500 000	1:250 000	1:100 000	1:50 000	1:25 000	1:10 000	1:5 000	1:2 000	1:1 000	1:500
图幅范围	经差	6°	3°	1°30′	30′	15′	7′30″	3′45″	1′52.5″	37.5″	18.75″	9.375″
	纬差	4°	2°	1°	20′	10′	5′	2′30″	1′15″	25″	12.5″	6.25″
行列数量关系	行数	1	2	4	12	24	48	96	192	576	1 152	2 304
	列数	1	2	4	12	24	48	96	192	576	1 152	2 304
比例尺代码			B	C	D	E	F	G	H	I	J	K
不同比例尺的图幅数量关系		1	4	16	144	576	2 304	9 216	36 864	331 776	1 327 104	5 308 416
			1	4	36	144	576	2 304	9 216	82 944	331 776	1 327 104
				1	9	36	144	576	2 304	20 736	82 944	331 776
					1	4	16	64	256	2 304	9 216	36 864
						1	4	16	64	256	2 304	9 216
							1	4	16	64	576	2 304
								1	4	16	144	576
									1	4	36	144
										1	9	36
											4	16
											1	4

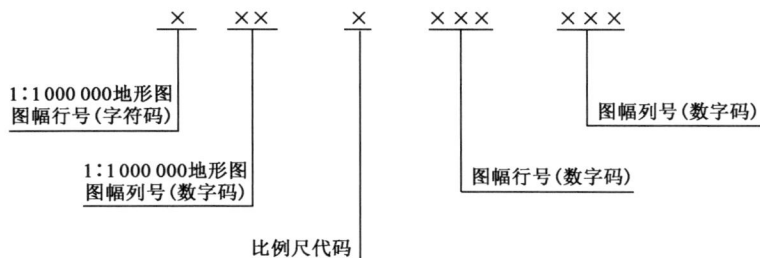

图 7-14　1:500 000 ~ 1:2 000 地形图图号的组成

另外,1:2 000 地形图经纬度分幅的图幅编号亦可根据需要以 1:5 000 地形图编号分别加短线,再加 1、2、3、4、5、6、7、8、9 表示,如 J50B001001-5。

二、矩形分幅与编号

大比例尺地形图的图幅通常采取正方形或矩形分幅,它是按照统一的直角坐标格网划分的,以整公里(或百米)坐标进行分幅。常见图幅大小为 40cm×40cm、50cm×50cm,不同比例尺图幅大小见表7-8。

不同比例尺图幅大小   表 7-8

比例尺	图幅大小(cm×cm)	实地面积(km²)	一幅1:5 000的图幅所包含的本图幅的数目
1:5 000	40×40	4	1
1:2 000	50×50	1	4
1:1 000	50×50	0.25	16
1:500	50×50	0.062 5	64

矩形地形图的编号一般采用图幅西南角坐标公里数编号法,编号时 x 坐标在前,y 坐标在后,中间用短线连接,表示为"x-y"。如图7-15所示,某1:5 000图幅西南角的坐标值 $x=32$km,$y=56$km,则其图幅编号为"32-56",通常1:5 000地形图坐标取至1km;1:1 000、1:2 000地形图坐标取至0.1km;1:500地形图坐标取至0.01km。

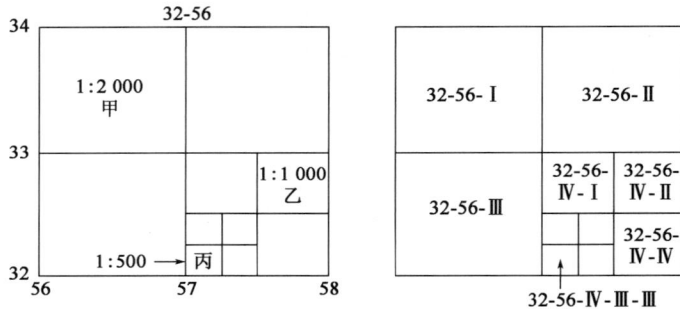

图 7-15 矩形分幅与编号

有些地形图是带状地形图或区域较小,也可以用行列号或自然序号进行编号。但当测区较大,且绘有几种不同比例尺地形图时,可以1:5 000比例尺地形图为基础并以其图号为基础图号进行编号。如图7-15所示,其他大比例尺就可以此图号为图幅的基本图号。在1:5 000图号的末尾分别加上罗马数字Ⅰ、Ⅱ、Ⅲ、Ⅳ,就是1:2 000比例尺图幅的编号,如图7-15中的甲幅图,其编号为32-56-Ⅰ。同样在1:2 000图幅编号的末尾分别再加上Ⅰ、Ⅱ、Ⅲ、Ⅳ,就是1:1 000图幅的编号,如图7-15中的乙幅图,其编号为32-56-Ⅳ-Ⅱ。在1:1 000图幅编号的末尾分别再加上Ⅰ、Ⅱ、Ⅲ、Ⅳ,就是1:500图幅的编号,如图7-15中的丙幅图,其编号为32-56-Ⅳ-Ⅲ-Ⅲ。

第三节　数字测图

大比例尺地形图测绘的方法有经纬仪(平板仪)测图等传统测图法、地面数字测图法、数字摄影测量法、三维激光扫描法。

广义的数字测图包括:利用全站仪或 GNSS-RTK 等其他测量仪器进行野外数据采集,用数字成图软件进行内业;用无人机采集地面航测相片,用航测软件绘制地形图;用卫星或飞机搭载遥感设备对地面进行遥感测图;利用 GNSS-RTK 配合测深仪进行水下地形数字测图;利用扫描仪对纸质地形图进行扫描,用软件对图形进行数字化等。

一、数字测图概述

1. 数字测图的工作步骤

大比例尺数字测图的比例尺一般为 1∶500、1∶1 000 和 1∶2 000。通常指利用全站仪或 GNSS-RTK 进行地面数字测图,下面介绍利用全站仪或 GNSS-RTK 进行数字测图的基本过程。

(1)收集资料及测区踏勘。

根据测图任务书或合同书,确定测图范围,收集测区内人文、交通、控制点、植被等信息。进行测区踏勘,分析测区测图难易程度、控制点可利用情况等为技术设计做准备。

(2)技术设计。

技术设计是数字测图的基本工作,在测图前对整个测图工作做出合理的设计和安排,可以保证数字测图工作的正常实施。所谓的技术设计,就是根据测图比例尺、测图面积和测图方法以及用图单位的具体要求,结合测区的自然地理条件和本单位的仪器设备、技术力量及资金等情况,灵活运用测绘学的有关理论和方法,确定技术上可行、经济上合理的技术方案、作业方法和施测计划,并将其编写成数字测图的技术设计书。

(3)控制测量。

所有的测量工作必须遵循"由整体到局部,先控制后碎部,从高级到低级"的原则,大比例尺数字测图也不例外。控制测量包括平面控制测量和高程控制测量两个方面,主要步骤:先在测区范围内建立高等级的控制网,其布点密度、所用仪器与测量方法、控制点精度需满足技术设计的要求;然后在高等级控制网的基础上布设加密控制网和图根控制网。

(4)碎部测量。

全站仪和 GNSS-RTK 的定位精度较高,是大比例尺数字测图碎部测量的主要仪器。操作时实地测定地形特征点的平面位置和高程,将这些点位信息自动存储于仪器存储卡或电子手簿中。草图法测图时记录的内容主要包括点号、平面坐标、高程,并手工绘制草图表达地物的类别、属性以及点与点之间的连接关系;编码法测图记录的内容也包括点号、简编码、平面坐标、高程等。

(5)数字地形图的绘制。

内业成图是数字测图过程的中心环节,它直接影响最后输出地形图的质量和数字地形图在数据库中的管理。内业成图通过相应的软件来完成,比如南方 CASS、清华山维等软件。这些软件主要有文件操作、图形显示、展绘碎部点、地物绘制、等高线绘制、地物编辑、文字编辑、分幅编号、图幅整饰、图形输出、地形图打印等功能。

(6)数字地形图的检查验收。

测绘产品的检查验收是生产过程中必不可少的环节,是测绘产品的质量保证,是对测绘产品质量的评价。为了控制测绘产品的质量,测绘工作者必须具有较强的质量意识和管理才能。因此,完成数字地形图后还必须做好检查验收和质量评定工作。

（7）技术总结。

测区工作结束后，根据任务的要求和完成情况来编写总结报告。通过对整个测图任务的各个步骤及工作完成情况认真分析研究并加以总结，为今后的数字测图项目生产积累经验。

2.图根控制测量

图根控制测量的主要任务是布设足够密度的测站点，因为此前的首级控制网和加密控制网的点位密度不能够满足大比例尺测图对测站点的要求。图根控制测量应在各等级控制点下进行，当测区范围较小时，图根控制可作为首级控制。

图根控制测量分为图根平面控制测量和图根高程控制测量。图根平面控制测量和图根高程控制测量可以同时进行，也可以分别进行。图根平面控制测量可采用 RTK 图根测量、导线测量、极坐标法和边角交会法等。其中导线测量和 RTK 图根测量两种方式较为常用。图根高程控制测量主要采用布设水准网的方式。在山区，也常用布设全站仪三角高程导线（网）的方法，或者采用 RTK 图根高程测量方法。起算点的精度不应低于四等水准高程点。

（1）图根点的埋设。

根据当地实际测量条件，图根控制布设的主要形式是附合导线和节点导线网，个别无法附合的地区，可采用支导线的形式补充。局部区域可采用全站仪解析极坐标法测定图根点。但必须有检核条件。

图根点可采用临时标志，如采用临时标志应在地面上设置明显并固定的标志。当测图内高级控制点稀少时，应视需要埋设标识，埋设点应选在第一次附合的图根点上，并应做到能与其他埋设点或已测坐标的地物点通视。

图根点（包括高级控制点）密度应以满足测图需要为原则，一般不低于表 7-9 的规定。

图根点的数量　　　　表 7-9

测图比例尺	图幅尺寸（mm×mm）	图根点数量（个）	
		全站仪测图	RTK 测图
1:500	500×500	2	1
1:1 000	500×500	3	1~24
1:2 000	500×500	4	2
1:5 000	400×400	6	3

（2）RTK 图根控制测量的技术要求。

RTK 图根控制测量可采用单基站 RTK 测量模式，也可采用网络 RTK 测量模式；作业时，有效卫星数不宜少于 6 个，多星座系统有效卫星数不宜少于 7 个，PDOP（Position Dilution of Precision，位置精度强弱度）值应小于 6，并应采用固定解成果。

RTK 图根控制点应进行两次独立测量，坐标较差不应大于图上 0.1mm，符合要求后应取两次独立测量的平均值作为最终成果。RTK 图根控制测量的主要技术要求应符合表 7-10 的规定。

RTK 图根控制测量的主要技术要求　　　　表 7-10

相邻点间距离（m）	边长相对中误差	起算点等级	流动站到单基准站间距离（km）	测回数
≥100	≤1/4 000	三级及以上	≤5	≥2

注：通视困难地区相邻点间距离可缩短至表中数值的 2/3，边长较差不应大于 20mm。

（3）图根导线测量的技术要求。

图根导线的水平角宜采用6″级仪器观测一测回。主要技术要求不应超过表7-11的限差规定。边长应采用光电测距仪或全站仪单向施测一测回。一测回进行两次读数，其读数较差应小于20mm。

图根导线测量的主要技术要求 表7-11

导线长度（m）	相对闭合差	测角中误差(″)		方位角闭合差(″)	
		首级控制	加密控制	首级控制	加密控制
≤$\alpha \cdot M$	≤$1/(2\,000 \times \alpha)$	20	30	≤$40\sqrt{n}$	≤$60\sqrt{n}$

注：1. n 为测站数，M 表示成图比例尺分母。

2. α 为比例系数，取值宜为1，当采用1：500、1：1 000比例尺测图时，α 值可在1～2之间选用。

对于难以布设附合导线的困难地区，可布设成支导线时，支导线的水平角应采用精度不低于6″级的测角仪器施测左、右角各一测回，其圆周角闭合差不应大于±40″。边长应往返测定，边长往返较差的相对误差不应大于1/3 000。图根支导线平均边长及边数不应超过表7-12的规定。

图根支导线平均边长及边数 表7-12

测图比例尺	平均边长（m）	导线边数
1：500	100	3
1：1 000	150	3
1：2 000	250	4
1：5 000	350	4

（4）图根水准测量技术要求。

图根水准可沿图根点布设为附合路线、闭合路线，按中丝法单程观测，当水准路线布设成支水准路线时，应往返观测，前后视距宜相等，其主要技术要求应符合表7-13的规定。

图根水准测量的主要技术要求 表7-13

每千米高差中误差（mm）	附合路线长度（km）	水准仪级别	视线长度（m）	观测次数		往返较差、附合或环线闭合差（mm）	
				附合或闭合路线	支水准路线	平地	山地
20	≤5	DS$_{10}$	≤100	往一次	往返各一次	$10\sqrt{L}$	$12\sqrt{n}$

注：1. L 为往返测段、附合或环线的水准路线的长度（km）；n 为测站数。

2. 水准路线布设成支线时，路线长度不应大于2.5km。

（5）图根电磁波测距三角高程测量。

图根电磁波测距三角高程测量的主要技术要求应符合表7-14的规定，仪器高和目标高应精确量至1mm。

图根电磁波测距三角高程测量的主要技术要求 表7-14

每千米高差全中误差（mm）	附合路线长度（km）	仪器精度等级	中丝法测回数	指标差较差(″)	垂直角较差(″)	对向观测高差较差（mm）	附合或环线闭合差（mm）
20	≤5	6″级	2	25	25	$80\sqrt{D}$	$40\sqrt{\sum D}$

注：D 为电磁波测距边的长度（km）。

(6)图根控制测量的计算。

图根控制测量内业计算和成果的取位应符合表7-15的要求。

内业计算和成果的取位要求　　　　　　　　　　表7-15

各项计算修正值 （″或 mm）	方位角计算值 （″）	边长及坐标计算值 （m）	高程计算值 （m）	坐标成果 （m）	高程成果 （m）
1	1	0.001	0.001	0.01	0.01

二、数字测图外业

1. 数据采集分类

(1)基于影像的数字测图。

基于影像的数字测图是用数字摄影测量方法进行数据采集,采用软件进行数据处理,生成数字地形图,并由数控绘图仪进行绘图输出。这种测绘方法工作量小,采集速度快,是我国测绘基本地形图的主要方法。目前,该方法可以满足 1：1 000 地形图的精度要求。

(2)基于现有地形图的数字化。

将现有地形图经过数据采集和处理生成数字地图的技术叫地图数字化。地图数字化的方法主要有两种:一种是手扶跟踪数字化,另一种是扫描数字化。

数字测图外业
碎部测量

手扶跟踪数字化受精度、劳动强度和效率等方面的影响,一般只用于小批量或比较简单的地图数字化。而扫描数字化具有精度高、速度快和自动化程度高等优点,已经成为地图数字化的主要方法。

(3)野外数字测图。

野外数字测图又称地面数字测图,它利用全站仪、GNSS-RTK 接收机或三维激光扫描仪在野外直接采集有关地形信息,并将其传输到计算机中,经过测图软件进行数据处理形成绘图数据文件,最后由数控绘图仪输出地形图。

由于全站仪、GNSS-RTK 接收机和三维激光扫描仪具有方便、灵活的特点以及较高的测量精度,因此在城镇大比例尺测图和小范围大比例尺工程测图中有着广泛的应用。本书主要介绍野外数字测图的方法。

2. 野外数字测图的作业模式

目前的全野外数字测图实际作业,按照数据记录方式的不同可以分为以下三种主要的作业模式:

(1)绘制观测草图作业模式。该方法是在全站仪采集数据的同时,绘制观测草图,记录所测地物的形状并注记测点顺序号,内业时将观测数据传输至计算机,在测图软件的支持下,对照观测草图进行测点连线及图形编辑,如图 7-16 所示。

(2)碎部点编码作业模式。该方法是按照一定的规则给每一个所测碎部点一个编码,每观测一个碎部点需要通过仪器(或手簿)键盘输入一个编号,每一个编号对应一组坐标(x, y, h),内业处理时将数据传输到计算机,在数字成图软件的支持下,由计算机进行编码识别,并自动完成测点连线形成图形。

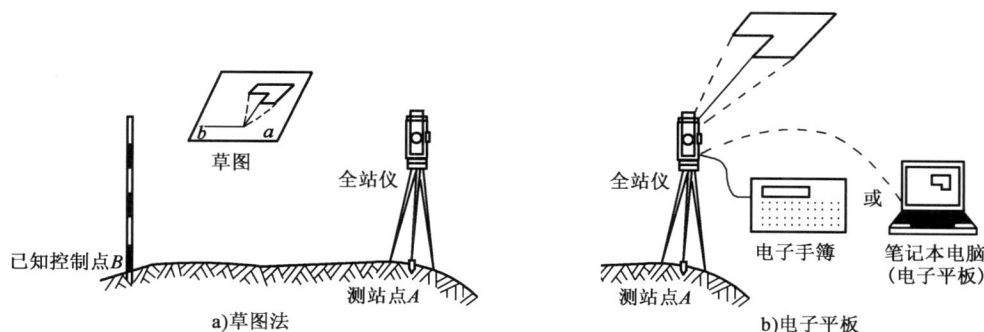

图 7-16　绘制观测草图作业模式

（3）电子平板（或 PDA）作业模式。该模式是将电子平板（笔记本电脑）或 PDA 手簿通过专用电缆与全站仪的数据输出口连接，观测数据直接进入电子平板（笔记本电脑）或 PDA 手簿，在成图软件的支持下，现场连线成图。

3. 测图前的准备工作

测图前的准备工作内容包括人员安排、仪器工具的选择、仪器检验、测区踏勘、已有成果资料收集，根据工作量大小、人员情况和仪器情况拟订作业计划，并编写数字测图技术设计书来指导数字测图工作。

（1）人员组织。

采用草图法测图时，作业人员配置一般为：观测员 1 人，领尺员 1 人，跑尺员 1～3 人，所以每个小组至少 3 人。领尺员是小组核心成员，负责画草图和内业成图。跑尺员的人数与小组测量人员的操作熟练程度有关，操作比较熟练时，跑尺员可为 2～3 人。

采用编码法测图时，每个小组最少 2 人：观测员 1 人，跑尺员 1 人，操作非常熟练时也可以增加跑尺员的数量。采集数据时由全站仪观测人员输入自主开发的编码，不需要绘制草图。内业成图时，计算机根据编码自动绘图。

采用电子平板法测图时，作业人员配置一般为：观测员 1 人，便携机操作人员 1 人，跑尺员 1～3 人。

采用 GNSS-RTK 采集数据时，则主要根据配置的流动站数量来确定外业观测人员的人数。除基准站以外，每多 1 个流动站多 1 人。

（2）仪器工具准备。

通常主要用全站仪或 GNSS-RTK 进行大比例尺数字测图。用全站仪测图时，所需要的测绘仪器和工具有全站仪、三脚架、棱镜、对中杆、备用电池、充电器、数据线、对讲机、钢尺（或皮尺）、小卷尺（量仪器高用）、记录用具等。用 GNSS-RTK 测图时，用 GNSS-RTK 接收机、电子手簿等代替全站仪和棱镜。

数字测图的外业与内业往往是交替进行的，如外业 1 天，内业 1 天，或者白天外业采集，晚上内业处理。所以除配备数据采集的仪器工具外，还要配备内业处理时所需的计算机硬件软件。

（3）资料准备。

数字测图需要准备的资料主要有已有控制点坐标高程成果、旧有的图纸成果和包含测区有关的地质、气象、交通、通信等方面的其他资料。

（4）实地踏勘与测区划分。

测区踏勘主要调查的内容除测区内的植被情况、交通情况、控制点情况、居民点情况、风俗民情等情况外，还包括地物特点、地形特点、自然坡度、通视情况、气候特点等，根据具体条件和要求，确定碎部点的测量密度、观测方法，合理地安排作业时间。

在数字测图中，一般都是多个小组同时作业。为了便于作业，在野外采集数据之前，通常要对测区进行划分。数字测图一般以道路、河流、沟渠、山脊等明显线状地物为界线，将测区划分为若干个作业区。分区的原则是各区之间的数据（地物）尽可能地独立（不相关）。

（5）技术设计书编写。

主要包括拟订作业计划和编写数字测图技术设计书。

拟订作业计划主要是列出作业内容、作业范围和作业进度。如完成控制点加密的时间、完成图根导线测量的时间、完成图根导线网平差计算的时间、完成某一范围测图的时间、内业成果整理的时间、质量抽检的时间和验收的时间安排等。

数字测图技术设计书的主要内容有任务概述，测区自然地理概况，已有资料的分析、评价和利用，设计方案，检查验收及质量评定，提交的成果资料，计划安排和经费预算等。

4. 碎部点数据采集方法与要求

1）碎部点选择

地物、地貌的平面轮廓由一些特征点所决定，这些特征点统称为碎部点。数字测图就是直接测定或解算各碎部点的空间位置，然后参照实地地形用规定的符号表示出来。

（1）地物特征点的选择。

地物在地形图上的表示原则是：凡是能依比例尺表示的地物，则将它们水平投影位置的几何形状相似地描绘在地形图上，如房屋、河流、运动场等；或是将它们的边界位置表示在图上，边界内再绘上相应的地物符号，如森林、草地、沙漠等。对于不能依比例尺表示的地物，则在地形图上以相应的地物符号表示在地物的中心位置上，如水塔、烟囱、纪念碑、单线道路、单线河流等。

地物特征点主要是地物轮廓的转折点、交叉点、曲线上的弯曲交换点、独立地物的中心点等，连接这些特征点，便可得到与实地相似的地物形状。

测绘点状地物时，应测定其底部的中心位置，再以相应符号的定位点与图上点位重合，并按规定方向描绘。测绘线状地物时，主要测定物体中心线上的起点、拐点、交叉点和终点，再对照实地地物，以相应符号的定位线与图上点位重合后绘出。测绘面状地物时，应测绘地物轮廓的特征点，再对照实地地物，以相应符号的轮廓线与图上点位重合后绘出。

（2）地貌特征点的选择。

测绘地貌，首先应全面分析地貌的分布形态，尤其是山脊、山谷的走向，找出其坡度变化和方向变化的特征点。因此，地貌特征点包括山顶点、山脚点、鞍部点、分水线（或合水线）的方向变换点及坡度变换点。

（3）地形特征点的信息。

地形特征点的信息包括几何信息和属性信息。几何信息由定位信息和连接信息组成。定位信息，即点的 x、y、$z(H)$ 表，通过全站仪、GNSS 等仪器测定；连接信息是指测点的连接关系，由测量人员在现场通过观察等方法获得；属性信息主要用来说明地图要素的性质、特征或强度，例如面积、楼层、人口、流速等，一般用不同的符号或文字注记来表示。属性信息包括定性

信息和定量信息。例如房屋的结构为砖结构,即表示其定性信息;楼层为三层,即表示其定量信息。

2）全站仪数据采集方法

全站仪测图的方法有编码法、草图法或内外业一体化的实时成图法等。全站仪数据采集的实质是极坐标测量数据采集的应用,即在已知坐标的测站点（等级控制点、图根控制点或支站点）上安置全站仪,在测站设置和后视定向后,观测测站点至碎部点的方向、天顶距和斜距,利用全站仪内部自带的计算程序,计算出碎部点的三维坐标。

其主要操作步骤如下：

（1）准备工作。在测站点（等级控制点、图根控制点或支站点）上安置全站仪,完成对中和整平工作,并量取仪器高。其中对中偏差不应大于5mm,仪器高和棱镜高量取应精确至1mm。

测量测站周围的温度、气压,并输入全站仪;根据实际情况选择测量模式（如反射片、棱镜、无合作目标）,当选择棱镜测量模式时,应在全站仪中设置棱镜常数;检查全站仪中角度、距离的单位设置是否正确。

（2）测站设置。安置好全站仪后,进行测站设置,初次应建立文件（项目、任务）,建好文件后,打开文件,进入全站仪野外数据采集功能菜单,进行测站点设置,即把测站点坐标值、仪器高和棱镜高输入全站仪。

（3）定向。选择较远的图根点作为测站定向点,输入或调入后视点点号及坐标和棱镜高。精确瞄准后视定向点,设置后视坐标方位角（全站仪水平读数与坐标方位角一致）。

（4）检核。定向完毕后,施测另一图根控制点的坐标和高程,作为测站检核。检核点的平面坐标较差不应大于图上0.2mm,高程较差不应大于基本等高距的1/5。

每站数据采集结束时应重新检测标定方向,检测结果若超出上述两项规定的限差,其检测前所测的碎部点成果须重新计算,并应检测不少于两个碎部点。

（5）数据采集。测站定向与检核结束后,进行碎部点坐标测量。输入碎部点的点名、编码（可选）、棱镜高后,开始测量。存储碎部点坐标数据,然后按照相同的方法测量并存储周围碎部点坐标。注意,当棱镜有变化时,在测量该点前必须重新输入棱镜高,再测量该碎部点坐标。

（6）控制点加密。对于利用已有控制点不能测到的区域,可采用支导线或者后方交会方法加密控制点。

3）GNSS-RTK 野外数据采集

利用 GNSS-RTK 测定碎部点的作业步骤为基准站设置、流动站设置、碎部点的数据采集（包括外业草图的绘制）。

（1）安置基准站。

基准站可架设在已知点上,也可架设在未知点上, 宜布设在测区内中央最高控制点上,旁边不能有大面积水域、高大树木、建筑物或电磁干扰源（如电台的发射塔、高压电线等）。基准站架设好以后,将基准站接收机与手簿连接,进行基准站设置。

（2）新建项目。

在一个新测区,首先新建一个项目,选择坐标系统,设置椭球和投影参数。

（3）设置基准站。

连接基准站,设置基准站。基准站获取自己的坐标,以此坐标为起算点向流动站发射差分数据。输入点名和天线高（斜高）,再设置数据链和其他。

（4）设置流动站。

利用蓝牙连接上流动站，确认流动站数据链频道、波特率以及其他各项参数和基准站一致。

（5）采集控制点求参数。

流动站对中控制点，测量控制点坐标。采集完两个以上的控制点之后，可求适用于小范围测区的四参数。

（6）碎部测量。

流动站对中控制点，测量碎部点坐标。采集数据时应注意：

①碎部点附近不要有遮挡和电磁干扰；

②流动站无线电的频率与基准站的相同；

③流动站的位置应在基准站的控制范围之内（一般不应超过20km）；

④在量取天线高时，注意所量至的位置应与设置的位置一致；

⑤GNSS 信号失锁时需要重新进行初始化，等到重新锁定卫星并固定后再进行碎部点观测，为了确保安全可靠最好回到一个参考点上进行校核。

5. 数据传输

数据传输的方式有数据线、存储卡、USB、蓝牙连接等。有的全站仪和 GNSS 可以直接插到仪器上传输数据，有的配套随机传输软件。

三、数字测图内业

成熟的数字测图软件都是采用屏幕菜单和对话框进行人机交互操作，完成数据处理、图形编辑、图幅整饰、图形输出以及图形管理。国内常用的数字测图软件有南方 CASS 软件、清华山维 EPSW 测绘系统、武汉瑞得 RDMS 数字测图系统。这里介绍采用南方 CASS 软件进行数字测图内业的工作内容和方法。

1. CASS 的操作界面

图 7-17 所示为 CASS 11 的主操作界面，包括屏幕顶部下拉菜单（专用工具菜单）、通用工具条、左侧专业快捷工具条、右侧菜单区、底部提示区和图形编辑区等。

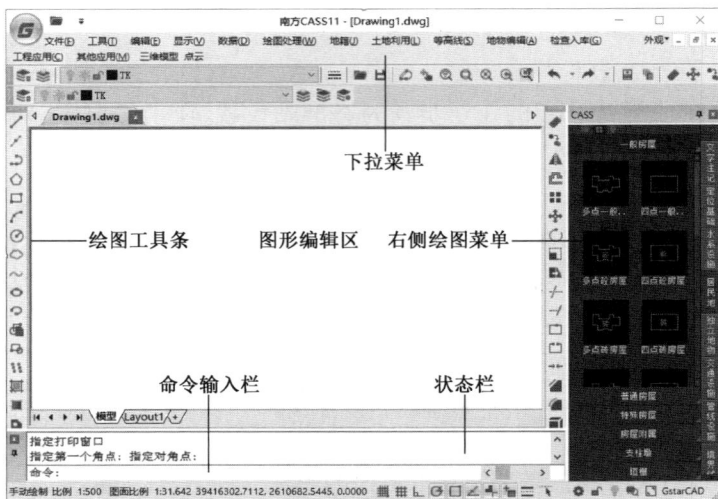

图 7-17　CASS 11 软件主界面

下拉菜单区汇集了 CAD 的图形绘制"工具""编辑""显示"等项,以及 CASS 所增加的"数据""绘图处理""等高线""地物编辑"项目。运用它们可完成图形的显示、缩放、删除、修剪、移动、旋转及绘制地形图等工作。

右侧菜单区是一个测绘专用交互绘图菜单,控制点、居民地、道路、管线、水系、植被等图式符号均放在其中,使用时只需用鼠标直接点击所需要的项目,根据屏幕测点点号和外业草图即可将符号绘制在屏幕上。

图形编辑区显示所绘图形,可在此区用各种编辑功能对图形进行编辑加工。命令区是 AutoCAD 的命令提示区,在图形编辑的过程中,要随时注意此区所给出的提示,只有按提示要求输入相应的命令内容后才可完成一个操作。

2. CASS 11 绘图参数设置

在内业绘图前,一般应根据要求对 CASS 11 的有关参数进行设置。操作方法是用鼠标左键单击【文件】菜单的【CASS 参数配置】项,系统会弹出一个对话框,如图 7-18 所示。在该对话框内可对大比例尺测图常用的参数进行设置。

(1)地物绘制参数。

根据大比例尺数字测图图面美观及常规要求,对高程点注记位数、自然斜坡短坡线长度、展点注记以及填充符号间距等进行设置,具体见图 7-18。

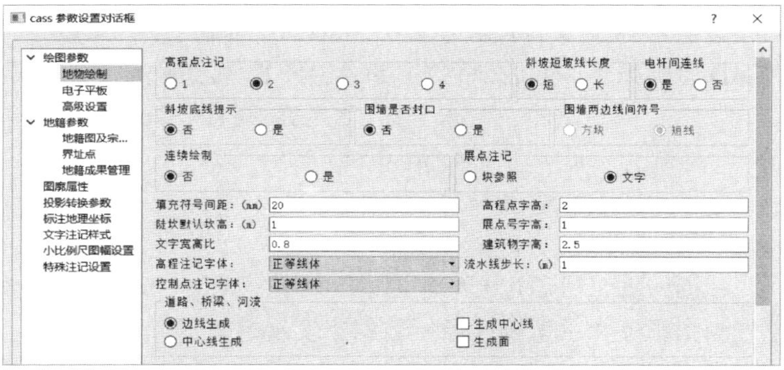

图 7-18 CASS 参数设置对话框

(2)高级设置。

高级设置选项包括生成交换文件、读入交换文件等 17 个项目,各参数设置如图 7-19 所示。

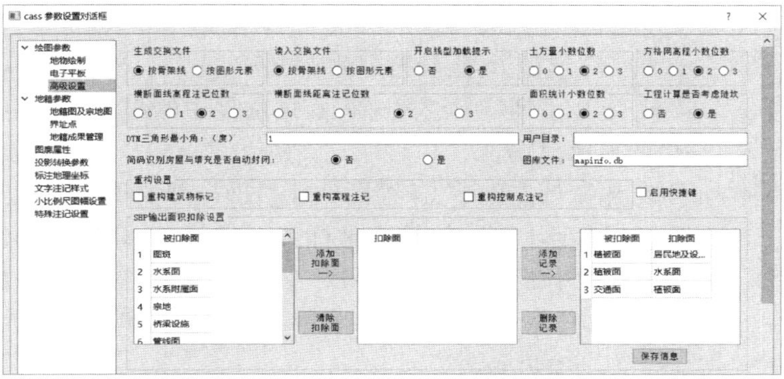

图 7-19 高级设置对话框

（3）图廓属性设置。

设置地形图框的图廓要素时，常规测绘项目批量分幅图廓按照图7-20进行设置。需说明的是，左上角、右下角图名图号和坡度尺一般不选择；1∶2 000比例尺坐标标注和图幅号小数位数设置为2；附注根据项目特点注记，如测量员、绘图员、检查员等信息。

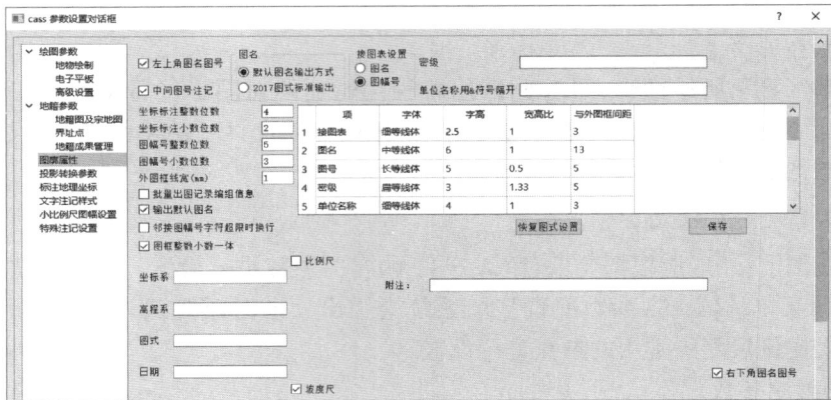

图7-20　图廓属性设置对话框

3. 数据输入

CASS是广州南方测绘科技股份有限公司在AutoCAD基础上开发的数字绘图软件。由于其测量坐标系与CAD坐标系不一致，在将数据导入绘图软件之前，需将点位调整为

点号，　　，东坐标，北坐标，高程

1，　，1 234.56，6 543.21，123.4

2，　，2 345.67，6 654.32，234.5

然后存储为"＊.dat"格式文件。

南方CASS软件
绘制地物

数据的编辑可通过CASS"数据"菜单实现，一般是读取全站仪数据。还能通过测图精灵和手工输入原始数据来实现。

4. 绘制地物

对于图形的生成，CASS 11提供了草图法、简码法、电子平板法、数字化仪录入法等多种成图作业方式，并可实时地将地物定位点和邻近地物（形）点显示在当前图形编辑窗口中，操作十分方便。这里主要介绍"点号定位"的成图模式。

（1）定显示区，展野外测点点号。

定显示区就是通过坐标数据文件中的最大、最小坐标定出屏幕窗口的显示范围。

用鼠标左键单击【绘图处理】，即出现如图7-21所示下拉菜单。然后选择【定显示区】，输入坐标数据文件名，即完成定显示区。随后选择【展野外测点点号】，找到野外测量的坐标数据所存放的文件夹和文件名（后缀为＊.dat），便可将碎部点展到屏幕上。

（2）绘制地物。

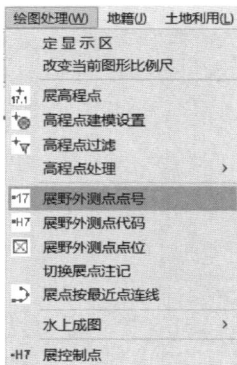

图7-21　数据处理菜单

根据野外作业时绘制的草图，移动鼠标至屏幕右侧菜单区选择相

应的地形图图式符号,然后在屏幕中将所有的地物绘制出来。

5. 绘制等高线

(1)建立数字地面模型(构建三角网)。

数字地面模型(Digital Terrain Model,DTM),是在一定区域范围内规则格网点或三角网点的平面坐标(x,y)和其地物性质的数据集合,如果此地物性质是该点的高程Z,则此数字地面模型又称为数字高程模型(Digtal Elevation Model,DEM)。在使用 CASS 软件自动生成等高线时,应先建立 DTM。

①展高程点:先"定显示区"及"展点"。"定显示区"的操作与上面"点号定位"法工作流程中的"定显示区"的操作相同。展点时可选择【绘图处理】菜单下的【展高程点】选项,将会弹出数据文件的对话框,找到相应文件后选择【确定】,命令区提示"注记高程点的距离(米)",根据规范要求输入高程点注记距离(即注记高程点的密度),按 Enter 键默认注记全部高程点的高程。这时,所有高程点和控制点的高程均自动展绘到图上。

②绘制地性线:地性线是地貌形态的骨架线,是描述地貌形态时的控制线,它主要包括山脊线、山谷线、坡度变化线、地貌变向线、坡顶线和坡底线等。它的作用是不让生成的三角形穿越地性线,避免因为高程点采集不均匀而造成地形失真,尤其对山谷和山脊很有用。

③建立 DTM:用鼠标左键点击【等高线】菜单下【建立三角网】,弹出如图 7-22 所示对话框。首先选择建立 DTM 的方式,有两种方式:由数据文件生成和由图面高程点生成,如果选择由数据文件生成,则在坐标数据文件名中选择坐标数据文件;如果选择由图面高程点生成,则在绘图区选择参加建立 DTM 的高程点。然后选择结果显示,分为三种:显示建三角网结果、显示建三角网过程和不显示三角网。最后选择在建立 DTM 的过程中是否考虑陡坎和地性线。单击【确定】生成如图 7-23 所示的三角网。

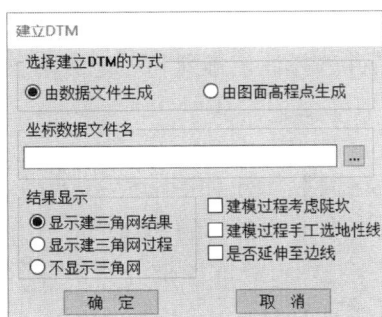

图 7-22 建立 DTM 对话框

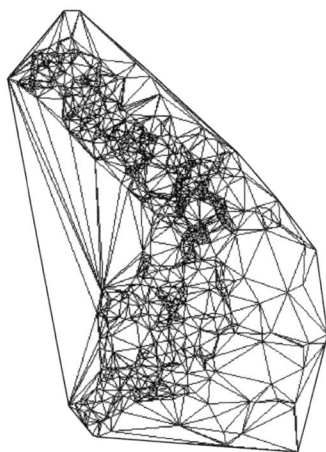

图 7-23 用 DGX.dat 数据建立的三角网

南方 CASS 软件
绘制等高线

(2)修改 DTM(修改三角网)。

一般情况下,由于地形条件的限制,外业采集的碎部点很难一次性生成理想的等高线,如楼顶上控制点。另外,还因现实地貌的多样性和复杂性,自动构成的 DTM 与实际地貌不太一致,这时可以通过修改三角网来修改这些局部不合理的地方。

(3)绘制等高线。

用鼠标左键点击【等高线】—【绘制等高线】,弹出如图 7-24 所示对话框。根据需要完成对话框的设置后,单击【确定】,则系统自动绘制出等高线,关掉三角网层,最终结果如图7-25所示。

等高线绘制的原理为:在三角网基础上,通过插值算法(如线性插值、三次B样条插值等)计算等高线通过的位置,得出未知点的高程值,将具有相同高程的点连接起来形成等高线,并利用拟合算法(如三次B样条拟合、SPLINE曲线拟合等)将等高线拟合成光滑的曲线。

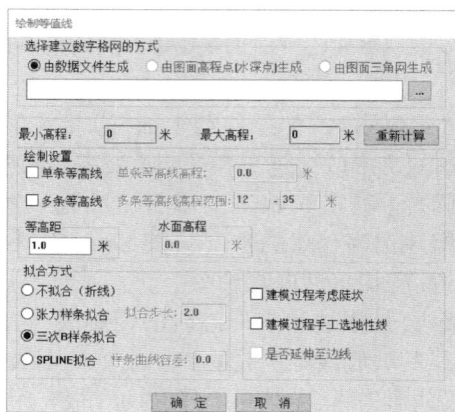

图7-24 绘制等高线对话框

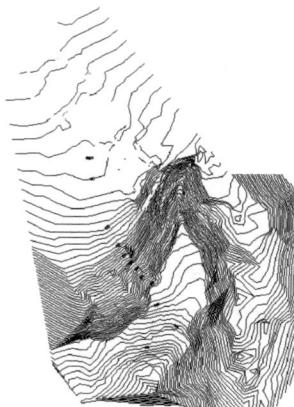

图7-25 CASS软件绘制的等高线

(4)等高线注记与修饰。

绘完等高线后,常需要注记曲线高程,另外还需要切除穿过建筑物、双线路、陡坎、高程注记等的等高线。CASS软件提供了以下等高线的修饰功能:注记等高线、等高线修剪、切除指定两线间等高线、切除指定区域内等高线、等值线滤波等。

6.数字地形图的整饰与输出

(1)添加注记。

首先在需要添加文字注记的位置绘制一条拟合的多功能复合线,然后用鼠标左键点击右侧屏幕菜单的【文字注记】,在注记内容中输入"文字注记",并选择注记排列和注记类型,输入文字大小并确定后选择绘制的拟合的多功能复合线即可完成注记。

(2)加图框。

用鼠标左键点击【绘图处理】菜单下的【标准图幅(50×50)】,弹出如图7-26所示的对话框。输入图名、图幅尺寸、接图表,在左下角坐标的"东""北"栏内输入相应坐标。勾选【删除图框外实体】则可删除图框外实体,按实际要求选择。最后用鼠标左键单击【确定】即可。

(3)打印输出。

地形图绘制完成后,用绘图仪或打印机等设备输出。绘图输出菜单中有图形变白、页面设置、打印机管理器等多项内容,如图7-27所示。图形变白功能为将当前图形的图层全部变为白色,打印出来就为黑色。页面设置是控制每个新建布局的页面布局、打印设备、图纸尺寸和其他设置。设置完成后,用鼠标左键单击【预览】,看是否达到所需要的效果,否则返回调整,最后用鼠标左键单击【确定】,图形即可打印输出到图纸或文件上。

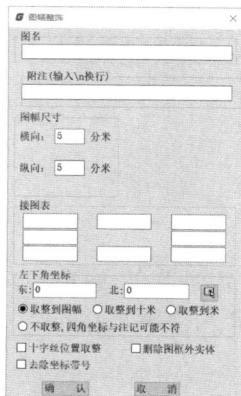

图7-26 标准图幅对话框

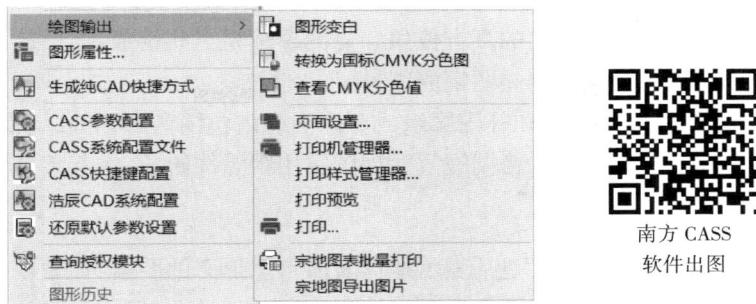

南方 CASS
软件出图

图 7-27　绘图输出对话框

第四节　阅图的基本知识

地形图识图使读图者充分地理解地图传递的信息,建立起地形图图形与实地客观事物相对应的心中图景,是地形图应用的第一步。

认识和使用地形图,首先要了解地图要素。构成地图的基本内容,叫作地图要素,包括数学要素、地理要素(或称图形要素)和整饰要素(或称辅助要素),通称为地图的"三要素"。地形图读图的程序和方法,取决于读图的性质、任务和要求。一般性读图主要是辨认图上符号代表的实地图景、目标物在图上的位置,以及实地与图纸的对应关系。

一、地形图的构成要素

1. 数学要素

数学要素是构成地图的数学基础,主要包括地图投影、坐标系统、地图比例尺三个方面。数学要素决定地形图图幅范围、位置,是控制其他内容的基础;是在图上量取点位、高程、长度和面积的依据。

(1)地形图的投影方式与坐标系统。

我国国家基本比例尺地形图系列的地形图除 1∶1 000 000 采用正轴等角圆锥投影外,1∶500 000 ~ 1∶5 000 的地形图均采用高斯-克吕格投影(1∶500 000 ~ 1∶25 000 的采用 6°分带,1∶10 000、1∶5 000 的采用 3°分带)。

坐标系统指该图幅是采用哪种坐标系完成的。国家基本比例尺地形图系列的投影坐标系统先后有 1954 北京坐标系、1980 西安坐标系和 2000 国家大地坐标系。高程系统指本图所采用的高程基准,主要有 1956 年黄海高程系和 1985 国家高程基准,或假定高程基准。

对于 1∶500、1∶1 000、1∶2 000 大比例尺地形图,其平面控制采用高斯-克吕格投影,按 3°分带计算平面直角坐标。亦可根据测区实际需要,采用独立直角坐标系统。

(2)图廓和坐标格网。

图廓是图幅四周的范围界线。在按经、纬度分幅的中、小比例尺地形图中,图廓由内图廓、分度带、外图廓三部分组成。内图廓由包围该图幅的经、纬线组成,四角注有经、纬度。分度带是在外图廓与内图廓之间靠近外图廓的分段线条,将内图廓边长按经差、纬差以 1′为单位进行等分,并将奇数段加粗。将上、下、左、右相应的经、纬度相连,使其构成经纬线格网,可用来确定任一点的经、纬度和任一方向的真方位角。外图廓用粗黑线绘成,主要起装饰作用。为了接图方便,外图廓四周中央注有相邻图幅的图号。

正方形或矩形图幅由内图廓和外图廓组成。内图廓由包围该图幅的纵、横坐标线组成,四周注有坐标值,坐标线上绘有坐标格网短线。外图廓用粗黑线绘成,也起着装饰美观作用。

2. 地理要素

地理要素是地图的地理内容,包括表示地球表面自然形态的要素,如地貌、水系、植被和土壤等自然地理要素;人类在生产活动中改造自然界所形成的社会经济要素,如居民地、道路网、通信设施、工农业设施、经济文化和行政标志等。

我国现行"地形图图式"中将各种地理要素分为定位基础、水系、居民地及设施、交通、管线、境界、地貌、植被与土质及注记九大部分,还规定了各种地理要素的符号样式、规格、颜色和整饰标准,是测制和使用地形图的基本依据。

3. 整饰要素

整饰要素又称辅助要素,主要指便于读图和用图的地形图图廓外配置的内容,这些内容是识图和用图所必需的。图 7-28 所示是地形图的辅助要素。

(1)图号、图名和接图表。

为了区别各幅地形图所在的位置和拼接关系,每一幅地形图上都编有图号,图号是根据统一的分幅进行编号的。除图号以外,还要注明图名,一般是用本图内最著名的地名、最大的村庄、突出的地物、地貌等的名称作为图名。图号、图名注记在北图廓上方的中央。

在图的北图廓左上方,画有该幅图四邻各图号(或图名)的略图,称为接图表。中间一格画有斜线的代表本图幅,四邻分别注明相应的图号(或图名)。按照接图表,就可找到相邻的图幅,如图 7-28 的图廓上方所示。

(2)说明资料。

地形图说明资料主要包括测(绘)图单位、出版单位与日期、坐标系统和高程系统、密级与图式版本、基本等高距等。

(3)量图图解。

为了便于读图与量测,在图廓外设置的各种图解,称为量图图解。

①比例尺。

在每幅图的南图廓外的中央均注有测图的数字比例尺,并在数字比例尺下方绘出直线比例尺,如图 7-28 的图廓下方所示,利用直线比例尺,可以用图解法确定图上的直线距离,或将实地距离换算成图上长度。

②坡度尺。

为了在地形图上利用等高线量取地面坡度,通常在地形图图廓左下方还绘有坡度比例尺。坡度尺是根据等高距 h 一定时,地面坡度 i 与等高线平距 d 成反比的关系绘制而成的,即按式(7-3)计算:

$$i = \tan\alpha = \frac{h}{d \times M} \tag{7-3}$$

式中:*M*——地形图比例尺分母。我国地形图的坡度比例尺由两种坡度尺组合而成,其中一个供量取两相邻等高线间(即基本等高线间)坡度时用;另一个供量取相邻六条等高线间(即计曲线间)坡度时用。坡度下方的注记,不仅有以角度表示的坡度值,还有以百分比表示的坡度值。

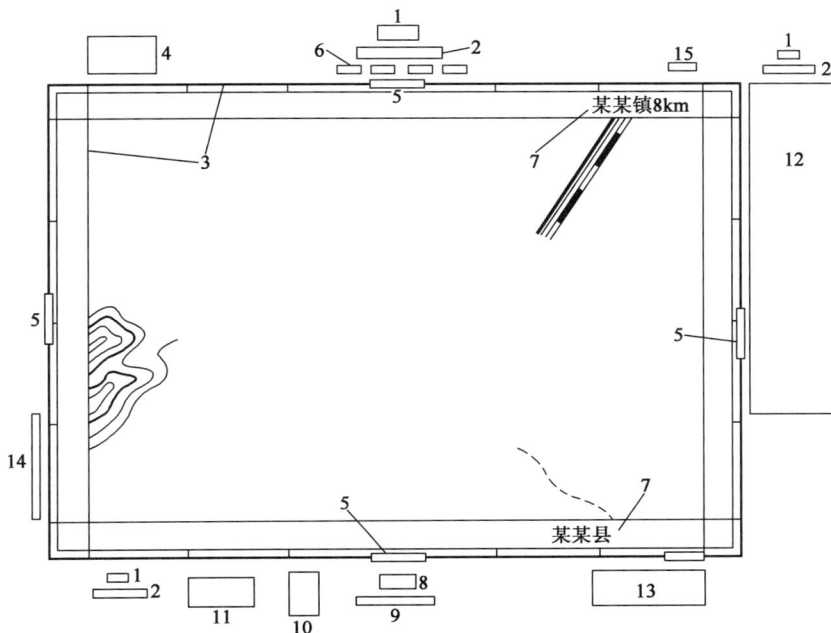

图 7-28 地形图的辅助要素

1-图名;2-图号;3-图廓;4-接图表;5-四邻图号;6-领属注记;7-图廓间说明注记;8-数字比例尺;9-直线比例尺;10-偏角图;11-坡度尺;12-图例;13-测制、出版时间和成图方法;14-出版单位;15-密级

使用坡度比例尺时,用分规卡出图上相邻等高线的平距后,在坡度比例尺上使分规的两针尖下面对准底线,上面对准曲线,即可在坡度比例尺上读出地面坡度 *i*(百分比值)和地面倾角 *α*(度数)。

③三北方向线关系图。

在许多中、小比例尺地形图的南图廓右下方,还绘有真子午线 N、磁子午线 N′和纵坐标轴这三者的角度关系图,称为三北方向线。利用该关系图,可对图上任一方向的真方位角、磁方位角和坐标方位角(方向角)做相互换算。图中的真子午线垂直于南图廓,其他两个北方向应按实际的相关位置描绘。但三北方向线间的夹角可不按实际角值绘制。

④图例。

图例是地图上所表示特征的符号和色彩的释义和说明。图例通常配置在地图外图廓右侧,有些地图集还有图例专页,是识别地图内容的重要工具。读图前,应先了解并认识图例中的地图符号和注记,以便正确理解地图内容。

图例内容由地图主题及其表现形式和方法决定,但应完整,结构严谨。符号和颜色的含义要明确,命名应科学、简练、通俗,便于理解和记忆。图例的编排要符合逻辑,在普通地图上,编排次序一般为居民地、交通、境界、水系、地貌、植被土质、独立地物等;在专题地图上,应先主后次,按第一层、第二层、第三层平面的内容安排;类型图、区划图等排列应根据一定的分类体系和分级顺序;表示自然要素质量特征的,一般先安排地带性,后安排非地带性类型,水平地带类型一般从北到南按顺序排列,垂直地带类型从高到低排列;凡反映时代年龄和发育程度的地图均按由新到老、由发育不成熟到成熟顺序排列;表示数量分级的图例,一般按由小到大、由低到高的顺序排列。当制图对象严格按两种指标划分类型时,图例如用表格式排列组合,更能直观地体现其分类原则和指标。

二、地形图识图的一般方法和程序

1. 根据用图目的选择合适比例尺的地形图

不同比例尺的地形图反映出不同详尽程度的自然地理及社会经济要素,以满足不同目的的用图。小比例尺地形图一般用于大范围的宏观评价和总体规划;中比例尺地形图主要用于一定范围内的专业调查、填图的工作底图和编制专题地图的底图等;而大比例尺地形图主要用于小范围内详细规划、农林调查、各种工程的勘察与施工等。用图者应根据用图的性质和目的,选择适当比例尺、现势性好的地形图及相关资料。

2. 阅读地形图的基本信息

地形图的基本信息是指地形图的辅助要素,主要包括地形图的图名、图号、接图表及成图日期、坐标系统等各种说明资料等,结合其他资料,了解地形图的现势性、工作区域的基本概况等。

3. 判读地形图的地理信息

地理信息是指地物与地貌,地理信息的判读是地形图读图的主要内容。读图一般从了解图例入手,在读图过程中随时参照图例,图例是识别地形图内容的重要工具。读图前首先熟悉地形图图式,熟悉常用的地物、地貌符号及典型地物、地貌的表示方法。读图者只有掌握了制图的符号规律,才能正确地获取地形图所表达的信息。

地物的判读,主要内容包括居民地、道路与水系、植被与土质、独立地物、控制点、管线及附属设施、境界线等。先熟悉各种地物的符号、色彩、注记等信息的特点和规律,即先辨别其属性、位置、形状,再分析其质量、数量特征及空间关系。

地貌的判读,主要内容包括地貌类型、地表起伏状态等。先掌握等高线表示地貌的原理及等高线的分类与特性,然后掌握典型地貌的等高线特点及特殊地貌的表示方法,再根据等高线正确地判读地形特征。

通过对地形图上各种地理现象的判读、分析、研究,掌握地形图所反映的区域的基本情况。地形图读图的技能依赖于读图者的生活常识、知识结构和用图经验。

第五节　地形图的应用

一、地形图的基本应用

1. 确定点的平面坐标

如图 7-29 所示,图上两点的平面坐标可利用该图廓坐标格网的坐标值来求出。首先找出两点所在方格的西南角坐标 x_0、y_0，图中 $x_0 = 5\,600\text{m}$，$y_0 = 8\,600\text{m}$。然后通过两点作坐标格网的平行线 ab、cd，再按测图比例尺（$1:2\,000$）量出 a_2 和 d_2 的长度分别为 8mm 和 6mm，则：

$$\begin{cases} x_2 = x_0 + d_2 \times 2\,000 = 5\,600 + 12 = 5\,612(\text{m}) \\ y_2 = y_0 + a_2 \times 2\,000 = 8\,600 + 16 = 8\,616(\text{m}) \end{cases} \tag{7-4}$$

2. 确定点的高程

如果 A 点恰好位于图上某一条等高线上，则 A 点的高程与该等高线高程相同；如果所求点不在等高线上，如图 7-30 中 A 点位于两等高线之间，这时，就要过 A 点画一条大致垂直于相邻等高线的线段 mn，量出 mn 的长度，再量出 mA 的长度，则 A 点的高程可按比例内插求得：

$$H_A = H_m + \frac{mA}{mn} \cdot h \tag{7-5}$$

式中：H_m——通过 m 点的等高线的高程；

h——等高距。

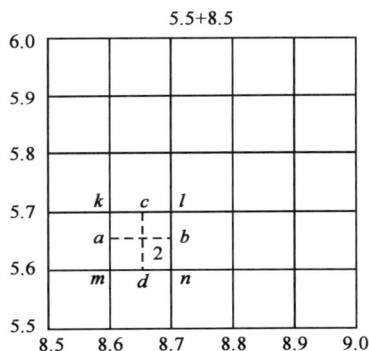

图 7-29 点坐标的求取

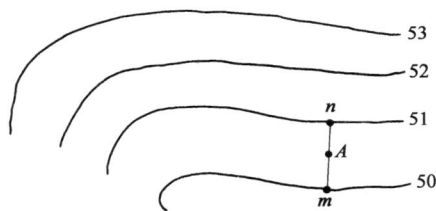

图 7-30 图上求点的高程

3. 确定两点间的距离

欲求 A、B 两点间的距离，先求出 A、B 两点的坐标，则 A、B 两点的水平距离为

$$D_{AB} = \sqrt{(X_B - X_A)^2 + (Y_B - Y_A)^2} \tag{7-6}$$

4. 确定直线的方向

先利用式（7-4）求 A、B 两点的坐标，A、B 两点直线的方位角 α_{AB} 为

$$\alpha_{AB} = \tan^{-1}\left(\frac{Y_B - Y_A}{X_B - X_A}\right) \tag{7-7}$$

5. 确定地面坡度

直线的坡度是其两端点的高差与平距之比，以 i 表示，即

$$i = \frac{h}{d \cdot M} = \frac{h}{D} \tag{7-8}$$

式中：d——图上的长度；

161

M——比例尺的分母；

h——直线两端点的高差；

D——该直线的实地水平距离。

如图 7-30 中的 n、m 两点，其间的高差为 1m。若量得 nm 的图上长度为 1cm，假定地形图比例尺为 1 : 2 000，则 nm 直线的坡度为

$$i = \frac{h}{d \cdot M} = \frac{1}{0.01 \times 2\,000} = 5\%　\qquad (7\text{-}9)$$

如果直线两端点位于相邻两等高线上，所求得的坡度可认为基本符合实际坡度。假如直线较长，中间通过许多等高线，而且等高线的平距不等，但高程连续递增或递减，则所求的坡度只是该直线两端点间的平均坡度。

6. 确定指定坡度的路线

当设计道路或管线的坡度时，往往要求在线路不超过某一限制坡度的条件下，选定一条最短路线或等坡度线。

在初步设计阶段，一般先在地形图上根据设计要求的坡度选择路线的可能走向，如图 7-31 所示。地形图比例尺为 1 : 1 000，等高距为 1m，要求从 A 地到 B 地选择坡度不超过 4% 的上坡路线。为此，先根据 4% 坡度求出相邻两等高线间的实际平距 $d = h/i = 1/0.04 = 25(\text{m})$（式中 h 为等高距），即 1 : 1 000 地形图上 2.5cm。然后将两脚规张成 2.5cm，以 A 为圆心（等高线高程为 49m），以 2.5cm 为半径作弧与 50m 等高线交于 1 点，再以 1 点为圆心作弧与 51m 等高线交于 2 点，依次定出 3、4、…各点，直到 B 地附近，即得坡度不大于 4% 的路线。

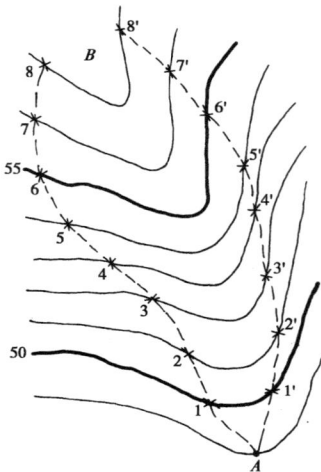

图 7-31　图上确定等坡度线

在该地形图上，用同样的方法，还可定出另一条路线 A、$1'$、$2'$、…、$8'$，其可以作为比较方案。

二、地形图的工程应用

1. 绘制确定方向的断面图

根据地形图可以绘制沿任一方向的断面图。这种图能直观显示某一方向线的地势起伏形态和坡度陡缓，它在许多地面工程设计与施工中，都是重要的资料。绘制断面图的方法如下：

（1）规定比例尺。

通常纵断面图的水平比例尺与地形图比例尺一致，而垂直比例尺需要扩大，一般要比水平比例尺扩大 5～20 倍，因为在多数情况下，地面高差相对于断面长度来说，还是微小的。为了更好地显示沿线的地形起伏，如图 7-32 所示，水平比例尺为 1 : 50 000，垂直比例尺为 1 : 5 000。

（2）绘制水平基线。

按图 7-32 上 AB 线的长度绘一条水平线，如图 7-32 中的 ab 线，作为基线（因断面图与地形图水平比例尺相同，所以 ab 线长度等于 AB），并确定基线所代表的高程，基线高程一般略低于图上最低高程。如图 7-32 中河流最低处高程约为 170m，基线高程定为 160m。

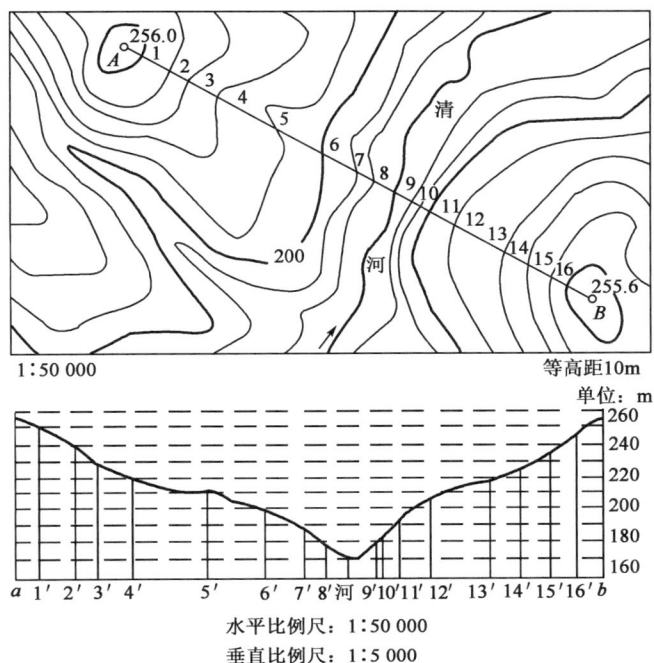

图 7-32 断面图的绘制

（3）作基线的平行线。

平行线的间隔，按垂直比例尺和等高距计算。如图 7-32 所示，等高距为 10m，垂直比例尺为 1∶5 000，则平行线间隔为 2mm，并在平行线一边注明其所代表的高程，如 170m、180m、…

（4）绘制点坐标。

在地形图上沿断面线 AB 量出 A—1、1—2、…各段距离，并把它们标注在断面基线 ab 上，得 a1′、1′2′、…各段距离，通过这些点作基线的垂线，垂线的端点按各点的高程决定。如地形图上 1 点的高程为 250m，则断面图上过 1′点的垂线端点在代表 250m 的平行线上。

（5）绘制地面线。

将各垂线的端点连接起来，即得到表示实地断面方向的断面图。

手工绘制断面图时，若使用毫米方格纸，则更方便。

2. 确定汇水面积

当道路跨越河流或沟谷时，需要修建桥梁和涵洞。桥梁或涵洞的孔径大小，取决于河流或沟谷的水流量，而水流量又与该地区汇集水量的面积有关，此面积称为汇水面积。汇水面积可由地形图上山脊线的界线求得，如图 7-33 所示，用虚线连的山脊线所包围的面积，就是过桥（或涵）M 断面的汇水面积。

利用地形图计算
汇水面积

3. 图形面积的量算

面积量算的常用方法有方格法、平行线法、解析法和求积仪法。在数字地形图上进行面积量算时，主要应用解析法。

在图 7-34 中，设 $ABC\cdots N$（按顺时针方向排列）为任意多边形，在测量坐标系中，其顶点的坐标分别为 (x_1,y_1)、(x_2,y_2)、$\cdots$、(x_n,y_n)，则多边形面积为

163

$$P = \frac{1}{2}(x_1 + x_2)(y_2 - y_1) + \frac{1}{2}(x_2 + x_3)(y_3 - y_2) + \frac{1}{2}(x_3 + x_4)(y_4 - y_3) + \cdots + \frac{1}{2}(x_n + x_1)(y_1 - y_n)$$

$$(7-10)$$

化简得:

$$P = \frac{1}{2}\sum_{i=1}^{n}(x_i + x_{i+1})(y_{i+1} - y_i) \tag{7-11}$$

或

$$P = \frac{1}{2}\sum_{i=1}^{n}(x_i y_{i+1} - x_{i+1} y_i) \tag{7-12}$$

式中,n——多边形顶点的个数,$x_{n+1} = x_1$,$y_{n+1} = y_1$。

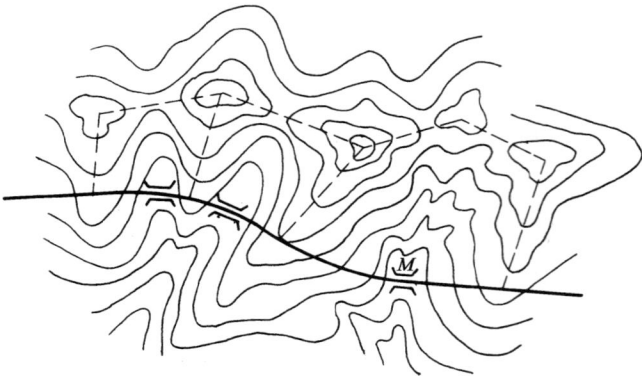

图 7-33　汇水面积

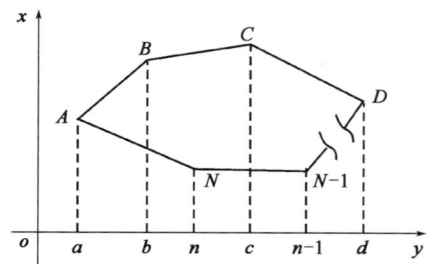

图 7-34　解析法图形面积计算

4. 土石方量估算

(1)等高线法。

欲计算某一高程面以上的体积,则首先量算等高线在平面上所包围的面积,然后按台体和锥体计算每一个体积,最后求各层体积之和,即可求出总体积。在图 7-35 中,设 F_0、F_1、F_2 及 F_3 为各等高线围成的面积,h 为等高距,h_k 为最上一条等高线至山顶的高度。则

$$\begin{cases} V_1 = \frac{1}{2}(F_0 + F_1)h \\ V_2 = \frac{1}{2}(F_1 + F_2)h \\ V_3 = \frac{1}{2}(F_2 + F_3)h \\ V_4 = \frac{1}{3}F_3 \cdot h_k \\ V = \sum_{i=1}^{n} V_i \end{cases} \tag{7-13}$$

(2)断面法。

一般在带状图上计算土石方量时常用断面法求体积,如路基、大坝等带状体,在计算其体积时,根据断面的起伏情况,按基本一致的坡度划分为若干同坡度路段,各段的长度为 d_i。过各分段点作横断面图,如图 7-36 所示,量算各横断面的面积 S_i,则第 i 段的体积为

$$V_i = \frac{1}{2}d_i(S_{i-1} + S_i) \tag{7-14}$$

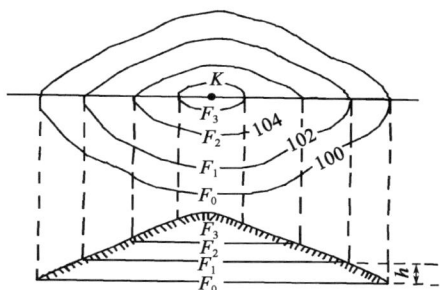

图 7-35　等高线法土方的计算

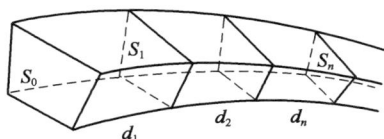

利用地形图
计算土方量

图 7-36　体积计算

带状土工建筑物的总体积为

$$V = \sum_{i=1}^{n} V_i = \frac{1}{2} \sum_{i=1}^{n} d_i (S_{i-1} + S_i) \tag{7-15}$$

图 7-37a）为 1:1 000 地形图，等高距为 1m，施工场地设计高程为 32m，先在地形图上绘出互相平行的、间距为 l 的断面方向线 1—1、2—2、…、5—5，如图 7-37b）所示，绘出相应的断面图，分别求出各断面的设计高程与地面线包围的填、挖方面积 A_T、A_W，然后计算相邻两断面间的填、挖方量。图 7-37b）中 1—1 和 2—2 断面间的填、挖方量为

$$\begin{cases} V_T = \dfrac{A_{T_1} + A_{T_2}}{2} \cdot l \\[2mm] V_W = \dfrac{A_{W_1} + A_{W_2}}{2} \cdot l \end{cases} \tag{7-16}$$

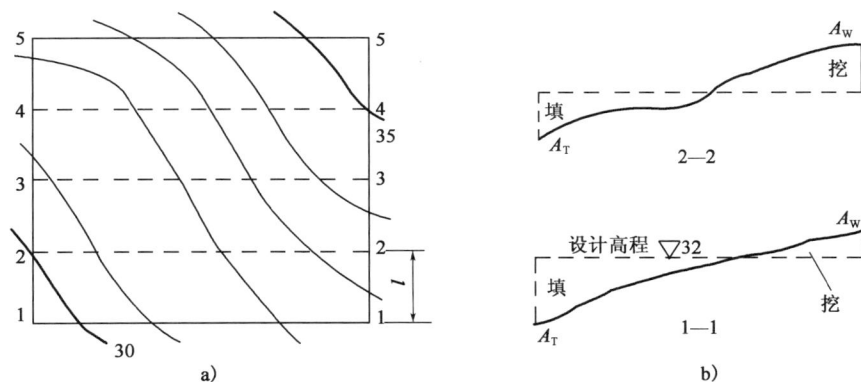

图 7-37　横断面法

计算其他断面间的土方量时同理，最后将所有的填方量累加，所有的挖方量累加，便得总的土方量。

（3）方格网法。

该法用于地形起伏不大，且地面坡度有规律的地方。施工场地的范围较大，可用这种方法估算土方量，其步骤如下：

①打方格，在拟施工的范围内打上方格，方格边长取决于地形变化的大小和要求估算的土方量的精度，一般取 $10m \times 10m$、$20m \times 20m$、$50m \times 50m$ 等。

②根据等高线确定各方格顶点的高程，并注记在各顶点的上方。

③计算设计高程。把每一个方格四个顶点的高程相加，除以 4 得到每一个方格的平均高

程,再把各个方格的平均高程加起来,除以方格数,即得设计高程,这样求得的设计高程,可使填、挖方量基本平衡。由上述计算过程不难看出,角点 A_1、A_4、B_5、E_1、E_5 的高程用到 1 次,边点 B_1、C_1、D_1、E_2、E_3、…的高程用到 2 次,拐点 B_4 的高程用到 3 次,中点 B_2、B_3、C_2、C_3、…的高程用到 4 次,因此设计高程的计算公式为

$$H_{设} = \frac{\sum H_{角} \times 1 + \sum H_{边} \times 2 + \sum H_{拐} \times 3 + \sum H_{中} \times 4}{4n} \tag{7-17}$$

式中:n——方格总数。

将图 7-38 的高程数据代入式(7-17),求出设计高程为 64.84m,在地形图中按内插法绘出 64.84m 的等高线(图中的虚线),它就是填、挖的分界线,又称为零线。

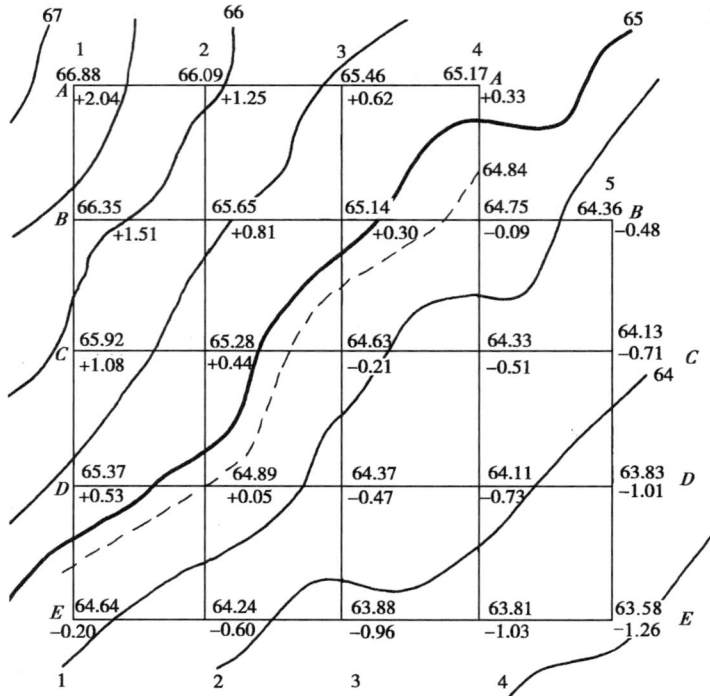

图 7-38　方格网法

④计算填(挖)高度(即施工高度)。

$$h = H_{地} - H_{设} \tag{7-18}$$

式中:h——填(挖)高度(即施工高度),正数为挖深,负数为填高;

$H_{地}$——地面高程;

$H_{设}$——设计高程。

⑤计算填、挖方量。填、挖方量要按下式分别计算,即

$$\begin{cases} 角点 & h \times \dfrac{1}{4}A \\[2mm] 边点 & h \times \dfrac{1}{2}A \\[2mm] 拐点 & h \times \dfrac{3}{4}A \\[2mm] 中点 & h \times A \end{cases} \tag{7-19}$$

式中: h ——填(挖)高度;

 A ——方格面积。

将所得的填、挖方量各自相加,即得总的填、挖方量,两者应基本相等。

第六节 数字地面模型及其应用

一、数字地面模型概述

数字地面模型(DTM)最早是由美国麻省理工学院 Chaires L. Miller 教授提出的。若仅是将高程或海拔分布作为地面特性的描述,则称为数字高程模型(DEM)。1978 年,F. T. Doyle 对 DTM 的定义为:DTM 是描述地面诸特性空间分布的有序数值阵列,在最通常的情况下,所记的地面特性是高程 z,它们的空间分布由 x、y 水平坐标系统来描述,也可由经度 λ、纬度 φ 来描述海拔 h 的分布。数字地面模型(简称数模)可以是每三个三维坐标值为一组元的散点结构,也可以是多项式或傅立叶级数确定的曲面方程。数字地面模型可以包括除坐标和高程以外的诸如地价、土地权属、土壤类型、岩层深度及土地利用等其他地面特性信息的数字数据。

DEM 构建与应用

二、数字地面模型的种类及特点

由于数模原始数据点的分布形式不同,数据采集的方式不同,以及数据处理、内插的方法不同和最后的输出格式不同等,数字地面模型的种类较多。

1. 规则数模

规则数模是指原始地形数据点之间均有固定的联系,如方格网数模、矩形格网数模和正三角形格网数模等。在格网之间待定点的高程,常采用局部多项式进行内插。

规则数模一般适用于地形较平缓和变化均匀的区域,以及用于搜索地形等高线、绘制地形全景透视图和对内插速度要求极高的路线平面优化中内插地面线等方面。

2. 半规则数模

半规则数模是指各原始地形数据点之间均有一定联系,如用地形断面或等高线串表示的数模。

半规则数模能较好地适应地形变化,内插精度较高,但数据采集不能实现自动化,原始数据的分布与密度易受操作人的主观影响,建立数模过程中的程序处理较规则数模复杂。

3. 不规则数模

不规则数模其原始地形数据点之间无任何联系,点的分布是随机的,一般常采集地形特征点、变坡点、山脊线、山谷线等处,常见的有散点数模、三角网数模等。

散点数模是将原始地形数据点看作一些随机分布的"离散点",可认为点与点之间无任何联系。

从数模的精度和计算速度两方面来看,散点数模不失为一种简单而有效的方法,具有很大的实用价值。

三角网数模的基础是假设地形表面可用有限个平面来表示。为此将地形已知点作为不重叠地覆盖在拟建数模区域之上的三角形的各顶点,将地形表面看成是由许多小三角形平面所组成的折面覆盖起来的,亦即用许多平面三角形逼近地形表面。当已知点较密且分布适当时可以很精确地表示地形表面特征,而待定点的高程则由该点所处的三角形平面来确定。

不规则数模的优点是数据采集是随机的,一般都是取地形特征点,所以能较好地适应地形变化,内插精度较高。其缺点是采样需要人工判读地形,从而增加了数据采集的难度,此外构造数模较复杂,计算时间较长。由于该类数模优点较为明显,所以应用最为广泛。

三、数字地面模型的建立

1. 地形数据采集

数字地面模型原始数据的来源在实践中主要有四种:一是从摄影测量立体模型上采取,大多数立体测图仪、解析测图仪的数字化系统都能从遥感相片上采取数据;二是从已有地形图上由数字化仪输入地形数据;三是由遥感系统直接测得;四是由全站仪或 GNSS-RTK 从野外实测获得地形数据。

2. 地形数据排序与检索

数模数据的排序,实质上是将原始数据点在图示的排序排格所确定的"管理格网"上对号入座,记录每格的已知数据和各列、各格的索引关系,建立便于检索、存取的数模数据结构。要建立这样的数据结构,首先必须对原始数据进行排序。排序的方法很多,选择时,主要应尽可能地充分利用每次排序过程中的信息,有效地改善算法的复杂性,减少比较次数,并减少数据占有的临时存放空间,以加快排序的速度。

对原始数据排序分区处理后,由待定点的平面坐标,可以快速地检索出该待定点所处的格网序号,从而快速调出待定点所处格网及相邻格网的已知地形点。在众多的数模中,格网数模由于规则性强,检索速度最为快捷。上面提出的数模数据结构,其数据检索信息系统与格网数模的检索信息系统是完全一致的,其待定点的检索与格网数模的检索完全相同,是快速而有效的。

3. 数字地面模型的高程内插

对采集到的原始地形数据,用一定的数学方法进行内插加密,是建立数模的核心之一。内插高程的精度既取决于采样点的密度与分布,也取决于所采用的数学方法。内插方法有多种,以下只介绍三种。

(1)移动曲面拟合法。

移动曲面拟合法也称为逐点内插法,其特点是用待定点周围的已知地形点确定一个拟合面,用该拟合面求得待定点高程。视采用拟合面的不同,主要分为移动曲面法(用曲面拟合)和加权平均值法(用加权平均水平面移动拟合)两种。

①移动曲面法。

内插的基本假设是:在地面某个小范围内,认为可用一个曲面表示,即可用一个曲面在局部去拟合地形。所以,对每一个待定点先要利用该点周围的已知点来确定一个内插曲面,并使该曲面到各已知点的距离的加权平方和为极小,然后由该曲面来确定待定点的高程。一般情况下,从一个待定点到另一个待定点的高程内插,其拟合曲面的方位乃至形状都会发生变化,故称此法为移动曲面法。图 7-39 为移动曲面内插示意图。

②加权平均值法。

加权平均值法内插的出发点是:基于地形表面是连续地、光滑地变化的(不考虑地形断裂线的情况下),地形点之间存在一定的联系和依附关系,即某一位置上的高程,必然受邻近点高程的牵制和影响。所以欲求某待定点的高程,可用该点周围已知点的高程来估算。

(2)最小二乘配置法。

最小二乘配置法基于统计学的考虑,假定待预测的现象是具有遍历性的平稳随机过程,从而应用平稳随机函数的相关理论作为内插和光滑方法的数学基础。

高程内插是在一区域内进行的。假定该区域内共有 n 个已知数据点(可以是任意分布的),先用一个多项式曲面拟合这些数据点,从而求得已知点处的已知高程与拟合曲面上相应高程之差 l(即余差),余差 l 由系统误差 s(实际地面高程与拟合曲面高程之差,也称信号)和偶然误差 r(已知点的量测误差,也称噪声)所组成,即 $l = s + r$,如图 7-40 所示。

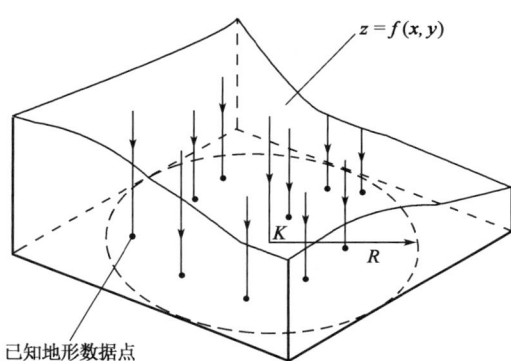

图 7-39 移动曲面内插示意图
K-待定点;R-拟合曲面的拟合半径;$z = f(x, y)$-拟合曲面

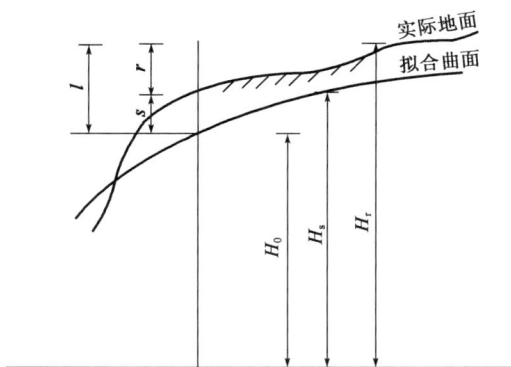

图 7-40 最小二乘内插示意图
H_r-已知地面高程;H_s-实际地面高程;H_0-拟合曲面高程

(3)三次样条内插法。

三次样条内插法是一种平滑的内插方法,它假设数据点之间的变化趋势是光滑的。三次样条内插法使用三次多项式来逼近数据点之间的曲线。它在每个数据点附近使用多个小曲线段,并且通过约束条件确保这些曲线段在连接点处变得光滑。这种方法能够提供更准确的内插结果,并且在处理较复杂数据时表现良好。这些内插方法在具体应用中选择的依据取决于数据的性质和对结果精度的要求。

4.地物、断裂线处理

由上面讨论的各种内插算法可知,数字地面模型的高程内插,不管采用什么算法,均是基于在拟合(内插)范围内地形表面均匀、连续且光滑这样一个假定。但实际的地形表面常常不是光滑的,有各种特征线、断裂线及地物、水系等因素的影响,在这些地形表面不光滑处(产生了转折,突变)用上述方法进行高程内插,显然是不合理的,内插结果极不可靠。

对地物、断裂线进行处理的基本思想是:以断裂线或地物边缘为边界,将地面划分成地形连续变化、光滑的若干区域(即子区),使每一子区的表面为一连续光滑曲面。在高程内插时,只有与待定点在同一子区上的已知点才能参加内插,从而使高程内插不跨越断裂线、地物等地形不光滑的边界,使得内插符合地面的实际变化情况,以保证数模的高精度。

5. DTM 的三维显示

DTM 三维图形显示是通过三维到二维的坐标转换,隐藏线处理,把三维空间数据投影到二维屏幕上。三维图形显示,一般采用二点透视投影变换。二点透视又称成角透视,有两个消失点。如果一个立方体的三条正交棱边分别与坐标系的三个轴平行,则在二点透视投影变换后,仅垂直棱边仍保持相互平行,且平行于垂直轴,其他两个方向的棱边分别汇交于各自的消失点。图 7-41 为 DTM 的构建图,图 7-42 为道路地面与设计面的数字地面模型。

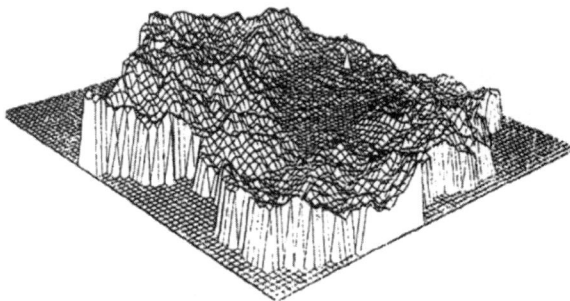

图 7-41　DTM 构建图

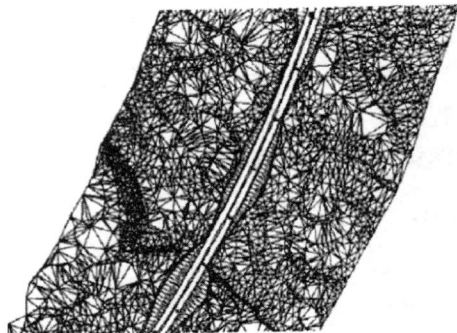

图 7-42　道路地面与设计面的数字地面模型

四、数字地面模型在道路工程中的应用

1. 原始地面的分析

采集地面离散点数据,生成三角网从而模拟出地形模型,根据模型分析地貌、地势等特征。

2. 设计面的表达

在地面三角网模型的基础上,根据道路中线,在某桩号处作中线的垂线,则该垂线在三角网上的投影即为道路横断面地面线,从而可以提取道路横断面的数据。

3. 分析地面和设计面的关系

对道路设计面的数据建立三角网叠加到地面三角网上,可以为分析道路各桩号处地面和设计面的相互关系提供直观的形象依据,如图 7-42 所示。

4. 路线优化设计

数字地面模型在公路路线设计中的应用,是把测量重点从一条已知的平面线形,扩大到路线平面线将要通过的具有一定宽度的带状地面区域内,建立带状数字地面模型。

数模在路线设计中的最大功能是可使设计人员在不需作进一步测量的情况下,比较所有可能的平面线形,可进行路线平面优化及空间优化,从而找出最佳路线方案。数模与航测、路线计算机辅助设计相结合,将形成覆盖数据采集与处理、路线设计与计算及设计图表输出的完整的设计全过程的路线设计一体化系统,这是公路测设现代化的发展方向。图 7-43 为采用数模与常规测量进行路线设计的作业过程示意图。

5. 制作公路全景透视图

通过路线 CAD 系统提供的路线平面逐桩坐标,在数模上插值出路线纵断面地面线、横断面地面线。路线 CAD 系统利用插值出的地面线进行路线纵断面、横断面设计,生成路线纵断面、横断面设计线数据。通过路线 CAD 系统建立路基三维模型(设计曲面模型),通过道路数字地面模型子系统生成地形三维模型(地表曲面模型),设计曲面模型和地表曲面模型在 CAD 中经叠合、消影(消隐),生成静态三维全景透视图。然后借助 3d Max 做渲染和动画,生成公路动态全景透视图。

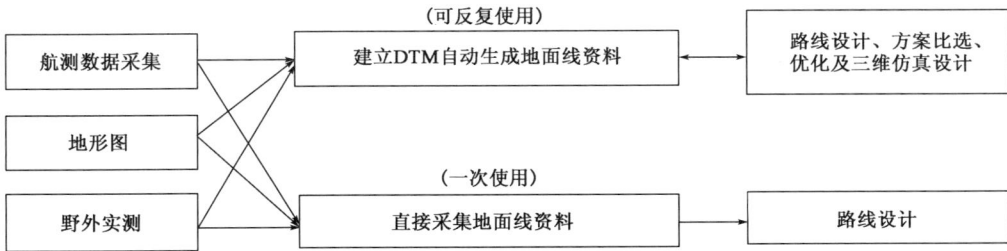

图 7-43　路线设计作业过程

【思考题与习题】

1. 何谓地图比例尺? 地图比例尺有哪些类型?

2. 何谓地图比例尺精度? 它对用图和测图有什么作用?

3. 何谓地物和地貌? 地形图上地物符号分哪几大类?

4. 什么是等高线? 等高距、等高线平距与地面坡度之间的关系如何?

5. 等高线分哪几类? 它有哪些特性?

6. 西安某地的纬度 $\varphi = 34°11'$,经度 $\lambda = 108°50'$,试求该地区划 1:1 000 000、1:100 000、1:10 000 这三种图幅的图号。

7. 何谓数字测图? 其测图过程包括哪三个部分?

8. 测绘地形图时如何正确选择地物、地貌特征点?

9. 试述全站仪在一测站测图的工作步骤。

10. 什么是数字高程模型(DEM)? 简述利用南方 CASS 软件绘制等高线的方法。

11. 地形图的识读,一般从哪几个方面进行?

12. 如何在地形图上确定地面点的空间坐标?

13. 如何在地形图上确定直线的距离、方向、坡度?

14. 常用的土方估算方法有哪些? 它们各适用于什么场合?

第八章

施工测设

【学习内容与要求】

本章学习施工测设的相关知识。通过学习,了解测设与测定的区别;熟悉距离、角度测设方法;掌握极坐标法、角度交会法与直角坐标法等平面点位的测设方法,高程测设和全站仪及GNSS-RTK 施工测设的方法。

第一节　概　　述

一、测设的概念

设计完成后进入施工阶段,按照规定,施工不得偏离设计的要求。在几何上按照设计进行施工,就要求通过测量工作把设计的待建物的位置和形状在实地标定出来,这个工作叫作放样、测设或定位。施工放样的基本任务是将图纸上设计的建筑物、构筑物的平面位置和高程,按照设计要求,以一定的精度标定到实地上,以便据此施工。放样是设计与施工之间的桥梁。

放样与测量所用的仪器以及计算公式是相同的。但测量的外业成果是记录下来的数据,内业计算在外业之后进行。放样的数据准备要在外业之前做好,放样的外业成果是实地的标桩。两者由于已知条件和待求对象不同,是有区别的:

(1)测量时常可作多测回重复观测,控制图形中常有多余观测值,通过平差计算可提高待定未知数的精度。放样不便作多测回观测,放样图形较简单,很少有多余观测值,一般不作平差计算。

(2)测量时可在外业结束后仔细计算各项改正数。放样时要求在现场计算改正数,这样既容易出错,也不能做得仔细。

(3)测量时标志是事先埋设的,可待稳定后再开始观测。放样时要求在丈量之后立即埋设标桩,标桩埋设地点也不允许选择。

(4)目前大多数测量仪器和工具主要是为测量工作而设计制造的,所以用于测量比用于放样方便得多。

放样的基本工作主要是地面点的直接定位元素——角度、距离、高程的放样。

二、施工放样的程序与精度要求

施工放样的程序应遵循由总体到局部的原则,首先在现场定出建筑物的轴线,然后定出建筑物的各个部分。即由施工控制网测设建筑物的各主要轴线,由各主要轴线测设各辅助轴线,再测设建筑物的各个细部。施工放样是联系设计与施工的重要环节,放样的结果是施工的依据。

施工放样的精度要求,是根据建筑物的性质、它与已有建筑物的关系,以及建筑区的地形、地质和施工方法等情况来确定的。

当施工控制网仅用于测设建筑物的各主要轴线位置时,主轴线的精度要求并不太高。

当施工控制网除用于测设建筑物的主轴线位置外,还要用于测设建筑物的细部结构时,对施工控制网的精度要求就会大大提高。

施工放样按精度要求的高低排列为钢结构、钢筋混凝土结构、毛石混凝土结构、土石方工程。按施工方法分,预制件装置式的方法较现场浇灌的精度要求高一些,钢结构用高强度螺栓连接的比用电焊连接的精度要求高。

关于具体工程的具体精度要求,如施工规范中有规定,则参照执行;对于有些工程,施工规范中没有测量精度的规定,则应由设计、测量、施工以及构件制作几方人员共同协商来决定。

现在测量仪器与方法已发展得相当成熟,一般说来它能提供相当高的精度为土建施工服务。测量工作的时间和成本会随精度要求提高而增加,但在多数工地上,测量工作的成本很低,所以恰当地确定施工放样精度要求的目的主要不是降低测量工作的成本,而是提高工作效率。

三、施工放样的工作要求

紧密结合施工的进程,熟悉施工现场情况,施工要进行,测量是先导。要想紧密结合施工需要,测量技术人员要做到:

(1)熟悉设计图纸,懂得有关的设计思路。

(2)检查图纸,核实图纸的有关数据,做好施工测量的数据准备工作。

(3)了解施工工作计划和安排,协调测量与施工的关系,落实施工测量工作。

（4）核查或检测有关的控制点,确认点位准确可靠。查清工地范围的地形地物状态。

（5）熟悉施工的进展状况和施工环境,避免施工对测量产生的可能影响,及时准确完成施工测量工作。

（6）加强测量标志的管理、保护,注意受损测量标志的恢复等。

第二节　角度、距离与高程的测设

一、角度的放样

1. 角度放样的一般方法

如图 8-1 所示,图中 A、B 为已知点,AB 是已知方向,$\angle BAP$ 为设计已知值 β,AP 方向是设计的待放样方向。

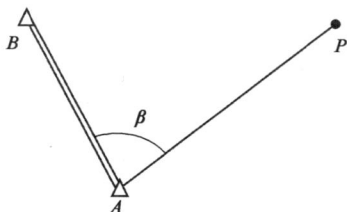

角度放样的目的是以测量方法把 AP 方向按设计角度 β 测设到实地。

步骤如下:

（1）在已知点 A 上安置全站仪,选定已知方向 AB,配置水平度盘,读数为 $0°00'00''$,瞄准 B 点目标。

（2）拨角,即转动全站仪照准部,使读数窗度盘读数（或显示窗显示）为 β。此时望远镜的视准轴指向 AP 的既定方向。

图 8-1　角度的一般放样

角度放样

（3）按望远镜视准轴方向在地面上设立标志。通常在地面上落点位置钉上木桩(木桩移到望远镜十字丝竖丝方向上),在木桩的顶面标出 AP 的精确方向。

2. 方向法角度放样

（1）在 A 点上安置全站仪,以盘左位置按角度放样的一般方法完成待定方向 AP 的设置,此时 P 用 P' 表示。

（2）以盘右位置瞄准 B 点目标,按角度放样的一般方法测设 AP 方向,在实地标出 AP 方向的标志 P''。

（3）取 P'、P'' 的平均位置为 P,即 P 为准确的 AP 方向的标志,如图 8-2 所示。

在一般工程上,采用方向法角度放样可以抵消仪器水平度盘偏心差等误差的影响,提高了角度放样的精度。

3. 归化法角度放样

为了提高放样的精度,按下述方法进行:预先放样一个点作为过渡点,接着精密测量该过渡点与已知点之间的关系(边长、角度、高差等);把测算值与设计值相比较得差数;最后从过渡点出发修正这一差数,把点位归化到更精确的位置上去,这种比较精确的放样方法叫归化法。

图 8-2　方向法角度放样

设 A、B 为已知点,待放样的角度为 β。

（1）先用角度放样的一般方法放样 β 角后得过渡点 P',然后选用适当的仪器和测回数精

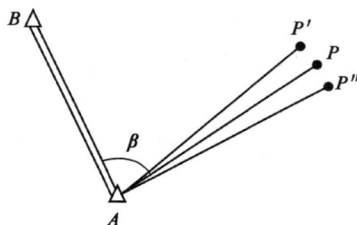

确测量$\angle BAP' = \beta'$,并概量AP'的长度,设AP'的长度为S。

（2）计算$\Delta\beta$,即计算β'与设计值β的差数：

$$\Delta\beta = \beta' - \beta \qquad (8\text{-}1)$$

式中：β'——精确测定的角度值；

β——设计的角度值。

（3）按$\Delta\beta$和S计算归化值ε：

$$\varepsilon = \frac{\Delta\beta}{\rho''}S \qquad (8\text{-}2)$$

从P'出发在AP'的垂直方向上归化一个ε值（归化时应注意归化的方向）,即得待求的P点,如图8-3所示。

4. 按已知方向精确定向

在图8-4中,设已知点A、B间的长度为L,现要求在至A点距离为S_1的地方放样P点,使A、P、B在一条直线上,方法如下：

（1）目估法定线P'点。

（2）测量$\angle AP'B = \gamma$。

（3）用γ角计算归化值ε。

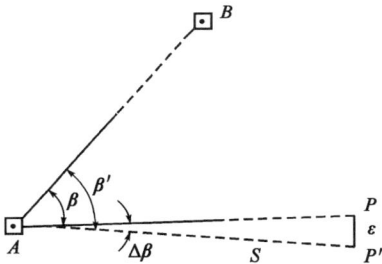

图8-3 归化法角度放样

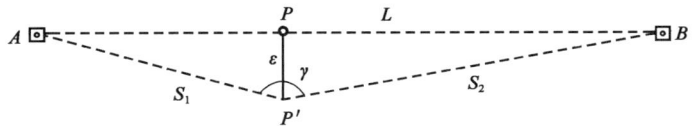

图8-4 测角归化法

$\triangle ABP'$的面积可以用下列两式计算：

$$\frac{1}{2}S_1 \cdot S_2 \cdot \sin\gamma = \frac{1}{2}\varepsilon L \qquad (8\text{-}3)$$

由此：

$$\varepsilon = \frac{S_1 S_2 \sin\gamma}{L} = \frac{S_1 S_2 \sin(180° - \gamma)}{L} \qquad (8\text{-}4)$$

如果$\gamma \approx 180°$,则$\Delta\gamma = 180° - \gamma$是极小的值,所以：

$$\varepsilon = \frac{S_1 S_2 \sin\Delta\gamma}{L} \approx \frac{S_1 S_2}{L} \cdot \frac{\Delta\gamma}{\rho''} \qquad (8\text{-}5)$$

在图8-4中按ε把P'点移至P点,则P就在AB方向上。

二、距离放样

距离放样是将设计的已知距离在实地标定出来,即按给定的一个起点和方向,标定出另一

175

个端点。部分距离放样的方法介绍如下。

1. 水平距离放样

如图 8-5 所示，A 是已知点，P 是 AB 方向上的待定点，设计平距 $AP = S$。

（1）在实地沿 AB 方向以钢尺丈量长度 S，定出 P 点。

（2）为了检核放样点位的正确性，应往返丈量 AP 的长度，若往返丈量的较差在限差内，则取其平均值作为最后结果。

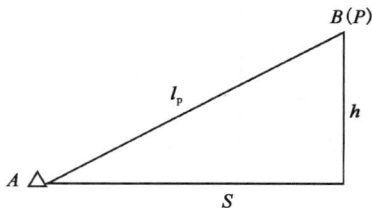

2. 倾斜地面的距离放样

图 8-6 中，S 是设计平距，但实际地面 A 至 B 之间存在高差 h。要使 AB 的放样平距等于 S，则实地测设长度为 l_p，即

$$l_p = \sqrt{S^2 + h^2} \tag{8-6}$$

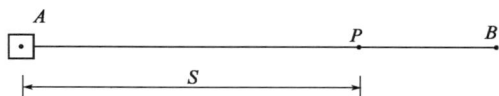

图 8-5　水平距离放样　　　　　图 8-6　倾斜地面的距离放样

因此倾斜地面的距离放样，是先按式（8-6）求 l_p，再按 l_p 沿 AB 方向丈量得到 P 点。此时得到的 P 点就是 B 点，AB 的平距等于 S。

3. 归化法距离放样

如图 8-7 所示，设 A 为已知点，待放样距离为 S。先设置一个过渡点 B'，选用适当的仪器及测回数精确丈量 AB' 的距离，经加上各项改正数后可以求得 AB' 的精确长度 S'。

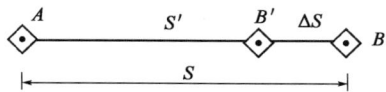

图 8-7　归化法距离放样

把 S' 与设计距离 S 相比较，得差数 ΔS，$\Delta S = S - S'$。

当 $\Delta S > 0$ 时，从 B' 点向前修正 ΔS 值就得所求之 B 点；当 $\Delta S < 0$ 时，从 B' 点向后修正 ΔS 值就得所求之 B 点。AB 即精确地等于要放样的设计距离 S。

归化法放样距离 S 的误差 m_S，由两部分误差合成：测量 S' 的误差 $m_{S'}$ 和归化 ΔS 的误差 $m_{\Delta S}$，即 $m_S^2 = m_{S'}^2 + m_{\Delta S}^2$。

表面上看似乎归化法放样的误差比一般放样法大一些，其实不然，由于归化值一般较小，归化的误差比测量的误差小很多，从而其影响可忽略不计。归化法放样的精度主要取决于测量的精度，而测量的精度通常比直接放样的精度高一些，因此归化法放样的精度常优于一般放样的精度。

4. 光电测距跟踪放样

光电测距跟踪放样是利用全站仪的跟踪测距功能进行测设。具体放样的步骤如下：

（1）在 A 点安置全站仪，量取仪器高 i，反光棱镜立于 AB 方向 P 点概略位置 P' 处，如图 8-8a）所示，反光棱镜对准全站仪。

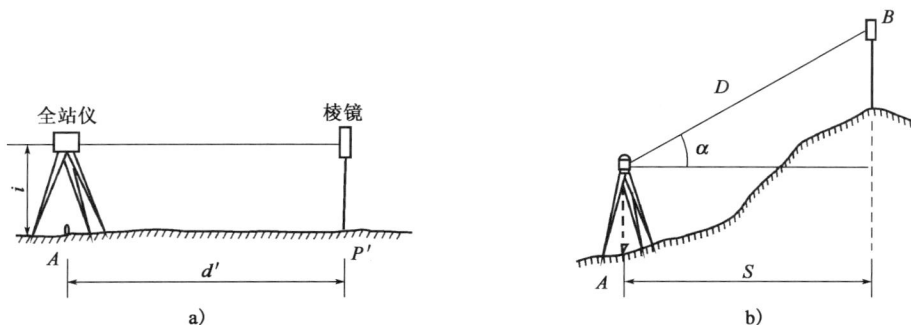

图 8-8　光电测距跟踪放样

（2）全站仪瞄准棱镜，启动全站仪的跟踪测距模式，进行跟踪测距，观察全站仪的距离显示值 S'，比较 S' 与设计值 S 的差别，指挥棱镜沿 AB 方向前后移动。当 $S' < S$ 时，棱镜向后移动，反之向前移动。

（3）当 S' 接近 S 值时停止移动棱镜，全站仪终止跟踪测距模式，同时启动正常测距模式，进行精密测距，并记下距离 S''。计算精确值 S'' 与设计值 S 的差值 $\Delta S（\Delta S = S - S''）$ 并据此调整，在实地标定出 P 点的位置。

如图 8-8b）所示，需测设斜距时，根据光电测距成果处理原理公式，光电测距平距 S 可表示为

$$S = (D + K + R \cdot D_{\text{km}})\cos\alpha \tag{8-7}$$

式中：D——光电测距值；

$\quad\quad K$——全站仪加常数；

$\quad\quad R$——全站仪乘常数；

$\quad\quad D_{\text{km}}$——充电测距值，以 km 计；

$\quad\quad \alpha$——放样点与已知点之间的竖直角。

根据式（8-7），全站仪放样斜距 D 为

$$D = \frac{S}{\cos\alpha} - (K + R \cdot D_{\text{km}}) \tag{8-8}$$

三、高程放样

各种工程建设在施工过程中都要求测量人员放样出设计高程。放样高程的方法主要有水准测量法、三角高程测量法、GNSS-RTK 法（见本章第五节）。

高程放样演示（一般
水准仪放样高程）

1. 水准测量法高程放样

（1）常规放样法。

应用几何水准测量方法放样高程时，首先应将高程控制点以必要的精度引测到施工区域，建立临时水准点。

高程放样时，设地面有已知高程的水准点 A，其高程为 H_a。待定点 B 的设计高程也已知，设为 H_b。要求在实地标定出与该设计高程相应的水平线或待定点顶面。

如图 8-9 所示，a 为水准点 A 上水准尺的读数。待放样点 B 上水准尺的读数 b 按下式计算：

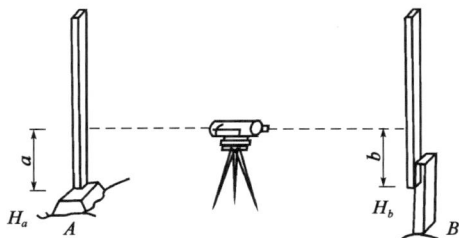

图 8-9　水准测量法高程放样

$$b = (H_a + a) - H_b \tag{8-9}$$

然后,上下移动 B 点的水准尺使仪器照准 B 尺上的读数 b,并将水准尺的零点标定出来,此点即为高程的放样点。标定放样点的方法很多,如混凝土工程一般是用油漆标定在混凝土墙壁或模板上。

(2)高墩台的高程放样。

当桥梁墩台高出地面较多时,放样高程位置往往高于水准仪的视线高,这时可采用钢尺直接量取垂距或采用"倒尺"的方法。当待放样点 B 的高程 H_b 高于仪器视线高时,即 $H_b > H_a + a$,可以把尺子倒立,即用"倒尺"工作,这时,$b = H_b - (H_a + a)$。水准尺零点的高程即为放样点的高程。

如图 8-10 所示,A 为已知点,其高程为 H_A,欲在 B 点墩身或墩身模板上定出高程为 H_B 的位置。放样点的高程 H_B 高于仪器视线高,先在基础顶面或墩身(模板)适当位置选择一点,用水准测量的方法测定其高程值,然后以该点为起算点,用悬挂钢尺直接量取垂距来标定放样点的高程位置。

当 B 处放样点高程 H_B 的位置高于水准仪视线高,但不超出水准尺工作长度时,可用倒尺法放样。在已知高程点 A 与墩身之间安置水准仪,在 A 点立水准尺,后视 A 尺并读数 a,在 B 处靠墩身倒立水准尺,放样点高程 H_B 对应的水准尺读数 $b_{倒}$ 为

$$b_{倒} = H_B - (H_A + a) \tag{8-10}$$

靠 B 点墩身竖立水准尺,上下移动水准尺,当水准仪在尺上的读数恰好为 $b_{倒}$ 时,沿水准尺尺底(零端)画一横线即是高程为 H_B 的位置。

(3)深基坑的高程放样。

当基坑开挖较深,基底设计高程与基坑边已知水准点的高程相差较大并超出水准尺的工作长度时,可采用水准仪配合悬挂钢尺的方法向下传递高程。如图 8-11 所示,A 为已知水准点,其高程为 H_A,欲在 B 点定出高程为 H_B 的位置(H_B 应根据放样时基坑实际开挖深度选择,通常取 H_B 比基底设计高程高出一个定值,如 1m),在基坑边用支架悬挂钢尺,钢尺零端朝下并悬挂 10kg 重物,放样时最好用两台水准仪同时观测,具体方法如下。

高墩台水准仪
放样高程

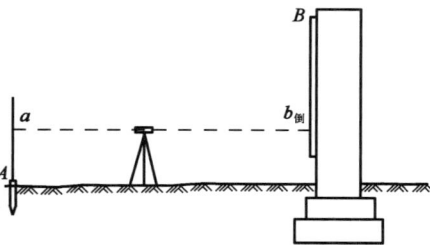

水准仪深基坑放样

图 8-10　高墩台的高程放样　　　　图 8-11　深基坑的高程放样

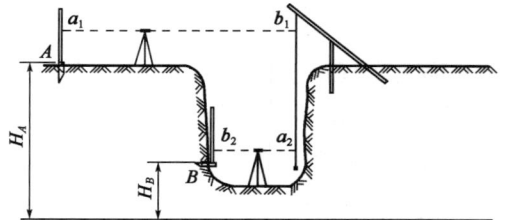

在 A 点立水准尺,基坑顶的水准仪后视 A 尺并读数 a_1,前视钢尺读数 b_1,基坑底的水准仪后视钢尺读数 a_2,然后计算 B 处水准尺应有的前视读数:

$$b_2 = H_A + a_1 - (b_1 - a_2) - H_B \tag{8-11}$$

上下移动 B 处的水准尺,直到水准仪在尺上的读数恰好为 b_2 时标定点位。为了控制基坑开挖深度,一般需要在基坑四周定出若干个高程均为 H_B 的点位。如果 H_B 比基底设计高程高

出一个定值 ΔH,施工人员就可用长度为 ΔH 的木条方便地检查基底高程是否达到了设计值,其在基础砌筑时还可用于控制基础顶面高程。

2.用全站仪三角高程测量法放样

用全站仪进行较大高差的高程放样是一种比较高效的方法。如图 8-12 所示,地面点 A 的高程为 H_a,待定点 B 的设计高程也已知,设为 H_b。其测设步骤如下:

(1)仪器安置在测站点 A,反射棱镜安置于待放样点 B 处,量取仪器高 i 及棱镜高 l。

(2)放样准备。

根据全站仪的功能进行测站设置,把 A 点的高程 H_a、仪器高 i 及棱镜高 l 存入仪器的存储器。

(3)高程放样。

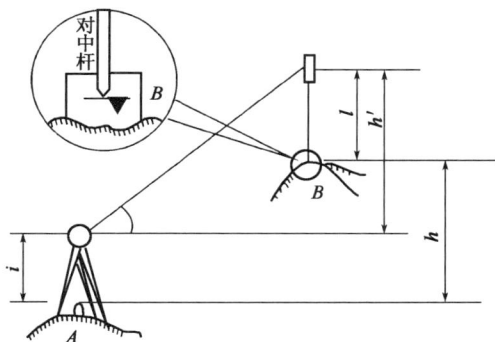

图 8-12 全站仪三角高程测量法放样

瞄准待放样点 B 处的反射棱镜。启动跟踪测距模式,观察显示高差和镜站高程。根据 B 点实测高程 H'_b 与设计高程 H_b 的比较,指挥调整反射棱镜的高度 l,使显示高差和镜站高程满足设计要求,把棱镜对中杆的低部标定出来,此点即为高程的放样点。

第三节　地面点平面位置的测设

一、直角坐标法

直角坐标法是利用点位之间的坐标增量及其直角关系进行点位放样的方法。A、B 是已知点,P 是设计的待定点。

(1)实地建立直角坐标系。设 A 为坐标系原点,AB 为 y 轴,x 轴便是过 A 点与 AB 垂直的直线。

(2)根据设计点位,确定待定点在坐标系中的坐标。如图 8-13 所示,待定点 P 与 A 点的坐标增量 Δx、Δy 在此坐标系中便是 x_p、y_p。

(3)放样 P 点。

①沿 y 轴丈量 Δy 得 P_y;

②在 P_y 处安置经纬仪,瞄准 A 点并拨角 $90°$;

③沿视准轴(即 x 轴)方向丈量 Δx 得 P 点的位置;

④实地标定 P 点。

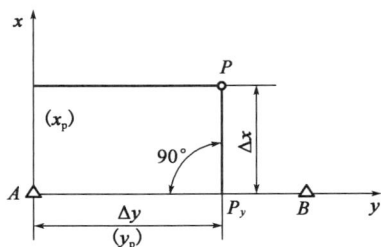

图 8-13 直角坐标法

二、极坐标法

极坐标法是利用点位之间的边长和角度关系进行放样的方法。如图 8-14 所示,A、B 是已知点,坐标为(x_A,y_A)、(x_B,y_B);P 是待定点,设计坐标为(x_P,y_P)。

(1)放样数据准备。

根据已知点 A、B 的坐标,求待定点 P 的设计坐标。

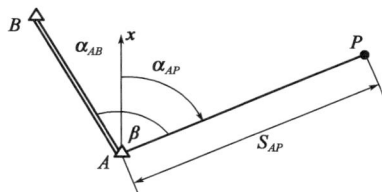

图 8-14 极坐标法

179

按坐标反算公式计算极距 S_{AP} 和极角 $\angle BAP = \beta$。

$$S_{AP} = \sqrt{(x_P - x_A)^2 + (y_P - y_A)^2} \qquad (8\text{-}12)$$
$$\beta = \alpha_{AP} - \alpha_{AB} \qquad (8\text{-}13)$$

（2）在 A 点上安置仪器，按角度放样的方法在实地标定 AP 方向线。

（3）沿 AP 方向线量距 $AP = S_{AP}$。

（4）在实地标定出 P 点的位置。

三、角度交会法

角度交会法是利用点位之间的角度关系进行点位放样的方法。如图 8-15 所示，A、B 是已知点，坐标为 (x_A, y_A)、(x_B, y_B)；P 是待定点，设计坐标为 (x_P, y_P)。

（1）放样数据准备。

图 8-15 中的 α、β 是角度交会法放样的数据。

$$\alpha = \alpha_{AB} - \alpha_{AP} \qquad (8\text{-}14)$$
$$\beta = \alpha_{BP} - \alpha_{BA} \qquad (8\text{-}15)$$

（2）在 A 点安置仪器，以 AB 为起始方向，以 $360° - \alpha$ 拨角放样 AP 方向，定骑马桩 A_1、A_2。

（3）在 B 点安置仪器，以 BA 为起始方向，以 β 拨角放样 BP 方向，定骑马桩 B_1、B_2。

（4）利用 A_1A_2、B_1B_2 相交于 P 点，实地标定出 P 点位置。

四、距离交会法

距离交会法是利用点位之间的距离关系进行点位放样的方法。如图 8-16 所示，A、B 是已知点，坐标为 (x_A, y_A)、(x_B, y_B)；P 是待定点，设计坐标为 (x_P, y_P)。

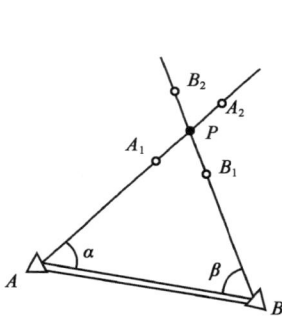

图 8-15　角度交会法　　　　图 8-16　距离交会法

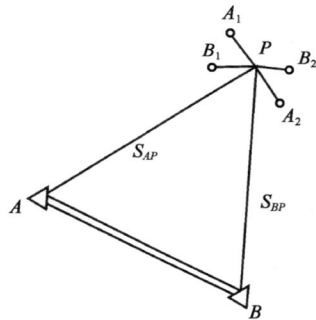

（1）放样数据准备。

图 8-16 中的放样数据 S_{AP}、S_{BP} 按坐标反算公式求得。

（2）以 A 点为圆心，以 S_{AP} 为半径画弧线 A_1A_2。

（3）以 B 点为圆心，以 S_{BP} 为半径画弧线 B_1B_2。

（4）利用弧线 A_1A_2、B_1B_2 相交于 P 点，实地标定出 P 点位置。

五、角边交会法

角边交会法是利用点位之间的角度、距离关系进行点位放样的方法。如图 8-17 所示，A、B

是已知点,坐标为(x_A,y_A)、(x_B,y_B);P是待定点,设计坐标为(x_P,y_P)。

(1)放样数据准备。

图8-17中的放样数据β、S由A、B和P点的坐标按坐标反算公式求得。

(2)在A点安置仪器,以角度放样方法在实地标出AP的方向线A_1A_2。

(3)以B点为圆心,以S为半径画弧线B_1B_2。

(4)利用直线A_1A_2与弧线B_1B_2相交于P点,实地标定出P点位置。

六、全站仪坐标法

全站仪坐标法是利用待定点的设计坐标以全站仪测量技术进行点位放样的方法。

全站仪坐标法的测设步骤如下:

(1)在测站A安置全站仪,将已知点A、B和待定点P的坐标等参数输入全站仪。设置AB的坐标方位角α_{AB}并以AB方向定向。

(2)测设时,全站仪瞄准P'点的反射棱镜,测量P'点的坐标得(x'_P,y'_P)。同时与P点的设计坐标(x_P,y_P)比较,计算坐标增量Δx、Δy,如图8-18所示。

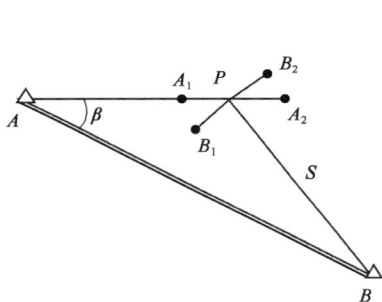

图8-17 角边交会法   图8-18 全站仪坐标法

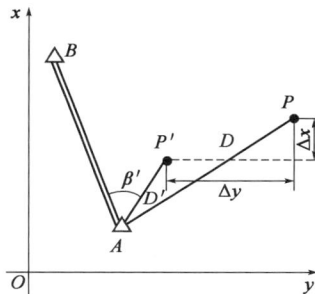

(3)观测人员根据Δx、Δy的大小及正负指挥镜站移动,并连续跟踪测量,直至$\Delta x=0$、$\Delta y=0$。

此时,镜站所在点位就是待定点P的实际点位。

(4)在地面上标定出P点的位置。

第四节 全站仪施工测设

全站仪点位放样是指在实地上标定出所设计的点位。用全站仪放样时,通过对照准点的水平角、距离或坐标的测量,仪器可以显示出预先输入的待放样值与实测值之差,持棱镜者根据测量的差值调整测点位置,直到测量差值在容许范围之内,则测点就是需要的放样点。放样的过程主要包括以下几个步骤:

全站仪放样模拟

(1)选择放样文件,可进行测站坐标数据、后视坐标数据和放样点数据的调用。

(2)设置测站点。

(3)设置后视点,确定方位角。

（4）输入所需的放样坐标,实施放样。

其中（2）、（3）步具体设置内容及方法同第七章第三节。

下面以 Leica TS 系列全站仪为例,说明全站仪在放样时的具体操作,按"菜单"键进入应用程序,选择"放样",进入放样程序,如图 8-19 所示。放样程序操作步骤:设置作业→设置测站→定向→开始放样。

【放样设置】
[◆] F1 设置作业
[◆] F2 设置测站
[◆] F3 定向
　　 F4 开始
F1 | F2 | F3 | F4

[◆] 已有设置
[ ] 没有设置

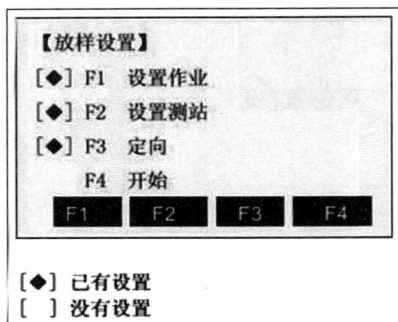

图 8-19　Leica TS 系列放样设置主界面

1.设置作业

设置作业即创建或选择一个已有的子目录文件夹,本项目的全部数据都保存在该作业中便于管理。作业中包含不同类型的测量数据(例如:测量数据、编码、已知点、测站点……),作业可以单独管理,可以分别读出、编辑或删除。

增加:创建一个新作业。

确认:设置该作业,回到启动程序。随后所有的数据都存放在这个作业中。

2.设置测站

设置测站即设置测站点坐标。每个目标点的放样数据计算都与测站的设置有关,至少要设置测站的平面坐标(X_0,Y_0)。如果在放样的同时需要测量中桩高程,则需输入测站点的三维坐标(X_0,Y_0,H_0)。测站点坐标可以人工输入,也可以从仪器内存中读取。

方法 1:人工输入。

（1）坐标:弹出人工输入坐标对话框,输入点号和坐标。

（2）保存:保存测站坐标,接着输入仪器高。

（3）确认:按输入的数据设置测站。

方法 2:读取内存中的已知点。

（1）选择内存中已知点的点号,调出坐标并检查确认。

（2）输入仪器高。

（3）确认:按输入的数据设置测站。

3.定向

定向即确定坐标方位角。可以人工输入水平方位角定向,也可以由已知坐标的点定向。在定向时,必须转动望远镜瞄准后视点。

方法 1:人工输入水平方位角。

（1）F1 启动测量定向。

（2）瞄准后视点。

（3）输入后视点水平方位角、棱镜高。

（4）测角:记录定向值并测量。

（5）测存:记录定向值。

方法 2:用已知坐标的点定向。

（1）F1 启动测量定向。

（2）瞄准后视点。

（3）输入后视点点号，核对点的数据；如内存中没有保存后视点坐标，也可以直接输入。

（4）测量：设置定向值并测量。

（5）确认：设置定向值。

4．开始放样

全站仪可根据放样点的坐标或手工输入的角度、水平距离和高程计算放样元素，角度的差值会随着望远镜的旋转连续显示。

点位放样前，应将点位坐标从计算机传入全站仪中，放样时从内存提取坐标进行放样。在现场根据需要选择桩号放样。

如图8-20所示，放样时，旋转水平度盘使 ΔH_z 读数为零，指挥棱镜手左右移动到仪器视线方向，根据显示的 $\triangle$ ◢ 数值指挥棱镜手沿仪器视线方向前后移动，重复测距，直到 $\triangle$ ◢ 在10cm之内，用小钢尺在仪器视线方向量取 $\triangle$ ◢ 确定放样点。

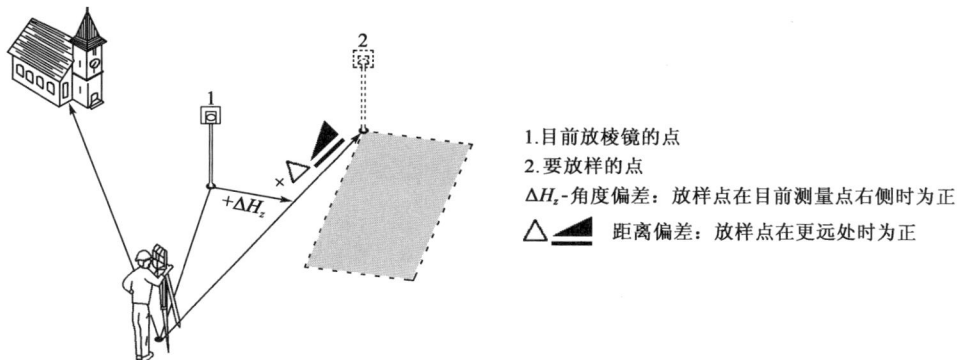

1.目前放棱镜的点
2.要放样的点
ΔH_z-角度偏差：放样点在目前测量点右侧时为正
◢ 距离偏差：放样点在更远处时为正

图 8-20　极坐标法放样

第五节　GNSS-RTK 施工测设

利用 GNSS-RTK 法进行施工测设时，在开始测设之前，首先要对仪器和控制软件进行正确的设置，才能测得符合要求的结果。下面以中海达为例说明具体操作步骤。

1．基准站安置和设备操作

设置项目、设置坐标系统参数、设置基准站、设置移动台、采集控制点求参数等详见第五章第四节。

2．开始放样

（1）数据导入。

①把放样点坐标数据整理拷贝到手簿内存里。

第一步：在 Excel 里重新编辑放样点文件，各列内容依次是点名、N、E、Z。

第二步：另存为"放样点.csv"（逗号分隔符），导入文件支持格式".csv\.txt\.dat"。

第三步：把"放样点.csv"拷贝到手簿内存\ZHD\Out 里。

②进入手簿软件把放样点导入当前项目。

点击【项目】—【数据交换】—【放样点】—【导入】,选择文件"放样点. csv"。

点击【确定】—【自定义格式设置】,导入内容依次选择点名、N、E、Z。

点击【确定】,提示数据导入成功。结果如图 8-21 所示。

图 8-21　数据导入操作界面

③查看导入数据。

点击【项目】—【坐标数据】—【放样点】,显示放样点导入成功。

(2)点放样。

点击【测量】—【点放样】,进入点放样界面,如图 8-22a)所示。点向右箭头输入坐标,然后根据方向和距离提示找到放样点。

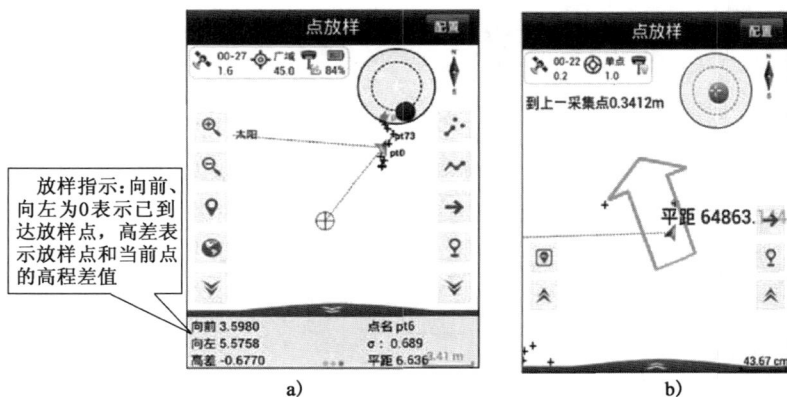

图 8-22　点放样界面

在当前点至放样点(即目标点)的距离未进入放样提示距离范围时,将显示大箭头,提示用户行走正方向和当前点到放样点方向的偏转角度(大箭头和地图正方向的角度),如果行走方向正在靠近放样点,则显示为绿色[图 8-22b)],如果正在远离放样点,则显示为红色,若行走正方向和当前点与放样点连线大致垂直,需要向左则显示为黄色向左,需要向右则显示为黄色向右。点位确定好后,根据屏幕显示地面高差和设计高差的差值,确定此点处的填(挖)高度,做好标记,从而完成高程放样。

【思考题与习题】

1. 什么是放样? 放样的基本任务是什么?

2. 放样与测定的区别是什么?

3. 角度放样的方法有哪些? 如何操作?

4. 平面点位的基本放样方法有哪几种? 如何实施?

5. 已知控制点的坐标: $A(1\,000.000,1\,000.000)$、$B(1\,108.356,1\,063.233)$,欲确定 Q($1\,025.465,938.315$)的平面位置。试计算以极坐标法放样 Q 点的测设数据(仪器安置于 A 点),以及测设 Q 点的步骤。

6. 已知水准点 A 的高程 $H_A = 20.355$m,若在 B 点处墙面上测设出高程分别为 21.000m 和 23.000m 的位置,设在 A、B 中间安置水准仪,后视 A 点水准尺得读数 $a = 1.452$m,则怎样测设才能在 B 处墙得到设计高程? 请绘制一略图表示。

第九章

道路中线测设

【学习内容与要求】

本章主要介绍道路中线测设的原理与方法。要求学生了解道路中线逐桩坐标的计算方法；熟悉虚交、复曲线、卵形曲线、回头曲线等典型平曲线的概念，直线、曲线及转角表的计算；掌握路线转角的计算，里程桩的设置与要求，基本型平曲线要素及主点里程的计算方法，用全站仪和 GNSS-RTK 测设道路中线的原理与方法。

第一节 概 述

道路是三维空间的工程结构物。它的中线是一条空间曲线，叫路线，其在水平面的投影就是平面线形。道路平面线形由于受到沿线地形、地质、水文、气候等自然条件和社会条件的制约而改变方向。在路线平面方向的转折处，为了满足行车要求，需要用适当的曲线把前、后直线连接起来，这种曲线称为平曲线。平曲线包括圆曲线和缓和曲线。道路平面线形是由直线、圆曲线、缓和曲线组成的，称为道路平面线形三要素，如图 9-1 所示。圆曲线是具有一定

圆曲线 缓和曲线 圆曲线 缓和曲线

图 9-1　道路平面线形

曲率半径的圆弧,缓和曲线是在直线与圆曲线之间,或两不同半径的圆曲线之间设置的曲率连续变化的曲线,我国公路缓和曲线的形式采用回旋线。根据我国《公路工程技术标准》(JTG B01—2014)的规定,当公路的圆曲线半径小于不设超高的最小半径时,应设缓和曲线。四级公路可不设缓和曲线,直接用圆曲线与直线径相连接。

道路中线测设是通过直线和曲线的放样,将道路中线的平面位置敷设到地面上去,并标定出其里程,供设计和施工之用。故道路中线测设也叫中桩放样。

第二节 路线交点、转角和里程桩

一、路线的交点

在路线测设时,应先选定路线的转折点,这些转折点是路线改变方向时相邻两直线的延长线相交的点,称为交点。确定路线交点位置及曲线要素的工作称为定线,根据工作对象的不同分为直接定线和纸上定线。

对于技术简单、方案明确的低等级公路,当采用一阶段施工图设计时,交点的位置可采用现场标定的方法确定,即根据已定的技术标准,结合地形、地质等条件,在现场反复插设比较,直接在现场定出路线交点的位置及曲线要素,这种方法称为直接定线。在低等级公路测设中,交点是中线测量的主要控制点。直接定线不需测地形图,比较直观。

对于高等级公路或地形、地物复杂,现场标定困难的地段,应先在实地布设导线,测绘大比例尺地形图(通常为1∶2 000或1∶1 000),再在地形图上定出各交点位置及曲线要素,这种方法称为纸上定线。纸上定线可以进行多方案比较,在现场无须标定交点。

二、路线的转角

在路线转折处,为了测设曲线,需要测定其转角。所谓转角,是指交点处后视线的延长线与前视线的夹角,以 α 表示。转角有左右之分,如图 9-2 所示,位于延长线右侧的,为右转角 α_y;位于延长线左侧的,为左转角 α_z。在路线测量中,转角通常通过观测路线右角 β 计算求得。

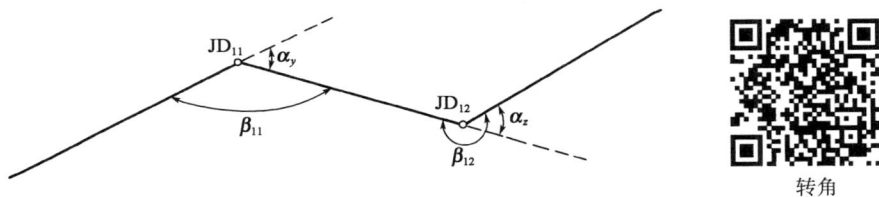

图 9-2 转角的测定

当右角 $\beta < 180°$ 时,为右转角;当右角 $\beta > 180°$ 时,为左转角。则

$$\begin{cases} \alpha_y = 180° - \beta \\ \alpha_z = \beta - 180° \end{cases} \tag{9-1}$$

右角的测定,可以将全站仪架设在交点上,采用测回法观测一个测回,上下半测回所测角值的限差视公路等级而定,高速公路、一级公路限差为 ±20″以内,二级及二级以下公路限差为 ±60″以内,如果限差在容许范围内可取其平均值作为最后结果。

直接定线也可以采用全站仪或者 GNSS-RTK,测出交点的坐标,通过计算得到路线转角和交点间距。纸上定线则可以直接在地形图上读出交点坐标。

假设 JD_{i-1},JD_i,JD_{i+1} 的坐标分别为 $JD_{i-1}(x_{i-1},y_{i-1})$,$JD_i(x_i,y_i)$,$JD_{i+1}(x_{i+1},y_{i+1})$,则交点偏角计算程序如下:

(1)计算坐标增量。

$$\begin{cases} \Delta x_{i,i+1} = x_{i+1} - x_i \\ \Delta y_{i,i+1} = y_{i+1} - y_i \end{cases} \tag{9-2}$$

(2)计算路线方位角 $A_{i,i+1}$。

$$\begin{cases} \text{如果 } \Delta x_{i,i+1} = 0,\Delta y_{i,i+1} > 0,\text{则 } A_{i,i+1} = 90° \\ \text{如果 } \Delta x_{i,i+1} = 0,\Delta y_{i,i+1} < 0,\text{则 } A_{i,i+1} = 270° \end{cases}$$

象限角
$$\theta = \arctan \frac{|\Delta y_{i,i+1}|}{|\Delta x_{i,i+1}|}$$

$$\begin{cases} \text{如果 } \Delta x_{i,i+1} > 0,\Delta y_{i,i+1} > 0,\text{则 } A_{i,i+1} = \theta \\ \text{如果 } \Delta x_{i,i+1} > 0,\Delta y_{i,i+1} < 0,\text{则 } A_{i,i+1} = 360° - \theta \\ \text{如果 } \Delta x_{i,i+1} < 0,\Delta y_{i,i+1} > 0,\text{则 } A_{i,i+1} = 180° - \theta \\ \text{如果 } \Delta x_{i,i+1} < 0,\Delta y_{i,i+1} < 0,\text{则 } A_{i,i+1} = 180° + \theta \end{cases} \tag{9-3}$$

(3)计算交点右角 β_i。

$$\beta_i = A_{i-1,i} - A_{i,i+1} + 180° \tag{9-4}$$

β_i 如果大于 $360°$,应减去 $360°$;若出现负值,应加上 $360°$。

(4)按式(9-1)计算转角 α_i。

$\beta_i < 180°$ 时为右转角,$\beta_i > 180°$ 时为左转角。

右转角:$\alpha_i = 180° - \beta_i$。

左转角:$\alpha_i = \beta_i - 180°$。

(5)计算交点间距。

$$S_{i,i+1} = \sqrt{\Delta x_{i,i+1}^2 + \Delta y_{i,i+1}^2} \tag{9-5}$$

利用坐标法可以一次性测出多个交点的转角和距离要素,效率较高,应尽量采用。

三、里程桩

在路线平面设计完成后,即可进行道路中线测设,在实地放样里程桩,标定道路中线的具体位置。

里程的定义

1. 里程桩的基本要求

道路中线上设有里程桩,亦称中桩,桩上写有桩号(里程),道路中线上某点的里程指从路线起点到达此点所经过的路线的投影长度。如路线上某点的里程为 1 234.567m,则桩号记为 K1 + 234.567。

中桩的设置应满足桩距及精度要求。直线上的桩距 l_0 一般为 20m,地形平坦时不应大于 50m;曲线上的桩距 l_0 与圆曲线半径有关。中桩桩距按表 9-1 的规定执行。

中桩桩距 表9-1

直线（m）		曲线（m）			
平原、微丘区	山岭、重丘区	不设超高的曲线	$R>60$	$60≥R≥30$	$R<30$
≤50	≤25	25	20	10	5

注：R 为圆曲线半径。

按桩距 l_0 在曲线上设桩，通常采用整桩号法：将曲线上靠近曲线起点的第一个桩凑成 l_0 倍数的整桩号，然后按桩距 l_0 连续向曲线终点设桩。这样设置的桩均为整桩号。如果某个桩号与曲线主点桩距离较近，可以省略该整桩。但百米桩和公里桩不能省略。

路线中线敷设目前均采用坐标法，中桩平面桩位精度不得超过表9-2的规定。

中桩平面桩位精度 表9-2

公路等级	中桩位置中误差（cm）		桩位检测之差（cm）	
	平原、微丘区	山岭、重丘区	平原、微丘区	山岭、重丘区
高速、一级、二级公路	≤ ±5	≤ ±10	≤10	≤20
三级、四级公路	≤ ±10	≤ ±15	≤20	≤30

2.里程桩设置

里程桩包括路线起终点桩、公里桩、百米桩和一系列加桩，还有起控制作用的交点桩、转点桩、平曲线主点桩、桥梁和隧道轴线桩、断链桩等。按其所表示的里程数，里程桩又分整桩和加桩两类。整桩是按规定每隔10m、20m或50m设置桩号为整数的里程桩。百米桩和公里桩均属整桩，一般情况下均应设置。图9-3所示为整桩的书写情况。

加桩分为地形加桩、地物加桩、曲线加桩和关系加桩等。地形加桩是在路线纵、横向地形有明显变化处设置的桩，如悬崖、陡坎；地物加桩是在中线上桥梁、涵洞、隧道等人工构造物处，以及与既有公路、铁路、管线、渠道等交叉处设置的桩；曲线加桩是在曲线起点、中点、终点等曲线主点上设置的桩；关系加桩是在转点和交点上设置的桩。此外，还可根据具体情况在拆迁建筑物处、工程地质变化处、断链处等加桩。对于人工构造物，在书写里程时，要冠以工程名称如"桥""涵"等。在书写曲线加桩和关系加桩时，应在桩号之前加上其缩写名称，如图9-4所示。目前，我国公路采用汉语拼音的缩写名称，如表9-3所示。

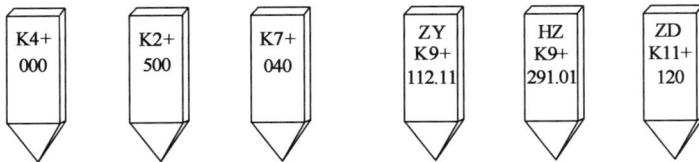

| K4+000 | K2+500 | K7+040 | ZY K9+112.11 | HZ K9+291.01 | ZD K11+120 |

图9-3 整桩　　　　　　图9-4 主点桩和关系加桩

平曲线主点名称及缩写 表9-3

名称	简称	汉语拼音缩写	英文缩写
交点		JD	IP
转点		ZD	TP
圆曲线起点	直圆点	ZY	BC
圆曲线中点	曲中点	QZ	MC

续上表

名称	简称	汉语拼音缩写	英文缩写
圆曲线终点	圆直点	YZ	EC
公切点		GQ	CP
第一缓和曲线起点	直缓点	ZH	TS
第一缓和曲线终点	缓圆点	HY	SC
第二缓和曲线起点	圆缓点	YH	CS
第二缓和曲线终点	缓直点	HZ	ST

钉桩时,对起控制作用的交点桩、转点桩、平曲线主点桩、路线起终点桩以及重要的人工构造物加桩,如桥位桩、隧道定位桩等均采用方桩。方桩钉至与地面齐平,顶面钉一小钉表示点位。在距方桩20cm左右设置指示桩,上面书写桩的名称和桩号。钉指示桩要注意字面应朝向方桩,以便于将来寻找方桩。直线上的指示桩应打在路线的同一侧,曲线上的指示桩则应打在曲线的外侧。主要起控制作用的方桩应用混凝土浇筑,也可用钢筋加混凝土预制桩,且钢筋顶面锯成"十"字以示点位。必要时加设护桩防止桩的损坏或丢失。除控制桩之外,其他的桩为标志桩,一般采用板桩,直接将指示桩打在点位上,并露出桩号为宜。为了后续工作中寻找里程桩方便,不致遗漏,应按"1、2、3、…、8、9、0、1、2、…"的循环顺序对中桩进行编号,编号写在桩的背面。打桩时,板桩的序号面要朝向路线前进方向。

3. 交点桩号

交点桩号是计算平曲线各主点桩号的基础。交点桩号是指该桩由起点沿平面曲线所经过的水平路程,由中线丈量计算得到。

4. 断链

断链是指局部方案比较、局部改线或分段测量等造成的桩号不连续的现象。桩号重叠称为长链,桩号间断称为短链。

如:K1 + 200 = K1 + 195(长链5m);K1 + 200 = K1 + 205(短链5m)。

等号左边数值称为该断链之前里程,即先前路线里程的终点;等号右边数值称为该断链之后里程,即后续路线里程的起点,断链桩之后的路线按后里程继续推算。为了方便,断链位置一般设置在直线上。在断链点设断链桩,桩号要同时标记前、后里程。

路线总长度 = 终点桩里程 + 长链总和 − 短链总和。

第三节　基本型平曲线要素计算

路线平面线形中的平曲线一般由圆曲线和缓和曲线组成。平曲线按直线—缓和曲线—圆曲线—缓和曲线—直线顺序的组合形式称为基本型曲线。四级公路或当圆曲线的半径大于或等于不设超高的最小半径时,平曲线可以只设圆曲线。平曲线测设包括主点桩和加密桩。主点桩是指平曲线的直缓点(ZH)、缓圆点(HY)、曲中点(QZ)、圆缓点(YH)和缓直点(HZ);当不设缓和曲线时为直圆点(ZY)、曲中点(QZ)和圆直点(YZ)。在主点桩之间需要按规定桩距测设平曲线的其他各点,称为平曲线的加密桩。

一、缓和曲线

1.缓和曲线的概念

车辆在行驶过程中,由直线进入圆曲线是通过驾驶员转动方向盘,从而使前轮逐渐发生转向来实现的,其行驶轨迹是一条曲率连续变化的曲线。车辆在直线上的离心力为零,而在圆曲线上的离心力为一定值。直线与圆曲线直接相连时曲率发生突变,对行车安全不利,也影响行车的稳定性和舒适性。尤其是在车辆高速行驶时,这种现象更为明显。为了使路线的平面线形更加符合车辆的行驶轨迹、离心力逐渐变化,确保行车的安全和舒适,需要在直线与圆曲线之间插入一段曲率半径由无穷大逐渐变化到圆曲线半径的过渡性曲线,此曲线称为缓和曲线。

缓和曲线的作用:①使曲率连续变化,便于车辆行驶,保证行车安全;②离心加速度逐渐变化,使旅客感到舒适;③曲线上超高和加宽逐渐过渡,保证行车平稳和路容美观;④与圆曲线配合,可提高驾驶员的视觉平顺性,增加线形美感。

缓和曲线的形式可采用回旋线、三次抛物线及双纽线等。目前我国公路设计规范中规定以回旋线为缓和曲线。

2.回旋线形缓和曲线公式

(1)基本公式。

如图9-5所示,回旋线是随曲线长度增长而曲率半径均匀减小的曲线,即在回旋线上任意一点的曲率半径 r 与曲线的长度成反比。以公式表示为

$$r = \frac{c}{l}$$

或 $$rl = c$$

式中:r——回旋线上某点的曲率半径,m;

l——回旋线上某点到原点的曲线长度,m;

c——常数。

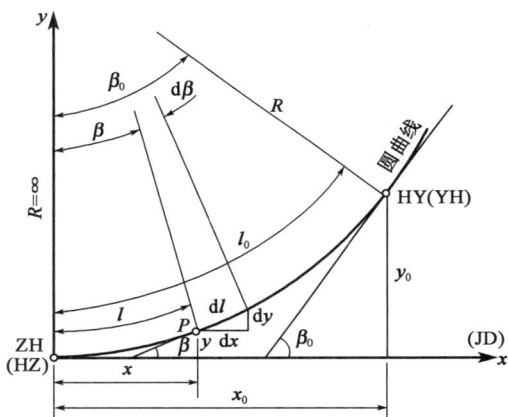

图9-5 回旋线形缓和曲线

为了使上式两边的量纲统一,引入回旋线参数 A,令 $A^2 = c$,A 表征回旋线曲率变化的缓急程度。则回旋线基本公式为

$$rl = A^2 \tag{9-6}$$

在缓和曲线的终点 HY 点(或 YH 点),$r = R$,$l = l_s$(缓和曲线全长),则

$$Rl_s = A^2 \tag{9-7}$$

缓和曲线长度的确定应考虑乘客的舒适性、超高过渡的需要,并应不小于3s行程。考虑上述因素,我国《公路路线设计规范》(JTG D20—2017)规定了各级公路缓和曲线的最小长度,见表9-4。

各级公路缓和曲线最小长度   表9-4

设计速度(km/h)	120	100	80	60	40	30	20
最小长度(m)	100	85	70	50	35	25	20

（2）切线角公式。

如图 9-5 所示，回旋线上任一点 P 的切线与 x 轴（起点 ZH 或 HZ 切线）的夹角称为切线角，用 β 表示。该角值与 P 点至曲线起点长度 l 所对应的中心角相等。在 P 处取一微分弧段 $\mathrm{d}l$，其所对的中心角为 $\mathrm{d}\beta$，于是

$$\mathrm{d}\beta = \frac{\mathrm{d}l}{r} = \frac{l\mathrm{d}l}{A^2}$$

积分得

$$\beta = \frac{l^2}{2A^2} = \frac{l^2}{2Rl_\mathrm{s}} \tag{9-8}$$

当 $l = l_\mathrm{s}$ 时，β 以 β_0 表示，式(9-8)可写成：

$$\beta_0 = \frac{l_\mathrm{s}}{2R}(\mathrm{rad}) \tag{9-9}$$

以角度表示则为

$$\beta_0 = \frac{l_\mathrm{s}}{2R} \cdot \frac{180}{\pi}(°) \tag{9-10}$$

β_0 即为缓和曲线全长 l_s 所对应的中心角，即切线角，亦称缓和曲线角。

（3）缓和曲线的参数方程。

如图 9-5 所示，以缓和曲线起点为坐标原点，过该点的切线为 x 轴，过原点的半径为 y 轴，任取一点 P 的坐标为 (x, y)，则微分弧段 $\mathrm{d}l$ 在坐标轴上的投影为

$$\begin{cases} \mathrm{d}x = \mathrm{d}l \cdot \cos\beta \\ \mathrm{d}y = \mathrm{d}l \cdot \sin\beta \end{cases} \tag{9-11}$$

将式(9-11)中 $\cos\beta$、$\sin\beta$ 按级数展开，并将式(9-8)代入，积分，略去高次项得

$$\begin{cases} x = l - \dfrac{l^5}{40R^2 l_\mathrm{s}^2} \\ y = \dfrac{l^3}{6Rl_\mathrm{s}} \end{cases} \tag{9-12}$$

式(9-12)称为缓和曲线的参数方程。

当 $l = l_\mathrm{s}$ 时，得到缓和曲线终点坐标：

$$\begin{cases} x_0 = l_\mathrm{s} - \dfrac{l_\mathrm{s}^3}{40R^2} \\ y_0 = \dfrac{l_\mathrm{s}^2}{6R} \end{cases} \tag{9-13}$$

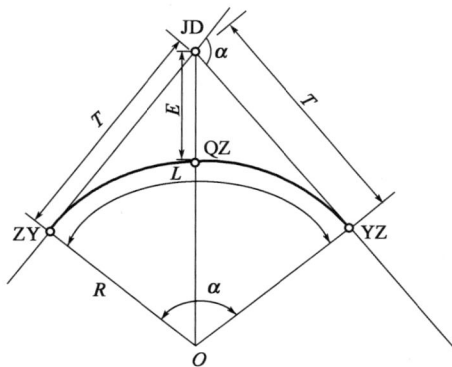

图 9-6　圆曲线测设元素

二、平曲线主点里程计算

1. 圆曲线测设元素

如图 9-6 所示，设交点 JD 的转角为 α，圆曲线半径为 R，则圆曲线的测设元素可按下列公式计算：

$$
\begin{cases}
\text{切线长} & T = R\tan\dfrac{\alpha}{2} \\[2ex]
\text{曲线长} & L = R\alpha\dfrac{\pi}{180°} \\[2ex]
\text{外距} & E = R\left(\sec\dfrac{\alpha}{2} - 1\right) \\[2ex]
\text{切曲差} & D = 2T - L
\end{cases}
\tag{9-14}
$$

2. 内移值 p 与切线增值 q 的计算

如图 9-7 所示,在直线与圆曲线之间插入缓和曲线时,必须将原有的圆曲线向内移动距离 p,才能使缓和曲线的起点位于直线方向上,这时切线增长 q。未设缓和曲线时的圆曲线为 $\overset{\frown}{FG}$,插入两段缓和曲线 $\overset{\frown}{AC}$ 和 $\overset{\frown}{BD}$ 后,圆曲线向内移,其保留部分为 $\overset{\frown}{CMD}$,半径为 R,所对应的圆心角为 $\alpha - 2\beta_0$。

测设时必须满足的条件为 $\alpha \geqslant 2\beta_0$,否则应缩短缓和曲线长度或加大圆曲线半径使之满足条件。由图 9-7 可知:

$$
\begin{cases}
p = y_0 - R(1 - \cos\beta_0) \\[1.5ex]
q = x_0 - R\sin\beta_0
\end{cases}
\tag{9-15}
$$

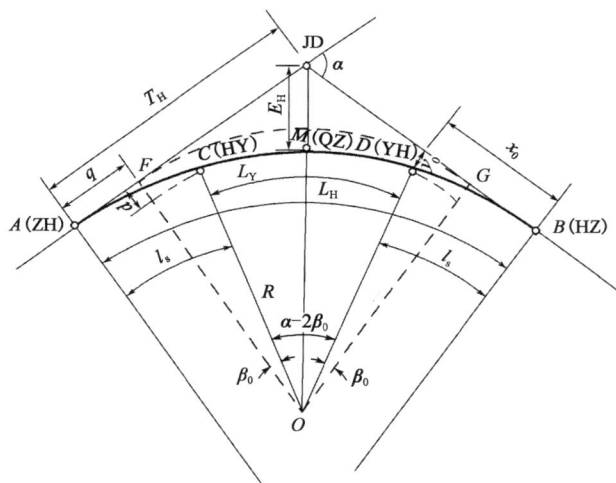

图 9-7 带有缓和曲线的平曲线

圆曲线测设
元素计算

内移值 p 和切线
增量 q 的计算

将式(9-15)中的 $\cos\beta_0$、$\sin\beta_0$ 按级数展开,略去高次项,并按式(9-10)和式(9-13)将 β_0、x_0 和 y_0 代入,可得

$$
\begin{cases}
p = \dfrac{l_s^2}{24R} \\[2.5ex]
q = \dfrac{l_s}{2} - \dfrac{l_s^3}{240R^2}
\end{cases}
\tag{9-16}
$$

由式(9-16)与式(9-12)可知,内移值 p 等于缓和曲线中点纵坐标 y 的两倍;切线增值 q 约为缓和曲线长度之半,缓和曲线的位置大致是一半占用直线部分,另一半占用原圆曲线部分。

3. 带有缓和曲线的平曲线测设元素

当测得转角 α,且圆曲线半径 R 和缓和曲线长度 l_s 确定后,即可按式(9-10)及式(9-16)计算切线角 β_0、内移值 p 和切线增值 q,在此基础上计算平曲线测设元素。如图 9-7 所示,平曲线测设元素可按下列公式计算:

带有缓和曲线的
平曲线测设
元素计算

$$
\begin{cases}
\text{切线长} & T_H = (R+p)\tan\dfrac{\alpha}{2} + q \\[2mm]
\text{曲线长} & L_H = R(\alpha - 2\beta_0)\dfrac{\pi}{180°} + 2l_s = R\alpha\dfrac{\pi}{180°} + l_s \\[2mm]
\text{其中圆曲线长} & L_Y = R(\alpha - 2\beta_0)\dfrac{\pi}{180°} = R\alpha\dfrac{\pi}{180°} - l_s \\[2mm]
\text{外距} & E_H = (R+p)\sec\dfrac{\alpha}{2} - R \\[2mm]
\text{切曲差} & D_H = 2T_H - L_H
\end{cases}
\tag{9-17}
$$

如果不设缓和曲线,则公式简化为式(9-14)。

4. 平曲线主点里程计算实例

根据交点的里程和平曲线测设元素,计算平曲线主点里程。

$$
\begin{cases}
\text{直缓点} & \text{ZH} = \text{JD} - T_H \\[2mm]
\text{缓圆点} & \text{HY} = \text{ZH} + l_s \\[2mm]
\text{圆缓点} & \text{YH} = \text{HY} + L_Y \\[2mm]
\text{缓直点} & \text{HZ} = \text{YH} + l_s \\[2mm]
\text{曲中点} & \text{QZ} = \text{HZ} - \dfrac{L_H}{2} \\[2mm]
\text{交点} & \text{JD} = \text{QZ} + \dfrac{D_H}{2}\,(\text{校核})
\end{cases}
\tag{9-18}
$$

【例 9-1】 已知某交点里程为 K3+132.765。测得转角 $\alpha_{右} = 25°48'$,拟定圆曲线半径 $R = 300\text{m}$,缓和曲线长度 $l_s = 70\text{m}$,求曲线测设元素及主点桩里程,并按整桩号法对曲线进行排桩。

解:(1)计算曲线测设元素。

$$
p = \frac{l_s^2}{24R} = \frac{70^2}{24 \times 300} = 0.681(\text{m})
$$

$$
q = \frac{l_s}{2} - \frac{l_s^3}{240R^2} = \frac{70}{2} - \frac{70^3}{240 \times 300^2} = 34.984(\text{m})
$$

$$T_H = (R + p)\tan\frac{\alpha}{2} + q = (300 + 0.681) \times \tan\frac{25°48'}{2} + 34.984 = 103.849(\mathrm{m})$$

$$L_H = R\alpha\frac{\pi}{180°} + l_s = 300 \times 25.8° \times \frac{\pi}{180°} + 70 = 205.088(\mathrm{m})$$

$$E_H = (R + p)\sec\frac{\alpha}{2} - R = (300 + 0.681) \times \sec\frac{25°48'}{2} - 300 = 8.466(\mathrm{m})$$

$$D_H = 2T_H - L_H = 2 \times 103.849 - 205.088 = 2.610(\mathrm{m})$$

（2）计算主点桩里程。

JD	K3 + 132.765	
−) T_H	103.849	
ZH	K3 + 028.916	+ l_s(70) = HY K3 + 098.916
+) L_H	205.088	
HZ	K3 + 234.004	− l_s(70) = YH K3 + 164.004
−) $L_H/2$	102.544	
QZ	K3 + 131.460	
+) $D_H/2$	1.305（校核）	
JD	K3 + 132.765（计算无误）	

（3）按整桩号法对曲线进行排桩。

$R = 300\mathrm{m}$，根据表 9-1，桩距为 20m。ZH 点桩号为 K3 + 028.916，距离 ZH 点最近的整桩号为 +040，故曲线的排桩顺序如下：

ZH + 028.916，+ 040，+ 060，+ 080；HY + 98.916，+ 100，+ 120；QZ + 131.460，+ 140；YH + 164.004，+ 180，+ 200，+ 220；HZ + 234.004。

曲线主点 YH + 164.004 与 + 160 距离较近，故 + 160 桩号可以省略。HY + 98.916 与 + 100 两个桩距离虽然较近，但百米桩和公里桩不可省略。

三、直线、曲线及转角表

直线、曲线及转角表是路线平面设计的重要文件，它集中反映了道路平面设计的成果和数据，是施工放样和复测的主要依据，在路线纵断面设计、横断面设计和其他构造物设计时都要使用。如图 9-8 所示路线平面，其直线、曲线及转角表见表 9-5。

图 9-8 路线平面图

直线、曲线及转角表 表 9-5

交点号	交点桩号	转角值	曲线要素值(m)						曲线主点桩号					直线长度(m)	
			R	l_s	T	L	E	D	ZH	HY (ZY)	QZ	YH (YZ)	HZ	直线段长	交点间距
起点 JD$_0$	K0+000													186.279	330.715
JD$_1$	K0+330.715	右 35°35′24″	450	0	144.436	279.523	22.612	9.349		K0+186.279	K0+326.041	K0+465.802		327.265	723.850
JD$_2$	K1+045.216	左 47°32′54″	400	150	252.149	481.950	39.649	22.348	K0+793.068	K0+943.068	K1+034.043	K1+125.018	K1+275.018	135.390	387.539
终点 JD$_3$	K1+410.408														

编制： 复核：

表中的已知数据包括：

（1）交点间距、转角值：根据定线所确定的交点位置，通过测量或计算得到。

（2）起点 JD$_0$ 的桩号：由设计者规定。

（3）圆曲线半径 R 与缓和曲线长度 l_s：由设计者根据现场实际情况及相关规范标准，综合考虑安全、经济、环保等因素给定。

表中需要计算得到的数据包括：

（1）交点桩号。JD$_0$ 桩号由设计者给定，其余交点桩号由下式计算：

$$\text{JD}_i \text{桩号} = \text{JD}_{i-1} \text{桩号} + (\text{JD}_{i-1} \sim \text{JD}_i) \text{距离} - \text{切曲差 } D_{i-1}$$

（2）曲线要素：切线长 T、曲线长 L、外距 E、切曲差 D；

（3）曲线主点桩号：ZH、HY、QZ、YH、HZ；当无缓和曲线时，主点桩号为 ZY、QZ、YZ。

（4）直线段长，即两交点距离减去两端曲线切线所剩余的直线长度：

$$\text{直线段长} = \text{交点间距} - T_1 - T_2$$

表中也可以根据道路等级及测设情况，按照需要，增加"交点坐标"、交点之间的"计算方位角"、"测量断链"、"备注"等内容。

第四节 道路中线逐桩坐标的计算

在高等级道路的设计文件中，要求编制中桩逐桩坐标表。目前在中线测量中全站仪、GNSS-RTK 已经普及，逐桩坐标表给测设带来诸多方便。各种道路线形，都可以计算其中线的逐桩坐标，采用全站仪或 GNSS-RTK 放样，可大大提高测设速度和精度。

道路中线坐标的计算,就是将在局部坐标系下计算的中桩坐标(x,y),通过平移、旋转,转换为统一坐标系下的坐标(X,Y)。需要特别注意的是,中桩局部坐标系是数学坐标系,而统一坐标系是测量坐标系(北东坐标系)。

一、平曲线在局部坐标系下的坐标计算

如图 9-9 所示,以直缓点 ZH 或缓直点 HZ 为坐标原点,以过原点的切线为 x 轴、过原点的半径为 y 轴建立局部坐标系,可以计算出缓和曲线和圆曲线上各点的坐标(x,y)。

缓和曲线上各点的坐标,可按缓和曲线参数方程式计算,即

$$\begin{cases} x = l - \dfrac{l^5}{40R^2 l_s^2} \\ y = \dfrac{l^3}{6Rl_s} \end{cases} \quad (9\text{-}19)$$

式中:l——该点到第一缓和曲线 ZH 或第二缓和曲线 HZ 的长度。

圆曲线上各点坐标的计算公式可按图 9-9 写出:

$$\begin{cases} x = R\sin\varphi + q \\ y = R(1 - \cos\varphi) + p \end{cases} \quad (9\text{-}20)$$

式中:$\varphi = \dfrac{l}{R} \cdot \dfrac{180°}{\pi} + \beta_0$;

l——该点到 HY 或 YH 的曲线长,仅为圆曲线部分的长度。

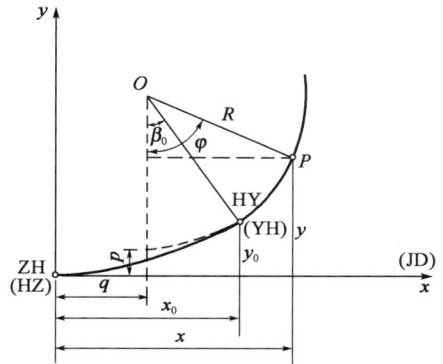

图 9-9 切线支距法

二、在统一坐标系下的中桩坐标计算

如图 9-10 所示,交点 JD 的坐标(X_{JD}, Y_{JD})已经测定(如采用纸上定线,可在地形图上量取),路线导线的坐标方位角和边长 S 按坐标反算公式求得。在各圆曲线半径 R 和缓和曲线长度l_s确定后,各里程桩号的坐标值 X、Y 即可按下述方法算出。

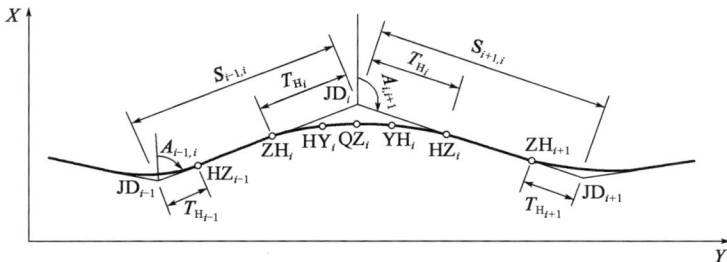

图 9-10 中桩坐标计算

1. HZ_{i-1}点与 ZH_i点的坐标计算

如图 9-10 所示,HZ_{i-1}点为直线段的起点,坐标由下式计算:

$$\begin{cases} X_{HZ_{i-1}} = X_{JD_{i-1}} + T_{i-1}\cos A_{i-1,i} \\ Y_{HZ_{i-1}} = Y_{JD_{i-1}} + T_{i-1}\sin A_{i-1,i} \end{cases} \quad (9\text{-}21)$$

式中:$X_{\mathrm{HZ}_{i-1}}$、$Y_{\mathrm{HZ}_{i-1}}$——HZ_{i-1}点的坐标;

$\quad\quad X_{\mathrm{JD}_{i-1}}$、$Y_{\mathrm{JD}_{i-1}}$——交点$\mathrm{JD}_{i-1}$的坐标;

$\quad\quad\quad\quad T_{i-1}$——切线长;

$\quad\quad\quad\quad A_{i-1,i}$——$\mathrm{JD}_{i-1}$至$\mathrm{JD}_i$的坐标方位角。

ZH_i点为直线段的终点,坐标可按下式计算:

$$\begin{cases} X_{\mathrm{ZH}_i} = X_{\mathrm{JD}_{i-1}} + (S_{i-1,i} - T_i)\cos A_{i-1,i} \\ Y_{\mathrm{ZH}_i} = Y_{\mathrm{JD}_{i-1}} + (S_{i-1,i} - T_i)\sin A_{i-1,i} \end{cases} \tag{9-22}$$

式中:$S_{i-1,i}$——JD_{i-1}至JD_i的边长。

2. HZ_{i-1}点至ZH_i点之间的中桩坐标计算

此段为直线,桩点的坐标按下式计算:

$$\begin{cases} X = X_{\mathrm{HZ}_{i-1}} + D\cos A_{i-1,i} \\ Y = Y_{\mathrm{HZ}_{i-1}} + D\sin A_{i-1,i} \end{cases} \tag{9-23}$$

式中:D——桩点至HZ_{i-1}点的距离,即桩点里程与HZ_{i-1}点里程之差。

3. ZH_i点至YH_i点之间的中桩坐标计算

此段包括第一缓和曲线及圆曲线,按式(9-19)和式(9-20)先算出在切线支距法局部坐标系下的坐标(x,y),然后通过坐标变换将其转换为统一坐标系下的坐标(X,Y)。坐标转换公式为

$$\begin{cases} X = X_{\mathrm{ZH}_i} + x\cos A_{i-1,i} - y\sin A_{i-1,i} \\ Y = Y_{\mathrm{ZH}_i} + x\sin A_{i-1,i} + y\cos A_{i-1,i} \end{cases} \tag{9-24}$$

在运用式(9-24)计算时,如果曲线为左转角,应以$y = -y$代入。

4. YH_i点至HZ_i点之间的中桩坐标计算

此段为第二缓和曲线,仍可按式(9-19)先算出在切线支距法局部坐标系下的坐标(x,y),再按下式转换为统一坐标:

$$\begin{cases} X = X_{\mathrm{HZ}_i} - x\cos A_{i,i+1} + y\sin A_{i,i+1} \\ Y = Y_{\mathrm{HZ}_i} - x\sin A_{i,i+1} - y\cos A_{i,i+1} \end{cases} \tag{9-25}$$

当曲线为右转角时,以$y = -y$代入。

【例9-2】 路线交点JD_2的坐标:$X_{\mathrm{JD}_2} = 2\,588\,711.270\mathrm{m}$,$Y_{\mathrm{JD}_2} = 20\,478\,702.880\mathrm{m}$;$\mathrm{JD}_3$的坐标:$X_{\mathrm{JD}_3} = 2\,591\,069.056\mathrm{m}$,$Y_{\mathrm{JD}_3} = 20\,478\,662.850\mathrm{m}$;$\mathrm{JD}_4$的坐标:$X_{\mathrm{JD}_4} = 2\,594\,145.875\mathrm{m}$,$Y_{\mathrm{JD}_4} = 20\,481\,070.750\mathrm{m}$。$\mathrm{JD}_3$的里程桩号为K6+790.306,圆曲线半径$R = 2\,000\mathrm{m}$,缓和曲线长度$l_s = 100\mathrm{m}$。试计算曲线测设元素、主点里程,曲线主点及K6+100、K6+500和K7+450的中桩坐标。

解:(1)计算路线转角。

按式(9-2)、式(9-3),计算象限角及方位角:

$$\begin{cases} \tan A_{23} = \left| \dfrac{Y_{\mathrm{JD}_3} - Y_{\mathrm{JD}_2}}{X_{\mathrm{JD}_3} - X_{\mathrm{JD}_2}} \right| = \left| \dfrac{-40.030}{+2\,357.786} \right| = 0.016\,977\,792 \\ \Delta x > 0, \Delta y < 0 \\ A_{23} = 360° - 0°58'21.6'' = 359°01'38.4'' \end{cases}$$

$$\begin{cases} \tan A_{34} = \left| \dfrac{Y_{JD_4} - Y_{JD_3}}{X_{JD_4} - X_{JD_3}} \right| = \left| \dfrac{+2\,407.900}{+3\,076.819} \right| = 0.782\,593\,97 \\ \Delta x > 0, \Delta y > 0 \\ A_{34} = 38°02'47.5'' \end{cases}$$

按式(9-4),计算交点的右角:

$$\beta = A_{23} - A_{34} + 180° = 359°01'38.4'' - 38°02'47.5'' + 180° = 500°58'50.9''$$

$500°58'50.9'' > 360°$,故

$$\beta = 500°58'50.9'' - 360° = 140°58'50.9''$$

$\beta < 180°$,为右转角。

按式(9-1),右转角 $\alpha = 180° - \beta = 180° - 140°58'50.9'' = 39°01'09.1''$

(2)计算曲线测设元素。

$$\beta_0 = \frac{l_s}{2R} \cdot \frac{180°}{\pi} = 1°25'56.6''$$

$$p = \frac{l_s^2}{24R} = 0.208\text{m}$$

$$q = \frac{l_s}{2} - \frac{l_s^3}{240R^2} = 49.999\text{m}$$

$$T_H = (R + p)\tan\frac{\alpha}{2} + q = 758.687\text{m}$$

$$L_H = R\alpha\frac{\pi}{180°} + l_s = 1\,462.027\text{m}$$

$$L_Y = R(\alpha - 2\beta_0)\frac{\pi}{180°} = 1\,262.027\text{m}$$

$$E_H = (R + p)\sec\frac{\alpha}{2} - R = 122.044\text{m}$$

$$D_H = 2T_H - L_H = 55.347\text{m}$$

(3)计算曲线主点里程。

JD₃	K6 + 790.306
$-$) T_H	758.687
ZH	K6 + 031.619
$+$) l_s	100.000
HY	K6 + 131.619
$+$) L_Y	1 262.027
YH	K7 + 393.646
$+$) l_s	100.000
HZ	K7 + 493.646
$-$) $L_H/2$	731.014

QZ	K6 + 762. 632
+) $D_H/2$	27. 674
JD$_3$	K6 + 790. 306

(4)计算曲线主点及其他中桩坐标(只列举少数桩号讲明算法)。

ZH 点的坐标按式(9-22)计算:

$$S_{23} = \sqrt{(X_{JD_3} - X_{JD_2})^2 + (Y_{JD_3} - Y_{JD_2})^2} = 2\,358.\,126m$$
$$A_{23} = 359°01'38.\,4''$$
$$\begin{cases} X_{ZH_3} = X_{JD_2} + (S_{23} - T_3)\cos A_{23} = 2\,590\,310.\,479m \\ Y_{ZH_3} = Y_{JD_2} + (S_{23} - T_3)\sin A_{23} = 20\,478\,675.\,729m \end{cases}$$

①第一缓和曲线上的中桩坐标的计算。

中桩 K6 + 100, l = 6 100 − 6 031.619(ZH 桩号) = 68.381(m),代入式(9-19)计算支距法坐标:

$$\begin{cases} x = l - \dfrac{l^5}{40R^2 l_s^2} = 68.\,380m \\ y = \dfrac{l^3}{6Rl_s} = 0.\,266m \end{cases}$$

按式(9-24)转换坐标:

$$\begin{cases} X = X_{ZH_3} + x\cos A_{23} - y\sin A_{23} = 2\,590\,378.\,854m \\ Y = Y_{ZH_3} + x\sin A_{23} + y\cos A_{23} = 20\,478\,674.\,834m \end{cases}$$

HY 按式(9-19)先算出支距法坐标:

$$\begin{cases} x_0 = l_s - \dfrac{l_s^3}{40R^2} = 99.\,994m \\ y_0 = \dfrac{l_s^2}{6R} = 0.\,833m \end{cases}$$

按式(9-24)转换坐标:

$$\begin{cases} X_{HY_3} = X_{ZH_3} + x_0\cos A_{23} - y_0\sin A_{23} = 2\,590\,410.\,473m \\ Y_{HY_3} = Y_{ZH_3} + x_0\sin A_{23} + y_0\cos A_{23} = 20\,478\,674.\,864m \end{cases}$$

②圆曲线部分的中桩坐标计算。

中桩 K6 + 500,按式(9-20)计算支距法坐标:

$$l = 6\,500 - 6\,131.\,619(HY 桩号) = 368.\,381(m)$$

$$\varphi = \frac{l}{R} \cdot \frac{180°}{\pi} + \beta_0 = 11°59'08.\,6''$$

$$\begin{cases} x = R\sin\varphi + q = 465.\,335m \\ y = R(1 - \cos\varphi) + p = 43.\,809m \end{cases}$$

代入式(9-24)得 K6 + 500 的坐标:

$$\begin{cases} X = X_{ZH_3} + x\cos A_{23} - y\sin A_{23} = 2\,590\,776.\,491m \\ Y = Y_{ZH_3} + x\sin A_{23} + y\cos A_{23} = 20\,478\,711.\,632m \end{cases}$$

QZ 点位于圆曲线部分,故计算步骤与 K6 + 500 相同:

$$l = \frac{L_Y}{2} = 631.014\text{m}$$

$$\varphi = 19°30'34.6''$$

$$\begin{cases} x = 717.929\text{m} \\ y = 115.037\text{m} \end{cases}$$

$$\begin{cases} X_{QZ_3} = 2\,591\,030.257\text{m} \\ Y_{QZ_3} = 20\,478\,778.562\text{m} \end{cases}$$

HZ 点的坐标按式(9-21)计算:

$$\begin{cases} X_{HZ_3} = X_{JD_3} + T_3\cos A_{34} = 2\,591\,666.530\text{m} \\ Y_{HZ_3} = Y_{JD_3} + T_3\sin A_{34} = 20\,479\,130.430\text{m} \end{cases}$$

YH 点的支距法坐标与 HY 点完全相同:

$$\begin{cases} x_0 = 99.994\text{m} \\ y_0 = 0.833\text{m} \end{cases}$$

按式(9-25)转换坐标,并顾及曲线为右转角,y 以 $-y_0$ 代入:

$$\begin{cases} X_{YH_3} = X_{HZ_3} - x_0\cos A_{34} + (-y_0)\sin A_{34} = 2\,591\,587.270\text{m} \\ Y_{YH_3} = Y_{HZ_3} - x_0\sin A_{34} - (-y_0)\cos A_{34} = 20\,479\,069.460\text{m} \end{cases}$$

③第二缓和曲线上的中桩坐标计算。

中桩 K7 + 450,$l = 7\,493.646$(HZ 桩号)$-7450 = 43.646$(m),代入式(9-19)计算支距法坐标:

$$\begin{cases} x = 43.646\text{m} \\ y = 0.069\text{m} \end{cases}$$

按式(9-25)转换坐标,y 以负值代入得:

$$\begin{cases} X = 2\,591\,632.116\text{m} \\ Y = 20\,479\,103.585\text{m} \end{cases}$$

④直线上中桩坐标的计算。

如 K7 + 600,$D = 7\,600 - 7\,493.646$(HZ 桩号)$= 106.354$(m),代入式(9-23)即可求得:

$$\begin{cases} X = X_{HZ_3} + D\cos A_{34} = 2\,591\,750.285\text{m} \\ Y = Y_{HZ_3} + D\sin A_{34} = 20\,479\,195.976\text{m} \end{cases}$$

由于一条路线的中桩数目很多,因此中线逐桩坐标表通常是用计算机编制程序计算的。

第五节 几种典型平曲线要素的计算

目前在中线测设中,只要确定出曲线要素,计算出中桩坐标,中线就可以采用全站仪、GNSS-RTK 进行放样。所以,对于各种道路线形,测设的关键是确定路线的曲线元素,计算平曲线的几何要素。

交点是路线设计的重要控制点,设计时一般需要确定交点位置,作为路线设计、计算的重要依据。但有时路线交点不能在现场设桩(如交点落入水中、深谷及建筑物等处),或交点远离曲线不易到达(如转角过大),或交点不存在(如转角≥180°),这些情形称为虚交。这时可以在直线段上选择两个辅助交点 A、B 形成基线,用基线双交点代替虚交点对线形进行设计与计算,如图 9-11 所示。

基线与曲线的相对位置有相离、相交、相切三种情况,据此将基线法分为圆外基线法、割基线法与切基线法。切基线法计算简单,而且容易控制曲线的位置。利用虚交切基线法,可以很方便地设计计算双交点单曲线、复曲线、卵形曲线、回头曲线等多种复杂线形,是解决虚交问题的常用方法。

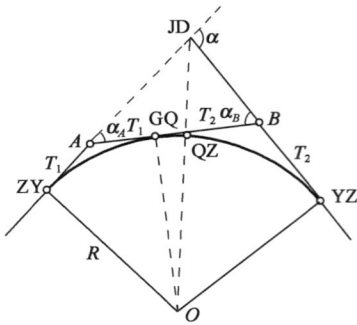

图 9-11　切基线法

一、双交点单曲线

1. 圆曲线虚交

如图 9-11 所示,基线 AB 与圆曲线相切于一点,该点称为公切点,以 GQ 表示。以 GQ 点将曲线分为两个相同半径的圆曲线。AB 称为切基线,可以起到控制曲线位置的作用。测出 α_A 和 α_B,丈量 AB,设曲线的半径为 R,切线长分别为 T_1 和 T_2,则

$$AB = T_1 + T_2 = R\tan\frac{\alpha_A}{2} + R\tan\frac{\alpha_B}{2} = R\left(\tan\frac{\alpha_A}{2} + \tan\frac{\alpha_B}{2}\right)$$

因此

$$R = \frac{AB}{\tan\dfrac{\alpha_A}{2} + \tan\dfrac{\alpha_B}{2}} \tag{9-26}$$

半径 R 应算至厘米位。算得 R 后,根据 R、α_A、α_B,即可算出两个同半径曲线的测设元素 T_1、L_1 和 T_2、L_2。

【例 9-3】　如图 9-11 所示,测得 $\alpha_A = 63°10'$、$\alpha_B = 42°18'$,切基线长 $AB = 62.53\mathrm{m}$,试计算切基线的圆曲线半径。

解: $R = \dfrac{62.53}{\tan\dfrac{63°10'}{2} + \tan\dfrac{42°18'}{2}} = 62.42(\mathrm{m})$

校核:$T_1 = 62.42 \times \tan\dfrac{63°10'}{2} = 38.38(\mathrm{m})$

$T_2 = 62.42 \times \tan\dfrac{42°18'}{2} = 24.15(\mathrm{m})$

$AB = 38.38 + 24.15 = 62.53(\mathrm{m})$　(正确)

2. 两端设有缓和曲线的虚交

(1)非对称基本型曲线的公式推导。

非对称基本型曲线是指圆曲线两端的缓和曲线长度不相等的曲线组合形式。如图 9-12 所示,非对称

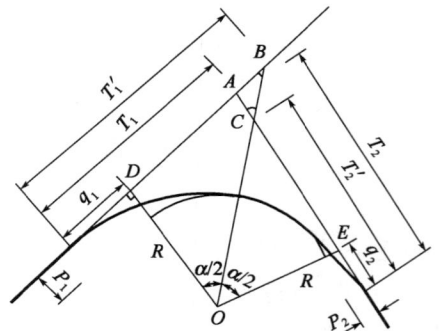

图 9-12　非对称基本型曲线

基本型曲线的交点为 A ,第一、第二缓和曲线长度分别为 l_{s1} 和 l_{s2} ,且 $l_{s1} \neq l_{s2}$,故 $P_1 \neq P_2$, $q_1 \neq q_2$, $T_1 \neq T_2$ 。

在非对称基本型曲线中,

$$P_1 = \frac{l_{s1}^2}{24R}, P_2 = \frac{l_{s2}^2}{24R}$$

$$q_1 = \frac{l_{s1}^2}{2} - \frac{l_{s1}^3}{240R^2}, q_2 = \frac{l_{s2}^2}{2} - \frac{l_{s2}^3}{240R^2}$$

$$\beta_{01} = \frac{90}{\pi R} l_{s1}, \beta_{02} = \frac{90}{\pi R} l_{s2}$$

不妨设 $l_{s1} > l_{s2}$,过圆心 O 作角平分线与 DA 交于点 B ,则有

$$
\begin{cases}
T_1 = T_1' - AB = (R + P_1) \tan \dfrac{\alpha}{2} + q_1 - AB \\
T_2 = T_2' + AC = (R + P_2) \tan \dfrac{\alpha}{2} + q_2 + AC
\end{cases}
\tag{9-27}
$$

在 $\triangle BOD$ 中, $BO = \dfrac{R + P_1}{\cos \dfrac{\alpha}{2}}$,在 $\triangle COE$ 中, $CO = \dfrac{R + P_2}{\cos \dfrac{\alpha}{2}}$,则:

$$BC = BO - CO = \frac{P_1 - P_2}{\cos \dfrac{\alpha}{2}} \tag{9-28}$$

在 $\triangle ABC$ 中, $\dfrac{BC}{\sin \alpha} = \dfrac{AB}{\sin \left(90° - \dfrac{\alpha}{2}\right)}$

将式(9-28)代入,得

$$AB = \frac{(P_1 - P_2)}{\cos \dfrac{\alpha}{2} \sin \alpha} \cdot \sin \left(90° - \frac{\alpha}{2}\right) = \frac{P_1 - P_2}{\cos \dfrac{\alpha}{2} \cdot \sin \alpha} \cdot \cos \frac{\alpha}{2} = \frac{P_1 - P_2}{\sin \alpha}$$

即

$$AB = AC = \frac{P_1 - P_2}{\sin \alpha} \tag{9-29}$$

代入式(9-27),即得

切线

$$
\begin{cases}
T_1 = (R + P_1) \tan \dfrac{\alpha}{2} + q_1 - \dfrac{P_1 - P_2}{\sin \alpha} \\
T_2 = (R + P_2) \tan \dfrac{\alpha}{2} + q_2 - \dfrac{P_2 - P_1}{\sin \alpha}
\end{cases}
\tag{9-30}
$$

曲线长

$$L = (\alpha - \beta_{01} - \beta_{02}) R \frac{\pi}{180°} + l_{s1} + l_{s2} \tag{9-31}$$

当 $l_{s1} < l_{s2}$ 时,可得出同样结论,在此不赘述。

（2）两端设有缓和曲线的切基线圆曲线半径的反算。

图9-13所示为切基线的对称基本型曲线，为计算方便，可将其视为两个非对称基本型平

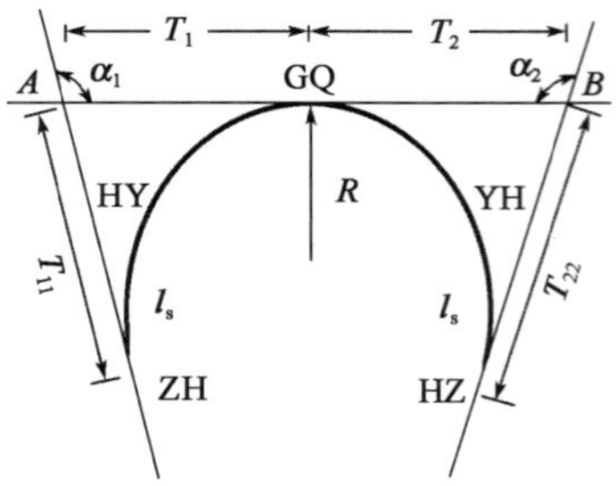

图9-13　切基线的圆曲线半径

曲线在公切点 GQ 处首尾相接而成。

对于 $JD_A, l_{s1} = l_s, l_{s2} = 0$。

由式（9-30）得

$$\begin{cases} T_{11} = (R+p)\tan\dfrac{\alpha_1}{2} + q - \dfrac{p}{\sin\alpha_1} \\ T_1 = R\tan\dfrac{\alpha_1}{2} + \dfrac{p}{\sin\alpha_1} \end{cases}$$

对于 $JD_B, l_{s1} = 0, l_{s2} = l_s$。

由式（9-30）得

$$\begin{cases} T_2 = R\tan\dfrac{\alpha_2}{2} + \dfrac{p}{\sin\alpha_2} \\ T_{22} = (R+p)\tan\dfrac{\alpha_2}{2} + q - \dfrac{p}{\sin\alpha_2} \end{cases}$$

又 $T_1 + T_2 = AB$，即

$$R\left(\tan\frac{\alpha_1}{2} + \tan\frac{\alpha_2}{2}\right) + \frac{l_s^2}{24R}\left(\frac{1}{\sin\alpha_1} + \frac{1}{\sin\alpha_2}\right) = AB$$

将上式整理为 R 的一元二次方程：

$$\left(\tan\frac{\alpha_1}{2} + \tan\frac{\alpha_2}{2}\right)\cdot R^2 - AB\cdot R + \left(\frac{1}{\sin\alpha_1} + \frac{1}{\sin\alpha_2}\right)\frac{l_s^2}{24} = 0$$

令

$$a = \tan\frac{\alpha_1}{2} + \tan\frac{\alpha_2}{2}$$

$$b = -AB$$

$$c = \left(\frac{1}{\sin\alpha_1} + \frac{1}{\sin\alpha_2}\right)\cdot\frac{l_s^2}{24}$$

则

$$R = \frac{-b + \sqrt{b^2 - 4a\cdot c}}{2a} \tag{9-32}$$

二、复曲线

复曲线是由两个或两个以上不同半径的同向圆曲线径向连接而成的曲线。根据其两端连接方式不同，分为以下两种情况。

1. 不设缓和曲线的复曲线

两个不同半径的圆曲线 R_1、R_2，当小圆半径 R_2 大于不设超高的最小半径时，两圆曲线可径向衔接。如图9-14所示，设交点 JD 为 C，切基线为 AB。测出 α_1、α_2 和基线长 AB。设计时先根据限定条件确定一个控制较严的半径如 R_1，则另一半径 R_2 可

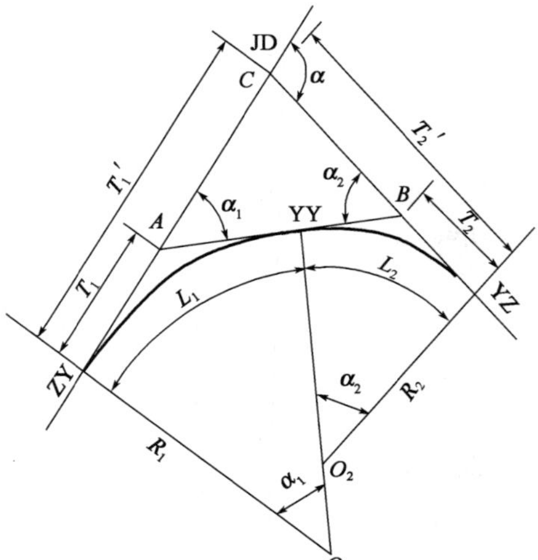

图9-14　不设缓和曲线的复曲线

由下式确定：

由于
$$AB = T_1 + T_2 = R_1 \tan \frac{\alpha_1}{2} + R_2 \tan \frac{\alpha_2}{2}$$

则
$$R_2 = \frac{AB - R_1 \tan \dfrac{\alpha_1}{2}}{\tan \dfrac{\alpha_2}{2}} \tag{9-33}$$

当圆曲线半径 R_1、R_2 确定之后，有关测设要素计算如下：

$$\begin{cases} T_1 = R_1 \tan \dfrac{\alpha_1}{2} \\[2mm] T_2 = R_2 \tan \dfrac{\alpha_2}{2} \\[2mm] L_1 = \dfrac{\pi \alpha_1 R_1}{180°} \\[2mm] L_2 = \dfrac{\pi \alpha_2 R_2}{180°} \end{cases} \tag{9-34}$$

2. 两端设有缓和曲线的复曲线

根据线形设计的要求，两个不同半径的圆曲线两端设有缓和曲线，中间用圆曲线直接连接而构成复曲线。如图 9-15 所示，设交点 JD 为 D，切基线为 AC。测出 α_1、α_2 和基线长 AC。

这种复曲线可以看作由两个非对称型平曲线首尾相接而成。前一非对称型平曲线可看作由交点 A、转角 α_1、半径 R_1、缓和曲线（分别为 l_{s1} 和 0）构成，后一非对称型平曲线可看作由交点 C、转角 α_2、半径 R_2、缓和曲线（分别为 0 和 l_{s2}）构成。

设计时先根据限定条件确定一个控制较严的半径如 R_1 和 l_{s1}，计算出切线长 t_2。另一端初拟缓和曲线 l_{s2}，可求出其圆曲线半径 R_2。

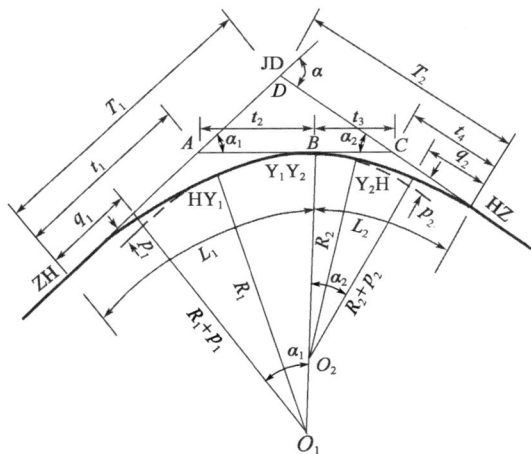

图 9-15 两端设有缓和曲线的复曲线

由于

$$\begin{cases} t_2 = R_1 \tan \dfrac{\alpha_1}{2} + \dfrac{l_{s1}^2}{24 R_1 \sin \alpha_1} \\[3mm] t_3 = R_2 \tan \dfrac{\alpha_2}{2} + \dfrac{l_{s2}^2}{24 R_2 \sin \alpha_2} \end{cases}$$

$$AC = t_2 + t_3$$

则可推出：

$$\tan\frac{\alpha_2}{2}R_2^2 + (AC - t_2)R_2 + \frac{l_{s2}^2}{24\sin\alpha_2} = 0$$

上式为 R_2 的一元二次方程，解此方程即可求出 R_2。

当圆曲线半径 R_1、R_2 确定之后，有关测设要素计算如下：

$$\begin{cases} t_1 = (R_1 + p_1)\tan\dfrac{\alpha_1}{2} + q_1 - \dfrac{p_1}{\sin\alpha_1} \\[2mm] t_2 = R_1\tan\dfrac{\alpha_1}{2} + \dfrac{p_1}{\sin\alpha_1} \\[2mm] L_1 = \dfrac{\pi}{180°}R\alpha_1 + \dfrac{l_{s1}}{2} \\[2mm] t_3 = R_2\tan\dfrac{\alpha_2}{2} + \dfrac{p_2}{\sin\alpha_2} \\[2mm] t_4 = (R_2 + p_2)\tan\dfrac{\alpha_2}{2} + q_2 - \dfrac{p_2}{\sin\alpha_2} \\[2mm] L_2 = \dfrac{\pi}{180°}R\alpha_2 + \dfrac{l_{s2}}{2} \end{cases} \tag{9-35}$$

式中，

$$\begin{cases} p_1 = \dfrac{l_{s1}^2}{24R_1},\ q_1 = \dfrac{l_{s1}}{2} - \dfrac{l_{s1}^3}{240R_1^2} \\[2mm] p_2 = \dfrac{l_{s2}^2}{24R_2},\ q_2 = \dfrac{l_{s2}}{2} - \dfrac{l_{s2}^3}{240R_2^2} \end{cases}$$

三、卵形曲线

两个圆曲线 R_1、R_2（设 R_2 为小圆），当半径相差较大时不能径向连接，按设计规范要求应在两圆曲线间插入一段缓和曲线以使曲率渐变。用一段缓和曲线径向连接两个不同半径的同向圆曲线就构成卵形曲线。

卵形曲线的大圆必须把小圆完全包含在内，且两圆不同心。卵形曲线的回旋线不是从起点开始的完整回旋线，只是曲率从 $1/R_1$ 到 $1/R_2$ 这一段的不完整回旋线。卵形曲线满足以下要求为宜：

①公用缓和曲线参数 A：$R_2/2 \leqslant A \leqslant R_1$；

②两圆曲线的半径之比：$R_1/R_2 = 0.2 \sim 0.8$；

③两圆曲线的间距：$D/R_2 = 0.003 \sim 0.03$（D 为两圆曲线的最小间距）。

如图 9-16 所示，卵形曲线两端圆曲线半径和缓和曲线长度分别为 R_1、L_{s1} 及 R_2、L_{s2}，中间连接两圆曲线的公用缓和曲线长度为 L_F。L_F 一端的曲率半径为 R_1，另一端的曲率半径为 R_2。设 $R_1 > R_2$，则 $p_1 < p_2$，由图可知：

$$\begin{cases} L_{\mathrm{F}} = \sqrt{\dfrac{24R_1R_2p_{\mathrm{F}}}{R_1-R_2}} \\[2mm] (p_{\mathrm{F}}=p_2-p_1) \\[2mm] \beta_{\mathrm{F1}} = \dfrac{L_{\mathrm{F}}}{2R_1}\cdot\dfrac{180°}{\pi} \\[3mm] \beta_{\mathrm{F2}} = \dfrac{L_{\mathrm{F}}}{2R_2}\cdot\dfrac{180°}{\pi} \\[3mm] T_{\mathrm{H1}} = (R_1+p_1)\tan\dfrac{\alpha_1}{2}+q_1 = T_1+q_1 \\[3mm] T_{\mathrm{H2}} = (R_2+p_2)\tan\dfrac{\alpha_2}{2}+q_2 = T_2+q_2 \\[3mm] L_{\mathrm{Y1}} = R_1(\alpha_1-\beta_{01}-\beta_{\mathrm{F1}})\dfrac{\pi}{180°} \\[3mm] L_{\mathrm{Y2}} = R_2(\alpha_2-\beta_{02}-\beta_{\mathrm{F2}})\dfrac{\pi}{180°} \\[3mm] L_{\mathrm{H1}} = L_{\mathrm{Y1}}+L_{s1}+\dfrac{L_{\mathrm{F}}}{2} \\[3mm] L_{\mathrm{H2}} = L_{\mathrm{Y2}}+L_{s2}+\dfrac{L_{\mathrm{F}}}{2} \\[3mm] L_{\mathrm{H}} = L_{\mathrm{H1}}+L_{\mathrm{H2}} \end{cases} \qquad (9\text{-}36)$$

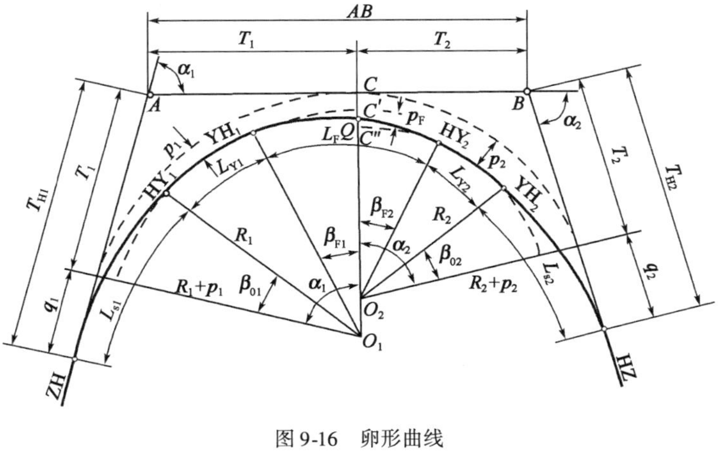

图 9-16 卵形曲线

四、回头曲线

回头展线是在同一坡面上,作相反方向的前进,延长路线距离以克服高差,是低等级公路在越岭线中常采用的一种展线方式。一般转角(α)接近甚至超过 180° 的曲线称为回头曲线。转角在 180° 左右的回头曲线,其计算方法同双交点单曲线,下面介绍转角超过 180° 的回头曲线的要素计算。

1. $180° < \alpha < 360°$ 时（图 9-17）

$$T = (R + p)\tan\left(\frac{360° - \alpha}{2}\right) - q \tag{9-37}$$

当 T 为正值时,交点位于直线范围内,如图 9-17a)所示;当 T 为负值时,交点位于切线范围内,如图 9-17b)所示。

2. 当 $360° \leqslant \alpha < 540°$ 时（图 9-18）

$$T = (R + p)\tan\left(\frac{\alpha - 360°}{2}\right) + q \tag{9-38}$$

回头曲线总长 L 为

$$L = \frac{\pi R}{180°}(\alpha - 2\beta) + 2l_s = \frac{\pi}{180°}\alpha R + l_s \tag{9-39}$$

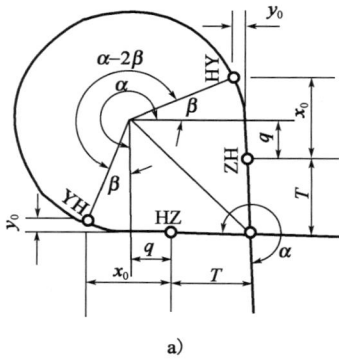
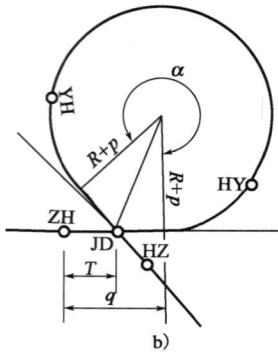
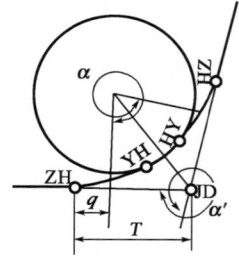

图 9-17　回头曲线（$180° < \alpha < 360°$）　　　　　　图 9-18　回头曲线（$360° \leqslant \alpha < 540°$）

第六节　全站仪测设道路中线

用全站仪测设道路中线,速度快、精度高,目前在道路工程中已广泛采用。在测设时一般应沿路线方向布设导线控制点,然后依据导线进行中线测设。

一、导线控制测量

对于高等级的道路工程,布设的导线一般应与附近的高级控制点进行联测,构成附合导线。联测一方面可以获得必要的起始数据,即起始坐标和起始方位角;另一方面可对观测的数据进行校核。

理论与实践已经证明,用全站仪观测高程,如果采取对向(往返)观测,竖直角观测精度 $\leqslant$ $\pm 2''$,测距精度不低于 $(5 + 5 \times 10^{-6}D)\,\text{mm}$,边长控制在 0.5km 之内,即可达到四等水准的限差要求。因此,在导线测量时通常都是观测三维坐标,将高程的观测结果作为路线的高程控制,以代替路线纵断面测量中的基平测量。

二、中线测设原理

用全站仪进行道路中线测设时,通常按中桩坐标进行。中桩坐标一般用计算机程序计算,并将其输入全站仪中,供放样时调用。

全站仪放样的基本原理是以控制导线为根据,以角度和距离交会定点。如图 9-19 所示,已知测站点 T_i、后视点 T_{i-1}、待放样点 P 的坐标,则可计算出夹角 J 或方位角 A,以及置仪点 T_i 到待放样点 P 的距离 D。在导线点 T_i 处置仪,后视 T_{i-1},就可在实地放出 P 点。图 9-19a)为采用夹角 J 的放样法,图 9-19b)为采用方位角 A 的放样法。

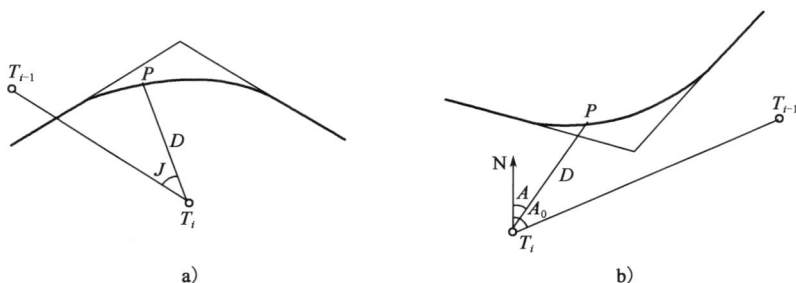

图 9-19 极坐标法测设中桩

放样过程如图 9-20 所示,测设时将仪器置于导线点 D_i 上,按中桩坐标进行测设。当中桩位置定出后,随即测出该桩的地面高程(Z 坐标)。这样纵断面测量的中平测量就无须单独进行,大大简化了测量工作。

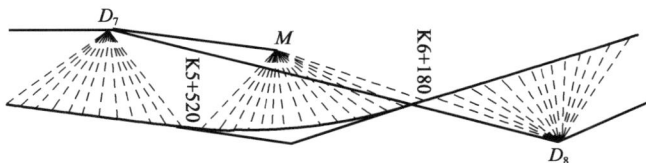

图 9-20 全站仪测设中线

在测设过程中,往往需要在导线的基础上加密一些测站点,以便把中桩逐个定出。如图 9-20 所示,K5 +520 至 K6 +180 之间的中桩,在导线点 D_7 和 D_8 上均难以测设,可在 D_7 测设结束后,于适当位置选一 M 点,钉桩后,测出 M 点的三维坐标。仪器迁至 M 点上即可继续测设。

三、全站仪中桩放样操作

放样即在实地上标定出所要求的点。不同型号的全站仪的操作大同小异,放样操作的步骤一般为:【新建项目】—【设站】—【定向】—【放样】。

【新建项目】:为了便于数据管理,每次测量或放样前,需要新建项目,或者打开已有的项目。每个项目对应一个文件,项目中将保存测量和输入的数据,可以将数据导入项目或者从项目中导出。

【设站】:全站仪对中整平后,需要输入测站点坐标(X,Y,Z)、仪器高、棱镜高。

【定向】:全站仪瞄准任意一个已知坐标的后视点,输入后视点的坐标(X,Y,Z),然后点击"确定"。仪器可以自动计算出测站点到后视点的坐标方位角,并把这个角度设置为水平角。仪器水平角转动到零度所对应的方向就是坐标北方向。

【放样】:输入需要放样中桩点的坐标,仪器可以计算出测站点到中桩点的坐标方位角和水平距离 D。将仪器水平角转动到此方向上,指挥棱镜手移动到这个方向上,然后通过测距,比较所测距离与 D 的差值,指挥棱镜手前后移动,直到测量差值在容许范围之内,则测点就是需要的放样点。(具体操作见第八章施工测设)

第七节　GNSS-RTK 测设道路中线

设计和施工中进行定位放样前,需要在沿线布设控制网并精确测得各控制点坐标和高程,作为定线测量的条件,然后便可开始坐标放样。GNSS-RTK 定线放样时,一般采用 $1+1$ 或 $1+n(n>1)$ 的作业模式,将一台接收机作为基准站,另一台或 n 台接收机为流动站,按设计坐标进行放样。放样时从电子手簿上可随时看到所在位置与放样点的偏距、方位及放样精度,根据手簿提示找到放样点位置后,即可打桩,并随即测得放样点的地面高程,以代替中平测量。

GNSS-RTK 道路
中桩放样

一、GNSS-RTK 技术在中线放样中的应用

各种型号的 GNSS-RTK 操作界面尽管有所不同,但操作步骤一般为:【新建项目】—【设置基准站】—【设置流动站】—【定义坐标系统】—【测量/放样】。利用 GNSS-RTK 进行公路中线放样,主要有两种作业方式,即点放样和道路放样。

1.点放样

根据各种线形中桩坐标计算软件,计算出公路中线上各桩点的坐标,然后将中桩点坐标(逐桩坐标)转换成所需格式的文本文件,传输到 GNSS-RTK 电子手簿中,建立以桩号为标识符的公路放样文件。为了方便加桩,放样文件桩号间隔可以设置密一些(如 5m),在现场根据需要选择必要的中桩放样。由于每个点测量都是独立完成的,不会产生累积误差,各点放样精度基本一致。

2.道路放样

利用 GNSS-RTK 系统中自带的道路放样模块进行操作。放样前,先将路线的平面定线元素输入电子手簿。放样时,只需输入桩号,手簿自动计算出中桩坐标进行放样。这种方法简单迅速,随机性强,加桩方便。

第一种作业方式同第八章中 GNSS-RTK 的放样操作,下面主要介绍第二种作业方式。

二、GNSS-RTK 道路放样

以中海达 GNSS-RTK 为例,说明利用 GNSS-RTK 系统中自带的道路放样模块进行操作的方法。道路放样操作步骤为:【新建项目】—【设置基准站】—【设置流动站】—【定义坐标系统】—【道路设计】—【道路放样】。下面介绍【道路设计】与【道路放样】的操作步骤,其他步骤的操作与 GNSS-RTK 点放样相同。

1.道路设计

放样前,首先要将路线的平面线形元素输入电子手簿,然后就可以按里程桩号进行放样。

根据路线设计方法,平面线形元素输入方式有交点法、线元法、坐标法。

交点法是直线定线方法,以交点所在的基本型曲线为设计单元,通过输入交点坐标,以及半径、缓和曲线长度确定路线位置。这种方法简单直观,所需要的线形元素可以从"直线、曲线及转角表"获取,包括起点里程、交点名称、交点坐标、第一缓和曲线长、圆曲线半径、第二缓和曲线长等。

线元法也叫积木法,是曲线定线方法。该方法将直线、缓和曲线、圆曲线看作一个个线元,前一个线元的终点作为后一个线元的起点,如此逐个单元往下计算,如同搭积木一样,首尾相接构成路线。使用线元法,可以任意组合出路线形状,特别是对于复杂曲线,例如虚交、复曲线、卵形曲线、回头曲线等,都可以用线元法定线。这种方法需要的线形元素包括起点坐标,起点里程、起始方位角、线元类型(直线/缓和曲线/圆曲线)、线元起终点半径,线元长度、偏向(左/右)等。

坐标法类似线元法,但是每个线元的定义是通过定义线元的起终点坐标来确定的。

上述线形元素可以在手簿中逐一手工输入,但工作量大且容易出错。常用方法是利用路线设计软件生成平面设计文件,直接导入手簿中。中海达 GNSS-RTK 可以接收的平面设计文件格式包括:交点法有"交点文件(∗.PHI)""五大桩文件(∗.CSV)";线元法有"线元文件(∗.sec)""海地格式(∗.pm)""纬地格式(∗.pm)""LandXml 格式(∗.xml)""五大桩文件(∗.CSV)";坐标法有"坐标法文件(∗.zline)"等。

将平面设计文件导入手簿 F:\ZHD\project\road 路径下。如图 9-21a)所示,点击【道路设计】—【添加】,输入道路名称,点击【平断面设计】,选择线形输入方式(交点法/线元法/坐标法),点击【加载】,选择平面设计文件格式,选择需要导入的平面设计文件,点击【确定】—【应用】,道路设计完成,如图 9-21b)所示。

2. 道路放样

点击【道路放样】,点击放样箭头图标,进入【里程与偏距】设置页面,如图 9-21c)所示。可以输入放样里程、增量。点击上下箭头,里程自动按增量增加或减小,遇到曲线主点会自动插入。偏距为零放样中桩,偏距不为零放样道路边桩,可以选择左边桩或右边桩。点击【确定】,进入【道路放样】界面,如图 9-21d)所示。面向路线前进方向,根据手簿下方提示找到放样点后,即可打桩。此处显示高差即为中桩地面高程的负数。

a)

| 交点法 | 线元法 | 坐标法 | ? |

| 起点 | | | |

线型	起点半径	终点半径	线元长
L	∞	∞	15.1720
S	∞	31.2613	30.0000
A	31.2613	31.2613	16.4899
S	31.2613	∞	30.0000
L	∞	∞	75.9835
S	∞	63.6054	25.0000

⊕ 添加　👁 预览　✓ 应用　☰ 更多

b)

图 9-21

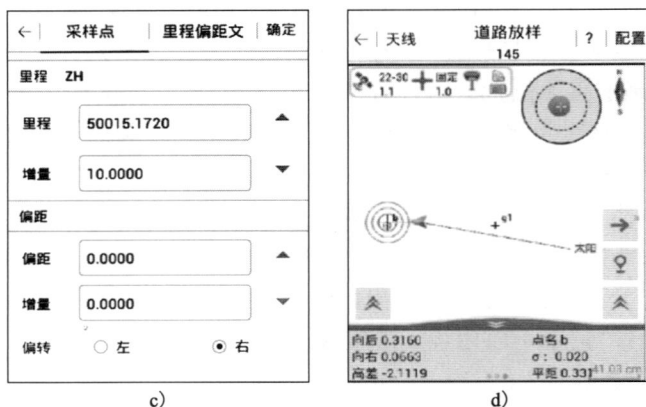

图 9-21　GNSS 手簿测量界面

三、应用 RTK 技术进行路线测设的优点

（1）RTK 技术可提供三维坐标信息,因此在放样中线的同时也获得了点位的高程信息,无须再进行中平测量,大大提高了工作效率。

（2）目前 RTK 基准站数据链的作用半径可以达到 10 km 以上,因此整个路线上只要布设首级控制网便可完成控制,而不必布设加密的控制网。只要保存好首级点,便可随时放样中线或恢复整个路线,不必担心桩位的遗失而给路线测量带来困难等。

（3）在 RTK 定线测量中首级控制网直接与中线桩点联系,点位精度可达厘米级,不存在中间点的误差积累问题,因此能达到很高的精度,满足高等级路线工程的要求。

（4）RTK 基准站发出的数据链信息,可供多个流动站应用,而基准站只需由 1 个人单独操作,这就大大节省了人力,提高了功效。

（5）应用 RTK 技术进行路线定测工作比较轻松,流动站作业员只要进入放样模式,并调出放样点,手簿软件中的电子罗盘就会引导作业员到达放样点。当屏幕显示流动站杆位和设计点位重合时,检查精度,记录放样点信息和高程,然后标记地面点位(如打桩)。

（6）RTK 技术可与全站仪相结合,充分发挥 GNSS 无须通视以及全站仪灵活方便的优点。把两者相结合,可满足公路工程各种场合测量工作的需要,并大大加快观测速度,提高观测质量,形成新一代的路线勘测系统。

【思考题与习题】

1. 名词解释:缓和曲线、基本型平曲线、虚交、复曲线、卵形曲线、回头曲线。

2. 如图 9-14 所示复曲线,设 $\alpha_1 = 30°12'$,$\alpha_2 = 32°18'$,$AB = 387.621\mathrm{m}$,主曲线半径 $R_2 = 300\mathrm{m}$。试计算复曲线半径及测设元素。

3. 全站仪放样中桩有哪几个步骤? 其作用是什么?

4. GNSS-RTK 道路放样中桩有哪几个步骤?

5. 图 9-22 为某公路平面设计图,JD_0 桩号为 K0 + 000。已经测得路线交点之间的距离及交

点的右角 β_1、β_2，拟定半径 R 及缓和曲线长度 l_s 如图所示。完成以下计算：

(1) 计算 JD_1、JD_2 的转角值，说明是左转还是右转；

(2) 计算各曲线的测设元素 T、L、E、D；

(3) 计算各交点的桩号及主点里程；

(4) 完成"直线、曲线及转角表"；

(5) 采用整桩号法，桩距 20m，从起点到 K0+300 排桩；

(6) 计算桩号 K0+060、+120、+140、+180 各桩在局部坐标系下的坐标。

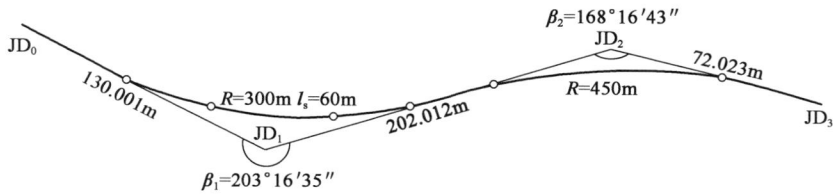

图 9-22　某公路平面图

第十章

路线纵、横断面测量

【学习内容与要求】

本章主要介绍道路纵断面、横断面测量的原理与方法。要求熟悉纵断面、横断面图的绘制方法;掌握路线高程控制测量(基平测量)、路线中桩高程测量(中平测量)的方法,横断面方向的测定以及横断面变坡点的测量、记录方法。

第一节 概 述

路线纵断面测量又称中线高程测量,它的任务是在道路中线实地标定之后,测定中线各里程桩的地面高程,点绘地面线供设计纵坡之用。为了保证测量精度和有效地进行成果检核,按照"从整体到局部"的测量原则,将路线纵断面测量分为路线高程控制测量和路线中桩高程测量两个阶段。一般先沿路线方向设置高程控制点,建立路线高程控制网,即路线高程控制测量;再根据路线高程控制测量测定的控制点高程,分段进行路线中桩高程测量。测定路线各里程桩的地面高程,称为路线中桩高程测量。

横断面测量是测定中桩两侧垂直于中线方向各坡度变化点的距离和高差,点绘路线横断面图的地面线,供路基设计、土石方量计算以及施工边桩放样等使用。

第二节 路线高程控制测量

路线高程控制测量工作,首先依据路线等级确定高程控制测量等级,然后沿线设置高程控制点,建立路线高程控制网,并测定其高程,作为路线中桩高程测量、施工放样及竣工验收的依据。

路线高程控制测量的方法有水准测量(亦称基平测量)、全站仪三角高程测量及 GNSS 测量等。全站仪三角高程测量及 GNSS 测量的方法详见前面相关章节,本节主要介绍基平测量的方法。

基平测量是沿路线方向设置水准点,用水准测量的方法测定它们的高程,建立路线高程控制网。

一、路线高程控制点的设置

路线高程控制点是用高程测量建立的控制点,在道路设计、施工及竣工验收阶段都要使用。因此,根据路线等级和用途不同,道路沿线可布设永久性高程控制点和临时性高程控制点。在路线的起终点、大桥两岸、隧道两端以及一些需要长期观测高程的重点工程附近,均应设置永久性高程控制点,在一般地区也应每隔适当距离设置一个。永久性高程控制点应为混凝土桩,也可在牢固的永久性建筑物顶面凸出处设置,点位用红油漆画上"╳"记号;山区岩石地段的水准点桩可利用坚硬稳定的岩石并用金属标志嵌在岩石上。混凝土控制点桩顶面的钢筋应锉成球面。为便于引测及施工放样,还需沿线布设一定数量的临时性高程控制点。临时性高程控制点可埋设大木桩,顶面钉入大铁钉作为标志,也可设在地面突出的坚硬岩石或建筑物墙角处,并用红油漆做标记。

高程控制点布设的密度,应根据地形和工程需要而定。高程控制点沿路线布设宜设于道路中线两侧 50～300m 范围之内,间距宜为 1～1.5km;山岭、重丘区可根据需要适当加密为1km 左右;大桥、隧道洞口及其他大型构造物两端应按要求增设高程控制点。高程控制点应选在稳固、醒目、易于引测、便于定测和施工放样,且不易被破坏的地点。

水准点用"BM"标注,并注明编号、水准点高程、测设单位及埋设的年月。其他高程控制点可采用三维控制点的标注及编号方法。

二、基平测量的方法

基平测量时,首先应将起始水准点与附近国家水准点进行联测,以获取绝对高程,并对测量结果进行检核。如有可能,应构成附合水准路线。当路线附近没有国家水准点,或引测困难时,则可参考地形图或用气压表选定一个与实际高程接近的高程作为起始水准点的假定高程。

公路高程测量的等级选用、技术要求及观测要求详见第六章控制测量。

水准点的高程测定,应根据水准测量的等级选定水准仪及水准尺类型,通常采用一台水准仪在水准点间作往返观测,也可用两台水准仪作单程观测。

基平测量时,采用一台水准仪往返观测或两台水准仪单程观测所得闭合差应符合水准测量的精度要求,且不得超过容许值。

当测段闭合差在规定容许闭合差(限差)之内时,取其高差平均值作为两水准点间的高差。若超出限差则必须重测。

三、跨河水准测量

跨河水准测量,指水准路线跨越江河(或湖塘、沼泽、宽沟、洼地、山谷等),视线长度超过规定的水准测量。两岸测站和立尺点应对称布设,跨越距离小于200m时可采用单线过河,如图10-1a)所示,也可采用在测站上变换仪器高度的方法进行,两次观测高差较差不应超过7mm,应取平均值作为观测高差。跨越距离大于200m时,应采用双线过河[图10-1b)]并组成四边形闭合环,或者采用交叉双线过河[图10-1c)],也可以选用相应等级的光电测距三角高程测量。以下介绍公路桥梁测量中跨越距离大于200m时常用的水准测量方法。

1. 测站与观测点的布设

要求两岸测站至水边的距离尽可能相等;测站应选在开阔、通视之处,不能靠近墙壁和石堆。两岸仪器的水平视线距水面的高度应相等,视线高度应不小于2m。仪器和标尺应布置成图10-1c)的形式,其中,I_1、I_2为测站,A、B为观测点(即立尺点),跨河视线 I_1B、I_2A 长度应力求相等,岸上视线 I_1A、I_2B 长度不得短于10m,且彼此相等。

2. 观测程序及注意事项

如图10-1c)所示,采用一台仪器施测时,先在 I_1 安置仪器,照准近尺 A,读数 a_1;再照准远尺 B,读数 b_1,则 $h_1 = a_1 - b_1$,此为上半测回。严格保持望远镜对光不变,迅速搬仪器于 I_2 点,同时将标尺对调,由 A 调 B、B 调 A。按上半测回相反的顺序,先照准远尺 A,得读数 a_2;再照准近尺 B,得读数 b_2,则 $h_2 = a_2 - b_2$,此即下半测回。取两个半测回的平均值,即组成一个测回。

每一跨河水准测量需观测两测回。在用两台仪器观测时,应尽可能各置一岸,同时观测一个测回。四等跨河水准测量,两测回间高差不符值应不超过16mm,在限差以内时,取两测回高差平均值作为最后结果;若超出限差应检查纠正或重测。

跨河水准测量的观测时间最好选在风力微弱、气温变化较小的阴天;晴天观测时,应在日出后一小时开始至九时半,下午自15时起至日落前一小时止。

当河面较宽,水准仪读数有困难时,可将觇牌装在水准尺上(图10-2),由观测者指挥上下移动觇牌,直至觇牌红白分界线与十字丝横丝相重合为止,由立尺者直接读取并记录标尺读数。

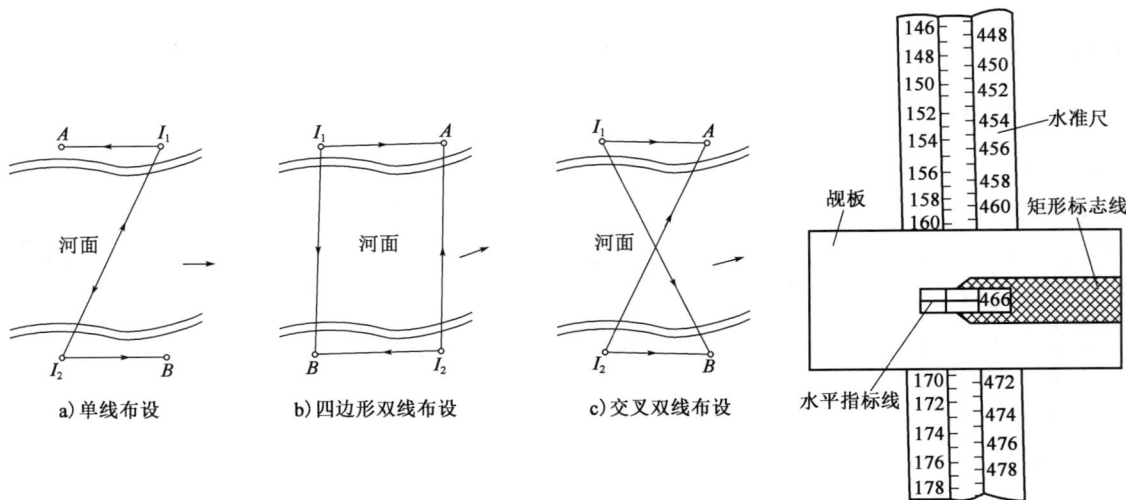

图10-1 跨河水准测量图
a)单线布设   b)四边形双线布设   c)交叉双线布设

图10-2 觇牌

第三节 路线中桩高程测量

道路中线放样后,需要测量路线中桩高程,以便绘制纵断面地面线,为路线纵断面设计提供依据。路线中桩高程测量的方法有三角高程测量、GNSS-RTK 测量、水准测量等。利用全站仪、GNSS-RTK 放样中桩时,可以一并测量各中桩的高程。也可以在放样中桩后,利用基平测量布设的水准点及高程,用水准仪测量各中桩的高程,即中平测量。本节主要介绍中平测量的方法。

一、中平测量的方法

中平测量一般是以两相邻水准点为一测段,从一个水准点开始,逐个测定中桩的地面高程,直至闭合于下一个水准点。在每一个测站上,除了传递高程,观测转点外,应尽量多地观测中桩。相邻两转点间所观测的中桩,称为中间点,其读数为中视读数。由于转点起着传递高程的作用,在测站上应先观测转点,后观测中间点。转点水准尺应立于尺垫、稳固的桩顶或坚石上,视线长不应大于150m,读数至毫米。中间点立尺应在紧靠桩边的地面上,视线可适当放长,读数至厘米。

如图10-3所示,水准仪置于 I 站,后视水准点 BM_1,前视转点 ZD_1,将读数记入表10-1后视、前视栏内。然后观测 BM_1 与 ZD_1 间的中间点 K0 + 000、+020、+040、+060、+080,将读数记入中视栏。再将仪器搬至 II 站,后视转点 ZD_1,前视转点 ZD_2,然后观测各中间点 K0 + 100、+120、+140、+160、+180,将读数分别记入后视、前视和中视栏。按上述方法继续前测,直至闭合于水准点 BM_2。

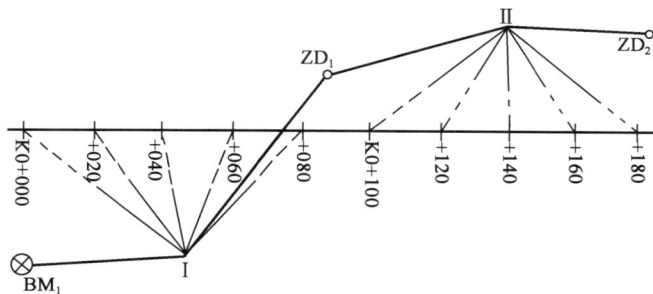

图10-3 中平测量

中平测量

中平测量记录表　　　　　　　　　　　　　　　　表 10-1

测点	水准尺读数(m)			视线高程（m）	中桩高程（m）	备注
	后视 a	中视	前视 b			
BM_1	2.191			514.505	512.314	BM_1 高程为基平所测
K0 + 000		1.62			512.89	
+020		1.90			512.61	
+040		0.62				
+060		2.03			512.48	

续上表

测点	水准尺读数（m）			视线高程 （m）	中桩高程 （m）	备注
	后视 a	中视	前视 b			
+080		0.90			513.61	
ZD$_1$	3.162		1.006	516.661	513.499	
K0+100		0.50			516.16	
+120		0.52			516.14	
+140		0.82			515.84	
+160		1.20			515.46	
+180		1.01			515.65	
ZD$_2$	2.246		1.521	517.386	515.140	
……	……	……	……	……	……	
K1+240		2.32			523.06	
BM$_2$			0.606		524.782	基平测得 BM$_2$ 高程为 524.824m

中平测量只作单程测量。一测段观测结束后，应计算测段高差 $\Delta h_{中}$。它与基平高差 $\Delta h_{基}$ 之差，称为测段高差闭合差 f_h。测段高差闭合差应符合中桩高程测量精度要求，否则应重测。中桩高程测量的容许误差应符合表 10-2 的规定。

中桩高程测量精度表   表 10-2

公路等级	闭合差（mm）	两次测量之差（mm）
高速、一级、二级公路	$\leq 30\sqrt{L}$	≤ 5
三级及三级以下公路	$\leq 50\sqrt{L}$	≤ 10

注：L 为高程测量的路线长度（km）。

中桩高程测量，对需要特殊控制的建筑物、铁路轨顶等，应按规定测出其标高，检测限差为 ± 2cm。中桩的地面高程以及前视点高程应按所属测站的视线高程计算。每一测站的计算按下列公式进行：

$$视线高程 = 后视点高程 + 后视读数 \tag{10-1}$$
$$中桩高程 = 视线高程 - 中视读数 \tag{10-2}$$
$$转点高程 = 视线高程 - 前视读数 \tag{10-3}$$

复核：$f_{h容} = \pm 50\sqrt{L} = \pm 50\sqrt{1.24} = \pm 56（mm）（L = K1+240 - K0+000 = 1.24km）$

$\Delta h_{基} = 524.824 - 512.314 = 12.510（m）$

$\sum a - \sum b = (2.191 + 3.162 + 2.246 + \cdots) - (1.006 + 1.521 + \cdots + 0.606) = 12.468（m）$

$\Delta h_{中} = 524.782 - 512.314 = 12.468（m）= \sum a - \sum b$，计算无误。

$\Delta h_{基} - \Delta h_{中} = 12.510 - 12.468 = 0.042（m）= 42 < f_{h容}$，精度符合要求。

二、跨沟谷中平测量

当路线经过沟谷时，为了减少测站数，提高施测速度和保证测量精度，一般可采用沟内沟外分开的方法进行测量。如图 10-4 所示，当中平测至沟谷边缘时，仪器置于测站 I，同时设两个转点 ZD$_{16}$ 和 ZD$_A$，后视 ZD$_{15}$，前视 ZD$_{16}$ 和 ZD$_A$。此后沟内、沟外即分开施测。测量沟内中桩时,仪器下沟置于测站Ⅱ,后视 ZD_A,观测沟谷内两侧的中桩并设置转点 ZD_B。再将仪器迁至测站Ⅲ,后视 ZD_B,观测沟底各中桩,至此沟内观测结束。然后仪器置于测站Ⅳ,后视 ZD_{16},继续前测。

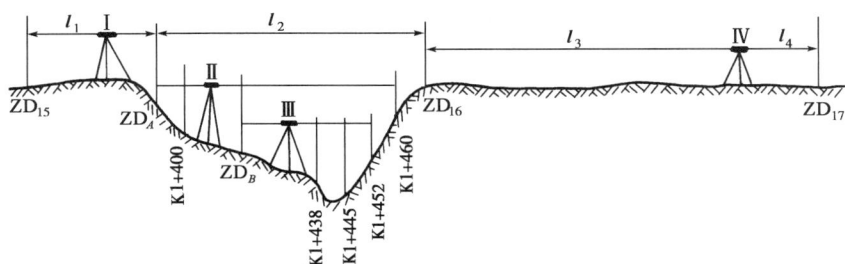

图 10-4　跨沟谷中平测量

这种测法可使沟内、沟外高程传递各自独立,互不影响,避免沟内的测量影响整个测段的闭合,造成不必要的返工。但由于沟内的测量为支水准路线,缺少检核条件,故施测时应倍加注意,记录时也应分开单独记录。另外,为了减小Ⅰ站前、后视距不等引起的误差,仪器置于Ⅳ站时,尽可能使 $l_3 = l_2$,$l_4 = l_1$ 或者 $l_3 + l_1 = l_4 + l_2$。

三、纵断面图的绘制

纵断面图是沿中线方向绘制的反映地面起伏和纵坡设计的线状图,它表示出各路段纵坡的大小和坡长及中线位置的填挖高度,是道路设计和施工的重要技术文件。

1. 纵断面图的组成内容

如图 10-5 所示,纵断面图由上、下两部分组成。在图的上部,从左至右有两条贯穿全图的线,其以里程为横坐标、高程为纵坐标。一条是细的折线,表示中线方向的地面线,是根据中桩地面高程绘制的;另一条是粗线,是包含竖曲线在内的纵坡设计线。为了明显反映地面的起伏变化,一般里程比例尺取 1∶5 000、1∶2 000 或 1∶1 000,而高程比例尺则放大 10 倍,取 1∶500、1∶200 或 1∶100。此外,图上还注有水准点的位置和高程,桥涵的类型、孔径、跨数、长度、里程桩号和设计水位、竖曲线示意图及其曲线元素,同公路、铁路交叉点的位置、里程及有关说明等。

图的下部主要用来填写有关测量及纵坡设计资料,自下而上主要包括以下内容:

(1)直线与曲线。按里程标明路线的直线和曲线部分。曲线部分用折线表示,上凸表示路线右转,下凹表示路线左转,并注明交点编号、圆曲线半径,带有缓和曲线者应注明其长度。

(2)里程。按里程比例尺标注公里桩、百米桩、平曲线主点桩及加桩。

(3)地面高程。按中桩高程测量成果填写相应里程桩的地面高程。

(4)设计高程。根据设计纵坡和竖曲线推算出里程桩设计高程。

(5)坡度及坡长。从左至右向上斜的直线表示上坡,向下斜的表示下坡,水平的表示平坡。斜线或水平线上面的数字表示坡度的百分数,下面的数字表示坡长。

(6)土壤地质说明。标明路段的土壤地质情况。

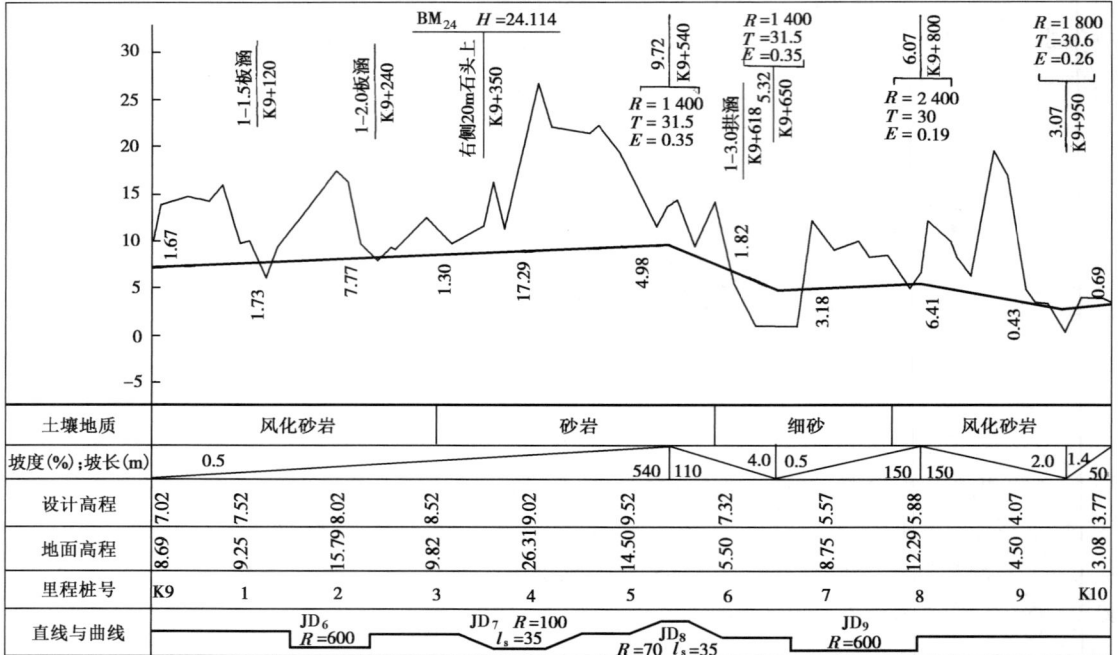

图 10-5 路线纵断面图

土壤地质	风化砂岩		砂岩		细砂		风化砂岩	
坡度(%);坡长(m)	0.5	540 | 110	4.0	0.5	150 | 150	2.0	1.4	50
设计高程	7.02 7.52 8.02 8.52 9.02 9.52		7.32		5.57 5.88		4.07	3.77
地面高程	8.69 9.25 15.79 9.82 26.31 14.50		5.50		8.75 12.29		4.50	3.08
里程桩号	K9 1 2 3 4 5		6		7 8		9	K10
直线与曲线	JD₆ R=600	JD₇ R=100 l_s=35	JD₈ R=70 l_s=35		JD₉ R=600			

2. 纵断面图的绘制步骤

纵断面图的绘制一般可按下列步骤进行：

(1)按照选定的里程比例尺和高程比例尺打格制表,填写直线与曲线、里程、地面高程、土壤地质说明等资料。

(2)绘地面线。首先选定纵坐标的起始高程,使绘出的地面线位于图上适当位置。一般是以 10m 整倍数的高程定在 5cm 方格的粗线上,便于绘图和阅图。然后根据中桩的里程和高程,在图上按纵、横比例尺依次点出各中桩的地面高程,再用直线将相邻点一个个连接起来,就得到地面线。在高差变化较大的地区,如果纵向受到图幅限制,可在适当地段变更图上高程起算位置,此时地面线将构成台阶形式。

(3)根据设计纵坡,计算设计高程。当路线的纵坡确定后,即可根据设计纵坡和两点间的水平距离,由一点的高程计算另一点的设计高程。

设计坡度为 i,起算点的高程为 H_0,推算点的高程为 H_P,推算点至起算点的水平距离为 D,则

$$H_P = H_0 + i \cdot D \tag{10-4}$$

式中,上坡时 i 为正,下坡时 i 为负。

对于竖曲线范围内的中桩,按上式算出切线设计高程后,还应加以修正。按竖曲线凹凸,加减竖曲线纵距,才能得出竖曲线内各中桩设计高程。

(4)计算各桩的填挖高度。同一桩号的设计高程与地面高程之差,即为该桩的填挖高度,填方为正,挖方为负。通常在图中专列一栏注明填挖高度。

(5)在图上注记有关资料,如水准点、桥涵、竖曲线等。

第四节 横断面测量

横断面测量是测定中桩两侧垂直于中线的地面线。首先要确定横断面的方向,然后在此方向上测量中桩与地面坡度变化点(或地物特征点)的距离和高差,再按一定比例绘制横断面图。横断面测量的宽度,应根据路基宽度、填挖高度、边坡坡度、地形情况以及有关工程的特殊要求而定,一般中线两侧各测 $10 \sim 50m$,以满足路基和排水设计需要。横断面测量的密度,除各中桩外,在大中桥头、隧道洞口、挡土墙等重点工程地段,可根据需要加密。地面点距离和高差的测量,一般精确到 $0.1m$。横断面检测互差限差应符合表 10-3 的规定。

横断面检测互差限差表 表 10-3

公路等级	距离(m)	高差(m)
高速、一级、二级公路	$L/100 + 0.1$	$h/100 + L/200 + 0.1$
三级、四级公路	$L/50 + 0.1$	$h/50 + L/100 + 0.1$

注:L 为测点至中桩的水平距离(m);h 为测点至中桩的高差(m)。

横断面测量包括横断面方向的测定、横断面变坡点测量、横断面绘图与记录等工作。

一、横断面方向的测定

横断面方向与道路中线垂直,曲线路段与测点的切线垂直,所以横断面方向即为道路中桩与其边桩的连线方向。

利用全站仪或 GNSS-RTK 放样道路中线时,一并将边桩放样出来,则路线横断面方向就可确定。在直线上,横断面方向与其前后中桩的连线方向垂直,故也可采用方向架定向。

1. 方向架测定横断面方向

直线段横断面方向与道路中线垂直,可以采用方向架测定。如图 10-6 所示,将方向架置于桩点上,方向架上有两个相互垂直的固定片,用其中一个瞄准该直线上任一中桩,另一个所指方向即为该桩点的横断面方向。

利用方向架测定横断面方向简单直观,但只适用于直线路段。

2. 边桩法测定横断面方向

中桩横断面方向为该中桩与其边桩的连线方向。所以只需计算出边桩坐标,放样道路中线时,一并将边桩放样出来,则路线横断面方向就可确定,如图 10-7 所示。

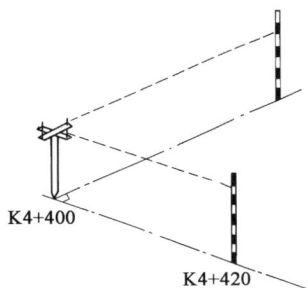

图 10-6 方向架测定横断面方向

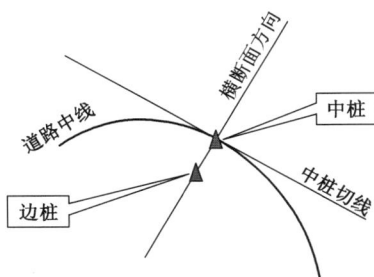

图 10-7 边桩法测定横断面方向

横断面方向的确定

左、右边桩坐标(X_L,Y_L)、(X_R,Y_R)计算公式为

$$\begin{cases} X_L = X_j + d_L\cos A_L \\ Y_L = Y_j + d_L\sin A_L \end{cases} \tag{10-5}$$

$$\begin{cases} X_R = X_j + d_R\cos A_R \\ Y_R = Y_j + d_R\sin A_R \end{cases} \tag{10-6}$$

式中：X_j、Y_j——中桩坐标，由第九章相关公式计算得到；

d_L、d_R——中桩至左、右边桩的距离，可根据需要给定；

A_L、A_R——中桩K至左、右边桩的坐标方位角，计算方法如下。

（1）中桩K位于直线上。

$$\begin{cases} A_L = A_{i-1,i} - 90° \\ A_R = A_{i-1,i} + 90° \end{cases} \tag{10-7}$$

式中：$A_{i-1,i}$——JD_{i-1}至JD_i的坐标方位角。

（2）中桩K位于第一缓和曲线及圆曲线段。

$$\begin{cases} A_L = A_{i-1,i} + f\beta - 90° \\ A_R = A_{i-1,i} + f\beta + 90° \end{cases} \tag{10-8}$$

式中：β——切线角，当K点位于第一缓和曲线上时，$\beta = \dfrac{l^2}{2Rl_s}\cdot\dfrac{180°}{\pi}$；当$K$点位于圆曲线上时，

$\beta = \left(\dfrac{l_s}{2R} + \dfrac{l-l_s}{R}\right)\dfrac{180°}{\pi}$。

$l = L_K - L_{ZH_i}$，K点至ZH_i点的里程之差，即曲线长。

f——符号函数，右转取"+"，左转取"−"。

（3）中桩K位于第二缓和曲线段。

$$\begin{cases} A_L = A_{i,i+1} + f\beta - 90° \\ A_R = A_{i,i+1} + f\beta + 90° \end{cases} \tag{10-9}$$

式中：$\beta = \dfrac{(L_{HZ_i} - L_K)^2}{2Rl_s}\dfrac{180°}{\pi}$；

f——符号函数，右转取"−"，左转取"+"；

$A_{i,i+1}$——JD_i至JD_{i+1}的坐标方位角。

二、横断面变坡点的测量方法

横断面需要测量地面坡度变化点与中桩的平距和高差，或者测量其坡度与斜距。常用方法有抬杆法、花杆皮尺法、钓鱼法、坡度法、全站仪法、RTK法等。

1. 抬杆法

如图 10-8 所示,利用两根每隔 20cm 刻有一标记的花杆,一平一竖从中桩分别向左右两侧依次量出各地面变化点之间的水平距离和高差。为使横杆抬平,可利用手水准保证花杆的水平。

抬杆法简便、易行,低等级公路中经常采用,适用于横向变化较多、较大的地段。但由于测站较多,测量和积累误差较大,精度较低。

2. 花杆皮尺法

如图 10-9 所示,A、B、C……为横断面方向上所选定的变坡点。施测时将花杆立于 A 点,从中桩处地面将尺拉平量出至 A 点的距离,并测出皮尺截于花杆位置的高度,即 A 相对于中桩地面的高差。同法可测得 A 至 B、B 至 C……的距离和高差,直至所需要的宽度为止。中桩一侧测完后再测另一侧。此法简便,适用于横断面测量宽度较大、地形变化较多的路段。

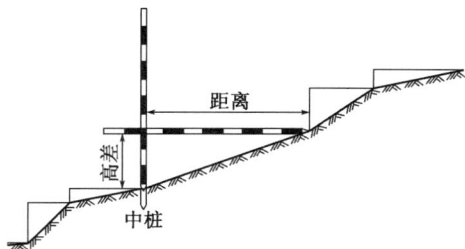

图 10-8 抬杆法

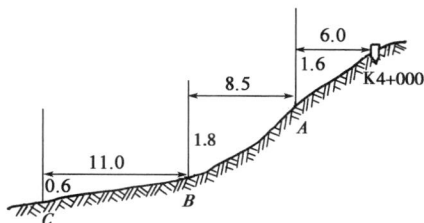

图 10-9 花杆皮尺法(尺寸单位:m)

3. 钓鱼法

当遇到悬崖、深沟等地形时,可在皮尺末端挂一重物,用花杆挑皮尺测量坡下的平距与高差,称为钓鱼法。

4. 坡度法

当横断面方向坡度均匀时,可用手水准测出坡度,用皮尺测出横坡斜长,即可画出横断面地面线。也可用手机罗盘代替手水准测量坡度,用手持测距仪测量距离。

5. 全站仪法

如图 10-10 所示,在任意点架设全站仪,利用全站仪的对边测量功能,分别在路线中桩和横断面变坡点处安置棱镜,可直接测得两点之间的平距及高差。

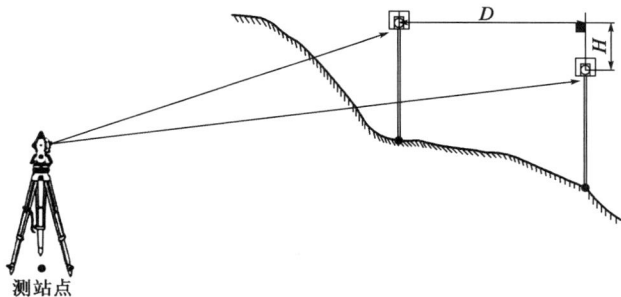

图 10-10 全站仪法

横断面测量方法

6. RTK 法

采用 RTK 采集横断面时,首先调入道路数据文件(主要是平面数据),然后输入一个指定里程,软件自动计算该里程处的横断面位置,并在图形上显示一条横断面参考线,当靠近此参考线时,软件计算当前位置与横断面参考线的距离,若距离小于横断面限差设定值,则提示可以进行横断面采集,如图 10-11 所示。

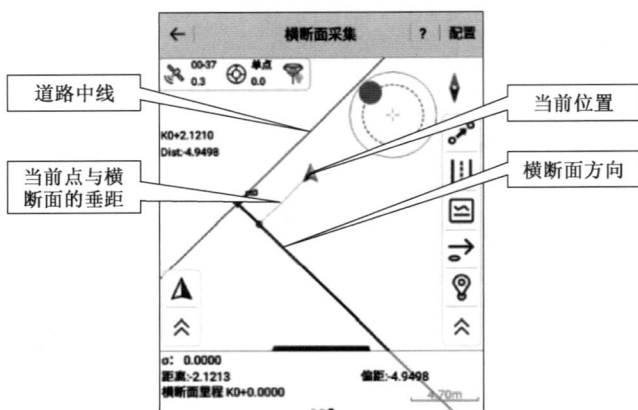

图 10-11　RTK 法

三、横断面绘图与记录

1. 横断面图的绘制

横断面图一般采用现场边测边绘的方法绘制,以便及时对横断面进行核对。绘图比例尺一般采用 1∶200 或 1∶100,绘在毫米方格纸上。绘图时,先将中桩位置标出,然后分左、右两侧,按照相应的水平距离和高差,逐一将变坡点标在图上,再用直线连接相邻各点,即得横断面地面线,如图 10-12 所示。

横断面绘制

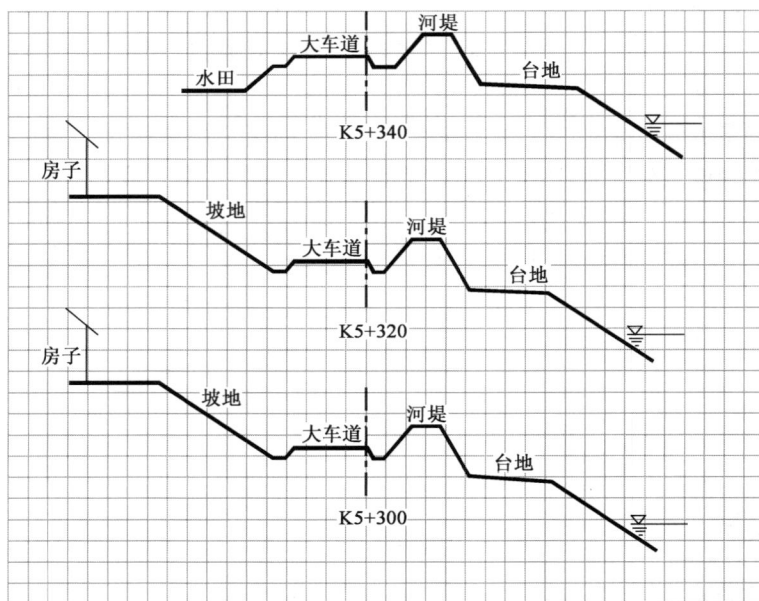

图 10-12　横断面图

2. 横断面记录

横断面记录如表 10-4 所示,表中按路线前进方向分左侧、右侧。分数的分子表示测段两端的高差,分母表示其水平距离。均为相对于前一点的高差和平距。高差为正表示上坡,为负表示下坡。

横断面测量记录表 表 10-4

左侧			桩号	右侧			
……				……			
$\dfrac{-0.6}{11.0}$	$\dfrac{-1.8}{8.5}$	$\dfrac{-1.6}{6.0}$	K4 +000	$\dfrac{+1.5}{4.6}$	$\dfrac{+0.9}{4.4}$	$\dfrac{-1.6}{7.0}$	$\dfrac{+0.5}{10.0}$
$\dfrac{-0.5}{7.8}$	$\dfrac{-1.2}{4.2}$	$\dfrac{-0.8}{6.0}$	K3 +980	$\dfrac{+0.7}{7.2}$	$\dfrac{+1.1}{4.8}$	$\dfrac{-0.4}{7.0}$	$\dfrac{+0.9}{6.5}$

将记录的横断面数据输入路线设计软件,结合横断面设计参数,可自动生成横断面设计图,如图 10-13 所示。根据横断面设计图,可以计算断面的填挖方数量。

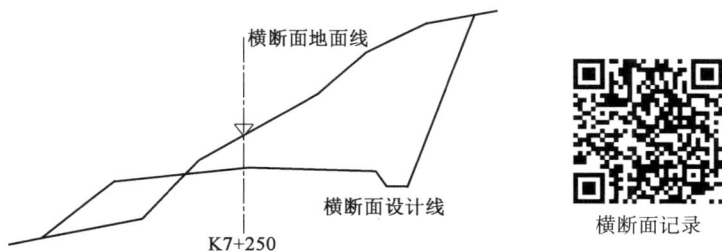

图 10-13 横断面设计图

如果横断面设计图出现异常,可检查横断面记录数据输入是否正确,查阅现场绘制的横断面图,必要时到现场进行核对。

注意:(1)横断面测量时,测量、绘图、记录要一起在现场进行,即"测绘记"相结合。为了相互核对,记录和绘图应该独立进行。(2)横断面一般从下往上记录与绘图。

【思考题与习题】

1. 路线纵断面测量的任务是什么?

2. 跨河水准测量如何布设与观测?

3. 为了提高施测速度与精度,跨越沟谷时,中平测量可采取什么措施?

4. 用水准仪进行中桩高程测量时,中视与前视有何区别?

5. 完成表 10-5 中某高速公路中平测量记录的计算,检查精度是否满足要求。

中桩高程测量记录计算表　　　　　　　　　　　　　　　　　　表 10-5

测点	水准尺读数（m）			视线高程（m）	高程（m）	备注
	后视	中视	前视			
BM$_5$	1.426				417.628	BM$_5$ 高程为基平所测
K4 +980		0.87				
K5 +000		1.56				
+020		4.25				
+040		1.62				
+060		2.30				
ZD$_1$	0.876		2.402			
+080		2.42				
+092.4		1.87				
+100		0.32				
ZD$_2$	1.286		2.004			
+120		3.15				
+140		3.04				
+160		0.94				
+180		1.88				
+200		2.00				
BM$_6$			2.186			基平测得 BM$_6$ 高程为 414.635m

6. 横断面测量的任务是什么？

7. 横断面方向如何测定？横断面变坡点测量有哪些方法？

第十一章
桥梁工程测量

【学习内容与要求】

通过对本章的学习,了解桥梁工程测量的主要内容;掌握桥梁平面和高程控制测量的要求与方法;掌握桥轴线纵断面测量的方法;掌握桥梁墩台施工测量的方法与要求;学会涵洞施工测量的内容与方法。

第一节 概 述

桥梁是道路最重要的组成部分之一。在公路建设中,从投资比重、施工期限、技术要求等诸方面来看,桥梁都居于十分重要的位置。尤其是一些大型桥梁或技术复杂的桥梁的修建,对于一条公路高质量地建成通车具有很大的作用,甚至起着主要的控制作用。

桥梁工程测量的精度及要求主要取决于桥梁长度,桥梁按长度的分类见表11-1。桥梁工程测量的主要内容包括桥位勘测和桥梁施工测量两部分。要经济合理地建造一座桥梁,首先要选好桥址。桥位勘测就是为选择桥址和进行设计提供地形和水文资料,这些资料提供得越详细、全面,就越有利于选出最优的桥址方案和做出经济合理的设计。当然决定桥址优劣的因素还有地质条件等。对于中小桥及技术条件简单、造价低廉的大桥,其位置往往服从于路线走向的需要,不单独进行勘测,而是包括在路线勘测之内。但对于特大桥梁或技术条件复杂的桥梁,由于其工程量大、造价高、施工周期长,桥位选择合理与否,对造价和使用条件都有极大的影响,所以路线的位置要服从桥梁的位置,为了能够选出最优的桥址,通常需要单独进行勘测。

桥梁分类 表 11-1

桥梁分类		小桥	中桥	大桥	特大桥
铁路桥	多孔跨径总长 $L(m)$	$6 < L \leq 20$	$20 < L \leq 100$	$100 < L \leq 500$	$L > 500$
公路桥	单孔跨径 $L_k(m)$	$5 \leq L_k < 20$	$20 \leq L_k \leq 40$	$40 \leq L_k \leq 150$	$L_k > 150$
	多孔跨径总长 $L(m)$	$8 \leq L \leq 30$	$30 < L < 100$	$100 \leq L \leq 1\,000$	$L > 1\,000$

桥梁设计通常经过编制项目建议书、初步设计、施工图设计等几个阶段,各阶段要相应地进行不同的测量。

在编制项目建议书阶段,并不单独进行测量工作,而应广泛收集已有的国家地图。向有关单位索取 1∶50 000、1∶25 000 或 1∶10 000 的地形图。同时也要收集有关水文、气象、地质、农田水利、交通网规划、建筑材料等各项已有的资料,这样可以找出桥址的所有可比方案。

在初步设计阶段,要对选定的几个可比方案进一步加以比较,以确定一个最优的设计方案。为此就要求提供更为详细的地形、水文及其他有关资料,以作为比选的依据,这些资料同时也供设计桥梁及附属构造物之用。设计桥梁需要提供的测量资料主要有桥轴线长度、桥轴线纵断面图、桥位地形图等。设计桥梁需要提供的水文资料,可以向有关水文站索取,否则需在桥址处进行水文观测。观测的内容有洪水位、河流比降、流向及流速等。

根据设计和施工需要,桥位地形图分为桥位总平面图和桥址地形图。桥位总平面图,比例尺一般为 1∶2 000 ~ 1∶10 000,其测绘范围应能满足选定桥位、桥头引道、调治构造物的位置和施工场地轮廓布置的需要。一般情况下,上游测绘长度约为洪水泛滥宽度的 2 倍,下游约为 1 倍;顺桥轴线方向为历史最高洪水位以上 2 ~ 5m 或洪水泛滥线以外 50m。桥址地形图,比例尺一般为 1∶500 ~ 1∶2 000,其测绘范围应能满足桥梁孔跨、桥头引道路基和调治构造物设计的需要。一般情况下,上游测绘长度约为桥长的 2 倍,下游约为 1 倍;顺桥轴线方向为历史最高洪水位以上 2m 或洪水泛滥线以外 50m。桥位地形图的测绘方法参见第七章大比例尺地形图测绘与应用。

在桥梁施工阶段,为了保证施工质量达到设计要求的平面位置、高程和几何尺寸,就必须采用正确的测量方法进行施工测量。桥位勘测和桥梁施工测量的技术要求应符合《公路工程水文勘测设计规范》(JTG C30—2015)和《公路桥涵施工技术规范》(JTG/T 3650—2020)的规定。

第二节　桥梁控制测量

一、桥梁控制网的布设及要求

桥梁控制测量是桥梁工程建设的重要工作,为桥梁选址、设计及施工各阶段提供统一的基准点位和参数。

桥梁控制测量包括平面控制测量和高程控制测量。桥梁平面控制以桥轴线控制为主,并保证全桥及桥梁与线路连接的整体性,同时兼顾施工过程中桥梁建筑物定位、放样测量的需要,满足精度要求。桥梁高程控制主要是提供桥梁施工中统一的高程基准,与两端线路高程准确衔接,并与其他有关工程设施密切结合。

1. 平面控制网布设

布设桥梁控制网时,可利用桥址地形图,拟定布网方案。并在仔细研究桥梁设计及施工组织计划的基础上,结合当地地形情况进行踏勘选点。桥梁控制网的点位布设应力求:

(1)图形简单并具有足够的精度,以使所得的两桥台间距离的精度满足施工要求,并能用这些控制点以足够的精度放样桥墩。

(2)为了使控制网与桥轴线联系起来,桥轴线应作为控制网的一条边,控制点与桥台设计位置相距不应太远,以方便桥台的放样及保证两桥台间距离的精度符合要求。

(3)桥梁控制网的边长与河宽有关,一般在 0.5~1.5 倍河宽的范围内变动。

(4)为便于观测和保存,所有控制点不应位于淹没地区和土壤松软地区,并尽量避开施工区、堆放材料及交通干扰的地方。

(5)桥梁控制网可布设成主网与附网的形式,主网控制主桥,附网控制引桥。

为确保桥轴线长度和墩台定位的精度,按观测要素的不同,桥梁平面控制网可布设成三角网、边角网、精密导线网、GNSS 网等。

桥梁三角网、边角网的基本网形为三角形和大地四边形,应用较多的有双三角形、大地四边形、大地四边形与三角形相结合的图形、双大地四边形等,如图 11-1 和图 11-2 所示。

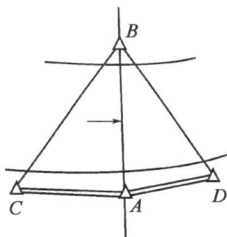

图 11-1 桥梁三角网的布设形式   图 11-2 其他常见桥梁三角网的布设形式

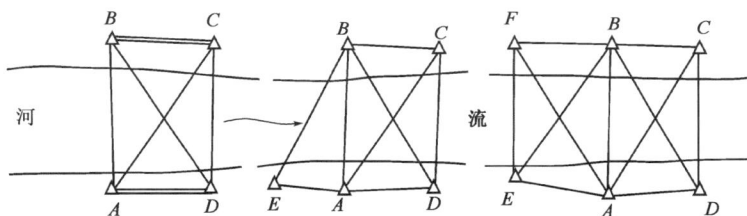

由于高精度测距仪的应用,桥梁控制网还可布设成精密导线网,如图 11-3 所示。

由于 GNSS 测量的优势及桥址现场视野开阔的特点,目前多采用 GNSS 技术建立桥梁控制网,网形结构常采用三角网,图形简单,结构稳固,再利用 GNSS 精确测定控制网各边长即可。

桥梁控制网点位是桥梁工程的基准标志,点位的选定应顾及控制网网形结构,靠近施工场所;不影响工程和交通,占用场地小。点位的埋设应着眼于桥梁工程的需要,要求是:基本点位埋设稳固(必要时应埋设在基岩上),应用方便,加强保护;重要点位,特别是有长期用途的点位,应有长期重点保护的措施。

图 11-3 精密导线网

桥梁平面控制网等级选用应符合表 6-3 的规定,其精度应符合表 6-2 的规定,其主要技术要求和观测技术应符合表 6-5~表 6-9 的规定。

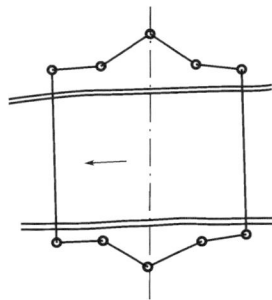

桥梁三角网基线(边长)观测采用 GNSS 测量或测距仪测距的方法,三角网水平角观测采用方向观测法。桥梁控制网的观测技术应符合表 6-10、表 6-11 的规定。

2. 高程控制网布设形式

高程控制网的布设形式主要有水准网,作为桥梁施工高程控制的水准点,每岸至少埋设三个点,并与国家(或城市)水准点联系起来。同岸三个水准点中的两个应埋设在施工区以外,以免受到破坏,另外一个点埋设在施工区,以便直接将高程传递到需要的地方。应采用永久性的固定水准标石作为水准点,也可利用平面控制点的标石作为水准点。

桥梁高程控制测量,一般是在路线高程控制测量时建立。桥梁高程控制测量等级选用参照表 6-13 的规定。

二、桥梁施工控制网的精度设计及建立

1. 桥梁施工控制网精度的确定方法

建立桥梁施工控制网的目的是控制桥轴线的架设误差和满足桥墩、桥台定位放样的精度要求。对于保证桥轴线长度的精度来说,一般桥轴线作为控制网的一条边,只要控制网经施测、平差后求得该边长度的相对中误差小于设计要求即可。对于满足桥墩、桥台中心放样的精度要求来说,既要考虑控制网本身的精度又要考虑利用控制网点进行施工放样的误差;在确定了控制网和放样应达到的精度要求后,应根据控制网的网形、观测要素和观测方法及仪器设备条件等,在控制网施测前估算出能否达到要求。

对于桥梁施工放样而言,放样点位一般离控制点较远,放样不甚方便,且放样误差较大。在建立控制网时,则有足够的时间和条件来提高控制网的精度。因此,在设计桥梁施工控制网时,应以"控制点误差对放样点位不产生显著影响"为原则,以便为以后的放样工作创造有利条件。根据这个原则,对桥梁施工控制网的精度要求分析如下:

设 M 为放样后所得点位的总误差;m_1 为控制点误差所引起的放样误差;m_2 为放样过程中所产生的点位误差,则:

$$M = \pm \sqrt{m_1^2 + m_2^2} = \pm m_2 \sqrt{1 + (m_1/m_2)^2} \tag{11-1}$$

显然,上式中 $m_1 < m_2$,将式(11-1)按级数展开,并略去高次项,则有

$$M = m_2 \left(1 + \frac{m_1^2}{2\,m_2^2}\right) \tag{11-2}$$

若使上式括号中第二项为 0.1,即控制点误差的影响仅占总误差的 10%,即得

$$m_1^2 = 0.2\,m_2^2$$

将上式与式(11-2)联合解算得

$$m_1 \approx 0.4M \tag{11-3}$$

由此可见,当控制点误差所引起的放样误差为总误差的 40% 时,m_1 使放样点位总误差仅增加 10%,即控制点误差对放样点位不产生显著影响。

2. 桥梁施工控制网的精度设计步骤

桥梁施工控制网是为保证桥轴线长度,桥墩、桥台中心定位和轴线测设的精度而布设的,建立的桥梁施工控制网要达到或超过桥轴线长度中误差的估算精度要求。在桥轴线精度估算问题上存在不同意见:一种认为应以桥梁的形式、长度为控制依据;另一种认为应以桥墩、桥台

中心点位误差为控制依据。

(1)根据桥梁跨越结构的架设误差确定桥梁施工控制网的必要精度。

计算桥轴线长度应满足的精度,需要知道桥轴线的长度,同时要考虑桥跨的大小及跨越结构的形式。桥梁结构不同,在制造、拼装和安装中存在的误差也不同,它们都影响桥梁全长的误差。例如钢桁梁存在着杆件制造误差、杆件组合拼装误差以及钢材因温度升降而胀缩的误差;架设钢梁时支点沿桥中线方向与支座位置产生偏差,以及支座安装定位的误差。这些因素关系复杂,要全面、周密地考虑有一定的困难,可以用不同桥梁形式和长度及其拼装上的综合误差与支座安装误差作为依据,来估算控制网精度。有关桥轴线长度中误差估算式参见《铁路工程测量规范》(TB 10101—2018)。

为了使测量误差不致影响工程质量,可取控制测量误差为桥轴线长度相对中误差 $\frac{m_D}{D}$ 的 $\frac{1}{\sqrt{2}}$。

(2)从桥墩放样的容许误差分析桥梁施工控制网的必要精度。

桥墩中心位置偏移,将给桥梁架设造成困难,而且会使桥墩上的支座位置偏移,改变桥墩的应力,影响墩台的使用寿命和行车安全。桥梁工程上对放样桥墩位置的要求是:桥墩、桥台中心在桥轴线方向的位置中误差不应大于 $1.5 \sim 2.0$ cm。若考虑以桥墩、桥台中心在桥轴线方向的位置中误差不大于 2.0 cm 为研究控制网必要精度的起算数据,由式(11-3)计算,要求 $m_1 \leqslant 0.4M = 0.4 \times 20 = \pm 8$(mm)。此即为放样桥墩、桥台中心时控制网误差应满足的要求,据此确定桥梁施工控制网的必要精度。

3. 桥梁高程控制网的建立

桥梁高程控制测量有两个作用:一是统一该桥的高程基准面;二是在桥址附近设立基本高程控制点和施工高程控制点,以满足施工中高程放样和监测桥梁墩台垂直变形的需要。

建立高程控制网的常用方法是水准测量或三角高程测量。

为了方便桥墩高程放样,在距水准点较远(一般大于 1km)的情况下,应增设施工水准点,施工水准点可布设成附合水准路线。施工高程控制点在精度要求低于三等时,也可用光电测距三角高程测量建立。

三、大型桥梁施工控制网布设实例

东海大桥起始于上海浦东新区南汇新城镇(原芦潮港镇),北与沪芦高速公路相连,南跨杭州湾北部海域,直达浙江省嵊泗县崎岖列岛的小洋山岛。东海大桥为全长 32.5km 的曲线桥梁。整座桥包括两座大跨度海上斜拉桥、四座大跨度的预应力连续桥梁、大量的大跨径为整跨安装的非通航孔。东海大桥按双向六车道加紧急停车带的高速公路标准设计,桥宽 31.5m,设计速度 80km/h,大桥设计基准期为 100 年。东海大桥首级平面和高程控制网的建立是大桥建设基础性工作的基础,其控制网的准确性与可靠性将直接影响整个大桥工程建设的质量甚至安危。

因工程所处的地理位置特别(连接大陆和海岛)、工程量巨大、水文气象复杂等,测量面临巨大困难。而跨海约 30km,如何将大陆上已知的大地测量基准(包括国家统一平面基准和高程基准)传递到海上三个试桩平台、小洋山及洋山港区周边几个岛屿上,则是工程面临的最大技术难题。

跨海大桥是从陆上直伸到海岛上的，平面控制点分布在大陆一侧，为了满足大桥能分标段同时施工的需要，工程要求将平面控制点传递到离大陆30km外的海岛上，然后根据施工各阶段的需求，再进行控制点的加密测量。

1. 首级控制网测量

为了确保东海大桥首级平面和高程控制网的正确与可靠，及时、有效地为施工放样及后期变形监测打好基础，首级平面控制网在最初建立和后续复测中，均采用GNSS测量技术进行测设。如此特大型桥梁，控制网的布设亦不同于一般的桥梁控制网，国内亦没有同类控制网可供参考。图11-4所示为控制网基本网形。

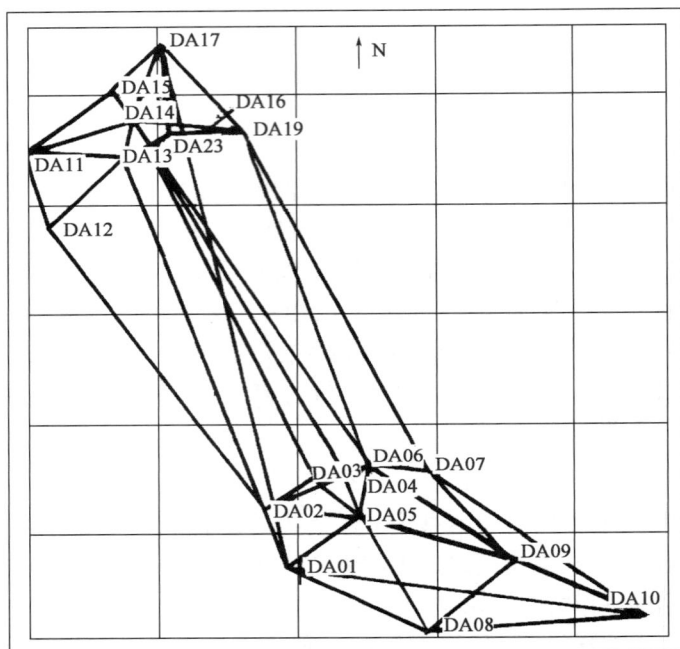

图11-4　大桥工程的首级GNSS控制网

在测量时为了有效联测国家控制网，如图11-4所示，将测区范围内的两个国家三角点（DA01、DA10）作为全网的起算点，这样既为本网提供了位置基准和方位基准，又将本网纳入了杭州湾南岸的国家三角网。桥梁GNSS网布设应与国家大地网进行联系，以便于大桥配套工程（如公路、引桥、互通立交等）的连接；同时，保证桥梁控制网内控制点之间相对高精度。

测量时，考虑到投影带可能带来的误差，工程选用了任意带高斯正形投影平面直角坐标系，以东经122°为中央子午线，平面坐标采用1954北京坐标系，并根据坐标转换关系，与WGS-84坐标系、上海市城市坐标系建立了相应的转换关系。

在首级控制网的测量过程中，采用高精度双频ASHTECH GNSS接收机（满足5mm+1ppm）进行同步观测。观测结束后，将数据用随机软件下载备份，并转换为RINEX格式。

GNSS基线解算采用美国麻省理工学院研制的GNSS精密处理软件GAMIT；起算点为上海IGS跟踪站。对于边长较短的基线成果，其边长相对精度达到10^{-7}，相对点位精度达到毫米级。

GNSS 网平差采用同济大学编制的 GNSS 平差软件 GNSS_NET 分两步进行：

（1）以上海 IGS 跟踪站为起算点，在 WGS-84 坐标系下进行空间三维严密平差；

（2）进行地面网与空间网的联合平差，求得各点的 1954 北京坐标系坐标，再转换成上海平面坐标系坐标。

经验算，同步环、异步环闭合差，重复基线长度角度较差均在限差范围内。

2. 加密控制网测量

在完成首级控制网的测量工作后，根据工程的需要，在大陆与海岛的等距离处，建造了 A、B、C 共 3 个测量平台，在平台上，建立了强制观测墩。

利用首级控制网的成果作为已知点，对平台进行了 GNSS 测量。测量时采用 GNSS 三等的技术要求，连续观测 4h。由于海上建造平台的稳定性受潮汐等因素的影响，加密点的稳定性也直接关系到施工的精度，故以每月 1 次的频率，对 A、B、C 三个平台进行了测量，共完成了 10 次测量，具体见表 11-2。

对 A、B、C 三个平台进行 10 次测量的结果 表 11-2

点号	10 次平均坐标		测量中误差	
	X（m）	Y（m）	X（cm）	Y（cm）
LY12（A 平台）	3 408 976.755	493 823.667	2.3	1.9
LY21（B 平台）	3 402 011.081	497 665.444	2.7	2.1
LY30（C 平台）	3 395 149.340	499 492.893	1.6	1.8

从以上数据可知，A、B、C 三个平台上的点处于一种稳定状态，可以作为施工测量的 GNSS 基准站。

根据施工的进程，在建造好的桥墩上也布设了加密点，其间距约为 1km，利用首级控制网的测量成果，采用 GNSS 测量技术，用 10 台双频接收机同时测量，按照 GNSS 测量三等精度要求，完成了全线的控制网加密工作。

四、坐标系的选择

为进行线路的总体设计，在勘测设计阶段，一般都建立了整体线路工程控制网，该控制网在线路的起点、终点、桥涵等位置都设置了控制点，但这些控制点无论密度还是精度都无法满足桥梁施工测量的要求。

为便于线路全线坐标系统的统一和确定工程的绝对位置，勘测阶段所建立的控制点常采用国家坐标系统（如：1954 北京坐标系或 1980 西安坐标系），这些坐标系统是以参考椭球面为基准面的高斯平面直角坐标系统。这种坐标系统存在两种长度变形，第一种为高斯投影长度变形，第二种为基准面高程不同所引起的长度变形。

为保证桥梁施工的顺利进行，所建立的桥梁施工控制网必须和桥梁设计所采用的坐标系统相一致（一般为国家坐标系统），但纯粹的国家坐标系统存在较大的长度变形，对特大型桥梁施工放样十分不利。因此，在建立桥梁施工控制网时，首先要保证施工控制网的坐标系和工程设计坐标系相一致，另外，还要使局部的施工控制网变形最小。为达到上述目的，应建立独立坐标系统的施工控制网。

为保持桥梁与两侧线路的联系，以独立坐标系统建立的控制网应以一个点位较为稳定的桥轴线点或勘测控制点为坐标原点,以该点的原坐标值和里程为独立坐标系统的起算坐标和起算里程,以桥轴线设计的坐标方位角或原两个勘测控制点的连线方位角作为起算方位角,以控制点顶面平均高程为边长基准面,将所有观测边长都投影到该基准面上。这样建立的桥梁独立坐标系统,其 X、Y 轴方向与勘测时一致,且长度变形较小,它既考虑了桥梁勘测和设计的实际情况(设计图纸上桥梁墩台的设计坐标可直接用于施工放样,不需要换算),又满足桥梁这一重要构筑物施工测量的特殊要求。

由于桥梁工程的施工周期长,在施工期需要对控制网进行复测。复测控制网时,应严格保证控制网的坐标系不变。为保证这一目标的实现,复测控制网时,首先应分析和检查控制点的稳定性,利用稳定的控制点作为已知点进行计算。另外,还可以通过与国家控制点联测的方法进行比较,但由于国家控制点一般距离较远,与其联测误差较大,因此,一般只能起检查作用,而不应将与国家控制点联测后的数据纳入控制网计算。

对直线桥,为便于施工放样数据的计算和放样点位的复核,还常常建立以某一个桥桩为坐标原点,以桥轴线为 X 轴,以横桥向为 Y 轴的桥梁施工局部坐标系 XOY,此时某一放样点的 x 坐标即为该点的里程,y 坐标即为该点偏离桥轴线的距离,且桥梁施工局部坐标系 XOY 和桥梁勘测设计坐标系 xoy 存在如下的坐标转换关系:

$$\begin{pmatrix} X \\ Y \end{pmatrix} = \begin{pmatrix} X_{原} \\ Y_{原} \end{pmatrix} + \begin{pmatrix} \cos\alpha & -\sin\alpha \\ -\sin\alpha & \cos\alpha \end{pmatrix} \begin{pmatrix} x \\ y \end{pmatrix} \tag{11-4}$$

$$\begin{pmatrix} x \\ y \end{pmatrix} = \begin{pmatrix} \cos\alpha & -\sin\alpha \\ -\sin\alpha & \cos\alpha \end{pmatrix} \begin{pmatrix} X - X_{原} \\ Y - Y_{原} \end{pmatrix} \tag{11-5}$$

式中:$X_{原}$、$Y_{原}$——xoy 的坐标原点在 XOY 坐标系中的坐标;

α——桥轴线在 XOY 坐标系中的设计坐标方位角。

五、投影面的选择

在桥梁施工控制网建立的过程中,通常会遇到控制网的投影面选择问题。投影面选择问题的产生主要是由于地球为近似的圆球,在不同的高程面,其计算边长不同。高程差异越大,其投影后的边长差异亦越大。为保证施工后的桥梁跨度与设计值相同,选择合理的投影面和放样方法是保证施工质量的关键。

为确定桥梁施工控制网的投影面,首先应确定桥梁设计的投影面。通常情况下,桥梁工程的设计是在地形图上进行的,且一般不考虑地球曲率的影响,这对一般桥梁并无太大影响,而对于具有高塔柱的悬索桥和斜拉桥,影响就十分明显。因此在控制网平差前,应由设计部门确认桥梁的设计跨度是对哪个高程面而言的。通常情况下,桥梁设计所用的地形图是在国家坐标系统下测绘的,在测绘地形图时采用了线路工程的统一坐标基准,但在测绘大比例尺桥区地形图时,一般只采用线路整体坐标系作为起算数据,并未将测绘数据投影到高斯投影面上,因此,该地形图可理解为以国家坐标系统为基本框架的局部大比例尺地形图,不存在投影变形,与实际形状一致,该地形图的投影面可理解为工程的平均高程面。因此,桥梁的设计跨度可理解为地面平均高程面上的距离。

影响投影面选择的另一个重要因素是放样方法。在以前的桥梁施工过程中,由于受到测量仪器的限制,一般采用经纬仪前方交会的方法测设点位。在这种情况下,由于放样过程不涉及距离,控制网的距离尺度就是放样后建筑物的距离尺度。因此为保证放样后的桥梁跨度与设计值相同,控制网应投影到设计跨度的高程面上(如墩面高程、桥面高程等)。

由于全站仪的普及和应用,目前大部分桥梁工程都采用高精度全站仪坐标法放样。这种仪器的使用不但提高了测量精度,而且大大提高了施工测量的作业效率。在利用全站仪坐标法放样时,由于该法是利用角度和边长来确定点位的,因此,应将边长作适当的投影改正,如果桥梁跨度的设计值确定在平均高程面上,控制点的实际位置也基本在平均高程面上,这时控制网的投影面应确定在平均高程面上,这样利用坐标反算的边长与实际测量的边长基本相等,投影变形很小,有利于点位的检核。由于全站仪具有自动距离改正的功能,因此,在用全站仪坐标法放样高塔柱时,其距离的改正可在仪器上自动进行。

在桥梁施工过程中,由于部分建筑物的施工,原来的控制点可能无法使用,这时通常在墩顶或桥面上增设控制点。通常情况下,所增设的控制点应归算到同一个坐标系中,并采用相同的投影面。若采用全站仪放样,也可将控制网投影到桥面高程上,这样施工放样较为方便。

综上所述,控制网投影面的选择与工程设计和放样方法有关,一般选择平均高程面或桥面高程作为投影面即可满足施工放样的要求。另外,在施工过程中,选用过多的投影面,容易引起资料使用的混乱,对施工测量管理不利。

第三节 桥轴线纵断面测量

桥轴线纵断面测量就是测量桥轴线方向地表的起伏状态,其测量结果绘制成的纵断面图,称为桥轴线纵断面图。桥梁设计时,需要根据桥轴线纵断面图来决定桥梁的孔径和布置墩台的位置。

1. 桥轴线纵断面测量概述

桥轴线纵断面的测绘范围根据设计的需要而定,一般情况下应测至两岸线路路基设计高程以上。如果河的两岸陡峭或者有河堤,则应测至陡岸边或堤的顶部。如河的两岸为浅滩漫流,则岸上的测绘范围以能满足设计包括引桥在内的桥梁孔跨、导流建筑物和桥头引道的需要为原则。当地质条件复杂且地面横坡陡于 1:4 时,为了更好地反映地面状况,供设计时参考,尚需在上、下游适当位置加测辅助纵断面。

桥轴线纵断面图包括岸上和水下两部分,其测量方法不同,下面分别说明。

岸上部分与路线纵断面测量方法相同,因而应在进行路线纵断面测量的同时完成。如果路线中线上的整桩及加桩尚嫌不足,应根据地形地质的变化情况进行加密。

水下部分由于无法钉设里程桩,也无法进行水准测量,所以测点的位置及其高程都用间接方法测得。测点高程的测定是先测出水面高程(水位)和水深,然后由水面高程减去水深,以求河底的高程。

水面高程是随着时间变化的,特别是在洪水季节,其变化尤为显著。所以必须求得测量水深时的瞬时水面高程,才能用水面高程减去水深求出河底的高程。

为了测水面高程,应在岸边水中竖立水标尺。水标尺的构造与水准尺相似。如果水位变化很大,则可在岸边高低不同的位置竖立若干个水标尺,如图 11-5 所示。立好水标尺后,采用水准测量的方法自附近的水准点测算出水标尺零点的高程。水标尺零点高程加上水面在水标尺上的读数等于水面的高程。

水位随时变化,所以应定期观测。在水位比较稳定时期每日观测一次。如在洪水季节,应适当增加观测次数。在取得时间及水位资料以后,即可以时间为横坐标,以水位为纵坐标,绘出时间-水位曲线,如图 11-6 所示。利用这一曲线,即可查出在测水深时的水位。如果断面测量时间很短,也可在测量开始及结束时各读一次水标尺读数,取两次读数的平均值计算测量时水位。

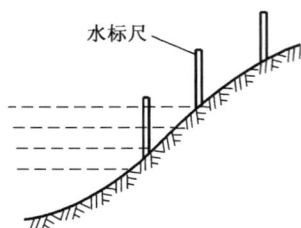

图 11-5　水位观测图　　　　图 11-6　时间-水位曲线图

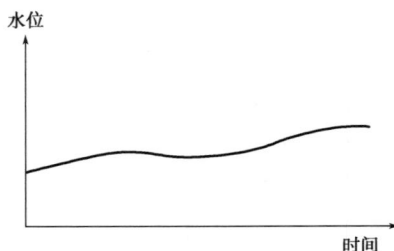

2. 桥轴线纵断面水深测量

纵断面上测点的平面位置和水深是同时测定时,水深测量所采用的工具,根据水深及流速的大小,可以是测深杆、测深锤或回声测深仪。

测深杆为一直径为 5～8cm、长 3～5m 的竹竿,其上涂有测量深度的标记,下端镶一直径为 10～15cm 的铁制底盘,用以防止测深时测杆下陷而影响测深精度,如图 11-7a) 所示。测深杆宜在水深 5m 以内、水的流速和船速不大的情况下使用。用测深杆测深时,应在距船头 1/3 船长处作业,以减小波浪对读数的影响。测深杆要顺船插入水中,使测深杆触到水底时正好垂直以读取水深。

测深锤又名水铊。测深锤为一质量为 3～8kg 的铅铊上系一根做了分米标记的绳索,如图 11-7b) 所示。测深锤测深时,应预估水深取相应绳长盘好,过长将收绳困难,过短则达不到水底,将铊抛向船首方向,在铊触水底,测绳垂直时,取水深读数。测深锤适用于浅水区测量水深。

回声测深仪简称测深仪,是测量水深的一种仪器。在水深流急的江河与港湾,测深仪广泛应用。测深仪是根据超声波能在均匀介质中匀速直线传播、遇不同介质而产生反射的原理设计而成的,使用测深仪测量水深时,应按仪器使用方法操作。图 11-8 所示 SDE-230 是南方全新一代高精度测量性测深仪,全金属外壳设计,IP67 级防护,以全新、高速工控主板和精简定制 WindowsXPE 系统组成稳定操作平台,可外接所有 GNSS 接收机,实现长期持续稳定作业,内部集成更智能、更专业的导航,可用以测量桥轴线水深及水下地形。

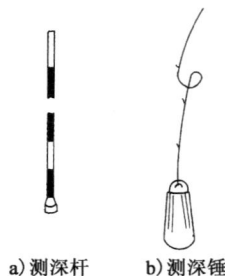

a) 测深杆　　b) 测深锤　　　　图 11-8　SDE-230 测深仪
图 11-7　水深测量工具

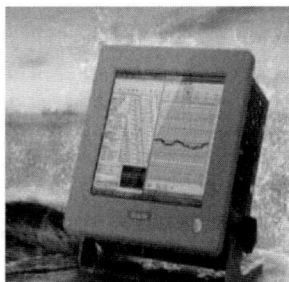

纵断面上测点平面位置的测定,根据河宽及地形条件,可采用断面索法、交会法或单点法。

断面索法是在两岸桥位桩间拉一根做了距离记号的绳索,这根绳索称断面索,测量时测船沿断面索前进,按预先规定的间距测出水深,并同时记下测深时间和位置。这种方法适用于较窄而水较深的河。

交会法如图11-9所示。它是由桥位的标志桩沿岸边布设一条交会基线 AC,先测出 AC 距离及 $\angle BAC$ 的大小,测深时测船沿桥轴线方向由 A 向 B 行驶,按预定间距在 1、2、3……点测深。测深的同时,由船上发出信号,架设在 C 点的经纬仪测出 $\angle AC1$、$\angle AC2$、$\angle AC3$……,根据正弦定理求出 1、2、3……点至标志桩 A 的平距。每次测深时还应记录时间。

采用单点法测定断面上测深点的位置时,在岸上选择一个高的桥位桩 A 作为测站,在测站安置经纬仪,如图11-10所示。量取仪器高度,A 点的高程已测出,则仪器的高程为已知值,当已知测深时的水位时,便可求得仪器与水面的高差 h。测船沿断面方向行驶,在每一测点测水深的同时,测出其竖直角 α。测深点至测站的距离可用下式求出:

$$D = h \cdot \tan\alpha \tag{11-6}$$

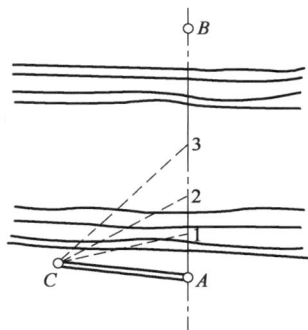

图11-9 交会法测水深   图11-10 单点法测水深

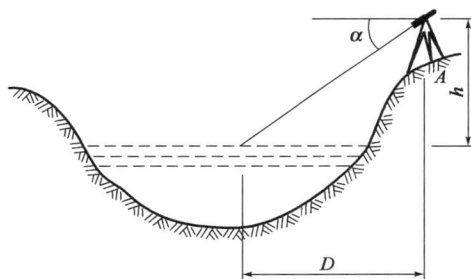

用全站仪观测时,可采用跟踪测量的方式直接测出测深点至测站的距离。

用 GNSS-RTK 观测时,可直接测量桥轴线纵断面上的各测点位置及测点处的水深。

断面上测深点数目,以能正确表示河床变化为原则确定。在一般情况下,测深垂线的间距不应大于表11-3的规定。

河床纵断面测量布点间距

表11-3

水面宽(m)	<50	50~100	100~300	300~1 000	>1 000
最大间距(m)	3~5	5~10	10~20	20~50	50

在测得断面上的测点位置及岸上和水下的地面高程以后,即可以用绘制路线纵断面图的方法,绘制出桥轴线纵断面图。图上应注明施测水位、最大洪水位及最低水位。

第四节　桥墩、桥台施工测量

在桥梁墩、台施工测量中,最主要的工作是准确地定出桥梁墩、台的中心位置及墩、台的纵横轴线。测设墩、台中心位置的工作叫墩、台定位。墩、台定位通常要以桥轴线两岸的控制点及平面控制点为依据,因而要保证墩、台定位的精度,首先要保证桥轴线及平面控制网有足够的精度。在墩、台定位以后,还要测设出墩、台的纵横轴线,以固定墩、台的方向,同时它也是墩、台细部施工放样的依据。下面分别介绍墩、台定位及其纵横轴线的测设方法,墩、台基础及细部的放样方法。

一、墩、台定位

墩、台定位所依据的资料为桥轴线控制桩的里程和墩、台中心的设计里程,若为曲线桥梁,其墩、台中心有的位于路线中线上,有的位于路线中线外侧,因此还需要考虑设计资料、曲线要素及主点里程等。

直线桥梁的墩、台中心均位于桥轴线方向上,如图 11-11 所示,已知桥轴线控制桩 A、B 及各墩、台中心的里程,由相邻两点的里程相减,即可求得其间的距离。墩、台定位的方法,视河宽、水深及墩、台位置的情况而异。

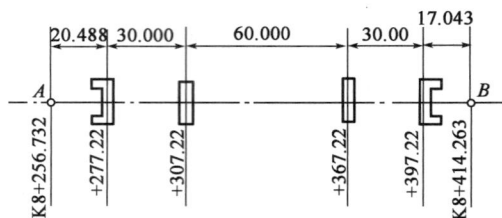

图 11-11 桥梁墩、台平面图(尺寸单位:m)

1. 坐标法

这种方法最为迅速、方便,应用最广泛。首先算出放样墩、台的中心坐标或墩、台上任意放样点坐标,然后采用测距仪、全站仪或 GNSS-RTK 等仪器按坐标法(或极坐标法)测设即可。

测设时应根据当时测出的气象参数和测设的距离求出气象改正值,对于全站仪或测距仪可将气象参数输入仪器。为保证测设点位准确,常采用换站法校核,即将仪器搬到另一测站重新测设,两次测设的点位之差应满足要求。

GNSS-RTK 测设时应按两次以上取中法定点。

2. 交会法

如果桥墩所在的位置河水较深,无法直接丈量,也不便于采用电磁波测距仪,则可用角度交会法测设墩位。

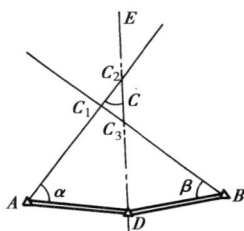

图 11-12 交会法测设墩、台

用角度交会测设墩位的方法,如图 11-12 所示。它是利用已有的平面控制点及墩位的已知坐标,计算出在控制点上应测设的角度 α、β,将型号为 J_2 或 J_1 的三台全站仪分别安置在控制点 A、B、C 上,从三个方向(其中 DE 为桥轴线方向)交会得出墩位。交会的误差三角形在桥轴线上的距离 C_2C_3,对于墩底定位不宜超过 25mm,对于墩顶定位不宜超过 15mm。再由 C_1 向桥轴线作垂线 C_1C,C 点即为桥墩中心。

二、墩、台纵横轴线测设

在墩、台定位以后,还应测设墩、台的纵横轴线,作为墩、台细部放样的依据。在直线桥上,墩、台的纵轴线是指过墩、台中心平行于线路方向的轴线;在曲线桥上,墩、台的纵轴线则为墩、台中心处曲线的切线方向的轴线。墩、台的横轴线是指过墩、台中心与其纵轴垂直(斜交桥则为与其纵轴垂直方向成斜交角度)的轴线。

在直线桥上,各墩、台的纵轴线在同一个方向上,而且与桥轴线重合,无须另行测设。墩、台的横轴线是过墩、台中心且与纵轴线垂直或与纵轴垂直方向成斜交角度的,测设时应在墩、台中心架设经纬仪,自桥轴线方向测设 90°角或 90°减去斜交角度,即为横轴线方向。

由于在施工过程中需要经常恢复纵横轴线的位置,所以需要将这些方向及护桩标在地面上,如图 11-13 所示。

由于各个墩、台的纵轴线是同一个方向,且与桥轴线重合,所以可用桥轴线的控制桩作为护桩。墩、台横轴线的护桩在每侧应不少于两个,以便在墩、台修出地面一定高度以后,在同一侧仍能用以恢复轴线。施工中常常在每侧设置三个护桩,以防止护桩被破坏。护桩位置应设在施工场地外一定距离处。如果施工期限较长,则应用固桩方法对护桩加以保护。

位于水中的桥墩,如采用筑岛或围堰施工,则可把纵横轴线测设于岛上或围堰上。

在曲线桥上,若墩、台中心位于路线中线上,则墩、台的纵轴线为墩、台中心处曲线的切线方向的轴线,而横轴与纵轴垂直。如图 11-14 所示,假定相邻墩、台中心间曲线长度为 l,曲线半径为 R,则:

$$\frac{\alpha}{2} = \frac{180}{\pi} \cdot \frac{l}{2R}(°) \tag{11-7}$$

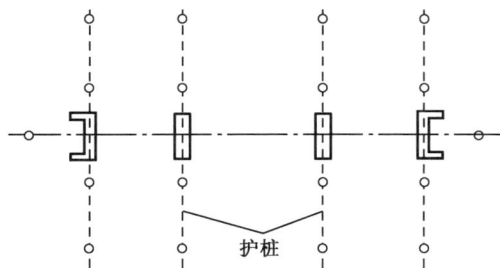

图 11-13 直线桥墩、台护桩布设

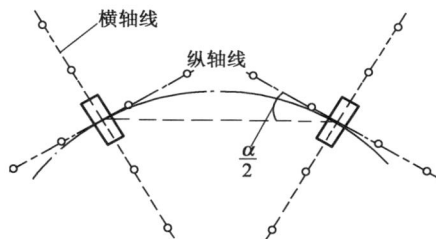

图 11-14 曲线桥墩、台护桩布设

测设时,在墩、台中心安置经纬仪,自相邻的墩、台中心方向测设 $\frac{\alpha}{2}$ 角,即得纵轴线方向,自纵轴线方向再测设 90°角,即得横轴线方向。若墩、台中心位于路线中线外侧,应根据设计资料提供的数据采用上述方法测设墩、台的纵横轴。在纵横轴线方向上,每侧至少要钉设两个护桩。

三、墩、台基础及细部施工放样

明挖基础是桥梁墩、台基础常用的一种形式。它是在墩、台位置处先挖基坑,将坑底整平以后,在坑内砌筑或灌注基础及墩、台身。当基础及墩、台身露出地面后,再用土回填基坑。视土质情况,坑壁可挖成垂直的或倾斜的。

在基坑放样时,根据墩、台纵横轴线及基坑的长度和宽度测设出它的边线。如果开挖基坑时,坑边要求具有一定的坡度,尚应设放基坑的开挖边界线。设放边坡界线时,应根据坑底与地表的高差及坑壁坡度计算出它至坑边的距离,而坑边至纵横轴线的距离是已知的,根

据图 11-15 所示的关系,按下式求出边坡桩至墩、台中心的距离 d:

$$d = \frac{b}{2} + h \times n \tag{11-8}$$

式中: b——坑底的长度或宽度;

h——坑底与地表的高差;

n——坑壁坡度系数的分母。

设置边坡方法,可以采用试探法,也可以采用断面图解法。在地面上钉出边坡桩后,根据边坡桩撒出灰线,依灰线可进行基坑开挖。

当基坑开挖到设计高程以后,应将坑底整平,必要时还应夯实,然后安装模板。进行基础及墩、台身的模板放样时,可将经纬仪安置在轴线上较远处的一个护桩上,以另一个护桩定向,这时经纬仪的视线即为轴线方向。安装模板时,使模板中心线与视线重合即可。当模板的位置在地平面以下时,也可以用经纬仪在基础的两边临时设放两个点,根据这两个点,用线绳及垂球来指挥模板的安装工作,如图 11-16 所示。

桩基础也是桥梁墩、台基础常用的一种形式,其测量工作主要有:测设桩基础的纵横轴线,测设各桩的中心位置,测定桩的倾斜度和深度,以及承台横板的放样等。

桩基础纵横轴线可按前面所述的方法测设。各桩中心位置的放样是以基础的纵横轴线为坐标轴,用支距法测设,如图 11-17 所示。

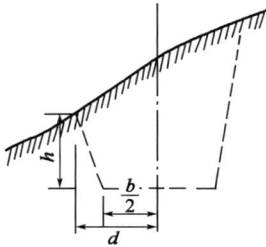

图 11-15　基坑施工放样　　　图 11-16　基础模板施工放样　　　图 11-17　支距法测设桩基础

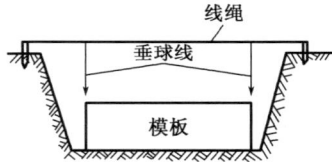

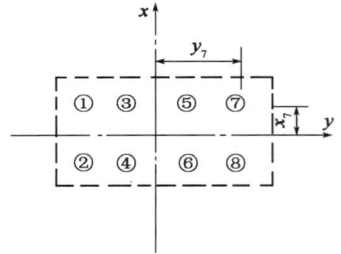

如果全桥采用统一的高斯坐标系计算出每个桩中心的高斯坐标,使用电磁波测距仪或全站仪,在桥位控制桩上安置仪器按直角坐标法或极坐标法放样出每个桩的中心位置。在桩基础灌注完以后,修筑承台以前,对每个桩的中心位置应再进行测定,作为竣工资料。

每个钻孔桩或挖孔桩的深度用不小于 4kg 的重锤及测绳测定,打入桩的打入深度则根据桩的长度推算。在钻孔过程中测定钻孔导杆的倾斜度,用以测定孔的倾斜度,并利用钻机上的调整设备进行校正,使孔倾斜度不超过施工规范要求。桩基础的承台模板的放样方法与明挖基础相同。

墩、台身的细部放样,是以其纵横轴线为依据的。如果墩、台身采用浆砌圬工,则在砌筑每一层时,都要根据纵横轴线来控制它的位置和尺寸。如果采用混凝土灌注,则基础顶面和每一节顶面上都需要测出墩、台的中心及其纵横轴线作为下一节立模的依据,如图 11-18 所示。

立模时,在模板的外面需预先画出它的中心线,然后在纵横轴线的护桩上架设经纬仪,照准该轴线方向的另一护桩,根据这一方向校正模板的位置,直至模板中线位于视线的方向上。

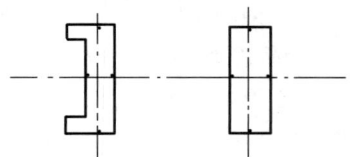

图 11-18　墩、台身施工放样

当墩、台身砌筑完毕时,测定出墩、台中心及纵横轴线,以便安装墩、台帽的模板,安装锚栓孔、安装钢筋。模板立好后应再一次进行复核,以确保墩、台帽中心,锚栓孔位置等符合设计要求,并在模板上标出墩、台帽顶面高程,以便灌注。

支承垫石是墩、台帽上的高出部分,供支承梁端之用。支承垫石的放样是根据设计图纸所给出的数据,从纵横轴线放出,在灌注垫石时,应使混凝土面略低于设计高程 1～2cm,以便用砂浆抹平到设计高程。

墩、台施工时各部分的高程,是通过布设在附近的施工水准点传递到墩、台身或围堰上的临时水准点,然后由临时水准点用钢尺向下或向上量取所需的距离得出的。但墩、台帽的顶面及垫石的高程等则用水准仪测设。

第五节 涵洞施工测量

涵洞施工测量时要首先放出涵洞的轴线位置,即根据设计图纸上涵洞的里程,放出涵洞轴线与路线中线的交点,并根据涵洞轴线与路线中线的夹角,放出涵洞的轴线方向。

放样直线上的涵洞时,依涵洞的里程,自附近测设的里程桩沿路线方向量出相应的距离,即得涵洞轴线与路线中线的交点。若涵洞位于曲线上,则采用曲线测设的方法定出涵洞轴线与路线中线的交点。依地形条件,涵洞轴线与路线有正交的,也有斜交的。将经纬仪安置在涵洞轴线与路线中线的交点处,测设出已知的夹角,即得涵洞轴线的方向,如图 11-19 所示。涵洞轴线用大木桩标志在地面上,这些标志桩应在路线两侧涵洞的施工范围以外,且每侧两个。自涵洞轴线与路线中线的交点处沿涵洞轴线方向量出上下游的涵长,即得涵洞口的位置,涵洞口要用小木桩标出来。

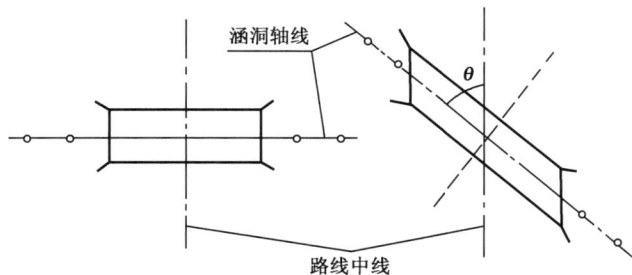

图 11-19 涵洞轴线放样

涵洞基础及基坑的边线根据涵洞的轴线测设,在基础轮廓线的转折处都要钉设木桩,如图 11-20a)所示。为了开挖基础,还要根据开挖深度及土质情况定出基坑的开挖界线,即所谓的边坡线。在开挖基坑时很多桩都要挖掉,所以通常在离基础边坡线 1～1.5m 处设立龙门板,然后将基础及基坑的边线用线绳及垂球投放在龙门板上,并用小钉作标志。当基坑挖好后,再根据龙门板上的标志将基础边线投放到坑底,作为砌筑基础的依据,如图 11-20b)所示。

在基础砌筑完毕,安装管节或砌筑墩、台身及端墙时,各个细部的放样仍以涵洞的轴线为依据,即自轴线及其与路线中线的交点,量出各有关尺寸。

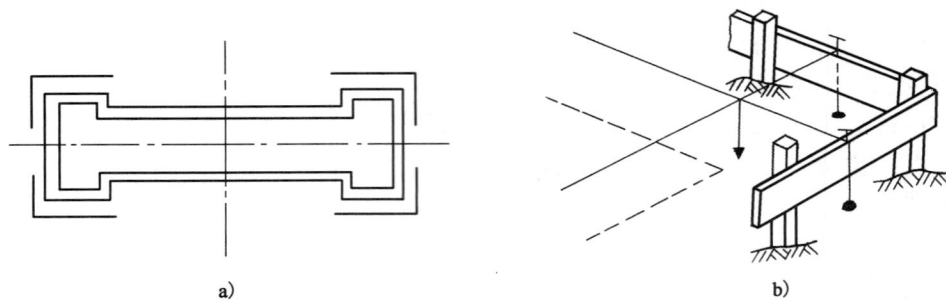

图 11-20　涵洞基础放样

涵洞细部的高程放样,一般利用附近的水准点用水准仪测设。

【思考题与习题】

1. 桥梁工程测量的主要内容分哪几部分? 桥位勘测的目的是什么?

2. 何谓桥轴线纵断面测量? 其测量范围如何确定?

3. 简述桥梁涵洞施工测量的方法和步骤。

4. 何谓墩、台施工定位? 简述墩、台定位常用的几种方法。

第十二章

隧道工程测量

【学习内容与要求】

通过对本章的学习,了解隧道测量技术工作的主要内容;掌握隧道平面和高程控制测量的要求与方法;了解隧道贯通误差的分析方法;了解辅助坑道施工测量的内容与方法。

第一节 概 述

一、公路隧道

位于地表以下或水下,横断面具有规定形状和尺寸,沿纵向延伸,两端起联通作用的人工建筑物称为地道。横截面较小时称为坑道,横截面较大时称为隧道。

隧道是地下工程结构物,隧道由主体建筑物和附属建筑物组成。主体建筑物包括洞身衬砌和洞门;附属建筑物包括通风、照明、防排水、安全设施等。

1.隧道类型

通常隧道的开挖从两端洞口开始,亦即只有两个开挖工作面。如图 12-1 所示,A、B 两处为开挖隧道正洞。如果隧道工程量大,为了加快隧道开挖施工速度,必须根据需要和地形条件设立辅助坑道,增加新的开挖工作面,如横洞、平行导坑、竖井、斜井等都属于辅助坑道的形式。

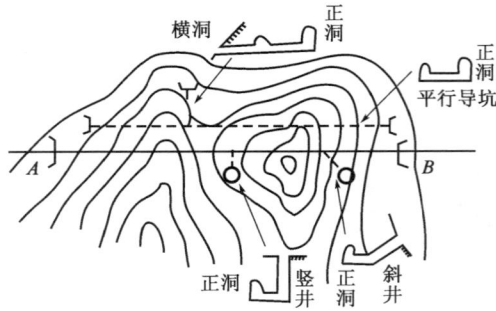

图 12-1 隧道及辅助坑道

隧道正洞和辅助坑道都是整个隧道工程的组成部分。

公路隧道按其长度的不同分为四类,见表 12-1。这种分类的目的,主要是以各种隧道的长度确定有关的设计和施工的技术要求和规定,以及确定隧道设计及施工时的测量精度。

公路隧道的分类   表 12-1

隧道分类	特长隧道	长隧道	中隧道	短隧道
隧道长度 $L(m)$	$L > 3\,000$	$1\,000 < L \leqslant 3\,000$	$500 < L \leqslant 1\,000$	$L \leqslant 500$

隧道长度指进出口洞门端墙之间的水平距离,即进出口两端墙面与路面中线的交点间的距离。

2. 隧道工程的测量及其特点

一般地,特长隧道,对路线有控制作用的长隧道,以及地形、地质情况比较复杂的隧道,在勘测设计上分为初测和定测两阶段,隧道测量工作也包括初测和定测两个阶段。

初测的主要任务:根据隧道选线的初步结果,在选定的隧道地域进行控制测量、地形测量、纵断面测量,为地质填图、隧道的深入研究和设计提供点位参数、地形图件及技术说明书。

隧道控制测量必须与路线控制测量衔接,按所需的技术等级进行,为路线与隧道形成系统一致的整体提供基准保证。带状地形图测量按隧道选定方案进行,带宽 200~400m(视需要可加宽)。纵断面图按隧道中线地面走向测量。用于测量纵断面图的里程桩(包括地形加桩)应预先测设在隧道中线上(偏差小于 ±50mm)。

定测的主要任务:根据批准的初步设计文件确定隧道洞口位置,测定隧道洞口顶的隧道路线,进行洞外控制测量。

隧道工程测量技术工作的主要内容有:

(1)在所选定隧道工程范围内布设控制网,进行控制测量,建立精确的基准点、基准方向。

(2)提供隧道工程设计所需的带状地形图、隧道洞口点地形图、纵横断面图。

(3)根据隧道工程设计所提供的图纸及有关的参数,在实地以测设的方法确定隧道的开挖与修筑的标志,保证隧道工程的正常作业和精确贯通。

(4)根据隧道开挖的进展情况,不断在隧道的开挖巷道中建立洞内控制点,进行洞内控制测量,提高测设的可靠性,检测隧道开挖的质量。

总之,地下工程测量包括:建立地面控制网,地面和地下的联系测量,地下坑道中的控制、施工及竣工测量。

与地面工程测量相比,地下工程测量具有以下特点:

(1)地下工程施工面黑暗潮湿,环境较差,经常需进行点下对中(常把点位设置在坑道顶部),并且有时边长较短,因此测量精度难以提高。

(2)地下工程的坑道往往采用独头掘进,而洞室之间又互不相通,因此不便组织校核,出现错误往往不能及时发现。并且随着坑道的进展,点位累积误差越来越大。

(3)地下工程施工面狭窄,并且坑道往往只能前后通视,造成控制测量形式比较单一,仅适合布设导线。

(4)测量工作随着坑道工程的掘进而不间断地进行。一般先以低等级导线指示坑道掘进,而后布设高等级导线进行检核。

(5)由于地下工程的需要,往往采用一些特殊或特定的测量方法(如为保证地下和地面采用统一的坐标系统,需进行联测)和仪器。

二、隧道施工测量简述

1.隧道施工测量的方法

隧道施工测量方法有现场标定法和解析法。

对于简单或小型的地下工程,例如较短的铁路隧道或水工隧洞,也可以不进行控制测量而直接测量,这就是所谓的现场标定法。

解析法是采用严格的地面和地下控制测量以及精确的测设方法实现隧道放样。它是先建立一个控制网,将隧道中线上的主要点包括在网内,用解析法算出以控制网的坐标系(直线隧道常以隧道中线为 x 坐标轴,曲线隧道常取过贯通点的一切线作为 x 坐标轴)所表示的隧道中线上的一切几何要素,这样在地下开挖的过程中,就可以根据所建立的控制点,随时将隧道的中线放样出来。

2.隧道施工测量的任务

隧道施工测量的任务是保证隧道各施工洞口相向开挖能够正确贯通,并使各建筑物按照设计位置和尺寸修建,不得侵入限界。其中保证隧道横向贯通精度是隧道施工测量的关键。

3.隧道施工测量的内容

隧道施工测量包括施工前洞外控制测量、施工中洞内测量及竣工测量。施工中洞内测量又包括洞内控制测量、施工中线测量、高程测量、断面测量及衬砌施工放样测量等。

(1)地面(洞外)控制测量:在地面上建立平面和高程控制网;

(2)联系测量:将地面上的坐标、方向和高程传到地下,建立地面地下统一坐标系统;

(3)地下控制测量:包括地下平面与高程控制测量;

(4)隧道施工测量:根据隧道设计进行放样、指导开挖及衬砌的中线及高程测量。

4.测量工作的作用

(1)在地下标定出地下工程建筑物的设计中心线和高程,为开挖、衬砌和施工指定方向和位置;

(2)保证在两个相向开挖面的掘进中,施工中线在平面和高程上按设计的要求正确贯通,

保证开挖不超过规定的界线,保证所有建筑物在贯通前能正确地修建;

(3)保证设备的正确安装;

(4)为设计和管理部门提供竣工测量资料等。

第二节　隧道控制测量

隧道测量首先要建立洞外平面控制网和高程控制网,每一开挖洞口附近都应设平面控制点及水准点,这样可将各开挖面联系起来,作为开挖放样的依据。

一、隧道控制测量概述

隧道控制测量的目的在于保证两相向开挖方向在贯通面按设计要求正确贯通,即横向和高程贯通误差在规定的限差内。隧道控制测量是施工放样的依据,包括洞内、洞外平面控制测量与高程控制测量,为了增加开挖面,缩短贯通长度,在中间设有竖(斜)井时,还包括与传递平面位置、方向和高程的竖(斜)井联系测量。

1. 隧道贯通误差的分类及其限差

在隧道施工中,地面控制测量、联系测量、地下控制测量以及细部放样的误差,使得两个相向开挖的工作面的施工中线不能理想地衔接而错开,即产生所谓贯通误差。其在线路中线方向的投影长度称为纵向贯通误差(简称纵向误差),在垂直于中线方向的投影长度称为横向贯通误差(简称横向误差),在高程方向的投影长度称为高程贯通误差(简称高程误差)。

各项贯通误差的限差一般取中误差的两倍。纵向贯通误差影响隧道中线的长度,只要它不大于定测中线的误差,能够满足铺轨的要求即可。

$$\Delta l = 2m_l \leqslant \frac{1}{2\,000}L \tag{12-1}$$

式中:L——隧道两开挖洞口间的长度;

m_l——中误差。

高程贯通误差影响隧道的坡度,应用水准测量的方法,容易达到所需的要求。因此,实际上最重要的,讨论最多的是横向贯通误差。因为横向贯通误差如果超过了一定的范围,就会引起隧道中线几何形状的改变,甚至洞内建筑物侵入规定限界而使已衬砌部分拆除重建,给工程造成损失。

对于横向贯通误差和高程贯通误差的限差,按《铁路工程测量规范》(TB 10101—2018),根据两开挖洞口间的长度确定,如表12-2所示。

贯通误差的限差　　　　　　　　　　　　　　　　　　表12-2

两开挖洞口间长度(km)	<4	4~8	8~10	10~13	13~17	17~20
横向贯通限差(mm)	100	150	200	300	400	500
高程贯通限差(mm)	50					

2. 贯通误差的来源和分配

隧道贯通误差主要来源于洞内外控制测量和竖井(斜井)联系测量的误差,由于施工中线和贯通误差由洞内导线测量确定,所以施工误差和放样误差对贯通的影响可忽略不计。

按照《铁路工程测量规范》(TB 10101—2018)的规定,将地面控制测量的误差作为影响隧道贯通误差的一个独立因素,而将地下两相向开挖的坑道中导线测量的误差各作为一个独立因素。这样一来,设隧道总的横向贯通中误差的允许值为 M_q,按照等影响原则,得地面控制测量的误差所引起的横向贯通中误差(以下简称"影响值")为

$$m_q = \pm \frac{M_q}{\sqrt{3}} = \pm 0.58 M_q \tag{12-2}$$

对于高程控制测量而言,洞内的水准线路短,高差变化小,这些条件比地面的好;但是,洞内有烟尘、水汽、光亮度低以及施工干扰等不利因素,所以将地面与地下水准测量的误差对高程贯通误差的影响各作为一个独立因素。设隧道总的高程贯通中误差的允许值为 M_h,按等影响的原则,则地面水准测量的误差所引起的高程贯通中误差为

$$m_h = \pm \frac{M_h}{\sqrt{2}} = \pm 0.71 M_h \tag{12-3}$$

按照上述原理所算得的隧道洞内、洞外控制测量误差,对于贯通面上的横向和高程贯通中误差所产生的影响见表 12-3。

洞外、洞内控制测量误差对贯通精度的影响值(单位:mm)　　　表 12-3

测量部位	横向中误差						高程中误差
	两开挖洞口间长度(km)						
	<4	4~8	9~10	11~13	14~17	18~20	
洞外	30	45	60	90	120	150	18
洞内	40	60	80	120	160	200	17
洞外洞内总和	50	75	100	150	200	250	25

注:本表不适用于设有竖井的隧道。

由上述讨论可见,隧道控制测量关键在于满足横向贯通精度要求,因此,应根据横向贯通精度影响值进行洞外、洞内平面控制测量设计。

3.地面控制测量

隧道工程的地面控制测量可分为平面控制测量和高程控制测量,平面控制测量根据地下工程的特点、范围、地形条件,采用三角测量、导线测量及 GNSS 测量。隧道洞外控制测量等级选定及技术要求,参见表 6-3 ~ 表 6-12 的规定。高程控制测量主要采用地面水准测量。地面水准测量等级选定及技术要求,可参见表 6-13 ~ 表 6-19 的规定。

(1)地面导线测量。

在隧道施工中,地面控制测量可布设成地面导线测量形式。导线测量的优点是选点布网较自由、灵活,对地形适应性较好。

在直线隧道中,为了减小导线测距误差对隧道横向贯通的影响,应尽可能将导线沿着隧道的中线敷设。导线点数不宜过多,以减小测角误差对横向贯通的影响。对于曲线隧道而言,导线宜沿两端洞口连线布设成直伸型导线,但应将曲线的起点和终点以及曲线切线上两点包括在导线中。

光电导线测量的布设可分为单导线、单闭合导线、导线锁(环)等,如图 12-2 所示。为了增

加校核条件、提高导线测量的精度,也可以采用主副导线闭合环,副导线只观测转折角而不量距。

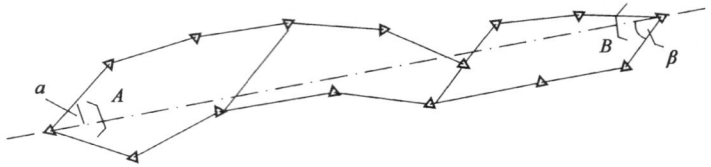

图 12-2　地面导线网

（2）GNSS 控制测量。

用 GNSS 定位技术作隧道地面控制,只需在洞口处布设洞口点群,各洞口点群不得少于 3 个点。对于直线隧道,洞口点选在线路中线上,另外再布设两个定向点,除要求洞口点与定向点通视外,定向点之间不要求通视。对于曲线隧道,还应把曲线的主要控制点如起终点,切线上的两点包括在网中。选点、埋石与常规方法的要求相同,主要应使所选点环境适于 GNSS 观测。网的布设一般应遵循"网中每个点至少独立设站观测两次"的原则。此外,还取决于接收机数量、经费和精度要求等因素。图 12-3 所示为采用 GNSS 技术进行控制的一种布网方案,图中两点间连线为独立基线,该方案每个点均有三条独立基线相连,可靠性较好。

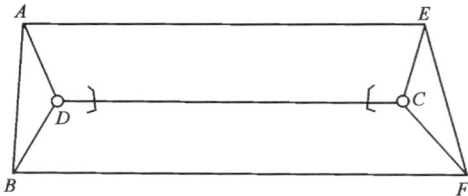

图 12-3　GNSS 控制网

（3）地面水准测量。

作为高程控制的地面水准测量,其等级的确定,不单取决于隧道的长度,更取决于隧道地段的地形情况,亦即由它所决定的两洞口间水准线路的长度。表 12-4 为《铁路工程测量规范》(TB 10101—2018)对各级水准测量的规定。高程控制测量可采用精密水准测量或光电测距三角高程测量进行。

隧道地段水准测量的等级　　　　　　　　　　　　　　　　表 12-4

等级	两洞口间水准线路长度(km)	水准仪型号
二	>36	$S_{0.5}$、S_1
三	14~36	S_1
		S_2
四	5~13	S_3

进行地面水准测量时,以线路定测水准点的高程为起始高程,沿水准线路在每个洞口至少应埋设两个水准点,水准线路应形成闭合环,或者敷设两条互相独立的水准线路,由已知的水准点从一端洞口测至另一端洞口。

4.地下控制测量

地下控制测量包括地下平面控制测量和地下高程控制测量。地下平面控制测量由于受地下工程条件的限制,测量方法较为单一,只能敷设导线。地下高程控制测量方法有水准测量、三角高程测量。

(1)地下导线测量的特点和布设。

地下导线测量的作用是以必要的精度建立地下的控制系统。依据该控制系统可以放样出隧道(或坑道)中线及其衬砌的位置,指示隧道(或坑道)的掘进方向。

地下导线的起始点通常位于平峒口、斜井口以及竖井的井底车场,而这些点的坐标是由地面控制测量或联系测量测定的。地下导线等级的确定取决于地下工程的类型、范围及精度要求等,对此各部门均有不同的规定。与地面导线测量相比,地下导线测量具有以下特点:

①由于受坑道的限制,其形状通常为延伸状。地下导线不能一次布设完成,而是随着坑道的开挖逐渐向前延伸。

②导线点有时设于坑道顶板,需采用点下对中。

③随着坑道的开挖,先敷设边长较短、精度较低的施工导线,指示坑道的掘进。而后敷设高等级导线对施工导线进行检查校正。

④地下工作环境较差,对导线测量干扰较大。

地下导线的类型有支导线、附合导线、闭合导线、导线网等。

地下导线角度测量常采用测回法进行,边长测量可采用钢尺及电磁波测距仪进行。

在布设地下导线时应注意以下事项:

①地下导线应尽量沿线路中线(或边线)布设,边长要接近等边,尽量避免长短边相接。导线点应尽量布设在施工干扰小、通视良好且稳固的安全地段,两点间视线与坑道边的距离应大于0.2m。对于大断面的长隧道,可布设成导线网或主副导线环。有平行导坑时,平行导坑的单导线应与正洞导线联测,以资检核。

②在进行导线延伸测量时,应对以前的导线点做检核测量。在直线地段,只做角度检测;在曲线地段,还要同时做边长检核测量。

③由于地下导线边长较短,因此进行角度观测时,应尽可能减小仪器对中和目标对中误差的影响。当导线边长小于15m时,在测回间仪器和目标应重新对中,应注意提高照准精度。

④边长测量中,当采用电磁波测距仪时,应拭净镜头及反射棱镜上的水雾。当坑道内水汽或粉尘浓度较大时,应停止测距,避免造成测距精度下降。洞内有瓦斯时,应采用防爆测距仪。

(2)地下高程控制测量。

地下高程控制测量的任务是,测定地下坑道中各高程点的高程,建立一个与地面统一的地下高程控制系统,作为地下工程在竖直面内施工放样的依据。地下高程控制测量可分为地下水准测量和地下三角高程测量。其特点为:

①高程测量线路一般与地下导线测量的线路相同。在坑道贯通之前,高程测量线路均为支线,因此需要往返观测及多次观测进行检核。

②通常利用地下导线点作为高程点。高程点可埋设在顶板、底板或边墙上。

③在施工过程中,为满足施工放样的需要,一般先建立低等级高程测量给出坑道在竖直面内的掘进方向,然后再建立高等级的高程测量进行检测。

地下水准测量与地下三角高程测量的作业方法同地面测量。

二、隧道控制测量设计

1. 平面控制测量设计

平面控制测量设计的目的在于确定控制网的布设方案,包括网形、测角量边的精度以及仪器设备的确定等。其主要依据是:由控制测量误差所引起的隧道贯通误差应小于表12-3所列之值,因此,测量设计就变成了影响值的计算问题。横向贯通精度影响值的计算有近似估算与严密计算方法,其中以单导线法和按方向的间接平差法最为常用。

(1)地面单导线测量设计。

无论是单导线、闭合导线、导线锁还是三角锁等各种网形,都可选择最靠近隧道中线的一条线路作为单导线,并按下述公式估算对横向贯通误差的影响值(图12-4)。

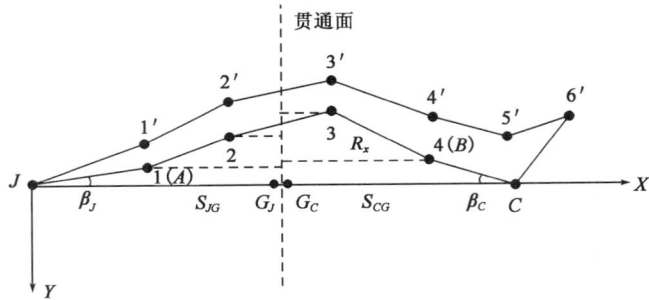

图12-4 隧道贯通误差预计图

$$m_q = \pm \sqrt{m_{y\beta}^2 + m_{yl}^2}$$
$$= \pm \sqrt{\left(\frac{m_\beta}{\rho}\right)^2 \sum R_x^2 + \left(\frac{m_l}{l}\right)^2 \sum d_y^2} \tag{12-4}$$

式中:$m_{y\beta}$、m_{yl}——测角、量边误差所引起的隧道横向贯通误差;

$\qquad m_\beta$——地面导线的测角中误差,以 s 计,取设计值;

$\qquad \dfrac{m_l}{l}$——导线边长的相对中误差;

$\qquad \sum R_x^2$——两洞口点之间各测角的导线点至贯通面垂直距离的平方和;

$\qquad \sum d_y^2$——两洞口点之间各导线边在贯通面上投影长度的平方和。

式(12-4)即为导线测量误差对横向贯通误差影响值的近似公式。按式(12-3)估算的影响值偏大,有时与严密计算结果相差很大,因为它是按支导线推导的,而实际工作中,总是要布设为环形和网形,通过平差,测角、测边精度都会产生增益,故按式(12-4)进行横向贯通误差估算将偏于安全。式(12-4)一般用于较短隧道的控制测量设计。估算时,一般通过改变测角精度来调整影响值,使之满足表12-3的要求。

式(12-4)同样适用于地下导线测量设计。

(2)地下导线测量设计。

对于直线隧道,地下导线宜布设为等边直伸导线,对于等边直伸的地下导线来说,导线的测角误差会引起横向误差,而量边误差与横向误差无关。因地下导线一般为支导线,由测角引起的横向贯通误差(单位:m)可表示为

$$m_q = \sqrt{\frac{n^2 s^2 m_\beta^2}{\rho^2} \times \left(\frac{n+1.5}{3}\right)} \tag{12-5}$$

式中:s——导线边长,m;

$\qquad n$——导线的边数。

故,地下导线的测角精度的设计值为

$$m_\beta = \frac{m_q \cdot \rho}{sn} \sqrt{\frac{3}{n+1.5}} \qquad (12\text{-}6)$$

式(12-6)即为设计地下导线时测角精度的计算公式。

2. 高程控制测量设计

高程测量误差对高程贯通误差的影响,可按下式计算:

$$m_h = \pm m_\Delta \sqrt{L} \qquad (12\text{-}7)$$

式中:L——洞内外高程线路总长,km;

$\quad m_\Delta$——每千米高差中数的偶然中误差,对于四等水准 $m_\Delta = \pm 5\text{mm/km}$,对于三等水准 $m_\Delta = \pm 3\text{mm/km}$。

需要指出,若采用光电测距三角高程测量,L 取导线的长度。若洞内外测量精度不同,则应分别计算。

第三节　隧道施工测量实施

隧道施工测量的主要任务为在隧道施工过程中确定隧道在平面及竖直面内的掘进方向,另外还要定期检查工程进度及计算完成的土石方数量。

一、隧道掘进中的测量工作

1. 隧道平面掘进方向的标定

隧道掘进施工的方法有全断面开挖法和开挖导坑法,根据施工方法和施工程序的不同,确定隧道掘进方向的方法有中线法、串线法和激光指向法。

(1)中线法。

当隧道施工采用全断面开挖法时,通常采用中线法确定掘进方向。在图 12-5 中,P_1、P_2 为导线点,A 为隧道中线点,已知 P_1、P_2 的实测坐标及 A 的设计坐标(可按其里程及隧道中线的设计方位角计算得出)和隧道中线的设计方位角,由此可计算出放样中线点所需的测设数据 β_2、β_A 和 L。

$$\begin{cases} \alpha_{P_2A} = \arctan \dfrac{Y_A - Y_{P_2}}{X_A - X_{P_2}} \\ \beta_2 = \alpha_{P_2A} - A_{P_2P_1} \\ \beta_A = \alpha_{AB} - \alpha_{AP_2} \\ L = \dfrac{Y_A - Y_{P_2}}{\sin\alpha_{P_2A}} = \dfrac{X_A - X_{P_2}}{\cos\alpha_{P_2A}} \end{cases} \qquad (12\text{-}8)$$

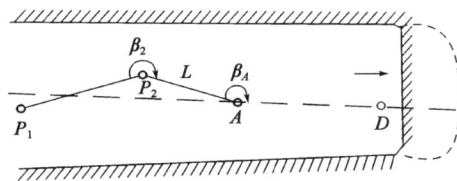

图 12-5　中线法标定中线示意图

求得上述数据后,即可将仪器安置在导线点 P_2 上,拨角度 β_2,并在视线方向上量距 L,即得中线点 A。在 A 点上埋设与导线点相同的标志,并重新测出 A 点的坐标。标定开挖方向时可将仪器安置于 A 点,后视导线点 P_2,拨角度 β_A,即得中线方向。随着开挖面向前推进,A 点距开挖面越来越远,这时需要将中线点向前延伸,埋设新的中线点。其标设方法同前。

（2）串线法。

当隧道施工采用开挖导坑法时，因其精度要求不高，可用串线法指示开挖方向。此法是用目测串通三条垂球线，直接用肉眼来标定开挖方向（图12-6）。使用这种方法时，首先需用类似前述设置中线点的方法，设置三个临时中线点（设置在导坑顶板或底板上），其中两临时中线点的间距不宜小于5m。标定开挖方向时，在三点上悬挂垂球线，一人在 B 点指挥，另一人在工作面持手电筒（可看成照准标志）使其灯光位于中线点 B、C、D

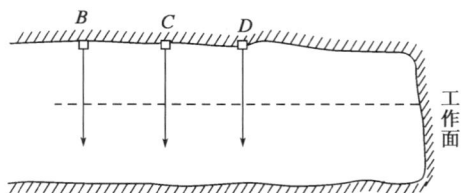

图12-6　串线法标定中线示意图

的延长线上，然后用红油漆标出灯光位置，即得中线位置。

利用这种方法延伸中线方向时，误差较大，所以 B 点到工作面的距离不宜超过30m（曲线段不宜超过20m）。当工作面向前推进超过30m后，应向前再测定两临时中线点，继续用串线法来延伸中线，指示开挖方向。

随着开挖面的不断向前推进，中线点也应逐渐向前延伸，地下导线也紧跟着向前敷设，为保证开挖方向的正确，必须随时根据导线点来检查中线点，随时纠正开挖方向。

（3）激光指向法。

在直线隧道（巷道）建设施工中，可采用激光指向仪进行指向与导向。由于激光束的方向性良好，发射角很小，能以大致恒定的光束直线传播相当长的距离，因此它成为地下工程施工中一种良好的指向工具。由激光器发射的激光束经聚焦系统后发出一束大致恒定的红光，测量人员将指向仪配置到所需的开挖方向后，施工人员即可随时根据指向需要，开启激光电源找到掘进开挖方向。

以上介绍的三种方法是标定直线隧道掘进方向的方法，对于曲线隧道的掘进，其永久中线点是随导线测量而测设的。而供衬砌时使用的临时中线点则是根据永久中线点加密的，一般采用极坐标法（光电测距仪测距）测设。

（4）盾构自动引导测量系统。

在城市地铁建设中，常采用盾构法开挖施工技术。

盾构法是地下工程暗挖法施工中的一种全机械化施工方法，用带防护罩的特制机械（盾构）在破碎岩层或土层中掘进隧洞（或巷道）。盾构机械在推进中，通过盾构外壳和管片支承围岩，防止发生向隧道内的坍塌，同时在开挖面前方用切削装置进行岩土开挖，并通过出土机械将渣土运出洞外。盾构机械依靠千斤顶在后部加压顶进，并拼装预制混凝土管片，形成隧道结构。

盾构机安装的 SLS-TAPD 导向系统能够对盾构在掘进中的各种姿态、盾构线路和位置关系进行精确的测量和显示。SLS-TAPD 导向系统由激光全站仪、激光定向仪、ELS 靶、工控机、显示器、调制解调器、通信装置和隧道掘进软件组成。隧道掘进软件是 SLS-TAPD 导向系统的核心，提供盾构机的三维坐标和定向的动态信息。利用通信装置接收的数据，隧道掘进软件计算出盾构机的方位和坐标并以图表方式显示，使盾构机的位置一目了然。操作人员可根据 SLS-TAPD 导向系统提供的信息，实时对盾构的掘进方向及姿态进行调整，保证盾构沿设计方向掘进。

2. 隧道竖直面掘进方向的标定

在隧道开挖过程中，除标定隧道在水平面内的掘进方向外，还应定出坡度，以保证隧道在竖直面内的贯通精度，通常采用腰线法。隧道腰线是用来指示隧道在竖直面内掘进方向的一条基准线,通常标设在隧道壁上,离开隧道底板一定距离(该距离可随意确定)。

在图 12-7 中,A 点为已知的水准点,C、D 为待标定的腰线点。标定腰线点时,首先在适当的位置安置水准仪,后视水准点 A,依此可计算出仪器视线的高程。根据隧道坡度 i 以及 C、D 点的里程计算出两点的高程,并求出 C、D 点与仪器视线间的高差 Δh_1、Δh_2。由仪器视线向上或向下量取 Δh_1、Δh_2 即可求得 C、D 点的位置。

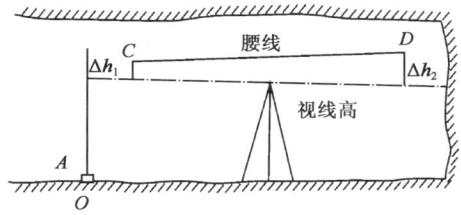

图 12-7 隧道腰线标定示意图

二、施工期间的变形测量

隧道在施工期间有变形测量的需要,应根据情况制定监测方案。在城市地铁施工期间,部分地段需要对地上建筑物、地面和隧道进行沉降观测和位移观测;在矿山工程建设中,有地表位移和沉降观测以及部分井下、巷道工程的变形监测等。沉降观测主要用精密水准测量方法,位移测量可采用全站仪、测量机器人和激光扫描仪等。

第四节　隧道贯通误差分析

一、贯通误差来源及分配

隧道贯通误差主要来源于洞内、外控制测量和竖井(斜井)联系测量的误差,由于施工中线和贯通误差由洞内导线测量确定,所以施工误差和放样误差对贯通的影响可忽略不计。

贯通误差及分类、贯通误差来源及分配具体内容见本章第二节。

二、贯通测量的误差预计

如图 12-8 所示,竖井 A、B 掘进到贯通水平,相向掘进以求隧道的贯通,预计贯通面在 K 点。通过 A、B 井筒分别将地面控制网的坐标和方位角引入地下,并在地下布设施工导线(图 12-9)。

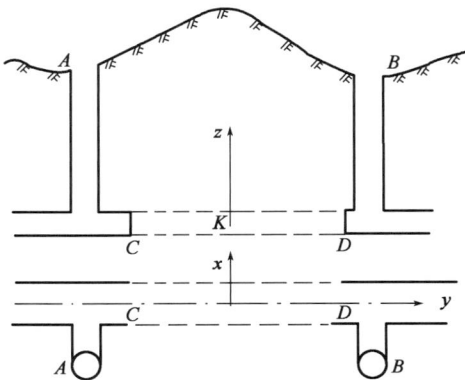

图 12-8 通过竖井挖掘隧道

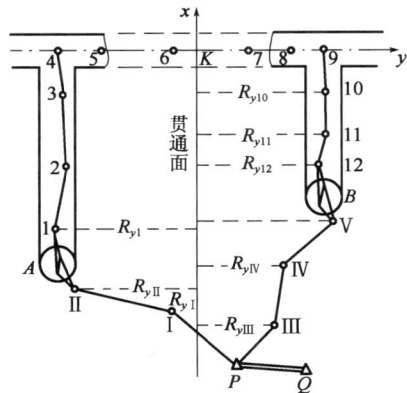

图 12-9 在地下布设施工导线

在误差预计时,先将已有的控制测量资料和地面、地下控制网方案,以较大的比例尺绘在图上,并绘出预计的贯通点 K。如图 12-8 所示,在假定坐标系统中,以中线方向为 y 轴,垂直中线方向为 x 轴,竖直方向为 z 轴。重要的贯通误差为 x 轴方向的横向贯通误差和 z 轴方向的高程贯通误差。

1. 贯通点 K 在 x 轴方向的测量误差

(1)地面控制测量对 K 点误差的影响。

如图 12-9 所示,地面控制点 P 分别向竖井 A、B 引测支导线 Ⅰ、Ⅱ、Ⅲ、Ⅳ、Ⅴ。根据支导线的误差分析知,由测角误差引起 K 点在 x 轴方向的贯通误差:

$$m_{x\beta 上} = \pm \frac{m_{\beta 上}}{\rho} \cdot \sqrt{\sum R_{y_i 上}^2} \tag{12-9}$$

式中:$m_{\beta 上}$——地面导线的测角误差;

$R_{y_i 上}$——地面导线第 i 点至 x 轴的垂直距离,在设计方案图上量取。

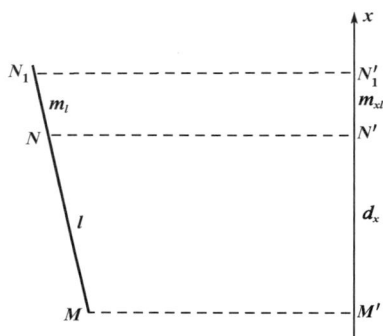

测边误差对 K 点在 x 轴方向上引起的贯通误差为 $m_{xl 上}$。如图 12-10 所示,量距误差主要由偶然误差引起,其相对中误差为 $\frac{m_l}{l}$,按对应边成比例计算,则:

$$N'N_1' = \frac{m_l}{l} \cdot d_x \tag{12-10}$$

若有 n 条边,则:

$$m_{xl 上}^2 = \frac{m_{l 上}^2}{l^2} \cdot \sum d_{x_i}^2 \tag{12-11}$$

图 12-10 在 x 轴方向上引起的贯通误差

式中:$\sum d_{x_i}^2$——各导线边长在 x 轴上投影的平方和,d_x 可在设计方案图上量取。

由地面控制点引起贯通点的总误差:

$$m_{xk 上}^2 = \left(\frac{m_{\beta 上}}{\rho}\right)^2 \cdot \sum R_{y_i 上}^2 + \left(\frac{m_{l 上}}{l}\right)^2 \cdot \sum d_{x_i}^2 \tag{12-12}$$

(2)定向测量误差对 K 点引起的横向贯通误差。

$$m_{x0} = \pm \frac{m_{a0}}{\rho} \cdot R_{y0} \tag{12-13}$$

式中:m_{a0}——地下导线起始边的定向误差;

R_{y0}——地下导线起算点至 x 轴的垂直距离。

设一次定向的中误差为 $\pm 42''$,如图 12-9 所示,通过两井定向产生的误差影响为 m_{xoA} 和 m_{xoB},可用下式计算:

$$m_{xoA} = \pm \frac{42''}{\rho''} \cdot R_{y1}$$

$$m_{xoB} = \pm \frac{42''}{\rho''} \cdot R_{y2}$$

式中:R_{y1}、R_{y2}——井下起始导线点至 x 轴的垂直距离。

（3）地下经纬仪导线测量对 K 点横向误差的影响。

与地面情况相同，可得

$$m_{x\beta\text{下}} = \pm \frac{m_{\beta\text{下}}}{\rho} \cdot \sqrt{\sum R_{y_i\text{下}}^2} \tag{12-14}$$

$$m_{xl\text{下}} = \pm \frac{m_{l\text{下}}}{l} \cdot \sqrt{\sum d_{x_i\text{下}}^2}$$

综合以上各项误差，得

$$m_x = \pm \sqrt{m_{x\beta\text{上}}^2 + m_{xl\text{上}}^2 + m_{x\beta\text{下}}^2 + m_{xl\text{下}}^2 + m_{xoA}^2 + m_{xoB}^2} \tag{12-15}$$

贯通测量工作独立进行两次，取其平均值作为最后结果，其中误差为

$$m_{x\text{均}} = \pm \frac{m_x}{\sqrt{2}}$$

水平方向的容许误差为中误差的两倍。

$$M_{x\text{容预}} = 2m_{x\text{均}} \tag{12-16}$$

如果 $M_{x\text{容预}} \leqslant M_{\text{容}}$，则说明方案可行。

2. 贯通点 K 在 z 轴方向的测量误差

K 点在高程方向的测量误差主要来源于地面水准测量误差、地下水准测量误差，以及通过 A、B 两井导入高程的误差。如果是平峒贯通，则两井导入高程的误差不计入。

（1）地面水准测量误差。

用高差闭合差的大小确定其容许值。现以四等水准计算，一般规定闭合差不大于 2 倍中误差，则：

$$m_{H\text{上}} = \frac{f_\text{h}}{2} = \pm \frac{20\sqrt{L}}{2} = \pm 10\sqrt{L}（\text{mm}） \tag{12-17}$$

式中：L——地面水准路线的长度，km。

（2）地下水准测量误差。

用地下水准测量的闭合差确定，以Ⅰ级水准计算，并且地下水准支线是往返测求平均值，平均值的中误差为

$$m_{H\text{下}} = \pm \frac{f_\text{h}}{2\sqrt{2}} \tag{12-18}$$

式中：$f_\text{h} = 15\sqrt{R}$，mm；

R——往测或返测的水准路线长度，100m。

（3）导入高程的误差 m_{Ho}。

按照规范规定，两次独立导入高程之差不得超过 $\dfrac{H}{8\,000}$，一次导入的中误差为

$$m_{Ho} = \pm \frac{H}{8\,000} \times \frac{1}{2\sqrt{2}} \tag{12-19}$$

式中：H——井深，从两个井筒各导入一次。

综合以上误差的影响：

$$M_H = \pm \frac{1}{\sqrt{2}} \sqrt{m_{H\text{上}}^2 + m_{H\text{下}}^2 + m_{HoA}^2 + m_{HoB}^2} \tag{12-20}$$

$$M_{H容预} = 2 M_H$$

若 $M_{H容预} < M_容$，则说明测量方案可行。

三、隧道贯通误差的测定与调整

隧道贯通后，应及时进行贯通测量，测定实际的横向、纵向和竖向贯通误差。若贯通误差在允许范围之内，就认为测量工作达到了预期目的。但是，贯通误差的存在将影响隧道断面扩大及衬砌工作的进行。因此，《公路隧道施工技术规范》（JTG/T 3660—2020）规定了容许误差，见表 12-5，应该采用适当的方法对贯通误差加以调整，从而获得一个对行车没有不良影响的隧道中线，以便作为扩大断面、修筑衬砌的依据。

贯通测量的容许误差 　　　　　　　　表 12-5

两相向开挖洞口间的距离（km）	4	4~8	8~10	10~13	13~17	17~20
容许横向贯通偏差（mm）	±100	±150	±200	±300	±400	±500
容许竖向贯通偏差（mm）	±50	±50	±50	±50	±50	±50

1. 贯通误差的测定

（1）采用中线法测量的隧道，贯通之后，应从相向测量的两个方向各自向贯通面延伸中线，并各钉一临时桩 A、B（图 12-11）。丈量出两临时桩 A、B 之间的距离，即得隧道的实际横向贯通误差，A、B 两临时桩的里程之差，即为隧道的实际纵向贯通误差。

（2）采用洞内导线作洞内控制的隧道，可由进洞的任一方向，在贯通面附近钉设一临时桩点，然后由相向的两个方向对该点进行测角和量距，各自计算临时桩点的坐标。这样可以测得两组不同的坐标值，其 y 坐标的差数即为实际的横向贯通误差，其 x 坐标之差为实际的纵向贯通误差（或者将两组坐标差投影至贯通面及其垂直的方向上，得出横向和纵向贯通误差）。在临时桩点上安置经纬仪测出角度 α，如图 12-12 所示，以便求得导线的角度闭合差（也称方位角贯通误差）。

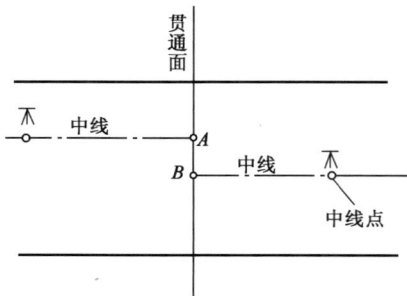

图 12-11　中线法测量贯通误差　　　　图 12-12　导线法测量贯通误差

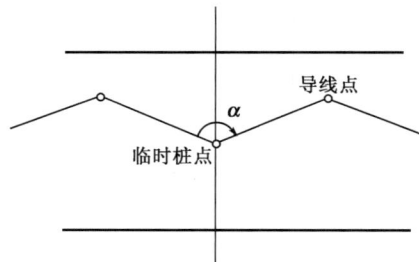

（3）由隧道两端洞口附近的水准点向洞内各自进行水准测量，分别测出贯通面附近的同一水准点的高程，其高程差即为实际的高程贯通误差。

2. 贯通误差的调整

隧道中线贯通后，应将相向两方向测设的中线各自向前延伸一段适当的距离。如贯通面附近有曲线始点（或终点），则应延伸至曲线以外的直线上一段距离，以便调整中线。

调整贯通误差的工作,原则上应在隧道未衬砌地段上进行,不再牵动已衬砌地段的中线,以防减小限界而影响行车。对于曲线隧道,还应注意尽量不改变曲线半径和缓和曲线长度,否则需经上级批准。在中线调整之后,所有未衬砌地段的工程,均应以调整后的中线指导施工。

(1)直线隧道贯通误差的调整。

直线隧道中线的调整,可在未衬砌地段上采用折线法进行,如图 12-13 所示。如果由于调整贯通误差而产生的转折角在 5′ 以内,可作为直线线路考虑。当转折角在 5′ ~ 25′ 时,可不加设曲线,但应以顶点 a、C 的内移量考虑衬砌和线路的位置。各种转折角的内移量见表 12-6。当转折角大于 25′ 时,则应以半径为 4 000m 的圆曲线加设反向曲线。

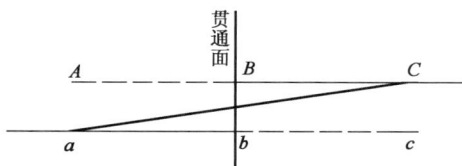

图 12-13　直线隧道贯通误差调整

各种转折角的内移量　　　　　　　　　　　　　　表 12-6

转折角(′)	内移量(mm)	转折角(′)	内移量(mm)
5	1	20	17
10	4	25	26
15	10		

对于用地下导线精密测得实际贯通误差的情况,当在规定的限差范围之内时,可将实测的导线角度闭合差平均分配到该段贯通导线各导线角上,按简易平差后的导线角计算该段导线各导线点的坐标,求出坐标闭合差。根据该段贯通导线各边的边长按比例分配坐标闭合差,得到各点调整后的坐标值,并作为洞内未衬砌地段隧道中线点放样的依据。

(2)曲线隧道贯通误差的调整。

当贯通面位于圆曲线上,调整贯通误差的地段又全部在圆曲线上时,可由曲线的两端向贯通面按长度比例调整中线,也可用调整偏角法进行调整。也就是说,在贯通面两侧每 20m 弦长的中线点上,增加或减小 10″ ~ 60″ 的切线偏角值。

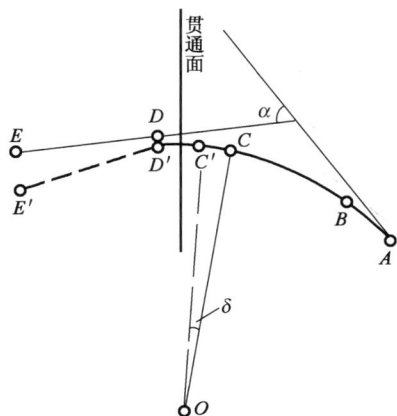

当贯通面位于曲线起(终)点附近时,如图 12-14 所示,可由隧道一端经过 E 点测量至圆曲线的终点 D,而另一端经由 A、B、C 诸点测至 D′ 点。D 与 D′ 不重合,再自 D′ 点作圆曲线的切线至 E′ 点,DE 与 D′E′ 既不平行又不重合。为了调整贯通误差,可先采用"调整圆曲线长度法"使 DE 与 D′E′ 平行。即在保持曲线半径不变,缓和曲线长度不变和曲线 ABC 段方向不受牵动的情况下,将圆曲线缩短(或增长)一段 CC′,使 DE 与 D′E′ 平行。CC′ 的近似值可按下式计算:

$$CC' = \frac{EE' - DD'}{DE} \cdot R \qquad (12\text{-}21)$$

图 12-14　曲线隧道贯通误差调整　　　式中:R——圆曲线的半径。

由于圆曲线长度缩短(或增长)了一段 CC′,与其相应的圆曲线中心角亦应减少(或增加)一 δ 值,δ 可按下式计算:

$$\delta = \frac{360°}{2\pi R} \cdot CC' \tag{12-22}$$

式中:CC'——圆曲线长度变动值。

调整圆曲线长度后,$D'E'$ 与 DE 将平行,但仍不重合,如图 12-15 所示,此时可采用"调整曲线起终点法"进行调整,即将曲线的起点 A 沿着切线向顶点方向移动到 A' 点,使 $AA' = FF'$,这样 $D'E'$ 就与 DE 重合了。然后,再由 A' 点进行曲线测设,将调整后的曲线标定在实地上。

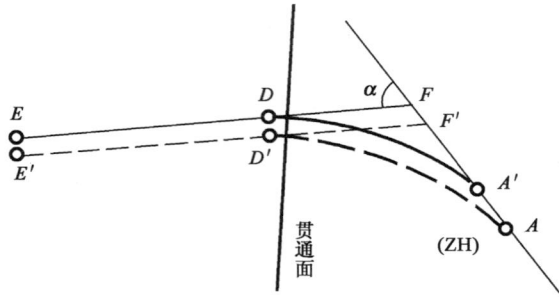

图 12-15　调整曲线隧道起终点实现贯通误差调整

曲线起点 A 移动的距离可按下式计算:

$$AA' = FF' = \frac{DD'}{\sin\alpha} \tag{12-23}$$

式中:α——曲线的总偏角。

(3)高程贯通误差的调整。

贯通点附近的水准点高程,采用由贯通面两端分别引测的高程的平均值,作为调整后的高程。洞内未衬砌地段的各水准点高程,根据水准路线的长度对高程贯通误差按比例分配,求得调整后的高程,并作为施工放样的依据。

第五节　隧道开挖断面测量

一、隧道横断面

1. 隧道净空

隧道净空是指隧道内轮廓线所包围的空间,包括公路隧道建筑限界、通风及其他功能所需要的断面面积。断面形状和大小应根据结构设计力求得到最经济值。净空所包括的其他断面中,有通风机或通风管道、照明灯具及其他设备、监控设备和运营管理设备、电缆沟或电缆桥架、防灾设备等断面,以及富裕量和施工允许误差等。

2. 隧道建筑限界

隧道建筑限界是指为了保证隧道中的安全行车,在一定的宽度、高度范围内任何部件不得侵入的界限。公路隧道规范中对隧道的建筑限界有明确的规定。公路隧道的建筑限界,横向包括行车道、侧向宽度(含路缘带、余宽)以及人行道、检修道等;顶角宽度的规定是保证正常行驶的车辆顶角不会跑到限界外面去;竖向包括 4m 的起拱线、人行道或检修道高度等,见图 12-16。

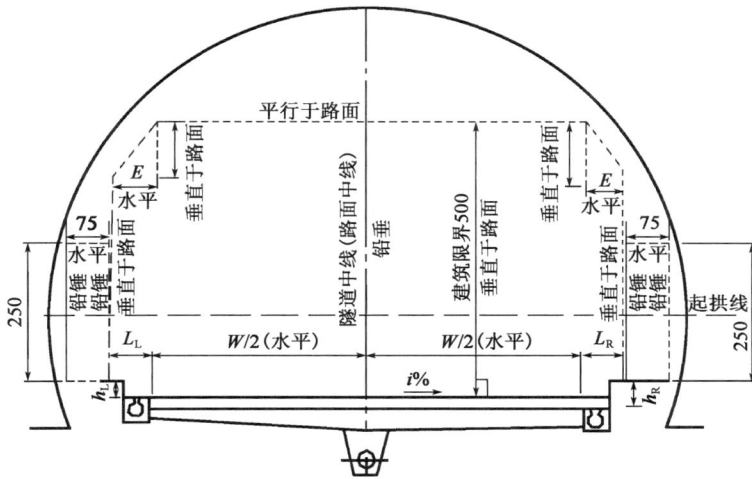

图 12-16 建筑限界及内轮廓图(尺寸单位:cm)

二、掘进中隧道断面的测量

每次掘进前,应根据设计的断面类型和尺寸放样出断面。常用的方法有五寸台阶法(断面支距法)、直接测量法、三角高程法、激光断面仪法等。

1. 五寸台阶法(断面支距法)

如图 12-17 所示,根据中线及拱顶外线高程,从上而下每 0.5m(拱部和曲线地段)和 1.0m(直墙地段)向中线左右量出两侧的横向支距(量测支距时,应考虑隧道中心与路线中心的偏移值和施工的预留宽度),所有支距端点的连线即为断面开挖的轮廓线,用以指导开挖及检查断面,并作为安装拱架的依据。遇有仰拱的隧道,仰拱断面应由中线起向左右每隔 0.5m 量出从路面高程向下的开挖深度。此种方法最常用,适用于全断面开挖或上下导坑开挖施工的隧道。此种方法的作业程序见图 12-18。

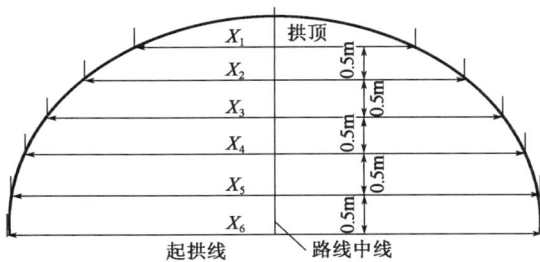

图 12-17 五寸台阶法

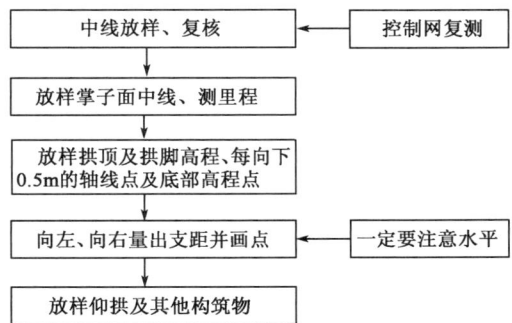

图 12-18 五寸台阶法作业程序

2. 直接测量法(放大样法或以内模为参照物法)

对于一种类型尺寸的开挖断面,提前在地面上放出大样(1:1),用木板或金属条作出大样,测量时放出拱顶中点及两侧起拱点的位置,往上套上大样,在周边画点即可。此种方法适用于全断面开挖或上下导坑开挖及预留核心土施工的隧道。

259

在二次衬砌立模后,以内模为参照物,从内模量至围岩壁的数据加上内净空 R_1 即为断面数据,如图 12-19 所示。

3. 三角高程法(直角坐标)

如图 12-20 所示,将仪器置于里程处的中线上,一次放样出掌子面的各个轮廓线。此方法的特点是:速度快、要求的条件高;计算量大,放样前须提前计算出所有须放样点的数据,且对掌子面的平整度有较高要求,对于有激光导向及免棱镜的仪器尤为方便,但受掌子面平整度精度影响较大。

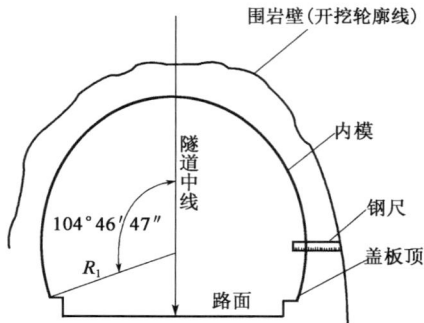

图 12-19　以内模为参照物法

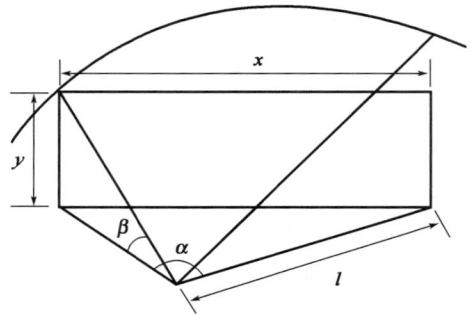

图 12-20　直角坐标

三角高程法所得断面坐标计算公式为

$$x = l \cdot \tan\alpha \tag{12-24}$$

$$y = \frac{l}{\cos\alpha} \cdot \tan\beta + 经纬仪高程 - 开挖断面底板高程 \tag{12-25}$$

式中:x——断面水平方向坐标;

y——断面竖直方向坐标;

l——经纬仪与棱镜的距离;

α——水平夹角;

β——竖直角。

4. 激光断面仪法

激光断面仪法的测量原理为极坐标法。如图 12-21 所示,以水平方向为起算方向,按一定间距(角度或距离)依次一一测定仪器旋转中心与实际开挖轮廓线交点之间的矢径(或距离)、矢径与水平方向的夹角,将这些矢径端点依次相连即可获得实际开挖的轮廓线。

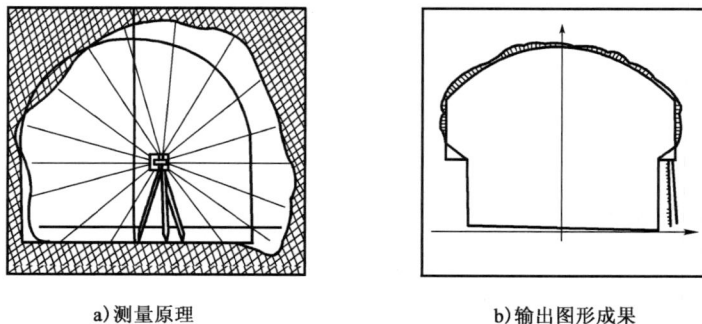

a) 测量原理　　　　　　　　b) 输出图形成果

图 12-21　激光断面仪法

现在免棱镜技术的仪器较为普遍,因此可以利用这些仪器自带的功能或借助其他软件来直接测量断面,为施工分析提供科学、准确的数据。

三、隧道衬砌位置控制

隧道衬砌,不论何种类型均不得侵入隧道建筑限界,因此各个部位的衬砌放样必须在线路中线、水平测量正确的基础上认真做好,使其位置正确,尺寸和高程符合设计要求。

中线两侧衬砌结构物的放样,是以中线点和水准点为依据,控制其平面位置和高程。放样建筑物的部位分别有边墙角、边墙基础、边墙身线、起拱线等。拱顶内沿、拱脚、边墙脚等处设计高程均应用水准仪放出,并加以标注。拱部衬砌的放样是将拱架安装在正确的空间位置上,拱架定位并固定好后,即可铺设模板、灌注混凝土等。在灌注混凝土衬砌施工过程中,应经常检查拱架和模板的位置和稳定性。若位移变形值超限,应及时纠正。

边墙衬砌的施工放样,若为直墙式衬砌,从校准的中线按规定尺寸放出支距,即可安装模板;若为曲墙式衬砌,则从中线按计算好的支距安设带有曲面的模板,并加以支撑固定,即可开始衬砌施工。

第六节 辅助坑道施工测量

一、辅助坑道类型

当隧道较长时,为了增加施工工作面,加快施工进度,改善施工条件(出渣、进料运输、通风、排水等),往往需要设置一些适宜的、辅助性的坑道,如横洞、斜井、竖井或平行导坑等。

1. 横洞

傍山、沿河或山体侧向岩土体较薄的隧道,设置辅助坑道时宜优先考虑采用横洞,设置的位置依地形条件和施工需要而定。横洞的布置如图 12-22 所示。

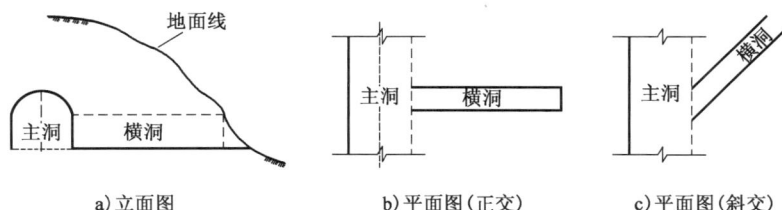

a)立面图   b)平面图(正交)   c)平面图(斜交)

图 12-22 横洞布置形式

2. 斜井

斜井是在隧道侧面上方开挖的与之相连的倾斜坑道。当隧道在埋置不太深、地质条件较好的地段时,或当隧道洞身一侧有较开阔的山谷低凹处作为弃渣场地时,斜井的立、平面如图 12-23 所示。

3. 竖井

竖井是在隧道上方开挖的与隧道相连的竖向坑道。竖井位置以设在隧道中心线一侧为宜,与隧道的距离一般在 15~25m 之间,如图 12-24a)所示。竖井也可设在隧道正上方直接联通主洞,如图 12-24b)所示。

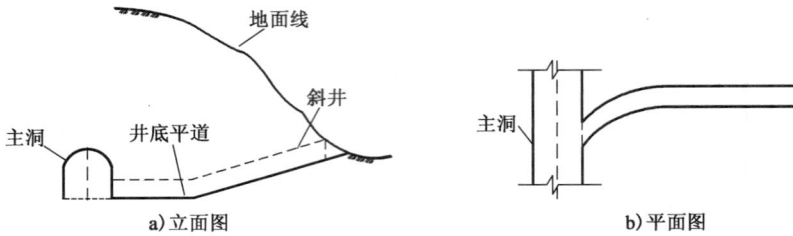

图 12-23　斜井

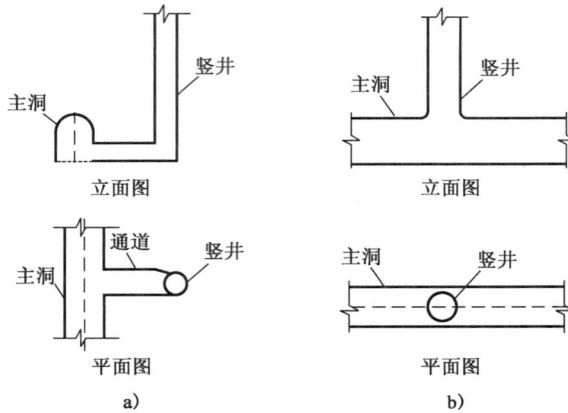

图 12-24　竖井布置形式

4. 平行导坑

平行导坑是与隧道走向平行的辅助坑道。越岭的特长隧道($L > 3\,000$m)或拟建双洞的隧道,施工不宜选用横洞、斜井、竖井等辅助坑道时,往往采用开挖平行导坑的方法来处理,可同时解决特长隧道施工中的出渣与进料运输、通风、排水、施工测量及安全等问题。平行导坑的平面布置如图 12-25 所示。

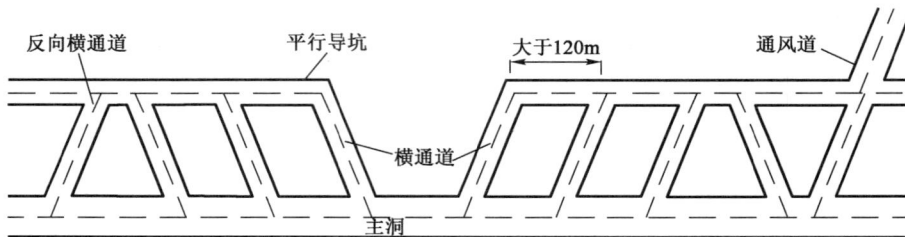

图 12-25　平行导坑平面布置

平行导坑可比主洞超前掘进,可进行地质勘察及地质预报,充分掌握主洞开挖前方地质状况,便于及时变更设计和改变施工方法;平行导坑通过横通道与主洞连接,可增辟主洞掘进工作面,可将洞内作业分区段施工,减少互相干扰,加快施工速度,并可进行通风、排水、降低水位、进料出渣运输;平行导坑可以构成洞内施工测量导线网,可以提高施工测量精度等。

二、辅助坑道测量

辅助坑道测量时应遵守以下原则：

（1）经辅助坑道引入的中线及水准测量，应根据辅助坑道的类型、长度、方向和坡度等，按要求精度在坑道口附近设置洞外控制点。

（2）平行导坑与横洞的引线方法和高程测量，均与正洞相同。

（3）斜井中线的方向，应由斜井井口向外直线引伸，可采用正倒镜分中法进洞；斜井量距应丈量斜距，测出桩顶高程，求出高差，按照斜距换算出水平距离。

（4）竖井测量时，应根据竖井的大小、深度以及必要的测量精度来选择合适的测量方法。经竖井引入的中线的测量，可使用钢丝吊锤、激光、经纬仪等。经竖井的高程，可将钢卷尺直接吊下测定。

【思考题与习题】

1. 隧道测量的内容包括哪些？
2. 地下隧道导线测量有何特点？
3. 比较隧道地面控制测量各方法的优缺点。
4. 简述隧道洞内导线测量的特点与注意事项。

第十三章

当代测量新技术简介

【学习内容与要求】

通过对本章的学习,了解 GIS、摄影测量和遥感的基本原理及其在各个领域的应用情况;掌握三维激光扫描技术的原理和各类仪器设备的使用方法,重点掌握无人机倾斜摄影实景建模的原理和方法;最后了解各种新技术在公路交通基础设施中的应用情况。

第一节　GIS 技术的基本原理与应用简介

一、GIS 技术及其基本原理

GIS(Geographic Information System 或 Geo-Information System,地理信息系统)有时又称为地学信息系统,是一种特定的十分重要的空间信息系统。它是在计算机硬、软件系统支持下,对整个或部分地球表层(包括大气层)空间中的有关地理分布数据进行采集、存储、管理、运算、分析、显示和描述的技术系统。它用来处理与研究实体空间地理分布有关的地理信息,不仅包含所研究实体的地理空间位置、形状,还包括对实体特征的属性描述。例如,应用于土地管理的地理信息,能够反映某一点位的坐标或某一地块的位置、形状、面积等,还能反映该地块的权属、土壤类型、污染状况、植被情况、气温、降雨量等多种信息;又如用于市政管网管理的地理信息,能够反映各类地下管道的线路位置、埋设深度、宽度等信息,还能反映管线的性质(如电缆、煤气、自来水等),管道的材料、直径以及权属,施工单位,施工日期和使用寿命等信息。因此,地理信息除具有一般信息所共有的特征外,还具有区域性和多维数据结构的特征,即在同一地理位置上具有多个专题和属性的信息结构,并具有明显的时序特征,即随时间变化的动态特征。将这些采集到的与研究对象相关的地理信息,以及与研究目的相关的各种因素有机结合,并利用现代计算机技术统一管理、分析,从而对某一专题产生决策支持,就形成了 GIS,如图 13-1 所示。

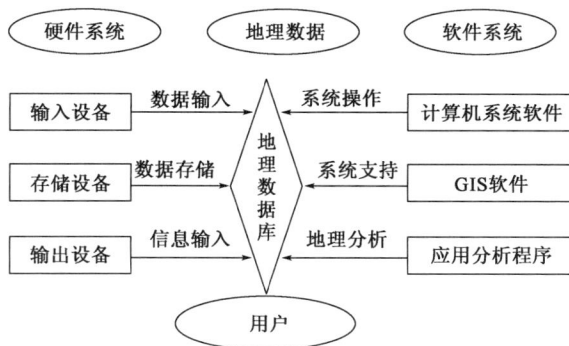

图 13-1 GIS 的组成

GIS 处理分析的对象是地理空间数据,这是 GIS 区别于其他信息系统的根本原因。根据地理空间数据的图形数据结构特征,GIS 一般可分为基于栅格结构的 GIS 和基于矢量的 GIS。一般来说,基于栅格结构的 GIS 容易与遥感数据结合,建立 GIS 和 RS 集成化系统;而矢量数据需要通过矢量至栅格的转换,才能与遥感数据集成使用。

数据源问题是 GIS 的瓶颈问题。GIS 数据源主要有两类,一类是基于栅格结构的 RS 数据源,包括对航片、地图的扫描所获得的数据源;另一类是基于矢量结构的大地测量数据,如通过经纬仪、惯性测量系统、DGNSS、TSS(全站仪测定系统)等野外直接测量获得的数据,也包括通过对地形图的手扶跟踪数字化所得到的数据。前者数据现实性好,但数据精度和空间分辨率往往不能令人满意。后者是用户关心和便于使用的,实际上这些数据有很大的局限性。近几年测绘界和 GIS 应用界十分关注通过 DGNSS、TSS 直接在野外获得高精度的 GIS 数据,并实现自动观测,电子手簿自动记录建立数据文件 *.dat,这种文件既可直接进入 GIS 作为数据源,配合野外记录的属性数据,绘制地图,也可以在野外或室内被动输入数字化测图系统软件中,或实时或后处理测绘出电子地图,这种电子地图是数字式的,可与 GIS 实现数据交换和图形交换。

二、GIS 与 RS 的集成

1. RS 为 GIS 提供信息源

将摄影测量像片或 RS 卫片纠正、处理形成正射影像图,进一步目视判读之后,可编制出多种专题用图,这些图件经过扫描或手扶跟踪数字化之后成为数字电子地图,进入 GIS 中,实现多重信息的综合分析,派生出新的图形和图件。例如,选线中根据地形图、土壤图、地质水文图和选线的约束条件模型派生出最佳路线图。

比较理想的 RS 作为 GIS 的数据源是将 RS 的分类图像数据直接顺利地运用到 GIS 中,经过栅-矢转化形成空间矢量结构数据,满足 GIS 的多种应用需求。

2. GIS 为 RS 提供空间数据管理和分析的技术手段

RS 信息主要来源于地物对太阳辐射的反射作用,识别地物主要依据 RS 量测地物灰度值的差异,实践中出现"同物异谱"和"同谱异物"是可能的,单纯利用 RS 数字图像处理的方法解决这类问题难度较大,若将 GIS 与 RS 结合起来,此类问题就易于解决。如 GIS 将地形划分为阳坡、阴坡、半阴半阳坡及高山、中山、低山,配合 RS 进行地表植被分类,就能获得很好的效果。

3. RS 与 GIS 的结合方式

RS 与 GIS 的结合方式有三种,分别是分开但平行结合、无缝结合和整体结合,如图 13-2 所示。

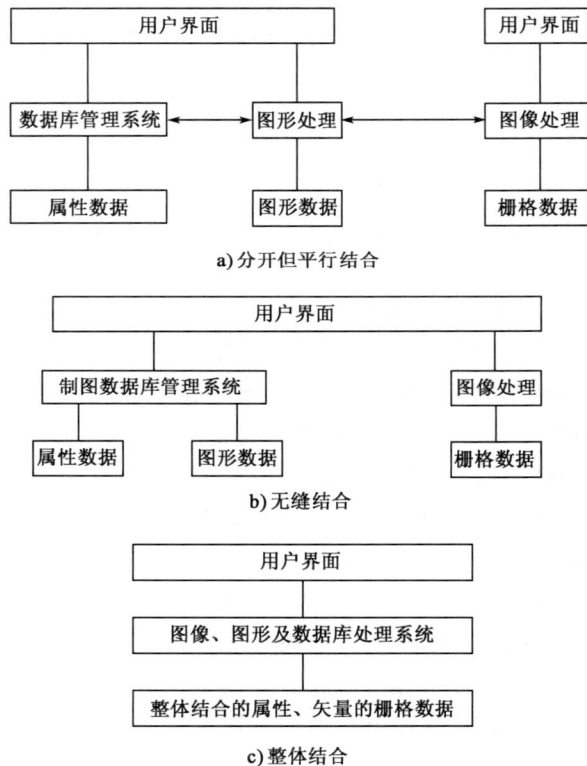

图 13-2　GIS 与 RS 结合的三种方式

图 13-2a)所示为分开但平行结合,RS 的数据结构为栅格数据,其几何信息(定位信息)为其行、列数,而其属性信息(定性信息)为其灰度值;GIS 多为矢量数据结构,可实现矢-栅转化,因此,GIS 与 RS 的结合实质上是数据转换、传输、配准。所谓配准,是指 RS 数据与 GIS 中图形数据之间几何关系的一致。为了便于管理,在具体实施中有两种结构,一种是 GIS 为 RS 的一个子系统,另一种是 RS 为 GIS 的子系统,这种结构更易实现,因为在 GIS 中增加栅格数据处理

功能比在 RS 中增加矢量数据处理、分析及数据库管理功能更容易,逻辑上也更为合理。目前市场上的 GIS 产品,如 MGE、Arc/Info、Geostar 等都具备 RS 数字图像处理系统功能。图 13-2b)所示是一种无缝结合,图 13-2a)、图 13-2b)两种结构都需要建立一种标准的空间数据交换格式,作为 RS 与 GIS 之间、各种 GIS 之间、GIS 与数字电子地图之间的数据交换格式和标准。数据的交换格式和标准是全世界都关注的问题,美国联邦地理数据委员会于 1992 年颁布了空间数据交换标准 SDTS(Spatial Data Transfer Standard)。澳大利亚基于美国 SDTS,建立了自己的 ASDT-S。实际上应该建立一个全世界统一的标准交换格式,以实现空间数据共享,完成数字地球工程。图 13-2c)所示是一种整体结合,即将 GIS 与 RS 真正集成起来,形成数据结构和物理结构均一体化的系统。2023 年 6 月,2023 地理信息软件技术大会上发布了我国最新自主研发的跨平台遥感地理信息系统一体化软件,这一技术将助力数字中国的建设发展。国外也有类似的系统,如美国国家航空航天局(National Aeronautics and Space Administration,NASA)国家空间实验室的地球资源实验室开发的 ELAS 系统,将数字化图形数据、同步卫星影像和其数据安置于统一的数据库,实现统一分析、处理、制图。

三、GIS 技术的应用

1. 资源清查与管理

资源的清查、管理与分析是 GIS 应用最广泛且趋于成熟的领域,也是 GIS 最基本的职能,包括土地资源、森林资源和矿产资源的清查、管理,土地利用规划、野生动植物保护等。

GIS 的主要任务是将各种来源的数据和信息有机地汇集在一起,通过 GIS 软件生成一个连续无缝的、功能强大的大型地理数据库,该数据环境允许集成各种应用,如通过系统的统计、叠置分析等功能,按照多种边界和属性条件,提供区域多种组合条件的资源统计和资源状况分析,最终用户可通过 GIS 的客户端软件直接对数据库进行查询、显示、统计、制图及区域多种组合条件的资源分析,为资源的合理开发利用和规划决策提供依据。

2. 区域规划

区域规划具有高度的综合性,涉及资源、环境、人口、交通、经济、教育、文化、通信和金融等众多要素,要把这些信息进行筛选并转换成可用的形式并不容易,规划人员需要切实可行的技术和实时性强的信息,而 GIS 能为规划人员提供功能强大的工具。

规划人员可利用 GIS 对交通流量、土地利用和人口数据进行分析,预测将来的道路等级;工程技术人员可利用 GIS 将地质、水文和人文数据结合起来,进行路线和构造设计;GIS 软件的空间搜索算法、多元信息的叠置处理、空间分析方法和网络分析等功能,可帮助政府部门完成道路交通规划、公共设施配置、城市建设用地适宜性评价、商业布局、区位分析、地址选择、总体规划分区、现有土地利用等分析工作,是实现区域规划科学化和满足城市发展需要的重要保证。

3. 灾害监测

借助遥感监测数据和 GIS 技术可有效地进行森林火灾的预测预报、洪水灾情监测和洪水淹没损失的估算及抗震救灾等工作,为救灾抢险和决策提供及时、准确的信息。如根据对我国大兴安岭地区的研究,通过普查分析森林火灾实况,统计分析十几万个气象数据,从中筛选出气温、风速、降水、湿度等气象要素以及春秋两季植被生长情况和积雪覆盖程度等 14 个因子,用模糊数学方法建立数学模型。依模型建立的多因子综合指标森林火险预报方法,预报火险等级的准确率可达73%以上。又如黄河三角洲地区防洪减灾信息系统,在 Arc/Info GIS 软件支持下,通过集成大比例尺数字高程模型以及各类专题地图(包括土地利用图、水系图、居民点分布图、油井与工厂位置图、工程设施图以及社会经济统计信息等),通过各种图形叠加、操作、分析等功能,可计算出若干个泄洪区域及其面积,比较不同泄洪区域内的土地利用、房屋、财产损失等,最后得出最佳的泄洪区域,并制定整个泄洪区域内的人员撤退、财产转移和救灾物资供应等的最佳运输路线。

此外,RS 与 GIS 技术在抗震救灾中也有广泛应用。我国是地震多发国家之一,为了尽可能减少地震中的人员伤亡和财产损失,必须建立一套地震应急快速响应信息系统,而 GIS 技术是该系统的基础。在平时建立起来的地震重点监视防御区的综合信息数据库和信息系统基础上,一旦发生大地震,借助 RS 和 GIS 技术就可迅速获取震区的各种信息,以便实现对破坏性地震的快速响应,防震减灾应急对策建议的及时生成,各种震情、灾情、背景、方案信息的可视化图形展示。这些信息不仅可为抗震救灾工作的部署提供重要依据,也可为各种救灾措施的实施提供信息支持,以提高抗震救灾的效率,最大限度地减少地震造成的损失。GIS 技术在地震中的具体应用包括应急指挥、灾害评估、辅助决策、地震灾害预测等。

4. 环境管理

随着经济的高速发展,环境问题愈来愈受到人们的重视,环境污染、环境退化已成为制约区域经济发展的主要因素之一。环境管理涉及人类的社会活动和经济活动的一切领域。传统的环境管理方式已不断受到挑战,逐渐落后于我国经济发展的要求。而 GIS 技术可为环境评价、环境规划管理等工作提供有力工具,如环境监测和数据收集、建立基础数据库和环境动态数据库、建立环境污染的有关模型、提供环境管理的统计数据和报表输出、环境作用分析和环境质量评价、环境信息传输和制图等。

5. 土地调查和地籍管理

土地调查包括对土地的调查、登记、统计、评价、使用等。土地调查的数据涉及土地的位置、界址线、名称、面积、类型、等级、权属、质量、地价、税收、地理要素及有关设施等内容。土地调查是地籍管理的基础工作。随着国民经济的发展,地籍管理工作越来越重要,土地调查的工作量变得越来越大,以往传统的手工方法已不能胜任。GIS 为解决这一问题提供了先进的技术手段。借助 GIS 可以进行地籍数据的管理、更新,开展土地质量评价和经济评价,输出地籍图,同时还可为有关的用户提供所需的信息,为土地的科学管理和合理利用提供依据。

第二节　摄影测量与遥感技术应用简介

摄影测量技术的原理是以立体数字影像为基础,结合计算机技术,自动识别像点和坐标,建立所测物体的空间模型,并获取地理信息(图 13-3)。摄影测量技术可以直接对被测物体进行采样,按照一定的测量标准,通过数据模型获取被测物体的相关信息,然后进行数据的处理和分类。

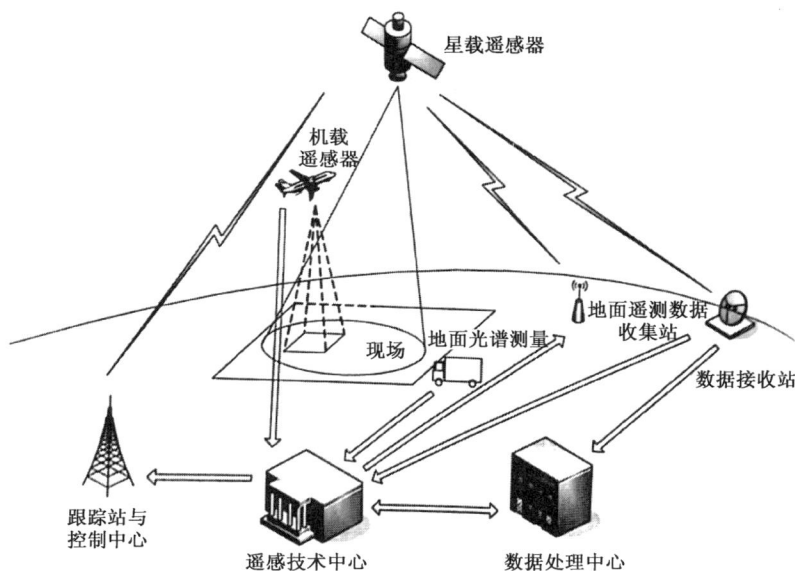

图 13-3 摄影测量与遥感原理图

　　根据摄影时摄影机所处位置的不同,摄影测量学可分为地面摄影测量、航空摄影测量和航天摄影测量。根据应用领域的不同,摄影测量学可分为地形摄影测量与非地形摄影测量两大类。根据技术处理手段的不同(也是历史阶段的不同),摄影测量学可分为模拟摄影测量、解析摄影测量和数字摄影测量。

　　遥感技术(RS)是利用光谱学、光电子学和电子技术从高空或远距离平台上,通过电磁波探测仪器,接收物体辐射及反射的电磁波信息,经信息处理,测定被测物体的性质、形状、位置和动态变化。利用卫星对地观测称为航天遥感,利用飞机对地观测称为航空遥感。近 20 年来,随着空间技术、无线电技术、光学技术和计算机技术的进步,遥感技术迅猛发展。遥感器从第一代的航空摄影机,第二代的多光谱摄影机、扫描仪,很快发展到第三代的固体扫描仪(CCD);遥感器的运载工具,从航空飞机很快发展到卫星、低空无人机、飞艇、宇宙飞船等;数据传输从图像的直接传输发展到非图像的无线电传输;而图像像元也从地面 $80m \times 80m$ 很快发展到 $40m \times 40m$、$30m \times 30m$、$20m \times 20m$、$10m \times 10m$、$6m \times 6m$、$1m \times 1m$。

　　RS 系统通常由空间信息采集系统、地面接收和预处理系统、地面实况调查系统和信息分析系统构成。RS 数字图像处理的过程就是几何校正、辐射校正、信息定量化、信息复合、图像增强、信息特征提取、图像分类等一系列图像处理和技术研究,为各类型区的遥感综合调查提供了大量的优质图像,并在定量化、智能化,以及和 RS、GIS 的集成等方面开展研究。

　　RS 图像的实质是一张电磁波辐射的能量平面分布(图 13-4),可表示为

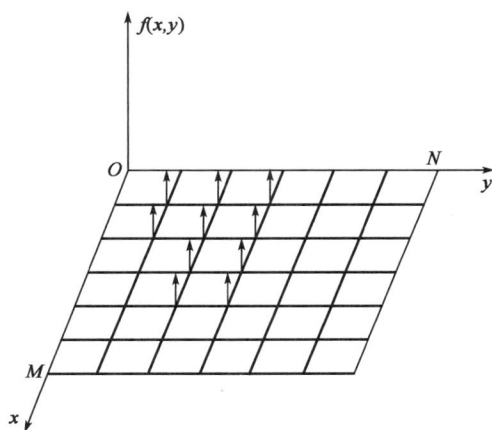

图 13-4 离散化空间格网

$$G = f(x, y, z, \lambda, t) \tag{13-1}$$

式中：G——图像所表现出的灰度或彩色；

x、y、z——图像的空间位置；

λ——电磁波波长；

t——获取图像的时间。

对于一个具体的图像来说(一次获取)，总是在一定波长范围内和同一时刻获取，所以 λ 和 t 可视为常数。z 是隐含在 (x, y) 平面(二维)中的一种函数，即 $z = f(x, y)$。因此式(13-1)可以写成：

$$G = f(x, y) \tag{13-2}$$

图像中的任意影像 (x_i, y_i) 可以写成

$$g(x_i, y_i) = f(x_i, y_i) \tag{13-3}$$

一幅扫描图像是由时间 t 决定的诸多像元(探测器的瞬时视场)组成的。显然，每一个像元可用式(13-3)来描述。

式(13-2)说明，一幅可观察的图像是一个二维光强度的函数，它既反映了图像灰度的大小，也反映了图像灰度的分布。由于图像的灰度与景物的辐射能具有相关关系，所以 G 值必然为非负有界，即

$$0 \leqslant f(x, y) \leqslant A \tag{13-4}$$

其中，$[0, A]$ 称为灰度区间，通常将 $f(x, y) = 0$ 定为黑色，$f(x, y) = A$ 定为白色，所有中间值都是由黑连续地变为白时的灰度等级。由此可见，所谓光学图像就是人眼可观察的图像，其基本特点是：它的灰度(或彩色)在像幅几何空间(二维)和图像灰度空间(第三维)上的分布都是连续无间断的。

如果将一幅光学图像在像幅几何空间和灰度空间上离散化，即将其划分为 $M \times N$ 的空间格网，并将在每一格网上量测的平均灰度值数字化，如式(13-5)所示，则可得到一个由离散化的坐标和灰度值组成的 $M \times N$ 数字矩阵：

$$\boldsymbol{G} = f(x, y) = \begin{bmatrix} f(0,0) & f(0,1) & \cdots & f(0, N-1) \\ f(1,0) & f(1,1) & \cdots & f(1, N-1) \\ \vdots & \vdots & & \vdots \\ f(M-1,0) & f(M-1,1) & \cdots & f(M-1, N-1) \end{bmatrix} \tag{13-5}$$

式(13-5)即为数字化图像，其中每一个格网称为一个像素(元)，它在 $M \times N$ 数字矩阵中，用行、列号和灰度值表示。图像的数字化是在专门的数字化设备上进行的，例如 CCD 摄像机、鼓式扫描仪等。基本过程是：第一，进行像幅空间坐标的数字化，即沿像幅 x 轴和 y 轴等距离分割，并量测每一个空间格网上的平均灰度值，这一过程称为采样。第二，对量测的灰度值进行数字化，即将灰度值转换成二进制字码代表的某一灰度级。灰度级的级数 i 一般选用 2^m，即

$$i = 2^m (m = 1, 2, \cdots, 8)$$

$m = 1$，灰度只有黑白两级；$m = 8$，则有 256 个从黑到白的级。

RS 图像处理的一般过程如图 13-5 所示。

工程测量是各项现代化工程建设中必不可少的，如水利工程、建筑建设等。而测量方法则是影响测量结果的重要因素之一。采用较为先进的摄影测量与遥感技术，可以对工作人员无法到达的地方及狭小、危险性高的地点进行测量，并且具有高效、快速、准确度高、较强的整体

概念等特点,有利于在工程测量时节约人力、成本和时间,并获得更加精确、全面的结果,从而实现工程测量的更高价值,比以往的测量技术更具有可行性且发展前景可观。所以,在工程中应充分利用摄影测量技术与遥感技术,从而保证工程的正常开展,并在保障施工质量的前提下加快施工进度,进而节约成本,获取更多的经济效益。

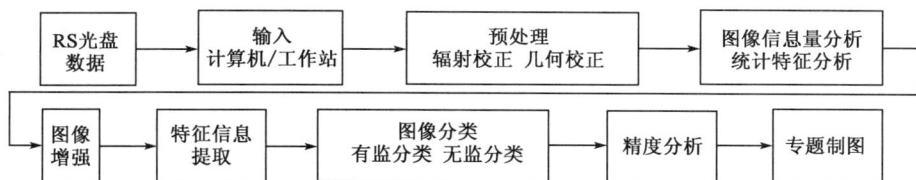

图 13-5　RS 图像处理过程

第三节　三维激光扫描技术

激光扫描技术应用非常广泛,如防伪的激光全息扫描、医疗外科诊断的激光显微扫描、食品品质检测的激光检测扫描等。不同的应用采用了不同的激光扫描手段和方法。本节所述的三维激光扫描技术,是近年来发展并应用的一种新的激光测量技术。

三维激光扫描系统,也称为三维激光成图系统,主要由三维激光扫描仪和系统软件组成,其工作目标就是快速、方便、准确地获取近距离静态物体的空间三维模型,以便对模型进行进一步的分析和数据处理。三维激光扫描通过连续地发射激光,将空间信息以点云(Point Cloud)形式记录,采集范围上下可达 360°,左右可达 270°以上,扫描距离可达 1～6 000m,通过拼接等技术手段,可实现更大范围的扫描,真正实现“所见即所得”的效果。还可以通过三维激光扫描设备自身携带的影像设备,获取物体的影像信息。其应用范围与近景摄影测量大致相同,但三维激光扫描系统具有精度高、测量方式更加灵活方便的特点,因此,三维激光扫描可广泛应用于如下方面:

①建筑物、构筑物的三维建模,如房屋、亭台、庙宇、塔、城堡、教堂、桥梁、高架桥、立交桥、道路、海上石油平台、炼油厂管道等。

②小范围的数字地面模型或高程模型,如高尔夫球场、摩托车障碍赛赛车场、岩壁等。

③独立物体的三维模型,如飞机、轮船、汽车、塑像等。

④自然地貌的三维模型,如岩洞等。

三维激光扫描是一项新兴的测量技术,结合工程应用来看,它的应用领域十分广泛,不仅可以用于房屋建筑、公路、桥梁、大坝、测绘工程,而且可以用于工业测量、文物保护、CAD 设计与动画制作等领域,可以说,三维激光扫描技术的发展前景广阔。

一、三维激光扫描仪的分类

1. 按扫描平台分类

三维激光扫描仪按照扫描平台的不同可以分为:机载(或星载)激光扫描仪(图 13-6)、车载激光扫描仪(图 13-7)、固定式激光扫描仪(图 13-8)、便携式(手持式)激光扫描仪(图 13-9)。

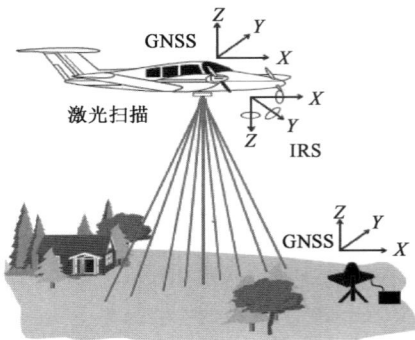

图 13-6　机载激光扫描仪

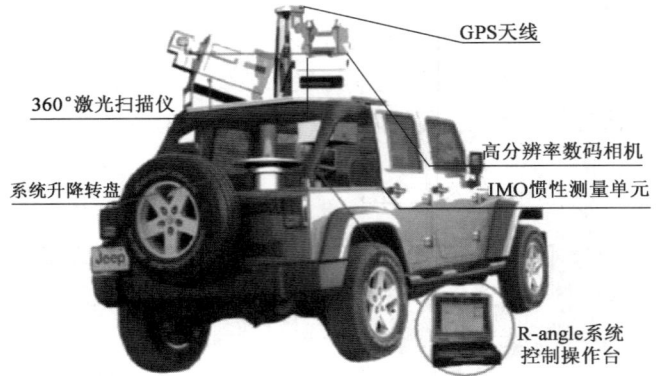

图 13-7　车载激光扫描仪

图 13-8　固定式激光扫描仪

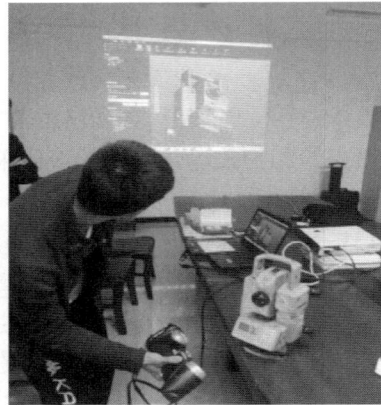

图 13-9　便携式(手持式)激光扫描仪

（1）机载三维激光扫描系统（Light Detection and Ranger, LiDAR）集激光、全球定位系统（GPS）和惯性导航系统（IMU）等多种尖端技术于一身,是目前最为先进的对地观测系统。它将三维激光扫描仪和航空数码摄像机装载在飞机上,利用激光测距原理和航空摄影测量原理,快速获取地球表面坐标数据和影像数据。可用于快速生产数字高程模型（DEM）、数字表面模型（DOM）,也可用于城市三维建模、自然灾害评估、资源调查、海洋监测、军事测绘、大型工程测量等方面。

（2）车载三维激光扫描仪是一种移动型三维激光扫描系统,是目前城市三维建模最有效的工具之一。传统的三维建模主要是采用单点测量（全站仪、GNSS 等）或航空摄影测量的方法来实现的。但是这两种方式建立几何模型的工作量很大,精度也不高,不能快速获取三维空间数据和精确建立模型,而且后者也不适合小区域的数据采集。三维激光扫描技术通过非接触式测量快速获取物体表面大量的三维点云坐标和纹理颜色信息,是一种快速、精确、高效的三维空间信息获取方式。

（3）便携式(手持式)三维激光扫描仪的应用场景广泛,不仅可以满足原创设计阶段的实体模型转换为数据模型的要求,还可以满足生产阶段的检验要求。由于其尺寸小,更具便携性,可以在一些机载三维激光扫描仪与车载三维激光扫描仪无法使用的狭小地段或者场合使用,大大减少了环境上的制约,广泛应用于各类工程领域。

2. 按有效扫描距离分类

三维激光扫描仪作为现今时效性最强的三维数据获取工具,可以划分为不同的类型。通常情况下,按照三维激光扫描仪的有效扫描距离,可分为以下四类。

(1)短距离激光扫描仪。

其最长扫描距离不超过 3m,一般最佳扫描距离为 $0.6 \sim 1.2m$,通常这类扫描仪适用于小型模具的量测,不仅扫描速度快而且精度较高,可以多达 30 万个点,精确至 $\pm 0.018mm$。例如:美能达公司出品的 VIVID 910 高精度三维激光扫描仪,手持式三维数据扫描仪 FastScan 等,都属于这类扫描仪。

(2)中距离激光扫描仪。

最长扫描距离小于 30m 的三维激光扫描仪,属于中距离激光扫描仪,其多用于大型模具或室内空间的测量。

(3)长距离激光扫描仪。

扫描距离大于 30m 的三维激光扫描仪属于长距离激光扫描仪,主要应用于建筑物、矿山、大坝、大型土木工程等的测量。例如奥地利瑞格(Riegl)公司的 LMS Z420i 三维激光扫描仪和加拿大塞瑞(Cyra)技术有限责任公司的 Cyrax 2500 激光扫描仪等,属于这类扫描仪。

(4)航空激光扫描仪。

其最长扫描距离通常大于 1km,并且需要配备精确的导航定位系统,可用于大范围地形的扫描测量。

之所以按有效扫描距离分类,是因为激光测量的有效距离是确定三维激光扫描仪应用范围的重要条件,特别是针对大型地物或场景的观测,或是无法接近的地物等,这些情况,都必须考虑扫描仪的实际测量距离。此外,被测物距离越远,地物观测的精度就相对较低。因此,要保证扫描数据的精度,就必须在相应类型扫描仪所规定的标准范围内使用。

二、三维激光扫描系统组成与工作过程

三维激光扫描系统主要由扫描仪和扫描软件(用于野外现场扫描数据的记录与后处理)组成。此外,还包含软件配件设备,如安置扫描仪的三脚架、运行软件的笔记本电脑或平板电脑、用于将扫描数据从扫描仪传送到计算机的接口线缆、用作扫描图像匹配控制点的标靶、供电电源等。图 13-10 为徕卡(Leica)三维激光扫描仪,主要由扫描主机、扫描窗、数据通信端口等组成。

一般说来,扫描工作过程包括如下几个步骤:

1. 准备工作

根据扫描目标的状况及扫描现场的条件确定扫描方案,同时做好仪器、人员、交通、后勤等方面的组织。

2. 外业扫描

在扫描现场,按扫描方案实施扫描。对于大型的

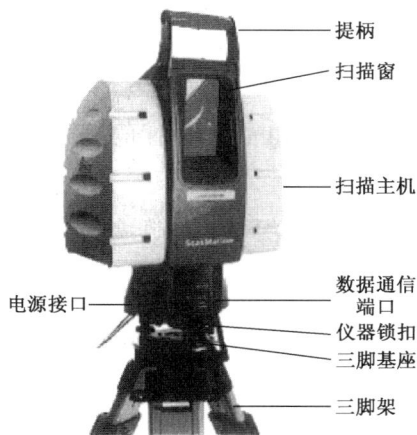

提柄
扫描窗
扫描主机
数据通信端口
电源接口
仪器锁扣
三脚基座
三脚架

图 13-10 徕卡三维激光扫描仪

扫描工作,如果有必要,还需要布设控制网;对于中、小型的扫描工作,应先设置控制标靶。在每一个扫描测站上,应首先将扫描仪安置好,并与运行有扫描软件的计算机连接好。在扫描软件中定义扫描范围、扫描分辨率等扫描参数,然后启动扫描仪进行扫描。扫描仪可实时地将扫描数据下载到计算机中。

3. 内业处理

对扫描的数据进行处理(如数据检测、配准、建模等),进而生成扫描对象的三维模型。

4. 后续处理

在三维模型的基础上,可生成二维平面图、等高线图或断面图等。或对三维模型进行纹理渲染,以便用于景观设计或规划等,或将模型输出到其他的模型处理软件中,进行进一步的处理。

三、三维激光扫描原理

采用激光进行距离测量已有几十年的历史,而自动控制技术的发展使三维激光扫描最终成为现实。无论扫描仪的类型如何,三维激光扫描仪的构造原理都是相似的。三维激光扫描仪的主要构造是由一台高速精确的激光测距仪,配上一组可以引导激光并以均匀角速度扫描的反射棱镜。激光测距仪主动发射激光,同时接收由自然物表面反射的信号从而进行测距,针对每一个扫描点可测得测站至扫描点的斜距,再配合扫描的水平和垂直方向角,可以得到每一扫描点与测站的空间相对坐标。如果测站的空间坐标是已知的,则可以求得每一个扫描点的三维坐标。三维激光扫描仪的工作过程,实际上就是一个不断重复的数据采集和处理过程,它通过具有一定分辨率的空间点(坐标 x、y、z,其坐系是一个与扫描仪设置位置和扫描仪姿态有关的仪器坐标系)所组成的点云图来表达系统对目标物体表面的采样结果。

激光测距技术是三维激光扫描仪的主要技术之一。激光测距技术的原理主要有脉冲测距法、相位测距法、激光三角法、脉冲-相位式测距法四种类型。目前,测绘领域所使用的三维激光扫描仪主要采用脉冲测距法测距,短距离激光扫描仪主要采用相位测距法测距和激光三角法测距。激光测距技术的四种类型介绍如下:

1. 脉冲测距法

脉冲测距法是一种高速激光测时测距技术。脉冲式扫描仪在扫描时激光器发射出单点的激光,记录激光的回波信号,通过计算激光的飞行时间(Time of Flit,TOF),利用光速来计算目标点与扫描仪之间的距离。这种原理的测距系统测距范围可以达到几百米至上千米。激光测距系统主要由发射器、接收器、时间计数器、微型计算机组成。

脉冲测距法也称为脉冲飞行时间差测距法,由于采用的是脉冲式的激光源,适用于超长距离的测量,测量精度主要受脉冲计数器工作频率与激光源脉冲宽度的限制,精度可以达到米数量级。

2. 相位测距法

相位式扫描仪是发射出一束不间断的整数波长的激光,通过计算从物体反射回来的激光波的相位差来计算和记录目标物体的距离。基于相位测量原理,主要用于中等距离的扫描测量系统中。它的扫描范围通常在 100m 以内,精度可以达到毫米数量级。

相位式扫描仪由于采用的是连续光源,功率一般较低,所以测量范围也较小,测量精度主要受相位比较器的精度和调制信号的频率限制,增大调制信号的频率可以提高精度,但测量范围会随之变小,所以为了在不影响测量范围的前提下提高测量精度,一般设置多个调频频率。

3. 激光三角法

激光三角法是利用三角形几何关系求得距离。先由扫描仪发射激光到物体表面,利用在基线另一端的 CCD 相机接收物体反射信号,记录入射光与反射光的夹角,根据已知的激光光源与 CCD 之间的基线长度,由三角形几何关系推求出扫描仪与物体之间的距离。为了保证扫描信息的完整性,许多扫描仪扫描范围只有几米到数十米。这种类型的三维激光扫描系统主要应用于工业测量和逆向工程重建中,其精度可以达到亚毫米级。

4. 脉冲-相位式测距法

将脉冲式测距和相位式测距两种方法结合起来,就产生了一种新的测距方法——脉冲-相位式测距法,这种方法利用脉冲式测距实现对距离的粗测,利用相位式测距实现对距离的精测。三维激光扫描仪主要由测距系统和测角系统以及其他辅助功能系统构成,如内置相机以及双轴补偿器等。脉冲-相位式测距法工作原理是通过测距系统获取扫描仪到待测物体的距离,再通过测角系统获取扫描仪至待测物体的水平角和垂直角,进而计算出待测物体的三维坐标信息。在扫描的过程中再利用本身的垂直和水平马达等传动装置完成对物体的全方位扫描,这样连续地对空间以一定的取样密度进行扫描测量,就能得到被测目标物体密集的三维彩色散点数据,称为点云。

一幅有关立交道路的实际点云图如图 13-11 所示。

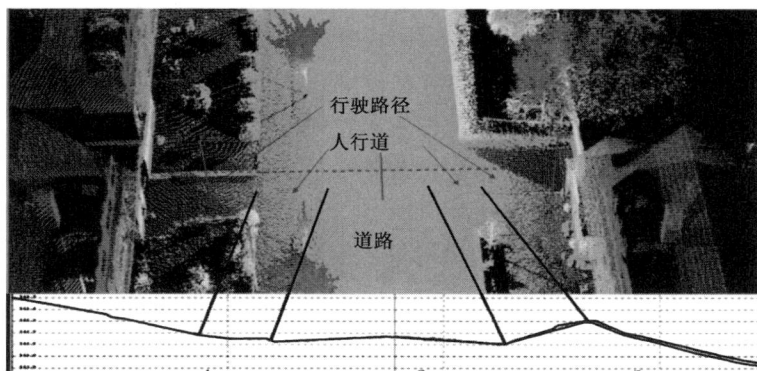

图 13-11 立交道路扫描点云图

三维激光扫描仪获得的原始观测数据有:

(1)根据两个连续转动的用来反射脉冲激光的镜子的角度值得到的激光束的水平方向值和竖直方向值;

(2)根据脉冲激光传播的时间计算得到的仪器到扫描点的距离值;

(3)扫描点的反射强度等。

前两项数据用来计算扫描点的三维坐标值,扫描点的反射强度则用来给反射点匹配颜色。

脉冲激光测距的原理如图 13-12 所示,扫描仪的发射器通过激光二极管向物体发射近红外波长的激光束,激光经过目标物体的漫反射,部分反射信号被接收器接收。通过测量激光在仪器和目标物体表面的往返时间,计算仪器和扫描点间的距离。

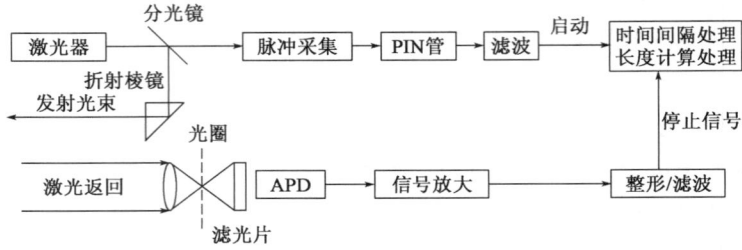

图 13-12　脉冲激光测距原理

四、三维模型的生成与处理

1.参照点云数据逆向建模

之所以称作逆向建模,是因为相对于传统设计建模,其是一个反向过程。基于点云数据的逆向建模指通过三维激光扫描技术对已真实存在的物体进行扫描,这样就获取了该物体的空间几何信息,相当于对其进行了数字化,然后再将已被数字化的物体导入三维设计软件,参照该数字化信息进行模型的建立,这就是我们通常所讲的逆向建模,图 13-13 所示为逆向建模效果图。

图 13-13　逆向建模效果图

2.三维模型的生成

要将经过扫描得到的点云转化为通常意义上的三维模型,一般来说系统软件至少应具备以下几个条件:

(1)常用三维模型组件(如柱体、球体、管状体、工字钢等立体几何图形)。

(2)与模型组件相对应的点云配准算法。

(3)几何体表面 TIN(Triangulated Irregular Network)多边形算法。

前两个条件主要用来满足规则几何体的建模需求,而最后一个条件则用来满足不规则几何体的建模需求。

系统软件一般提供一个称为自动分段处理的工具,它容许从扫描的点云图中抽取出一部分点(这部分点往往组成一个物体或为物体的一部分),以进行自动配准处理。但这种自动配准处理的方式,只适用于那些与软件中所包含的常用几何形体相一致的目标实体组件,对于那些不能分解为常用几何形体的目标实体组成部分则是无效的。此时,需要在相应的点集中构造 TIN 多边形,以模拟不规则的表面。

3. 三维模型的处理

在任意一幅点云图中,扫描点间的相对位置关系是正确的,而不同点云图间点的相对位置的关系正确与否,则取决于它们是否处于同一个坐标系下,在大多数情况下,一幅扫描点云图无法建立物体的整个模型。因此,三维模型的处理涉及如何将多幅点云图精确地"装配"在一起,使它们处于同一个坐标系下。目前采用的方法称为坐标配准。

所谓坐标配准,就是在扫描区域设置控制点或控制标靶,从而使得相邻的扫描点云图上有 3 个以上的同名控制点或控制标靶。通过控制点的强制符合,可以将相邻的扫描点云图统一到同一个坐标系下。

坐标配准的基本方法有三种:①配对方式;②全局方式;③绝对方式。前两种方式都属于相对方式,它是以某一幅扫描点云图的坐标系为基准,其他扫描点云图的坐标系都转换到该扫描点云图的坐标系下。前两种方式的共同表现是:在野外扫描的过程中,所设置的控制点或控制标靶在扫描前都没有观测其坐标值。而第三种方式,则是在扫描前,已经测量控制点的坐标值(某个被定义的公用坐标系,非仪器坐标系),在处理扫描数据时,所有的扫描点云图都需要转换到控制点所在的坐标系中。前两种方法的区别在于:配对方式只考虑相邻扫描点云图间的坐标转换,而不考虑转换误差传播的问题;而全局方式则将扫描点云图中的控制点组成一个闭合环,从而可以有效地防止坐标转换误差的积累。一般说来,前两种方式的处理,其相邻扫描点云图间往往需有部分重叠,而最后一种方式的处理,则不一定需要扫描点云图间的重叠。

当需要将目标实体的模型坐标纳入某个特定的坐标系中时,也常常将全局纠正方式和绝对纠正方式组合起来使用,从而可以综合两者的优点。

相对于二维线划图、三维线框,甚至是三维点云,三维模型在视觉效果的直观性上都更胜一筹,更能给我们带来最真实的空间存在感,图 13-14 所示为一幅点云地形图。无论是查看整体,还是剖切局部,三维模型在几何空间信息的表现力方面一直都有着不可替代的优势。非专业人士在查看传统的二维线划图时会有一定的困难,但对三维模型信息的读取却不存在任何障碍。点云虽然能够直接呈现三维场景,但从视觉效果上来讲,与实体的模型还是存在一定的差距。

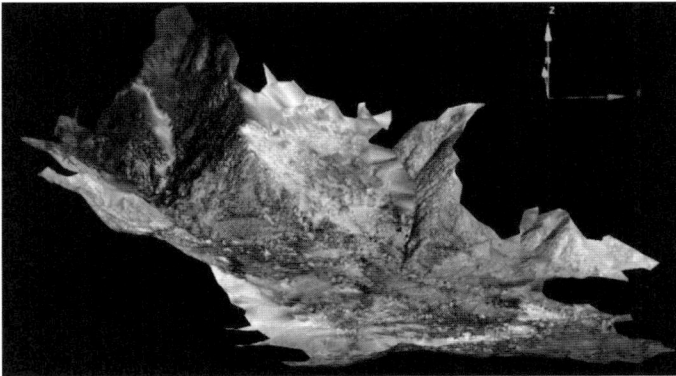

图 13-14　三维激光扫描点云地形图

五、三维激光扫描与近景摄影测量的比较

虽然三维激光扫描系统和近景摄影测量有许多的相似之处,但由于其基本工作原理的不同,实际应用中它们也有不少的差别。

1.原始数据格式不同

扫描所得到的数据是由带有三维坐标的点所组成的点云,而摄影测量所得到的数据是影像照片。由于点云中的点已经包含坐标,所以,可以直接在点云中进行空间量测;而单独的一幅影像照片则无法进行空间量测。

2.拼合各测站间数据的方式不同

扫描系统采用坐标配准方式,而摄影测量则采用相对定向和绝对定向方式。

3.测量精度不同

采用激光扫描直接测量得到的测点精度高于摄影测量中的解析点,且精度分布均匀。

4.对外界环境的要求不同

激光扫描在白天和黑夜都可以工作,光亮度和温度对扫描没有影响,而摄影测量的要求相对要高(如高温会产生影像变形,夜晚无法进行摄影等)。

5.TIN 模型建立方式不同

在扫描系统中可以直接建立 TIN 模型,而在摄影测量中,则首先需要用特定的软件进行相片间的配准处理。

6.对实物材质的获取方式不同

扫描系统由反射强度来配准与真实色彩相类似的颜色或从数码影像中获取,在模型上加贴定制的材质;而摄影测量则根据影像照片直接获得真实的色彩。

第四节　基于无人机倾斜摄影的交通 BIM 实景建模

一、无人机简介

无人机(UAV)是无人驾驶飞机的简称,它是无人机作业系统的一个重要组成部分。无人机自从问世以来,已经实现了多个角色的转变,从最初的单一用途靶机到现在广泛的民用和军用方面,包括航拍、侦察等多种任务应用。无人机航测在飞行条件复杂和小范围的高分辨率影像快速获取方面具有显著的优势。随着技术不断发展,再加上数码相机的不断小型化、成像高清化发展,小型旋翼无人机在航测平台逐渐显示出其独特的优势,使得"无人机数字低空遥感"成为遥感测量领域的一个崭新发展方向。如今,无人机通过和遥感测控技术的融合,可按预定航线自主飞行,实现低空摄影和实时监测。目前,无人机主要分为多旋翼无人机和固定翼无人机(图 13-15),作为遥感搭载平台具有以下优势:

(1)机动快速的响应能力;

(2)高分辨率影像和高精度定位数据的获取能力;

（3）使用成本低廉；

（4）能够承担高风险的飞行任务；

（5）起降条件要求很低；

（6）飞行兼具稳定性和灵活性；

（7）多旋翼无人机机动性强，可实现超低空飞行；

（8）固定翼无人机速度快、效率高，飞行高度高。

a）多旋翼无人机　　　　　　　　　　b）固定翼无人机

图 13-15　无人机

二、无人机倾斜摄影测量技术

1. 倾斜摄影基本原理

倾斜摄影技术是在传统摄影测量的基础上发展起来的一项高新技术，它也是通过处理光学相机所获取的影像来确定被摄物体的形状、大小、位置及其相互关系，但它突破了传统摄影测量只能从垂直角度拍摄的局限，通过在同一飞行平台上搭载多台传感器，可以多角度对地物进行拍摄，获取多视角的倾斜影像，从而保证地物信息的完整性。如图 13-16 所示，倾斜影像是通过具有一定倾角的航摄相机获取的。

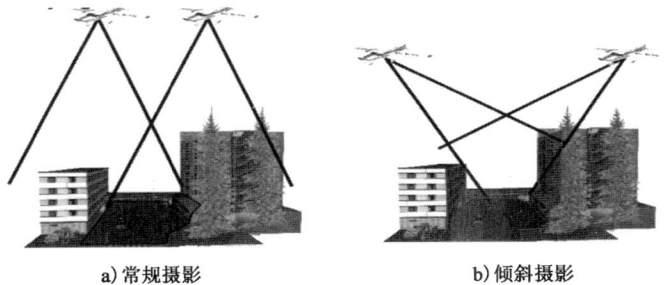

a）常规摄影　　　　　　　　　　b）倾斜摄影

图 13-16　常规摄影与倾斜摄影

与常规的摄影测量相比，倾斜摄影具有如下特点：

（1）可以获取多个视点和视角的影像，从而得到更为详尽的侧面信息，如图 13-17 所示。

（2）具有较高的分辨率和较大的视场角。

（3）同一地物具有多重分辨率的影像，如图 13-18 所示。

图 13-17　倾斜摄影

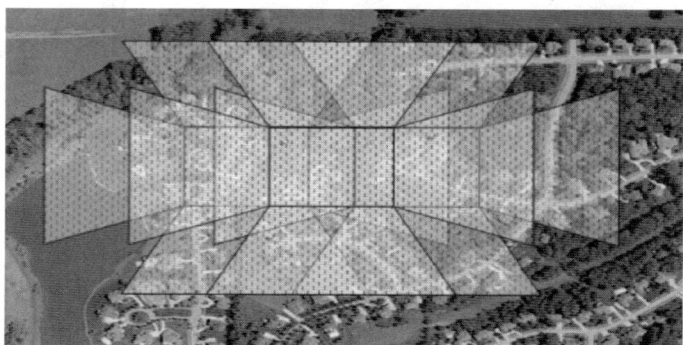

图 13-18　同一地物的多重分辨率摄影

2.基于倾斜摄影的实景建模

利用倾斜摄影数据进行实景三维建模的关键技术包括空中三角测量计算、多视角影像密集匹配、密集点云生成、TIN 构建、纹理映射及实景三维建模。

首先将倾斜影像进行空中三角测量计算,以获得所有影像的高精度外方位元素,即摄影中心的空间坐标值和姿态参数;再通过多视角影像密集匹配,获得高密度三维点云,构建 TIN 模型;然后根据 TIN 模型中每个三角面与对应纹理的关联关系,实现纹理的自动贴附;最后输出并获得三维实景模型。其基本建模流程如图 13-19 所示。

三、某地实景建模实例简介

1.布设像控点和航线规划

布设像控点见图 13-20。

2.原始数据准备及预处理

原始数据主要包括倾斜影像数据、POS 数据和像控点成果数据。需要将原始影像进行检查整理,其航向重叠度不宜小于 80%,旁向重叠度不小于 50%,可根据不同相机视角进行分类储存,不许出现中文路径,并插入 POS 数据和像控点成果,其中 POS 数据需与影像数据一一对应。

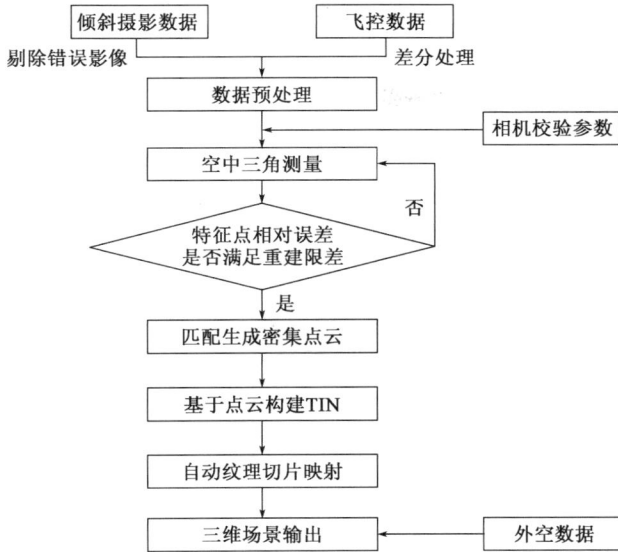

图 13-19 实景建模流程图

图 13-20 布设像控点

3. 空中三角测量计算

倾斜影像中不仅有垂直摄影数据,还包括大倾角侧视摄影数据。以拍摄瞬间 POS 系统的观测值为多角度倾斜影像的初始方位元素,计算每个像元的物方坐标;结合少量的外业控制点,通过区域网平差,实现多视角联合空中三角测量,最终生成空三报告(报告可以用于理解场景和图像的空间结构并且直接应用于下一步匹配和建模)。

4. 匹配生成密集点云

多视影像密集匹配能得到高密度数字点云,通过优化构网算法构建数字表面模型(DSM)以用于后期模型构建及正射影像生成。倾斜影像联合空三后解算出各影像的外方位元素,分析并选择最佳影像匹配单元进行特征匹配和逐像素级匹配,引入并行算法,提高计算效率。在获取高密度 DSM 数据后,可进行滤波处理,即将不同匹配单元进行融合,形成统一的 DSM。部分影像存在遮挡或者缺少足够的同名点信息,会造成匹配精度不高,生成的模型不够精确,从而影响后期正射影像的自动生成,这些问题需要人工编辑修改。

5. 构建 TIN 模型

经过密集匹配获得的高密度点云数据量很大,需要进行切割分块。可根据计算机性能以及设置的优先级别对切块的点云数据进行不规则三角网构建。具体操作为:①利用同一地物不同角度的影像信息,采用参考影像不固定的匹配策略进行逐像素匹配;②基于多视匹配的冗余信息,避免遮挡对匹配产生的影响,再引入并行算法提高计算效率以快速准确地获取多视影像上同名点坐标,进而获取地物的高密度三维点云数据;③基于点云构建不同层次细节度下的三角网(TIN)模型。通过对三角网的优化,将内部三角的尺寸调整至与原始影像分辨率相匹配的比例,同时通过对连续曲面变化的分析对相对平坦地区的三角网络进行简化,减少数据冗余,获得 TIN 模型矢量架构。

6. 自动纹理关联

TIN 模型矢量架构生成后进行纹理映射,自动纹理映射主要基于瓦片技术,将整个建模区域分割成若干个一定大小的子区域(瓦片),将每个瓦片打包建立成为一个任务,自动分配给各计算节点进行模型与纹理影像的配准和纹理贴附,同时为带纹理的模型建立多细节、多层次的 LOD,从而生成最终的三维场景。图 13-21 为附有纹理的 TIN 矢量框架,图 13-22 为拼接完成后最终输出的三维实景模型。

图 13-21　附有纹理的 TIN 矢量框架

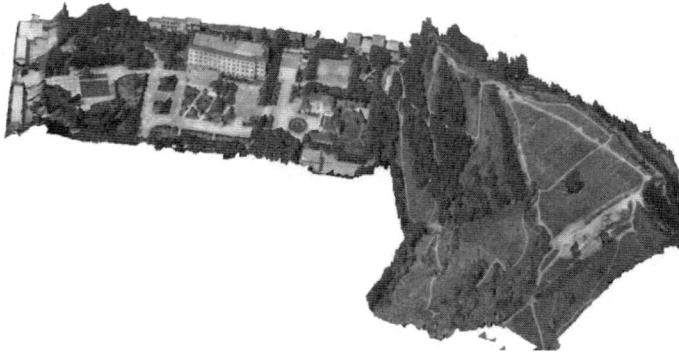

图 13-22　三维实景模型

四、建模过程中存在的问题及建议

采用 Context Capture 进行三维建模,其自动化程度较高,但生成的三维模型会存在一些错误需要修正:如部分模型边缘细节表现不够准确;个别地面、水面及建筑物侧面纹理缺失;部分地形存在变形,并与实地不一致(例如道路路面);等等。产生这些错误主要是由于多相位影像建筑物被遮挡或植被、水面等影像明显特征点较少,造成同名影像匹配较少,从而影响 DSM 精度和切片纹理的缺失和错位。

针对这些问题,需要将有问题的模型进行修正。常用的修正方法是:

(1)通过 Context Capture 的模型修正功能对几何模型进行修正,之后再导入对应的瓦片并重新针对新导入的几何模型自动重新生成贴图,或者直接导入包含修正贴图的模型进行下一步数据生产导出。

(2)对建筑变形部分进行修补。

(3)对地面上部分模型进行精细重建。

（4）对非单体模型进行单体化并挂载属性信息,使其达到后期三维 GIS 的应用要求。另外必须通过数据资料分析和预处理,排除资料先天缺陷,确保用于建模的数据和资料完整、格式正确。

【思考题与习题】

1. GIS 技术包括哪些内容? 其实际应用有哪些方面?

2. GIS 以图形数据结构为特征分为哪几种类型? 各有哪些优缺点?

3. 遥感技术(RS)由哪几部分组成?

4. 简述三维激光扫描技术的原理与应用。

5. 倾斜摄影测量的基本原理是什么? BIM 实景建模应注意哪些问题?

参 考 文 献

[1] 宁津生,陈俊勇,李德仁,等. 测绘学概论[M]. 3 版. 武汉:武汉大学出版社,2016.

[2] 许娅娅,沈照庆,雒应. 测量学[M]. 5 版. 北京:人民交通出版社股份有限公司,2020.

[3] 程效军,鲍峰,顾孝烈. 测量学[M]. 5 版. 上海:同济大学出版社,2016.

[4] 王腾军,田永瑞. 现代测量学[M]. 北京:人民交通出版社股份有限公司,2017.

[5] 武汉大学测绘学院测量平差学科组. 误差理论与测量平差基础[M]. 3 版. 武汉:武汉大学出版社,2014.

[6] 程新文,陈性义. 测量学[M]. 2 版. 北京:地质出版社,2020.

[7] 赵建三,贺跃光. 测量学[M]. 3 版. 北京:中国电力出版社,2018.

[8] 胡伍生,潘庆林. 土木工程测量[M]. 6 版. 南京:东南大学出版社,2022.

[9] 赵红,徐文兵. 数字地形测绘[M]. 北京:地震出版社,2017.

[10] 陈永奇. 工程测量学[M]. 4 版. 北京:测绘出版社,2016.

[11] 高井祥. 数字测图原理与方法[M]. 3 版. 徐州:中国矿业大学出版社,2015.

[12] 汤伏全,姚顽强. 工程测量[M]. 徐州:中国矿业大学出版社,2012.

[13] 高井祥. 测量学[M]. 徐州:中国矿业大学出版社,1998.

[14] 张坤宜. 交通土木工程测量[M]. 4 版. 北京:人民交通出版社,2013.

[15] 牛全福,党星海,郑加柱. 工程测量[M]. 2 版. 北京:人民交通出版社股份有限公司,2017.

[16] 殷耀国,郭宝宇,王晓明. 土木工程测量[M]. 3 版. 武汉:武汉大学出版社,2021.

[17] 贺国宏. 桥隧控制测量[M]. 北京:人民交通出版社,1999.

[18] 冯兆祥,钟建驰,岳建平. 现代特大型桥梁施工测量技术[M]. 北京:人民交通出版社,2010.

[19] 张项铎,张正禄. 隧道工程测量[M]. 北京:测绘出版社,1998.

[20] 张正禄,黄全义,文鸿雁,等. 工程的变形监测分析与预报[M]. 北京:测绘出版社,2007.

[21] 中华人民共和国住房和城乡建设部. 建筑变形测量规范:JGJ 8—2016[S]. 北京:中国建筑工业出版社,2016.

[22] 全国地理信息标准化技术委员会. 全球导航卫星系统(GNSS)测量规范:GB/T 18314—2024[S]. 北京:中国标准出版社,2024.

[23] 中华人民共和国住房和城乡建设部. 工程测量标准:GB 50026—2020[S]. 北京:中国计划出版社,2020.

[24] 中华人民共和国交通部. 公路勘测细则:JTG/T C10—2007[S]. 北京:人民交通出版社,2007.

[25] 中华人民共和国交通运输部. 公路桥涵施工技术规范:JTG/T 3650—2020[S]. 北京:人民交通出版社股份有限公司,2020.

[26] 中华人民共和国交通运输部. 公路隧道施工技术规范:JTG/T 3660—2020[S]. 北京:人民交通出版社股份有限公司,2020.

[27] 中华人民共和国铁道部. 高速铁路工程测量规范:TB 10601—2009[S]. 北京:中国铁道

出版社,2009.

［28］ 中华人民共和国交通运输部.公路工程水文勘测设计规范:JTG C30—2015［S］.北京:人民交通出版社股份有限公司,2015.

［29］ 国家铁路局.铁路工程测量规范:TB 10101—2018［S］.北京:中国铁道出版社有限公司,2018.

［30］ 杜玉柱.GNSS 测量技术［M］.2 版.武汉:武汉大学出版社,2024.

［31］ 赵长胜,周立,王爱生,等.GNSS 原理及其应用［M］.2 版.北京:测绘出版社,2020.

［32］ 蒲仁虎.全站仪与 GNSS 现代测绘技术［M］.成都:西南交通大学出版社,2017.

［33］ 李德仁,李清泉,杨必胜,等.3S 技术与智能交通［J］.武汉大学学报(信息科学版),2008,33(4):331-336.

［34］ 李征航,黄劲松.GPS 测量与数据处理［M］.2 版.武汉:武汉大学出版社,2010.

［35］ 广州市中海达测绘仪器有限公司.Hi-Survey 软件使用说明书［EB/OL］.(2024-9-18)［2025-3-18］.https://media.zhdgps.com/down/Hi-Survey%E8%BD%AF%E4%BB%B6%E4%BD%BF%E7%94%A8%E8%AF%B4%E6%98%8E%E4%B9%A6%20B30.pdf.